# David Layzer
# Die Ordnung des Universums

Aus dem Amerikanischen
von Anita Ehlers



Insel Verlag

insel taschenbuch 2111
Erste Auflage 1997
Insel Verlag Frankfurt am Main und Leipzig

Hinweise zu dieser Ausgabe am Schluß des Bandes
Vertrieb durch den Suhrkamp Taschenbuch Verlag
Umschlag nach Entwürfen von Hermann Michels
Druck: Nomos Verlagsgesellschaft, Baden-Baden
Printed in Germany

1 2 3 4 5 – 01 00 99 98 97

# Inhalt

Für Daryl
Emily
Judith
Nicholas
und Jonathan

# Vorwort

Kein menschliches Unterfangen erscheint uns bruchstückhafter als die wissenschaftliche Forschung. Die meisten Wissenschaftler widmen ihr Arbeitsleben den Problemen ihres Fachs, und die sind so spezialisiert, daß nur ein winziger Teil der Gemeinschaft der Wissenschaftler sie versteht oder sich mit ihnen beschäftigt. Meistens führt die Lösung eines wichtigen Problems zu neuen, noch spezielleren Problemen. Die Wissenschaft gleicht der legendären Hydra, der dort zwei neue Köpfe wuchsen, wo einer abgeschlagen wurde.

Auf einer tieferen Ebene jedoch wird die Naturwissenschaft immer einheitlicher und stimmiger. Im neunzehnten Jahrhundert bestand die Physik aus einer Reihe kleiner, mehr oder weniger unabhängiger Bereiche; jetzt ist sie ein einziges starkes System, das auf wenigen mächtigen Gesetzen beruht. Chemie und Astronomie, Jahrhunderte lang eigenständige Disziplinen, sind jetzt Teil dieses Systems. Mitte des zwanzigsten Jahrhunderts konnten sogar die Physik und Biologie, nach Meinung vieler Wissenschaftler auf immer unvereinbar, durch die Molekularchemie, eine neue Wissenschaft vom Leben, verknüpft werden.

Merkwürdigerweise bedeutete die Entwicklung einer einzigen stimmigen wissenschaftlichen Weltanschauung nicht gleichzeitig das Auffinden vereinheitlichender Gesetze und Grundlagen. Die meisten Wissenschaftler sehen die Welt aus der Perspektive ihres eigenen Fachs, und diese Blickweisen ergeben keineswegs immer ein einheitliches und widerspruchsfreies Bild.

Die Welt der Mikrophysik – die Welt der Moleküle, Atome und subatomarer Teilchen – ist ein vierdimensionales Netzwerk von Ereignissen, das durch allgemeingültige mathematische Gesetze verknüpft ist. Alle Zeitpunkte sind gleichberechtigt. Kein Augenblick ist als Gegenwart ausgezeichnet, und es gibt keinen Unterschied zwischen den Richtungen von Vergangenheit und Zukunft.

In der Welt der Makrophysik – der Welt der alltäglichen Erfahrung – ist die Zeit mit einem in die Zukunft weisenden Pfeil behaftet. Der grundlegende Satz der Makrophysik, der Zweite Hauptsatz der Thermodynamik, behauptet, Ordnung müsse immer zu Chaos zerfallen. Das Universum verfällt.

Auch Biologie und Kosmologie heften der Zeit einen Pfeil an, der in die Zukunft weist. Aber die natürlichen Prozesse, die den Zeitpfeil der Kosmologen und Biologen definieren, sind Prozesse, die eher Ordnung als Chaos schaffen. Die Welten der Kosmologie und Biologie verfallen nicht, sondern gewinnen immer mehr Gestalt. In ihnen werden fortwährend neue Formen von Ordnung erzeugt.

Und doch gibt es zwischen Kosmologie und Biologie auch grundlegende Unterschiede. Nach Meinung der Kosmologen ist die Zunahme der Ordnung im Prinzip völlig vorhersagbar. Die meisten Biologen zweifeln daran, daß die biologische Evolution einen vorhersagbaren Lauf genommen hat.

Schließlich haben einige zeitgenössische Wissenschaftler die am festesten verwurzelte wissenschaftliche Überzeugung in Frage gestellt, die Annahme nämlich, daß die Naturwissenschaft eine objektive Beschreibung der Welt gibt oder jedenfalls geben möchte, die unabhängig vom menschlichen Verstand existiert. Wir sind, so sagen sie, nicht nur passive Zuschauer eines Schauspiels, wie es die Herkunft des Wortes Theorie nahelegt, sondern Mitspieler; wir gestalten die Wirklichkeit mit.

Jede dieser widersprüchlichen Weltanschauungen hat zumindest eine plausible wissenschaftliche Grundlage. (Ihre Vertreter würden höhere Ansprüche stellen.) Aber sie können nicht alle wahr sein. Sehen sie vielleicht alle, jede aus einem anderen Winkel, denselben Berg? Wenn ja, wie passen sie zusammen? Gibt es eine stimmige Sicht der Welt, die die Naturwissenschaftler erforschen?

Ich wurde vor etwa 25 Jahren in diese Fragen verwickelt, als ich zu verstehen versuchte, warum die Verdunstung von Parfüm aus einer unverschlossenen Flasche in einem Raum mit unbewegter Luft unumkehrbar ist (das Parfüm kommt niemals spontan in die Flasche zurück), obwohl die Bewegungen einzelner Parfümmoleküle völlig umkehrbar sind. (Auf diese Frage wird üblicherweise eine Antwort gegeben, die mich, wie auch viele meiner

Kollegen, nicht befriedigte.) Dieses Rätsel führte, wie es mit wissenschaftlichen Rätseln eben so ist, zu anderen, aber es dauerte lange, bevor ich ahnte, daß ich damit immer an Stücken eines größeren Rätsels arbeitete.

Dieses Buch, das Ergebnis dieses Vorgangs, stellt einen Versuch dar, ein kohärentes wissenschaftliches Bild der Welt zu malen, das Quantenmechanik, Makrophysik, Kosmologie und Biologie (auch die Biologie der Wahrnehmung und des Denkens) umfaßt. Das letzte Kapitel erkundet in vorläufiger Weise die Verbindung zwischen dieser Weltanschauung und dem Problem der menschlichen Freiheit.

Weil ich so viele sehr verschiedene wissenschaftliche Themen behandeln muß und weil auch Fachleute sich außerhalb ihres eigenen Spezialgebiets nicht so gut auskennen, wie sie es gern möchten, habe ich versucht, alles, was in diesem Buch steht, Lesern ohne spezielles Fachwissen zugänglich zu machen. Zugänglich, aber nicht zu einfach. Obwohl viele Einzelheiten, besonders mathematische, weggelassen wurden, habe ich keine der wichtigen Überlegungen ausgelassen oder übermäßig verkürzt. Weggelassen wurden solche Einzelheiten, die Nichtspezialisten nicht vermissen, Fachleute jedoch mühelos ergänzen können.

Ein großer Teil von dem, was ich auf den folgenden Seiten zu sagen habe, betrifft Theorien und Tatsachen, die die meisten Wissenschaftler für wohlbegründet halten; einige meiner Überlegungen und Schlüsse jedoch sind spekulativ – es sind Vorschläge, die sich noch nicht im Lauf der Zeit bewähren konnten. Einige sind sogar ketzerisch. (Wissenschaftliche Ketzereien sind Meinungen, die dem widersprechen, was fast alle Experten – jedenfalls nach Meinung des Ketzers – ohne guten Grund glauben.) Der Unterschied zwischen dem, was in der Naturwissenschaft wohlbestätigt ist, und dem, was Spekulation ist, wiegt schwer. Meiner Meinung nach ist diese Trennungslinie leichter zu ziehen, als einige zeitgenössische Wissenschaftstheoretiker bereit sind zuzugeben. Der Unterschied zwischen Spekulation und gut gesicherten Ergebnissen oder Theorien fällt jedoch nicht mit dem Unterschied zwischen dem zusammen, was Wissenschaftler heute glauben und was sie nicht glauben: Zu Überzeugungen gehört heutzutage gewöhnlich eine große spekulative Komponente. Ich habe versucht, beide Unterschiede klar zu machen und so vollständig wie möglich die wissenschaftlichen Grundlagen für die gängigen wissenschaftlichen Überzeugungen zu verdeutlichen – die anderer wie meiner eigenen.

Dies Buch enthielte viel mehr Schwächen, Unklarheiten und wirkliche Fehler, wenn es nicht die klugen Ratschläge vieler großzügiger Freunde und Kollegen gegeben hätte. Die Kapitel 5 und 6 profitierten von der scharfen historischen Kritik von Mara Beller. Richard Lewontin, Ernst Mayr und Gunther Stent, die vor über einem Jahrzehnt mit Geduld und Geschick meine anfänglichen Bemühungen begleiteten, die biologische Evolution zu verstehen, halfen mir genauso geduldig und geschickt, Kapitel 8 bis 12 über biologische und kulturelle Evolution zu verbessern. (Ich brauche kaum zu sagen, daß die verbliebenen Schwächen nicht ihre Schuld sind.) Kapitel 13, in dem es um Neurobiologie geht, verdankt vieles der ins einzelne gehenden Kritik und dem, was mich John Dowling und J. Allan Hobson so ausgezeichnet lehrten. Gespräche und Briefwechsel mit Lesley Friedman, Alison McIntyre, Thomas Nagel, Mark Rollins und Gunther Stent halfen mir mit Kapitel 14. Prudence Steiner machte wertvolle Bemerkungen zu den Kapiteln 1 und 2. Meine früheren Schüler, Holly Thomas Doyle und Robert O. Doyle, füllten die Ränder des vorletzten Entwurfs mit Nachfragen und Vorschlägen, die sich alle als hilfreich erwiesen.

Während das Buch Gestalt annahm, konnte ich einige Entwürfe einiger Kapitel an besonders intelligenten und kritischen Lesern ausprobieren: in zwei Kursen durfte ich sie den Studenten und Diskussionsleitern in Harvards *Core Program* vortragen. Das Buch verdankt ihren Antworten viel. Einladungen zu Vorlesungen am van Leer-Institut in Jerusalem und an der Universität Stockholm gaben mir weitere Gelegenheit, nützliche Reaktionen zu erhalten. Ich danke Yehuda Elkana vom van Leer Institut und Per Olov Lindblad und Bertel Laurent von der Universität Stockholm für ihre freundlichen Einladungen und ihre großzügige Gastfreundschaft.

Ich danke Jacqueline Hartt und Patricia van der Leun für ihre unermüdliche und begeisterte Unterstützung. Joan Bossert und Irene Pavitt redigierten das Manuskript mit großer Einsicht, Takt und Können. Die Endfassung verdankt ihren ausgezeichneten Vorschlägen viel.

George Nichols fertigte mit großem Geschick nach meinen groben Skizzen die Zeichnungen an. Judith Layzer erarbeitete den Index.

Schließlich ist es mir eine Freude, meiner Frau Jean und Carolyn, Judith, Nicholas und Jonathan Layzer zu danken, die es fast vier Jahre lang schafften, genau das richtige Gleichgewicht zwischen Ermutigung und Ungeduld zu wahren.

Cambridge, Mass.,
August 1988 D. L.

# I. Eine Theorie der Ordnung

## 1. Die Einheit der Naturwissenschaften

### Das Problem der Ordnung

Um die Mitte des sechsten vorchristlichen Jahrhunderts unternahmen es einige wenige griechische Denker, mit den Mitteln der Vernunft darzustellen, wie sich die Ordnung in der Welt entwickelt hat. Sie griffen also nicht auf Mythen zurück. Diese, soweit uns bekannt ist, ersten »Naturwissenschaftler« lebten im wohlhabenden Handelszentrum Milet an der ägäischen Küste der heutigen Türkei; sie hielten es für offensichtlich, daß die Welt nicht aus dem Nichts entstanden sein konnte. »Nichts«, so sagten sie gern, »kommt aus dem Nichts«. Es schien ihnen ebenso klar zu sein, daß die Welt nicht von Anfang an so gewesen sein konnte, wie sie jetzt ist: Der *Kosmos*, darüber waren sie sich einig, mußte sich aus einem Urchaos entwickelt haben. (*Kosmos* bedeutet im Altgriechischen sowohl »Ordnung« als auch »Welt«.) Aber wie? Naturwissenschaft und Philosophie des Abendlandes haben ihre Wurzeln in den Gedanken, mit denen Thales, Anaximander, Anaximenes und ihre Nachfolger diese Frage zu beantworten suchten.

Seit langem haben die Philosophen diese Frage den Naturwissenschaftlern überlassen; diese wiederum verfahren nach der ältesten und bewährtesten wissenschaftlichen Methode und teilen, um zu herrschen. Sie stellen deshalb die folgenden Einzelfragen:

– Wie lassen sich die Unveränderlichkeit, Beständigkeit und Ordnung der Kristalle, Moleküle, Atome und subatomaren Teilchen erklären?

– Wie entstand die komplexe hierarchische Struktur des astronomischen Weltalls?

– Welchen Ursprung hat die biologische Ordnung, wie sie sich von der DNA bis zum Verstand in so vielen Formen zeigt?

– Und warum zerbröckelt und zerfällt diese Ordnung fast immer?

Jede dieser vier Fragen steht im Mittelpunkt der wichtigen Aspekte der Naturwissenschaften, die Quantenphysik, Kosmologie, Biologie und Makrophysik oder Thermodynamik darstellen. Diese vier Bereiche haben ein tieferes und genaueres Verständnis für die vielfältigen Formen von Ordnung ermöglicht, als man es sich noch vor fünfzig Jahren vorstellen konnte. Natürlich bleiben Lücken. Die theoretischen Physiker bemühen sich immer noch um die Vereinheitlichung der physikalischen Gesetze, der Ursprung des Lebens ist weiterhin ein Geheimnis, und der Ursprung astronomischer Systeme bleibt ein umstrittener Bereich der Spekulation. Diese Probleme sind Grenzfragen der modernen Forschung; ihnen wird viel Aufmerksamkeit geschenkt.

Eine andere Art der Unvollständigkeit im Weltbild der modernen Naturwissenschaften wurde weniger beachtet: *Die vier großen Teile des Bildes passen nicht ganz zusammen.* Jedes Einzelteil ist, wenn auch noch unvollständig, in sich bemerkenswert stimmig. Jedes der Teile hängt mit anderen zusammen. Aber die Übergänge sind nicht glatt. Es gibt große ungelöste Konflikte zwischen Quantenphysik und Makrophysik, zwischen Makrophysik und Kosmologie und zwischen Physik und Biologie.

## Konflikte und Widersprüche

Seit der Geburt der Quantenphysik im Jahre 1925 rätseln die Physiker, welche Beziehung zwischen ihr, der Beschreibung der unsichtbaren Welt der Elementarteilchen und ihren Wechselwirkungen, und der Makrophysik, der Beschreibung der Welt der gewöhnlichen Erfahrung, besteht. Wenn man sie als ein System mathematischer Gesetze sieht, enthält die Quantenphysik die Makrophysik als Grenzfall. Damit meine ich, daß Quantenphysik und Makrophysik in dem Bereich dieselben Vorhersagen machen, in dem die Makrophysik gut bestätigt ist (eben dem makroskopischen Bereich); die Quantenphysik jedoch beschreibt außerdem erfolgreich das Verhalten und die Struktur von Molekülen, Atomen und subatomaren Teilchen (den mikroskopischen Bereich). Andererseits scheint die Makrophysik grundlegender zu sein als die Quantenphysik. Wie wir später sehen werden, beziehen sich die Gesetze der Quantenphysik ausdrücklich auf Meßergebnisse. Jede Messung steht jedoch zumindest mit einem Bein in der Welt der gewöhnlichen Erfahrung: Sie muß in einem Versuchsbericht oder auf einem Magnetband aufgezeichnet werden. Damit setzt die Quantenphysik anscheinend ihren eigenen Grenzfall – die Makrophysik – voraus. Dieses ist das harmloseste von mehreren Paradoxa, auf die wir in dem Bereich stoßen, in dem Quantenphysik und Makrophysik sich begegnen und überlappen.

Auch die Beziehung zwischen Makrophysik und Kosmologie ist problematisch. Das zentrale Gesetz der makroskopischen Physik, der Zweite Hauptsatz der Thermodynamik, besagt nach Meinung seiner Erfinder, der sich auch heute noch die meisten Wissenschaftler anschließen, das Weltall »wirtschafte allmählich ab« – Ordnung verfällt zu Chaos. Wie können wir einen solchen Hang zur Unordnung mit der Tatsache in Übereinstimmung bringen, daß das Weltall voller Ordnung – im doppelten Wortsinn ein *Kosmos* – ist? Einige Wissenschaftler sagen: »Der Widerspruch ist nur scheinbar. Der Zweite Hauptsatz versichert uns, daß das Weltall ›abwirtschaftet‹, deshalb muß es am Anfang ungeheuer geordnet gewesen sein, und diese Ordnung löst sich allmählich auf.« Aber dieser Lösungsversuch bringt uns vom Regen in die Traufe, denn wie wir sehen werden, läßt die moderne Kosmologie vermuten, das frühe Weltall sei viel weniger geordnet gewesen als das heutige.

Die Entwicklung von Strukturen in der Astronomie und die Evolution in der Biologie sind beides Beispiele für die Entstehung von Ordnung. Trotzdem sehen die moderne Physik und die moderne Biologie Zeit und Veränderung völlig unterschiedlich. Die Physik lehrt uns, daß alle Naturerscheinungen von mathematischen Gesetzen bestimmt werden, die jedes physikalische Ereignis mit früheren und späteren Ereignissen verknüpfen. Wären uns alle physikalischen Gesetze bekannt, ließe sich aus einem einzigen Standbild der ganze Film rekonstruieren. Und grundsätzlich hindert uns nichts daran, ein einziges Standbild vollständig zu kennen.

Dieses Weltbild wurde in einem vielzitierten Ausspruch von einem der berühmtesten Nachfolger Newtons, dem Mathematiker und theoretischen Astronomen Pierre Simon de Laplace (1749-1827), umrissen:

> Wir müssen also den gegenwärtigen Zustand des Weltalls als die Wirkung seines früheren und als Ursache des folgenden Zustands betrachten. Eine Intelligenz, welche für einen gegebenen Augenblick alle in der Natur wirkenden Kräfte sowie die gegenseitige Lage der sie zusammensetzenden Elemente kennte und überdies umfassend genug wäre, um diese gegebenen Größen der Analysis zu unterwerfen, würde in derselben Formel die Bewegungen der größten Weltkörper wie des leichtesten Atoms umschließen; nichts würde ihr ungewiß sein, und Zukunft wie Vergangenheit würden ihr offen vor Augen liegen. Der menschliche Geist bietet in der Vollendung, die er der Astronomie zu geben verstand, ein schwaches Abbild dieser Intelligenz.[1]

Albert Einstein sah die Welt ganz ähnlich:

> Der Forscher aber ist von der Kausalität alles Geschehens durchdrungen. Die Zukunft ist ihm nicht minder notwendig und bestimmt wie die Vergangenheit.[2]

Wohl die meisten heutigen Physiker würden Laplace und Einstein zustimmen. Die Welt, die sie untersuchen, ist eine *Blockwelt*, ein vierdimensionales Netz ursächlich zusammenhängender Ereignisse, mit der Zeit als vierter Dimension.[3] In dieser Welt ist kein Augenblick als »Jetzt« ausgezeichnet. Für die *Intelligenz* des Laplace gibt es nicht, wie für uns, Zukunft und Vergangenheit in einem absoluten Sinn.

Wie läßt sich aus wissenschaftlicher Sicht das Leben in dieses Weltbild einordnen? Ein moderner Anhänger von Laplace würde vielleicht antworten:

> Lebewesen sind Ansammlungen von Molekülen, die sich bewegen und untereinander und mit ihrer Umwelt wechselwirken, wobei sie denselben Gesetzen gehorchen, die für Moleküle in nichtleben-

> der Materie gelten. Ein Supercomputer, der über eine vollständige mikroskopische Beschreibung der Biosphäre und der Umwelt verfügt, wäre in der Lage, die Zukunft des Lebens auf der Erde vorherzusagen und seinen Anfangszustand abzuleiten. Im jetzigen Zustand der Biosphäre und ihrer Umwelt stecken insgeheim die Bedingungen, die in der leblosen Suppe organischer Moleküle herrschten, in der sich die ersten sich selbst reproduzierenden Moleküle bildeten. Implizit steckt also alles, was die heutige Welt ausmacht, in den Bedingungen, die für diese Ursuppe und ihre Umwelt galten.

Wenn man glaubt, daß lebende Materie denselben Gesetzen gehorcht wie nichtlebende – und das tun wohl die meisten zeitgenössischen Biologen –, erscheint diese Überlegung vielleicht als zwingend. Aber sie ist mit zwei entscheidenden Aspekten der Evolution, wie sie von zeitgenössischen Evolutionsbiologen beschrieben wird, unvereinbar, nämlich mit Zufälligkeit und Kreativität.

*Zufälligkeit* ist für den Reproduktionsprozeß wesentlich. In fast jeder biologischen Population treten in jeder Generation neue Gene und neue Genkombinationen auf. Die Reproduktion, ob geschlechtlich oder ungeschlechtlich, setzt immer das Kopieren genetischen Materials (DNA) voraus. In allen heutigen Lebewesen ist dieser Kopiervorgang erstaunlich genau. Aber er ist nicht vollkommen. Gelegentlich gibt es Übertragungsfehler, und sie sind zufälliger Art. Bei der geschlechtlichen Fortpflanzung gibt es eine weitere Quelle für den Zufall: Das genetische Material eines jeden Individuums ist eine zufällige Kombination der Beiträge beider Eltern.

Der *schöpferische* Teil der biologischen Evolution ist die natürliche Auslese; genetische Veränderungen, die das Überleben und die Fortpflanzung begünstigen, breiten sich in einer Population aus, während Veränderungen, die dem Überleben nicht nützen, aussterben. Aus dem Rohstoff, den die genetische Vielfalt zur Verfügung stellt, erschafft die natürliche Auslese neue biologische Strukturen, Funktionen und Verhaltensweisen.

Ein konventioneller Physiker könnte entgegnen, daß die scheinbare Zufälligkeit genetischer Schwankungen nur eine

Folge menschlichen Unwissens ist – unserer Unfähigkeit, außerordentlich komplexe, aber trotzdem vollständig determinierte kausale Prozesse zu verstehen –, daher sei die Evolution nur in einem übertragenen Sinn »schöpferisch«. So gesehen bringt die Evolution lediglich viele, schon in der präbiotischen Suppe enthaltene Möglichkeiten der Ordnung ans Licht.

Es gibt einen noch grundlegenderen Unterschied zwischen der physikalischen und der biologischen Sicht der Wirklichkeit: Das Bild des Physikers von der Wirklichkeit läßt sich anscheinend unmöglich mit der subjektiven Erfahrung in Übereinstimmung bringen, denn in dem neo-Laplaceschen Bild entspricht nichts der Grunderfahrung allen menschlichen Lebens, der Vergänglichkeit. Wir Menschen müssen zusehen, wie der Film abläuft, die Intelligenz des Laplace sieht ihn ganz. Es gibt in diesem Bild auch nichts, das jenem Aspekt der Wirklichkeit (wie wir sie erleben) entspricht, den griechische Philosophen im Gegensatz zum zeitlosen *Sein* von Zahlen, Dreiecken und Kreisen das *Werden* nannten. Die Welt der modernen Physik ist eine enorm erweiterte und ausgearbeitete Fassung der vollkommen geordneten, aber statischen und leblosen Welt, die uns in Euklids *Elementen* begegnet, deren direkter Nachfahre sie ja auch ist. Leben, wie wir es erfahren, ist jedoch untrennbar mit Unvorhersagbarkeit und Neuem verknüpft.

## Freiheit und Notwendigkeit

Welche Beziehung besteht zwischen Sein und Werden? Ist die Zukunft ebenso festgelegt und unveränderlich wie die Vergangenheit? Was ist Zufall? Diese Fragen haben mit einem der ewigen Probleme der abendländischen Philosophie zu tun, dem Problem von Freiheit und Notwendigkeit.

Jeder von uns gehört zu zwei getrennten Welten. Als Objekte der von den Naturwissenschaften beschriebenen Welt werden wir von allgemeingültigen Gesetzen bestimmt. Für die Intelligenz von Laplace sind wir Systeme von Molekülen, deren Bewegungen ebenso vorhersagbar und ebenso wenig frei wählbar sind wie die Bewegungen der Planeten um die Sonne. Aber als Subjekte unserer eigenen Erfahrung sehen wir die Welt anders, nicht als Bündel von Ereignissen, die in die *Blockwelten* von Laplace und Einstein eingeschlossen sind wie Fliegen im Bernstein, vielmehr sehen wir uns als die Urheber unserer eigenen Handlungen, als die Gestalter unseres eigenen Lebens. Wie fest wir auch an die Allgemeingültigkeit der physikalischen Gesetze glauben mögen, wir können doch die intuitive Überzeugung nicht unterdrücken, daß die Zukunft in gewisser Weise offen ist und wir sie durch unsere eigene freie Wahl formen helfen.

Diese Überzeugung liegt jeder Ethik zugrunde. Ohne Freiheit kann es keine Verantwortung geben. Wenn wir nicht wirklich frei handeln können – wenn unser Freiheitsgefühl eine Täuschung ist –, wie können wir dann in unserem Verhalten durch ethische Regeln geleitet werden? Und warum sollte die Gesellschaft manche Handlungen bestrafen und andere belohnen? Die Weltanschauung des Laplace neigt dazu, die Grundlagen für ethisches Verhalten zu untergraben.

Die jüdisch-christliche Theologie steht vor einem ähnlichen Problem. Obwohl die Intelligenz des Laplace nicht der Gott der Juden und Christen ist – die Intelligenz beobachtet und rechnet, während der Gott der Juden und Christen einen Willen hat und handelt (»Notwendigkeit und Zufall gehen mich nichts an, und was ich will, ist Schicksal«, sagt der Allmächtige in Miltons *Paradise Lost*) –, sind ihre Welten doch ähnlich. Nichts ist für einen allwissenden Gott ungewiß, und die Zukunft liegt wie die Vergangenheit vor seinen Augen. Aber warum sollten jene, die den schmalen Pfad der Rechtschaffenheit einschlagen, im nächsten Leben belohnt werden, während jene, die das süße Leben genießen, für die Flammen der Hölle bestimmt sind, wenn wir unseren Weg doch gar nicht selbst wählen können?

Natürlich haben sich auch Theologen mit dieser Frage beschäftigt. Augustinus zum Beispiel behauptet, Gottes Vorwissen (oder genauer, Gottes Kenntnis von dem, was *wir* die Zukunft nennen) sei nicht die *Ursache* der Entwicklung und deshalb mit dem freien Willen des Menschen vereinbar. Andere Theologen haben sich zur Lehre von der Prädestination bekannt und behauptet, der freie Wille sei lediglich eine Illusion. Wieder andere haben die Meinung vertreten, göttliche Allwissenheit und menschlicher freier Wille seien in einer Weise miteinander verträglich, die menschliches Begriffsvermögen übersteigt.

Um die Versöhnung des wissenschaftlichen und des ethischen Weltbilds bemühten sich die ersten Wissenschaftler. Unser wissenschaftliches Weltbild bahnt sich im griechischen Atomismus an, einer Theorie, die im fünften vorchristlichen Jahrhundert von den Naturphilosophen Leukipp und Demokrit entwickelt wurde. Danach besteht die Welt aus unveränderlichen, unzerstörbaren Teilchen, die bei ihrer Bewegung im leeren Raum auf völlig vorherbestimmte Weise miteinander wechselwirken. Wie moderne Biologen meinte Demokrit, auch wir seien Ansammlungen von Atomen. Aber Demokrit erarbeitete auch ein auf moralischer Verantwortung basierendes ethisches System. Nach seiner Lehre sollten wir das Richtige nicht aus Angst tun, weder aus Angst vor Strafe noch vor öffentlicher Mißbilligung oder dem Zorn der Götter, sondern aufgrund unseres eigenen Gefühls für richtig und falsch. Leider verraten uns die erhaltenen Fragmente der Schriften des Demokrit nicht, wie oder ob er sein deterministisches Bild der Natur mit seiner Lehre von der moralischen Verantwortung in Übereinstimmung bringen konnte.

Ein Jahrhundert später stand ein anderer griechischer Philosoph mit ähnlichen Vorstellungen von der physikalischen Wirklichkeit und der moralischen Verantwortung vor demselben Dilemma. Epikur (341-270 v. Chr.) versuchte, menschliche Freiheit mit der Atomtheorie in Einklang zu bringen, indem er ein Zufallselement in die Wechselwirkungen der Atome einführte. Atome, sagte er, weichen oft in unvorhersagbarer Weise von ihren Bahnen ab. In neuerer Zeit haben Arthur Stanley Eddington und andere Naturwissenschaftler diesen Gedanken weiter ausgebaut. Nach der Quantenphysik läßt sich unmöglich der genaue Moment vorhersagen, in dem gewisse atomare Ereignisse, etwa der Zerfall eines radioaktiven Kerns, eintreten. Eddington glaubte, diese Art des mikroskopischen Indeterminismus könne eine wissenschaftliche Grundlage für menschliche Freiheit sein:

> Es ist eine Folge der Quantentheorie, daß die *Physik nicht länger einem Schema deterministischer Gesetze verpflichtet ist* ... Die Zukunft ist eine Mischung von kausalen Einflüssen der Vergangenheit und unvorhersagbaren Elementen ... Die Naturwissenschaft nimmt deshalb ihren moralischen Widerstand gegen den freien Willen zurück.[4]

Weder Epikur noch Eddington erklärten jedoch, was die »Freiheit« eines streunendes Atoms oder eines radioaktiven Atomkerns mit jener zu tun hat, mit der ein Mensch zwischen zwei Handlungsweisen wählt. Das hat auch sonst noch niemand unternommen.

Damit, daß menschliche Autonomie und natürliche Notwendigkeit unvereinbar sind, lassen sich zwei entgegengesetzte Schlußfolgerungen begründen, denn weil wir ein Teil der Natur sind, muß einerseits Autonomie eine Illusion sein, und weil andererseits Autonomie eine Tatsache ist, können wir nicht völlig Teil der Natur sein – die menschliche Natur muß eine spirituelle oder nichtstoffliche Seite haben. Die zweite Ansicht war wesentlicher Bestandteil der Philosophie des Sokrates, der lehrte, daß mechanistische Erklärungen wie jene, die die Atomisten vorschlugen, nicht für Seele oder Geist gelten. Die Lehre des Sokrates wurde von Platon und Aristoteles aufgegriffen und hat seitdem die abendländische Philosophie beherrscht. Immanuel Kant zum Beispiel behauptete, daß sich menschliche Autonomie zwar unmöglich wissenschaftlich verstehen läßt, aber auch unmöglich geleugnet werden kann. Sie ist die wesentliche Tatsache unseres Seins und eine unverzichtbare Voraussetzung jeder ethischen Theorie. Ganz gleich, welcher wissenschaftliche Status der menschlichen Autonomie zukommt, können wir nach Kant nicht anders handeln als »aus dem Gedanken der Freiheit« heraus.

Die Auffassung, zum Menschen gehöre eine nicht natürliche oder spirituelle Dimension, entspricht natürlich besonders gut dem jüdisch-christlichen Denken. Genau diese Sicht stellte Charles Darwins 1859 veröffentlichtes Werk *The Origin of Species* in Frage. Darwin behauptete, alle Lebewesen hätten ihren Ursprung in einer oder sehr wenigen primitiven Populationen von Vorfahren. Er vermutete auch, die ersten Lebewesen könnten durch völlig natürliche Prozesse aus nichtlebender Materie entstanden sein. Die moderne Biologie hat diese Hypothesen in großem Ausmaß bestätigt, und heute werden sie von so gut wie jedem Biologen akzeptiert. Wenn aber die Menschheit völlig in die Welt der Natur gehört, dann muß die Sonderstellung des Menschen – die heute nicht weniger eine Tatsache ist, als sie es in den Tagen von Kant oder Sokrates war – für eine Naturerscheinung gehalten werden. Deshalb stellt das Problem der Versöhnung der menschlichen Autonomie mit der natürlichen Notwendigkeit sowohl für die Naturwissenschaft wie für die Philosophie eine Herausforderung dar.

## Naturwissenschaft und Philosophie

Obwohl die von mir behandelten Themen vorwiegend philosophischer Art sind, werde ich sie eher im Geist der Naturwissenschaften als in dem der Philosophie angehen, denn meiner Ausbildung und meinem Gefühl nach bin ich eher Naturwissenschaftler als Philosoph. Wichtiger noch, ich glaube, daß die Fragen, wie sie durch die Uneinigkeit zwischen den Naturwissenschaften und dem Konflikt zwischen menschlicher Autonomie und natürlicher Notwendigkeit gestellt werden, ihrem Wesen nach naturwissenschaftlich sind. Ich möchte versuchen zu verdeutlichen, was ich für den Hauptunterschied zwischen diesen beiden eng verwandten und historisch verwobenen Arten des Verstehens und Erklärens halte.

Als Beispiel für diese beiden Sichtweisen betrachten wir zwei klassische griechische Texte, nämlich Platons *Staat* und Archimedes' *Über das Gleichgewicht*. Diese beiden Bücher unterscheiden sich hinsichtlich zweier miteinander verwandter Aspekte.

1. Fast kein heutiger Physikstudent liest *Zum Gleichgewicht*; niemand, der ernsthaft Philosophie studiert, kann es sich leisten, Platons *Staat* nicht zu lesen.

2. Die Abhandlung des Archimedes beantwortet eindeutig und richtig die darin gestellte Frage: Welche Bedingungen bestimmen das Gleichgewicht eines schwimmenden Körpers? Pla-

tons Dialog bietet eindeutige und wertvolle Einsichten in eine Frage, die keine richtige oder endgültige Antwort hat: Was ist Gerechtigkeit?

Philosophen haben selten Erfolg, wenn sie die von ihnen gestellten Fragen zu beantworten suchen, das stellt aber weder die Philosophie noch die Philosophen in ein schlechtes Licht. Die Philosophie versucht, Klarheit, logische Stimmigkeit und Ordnung in unser Denken zu bringen; es liegt jedoch im Wesen der gestellten Fragen, daß sie sich niemals endgültig beantworten lassen, und zwar zum Teil deshalb, weil sie eine neue Bedeutung erhalten, wenn sich unsere Lebensbedingungen und der Zustand unseres Wissens verändern. Das ist bei der Naturwissenschaft anders. Ein moderner Platon würde die Überlegungen und Schlußfolgerungen aus dem *Staat* nicht noch einmal erfinden, ein moderner Archimedes jedoch würde für dieselben Fragen in fast jedem Fall dieselben Antworten finden wie der historische Archimedes, weil sie die *richtigen* sind.

Die letzte Behauptung stößt vielleicht manche Leser vor den Kopf. Die Naturwissenschaft, so wird uns oft gesagt, liefert keine *richtigen* Antworten. Die Theorie *B* beantwortet vielleicht eine bestimmte Frage besser als die Theorie *A*, aber Theorien sind Eintagsfliegen, und morgen schon kann die Theorie *B* von der Theorie *C* abgelöst werden. In der Tat wurde die Theorie des Archimedes zum statischen Gleichgewicht von der Newtonschen Kräftelehre abgelöst, die wiederum durch Einsteins Allgemeine Relativitätstheorie ersetzt wird.

Wenn man jedoch vorhersagen will, wie weit ein Schiff rollen kann, ohne umzukippen, kann man sich auf die Theorie des Archimedes über schwimmende Körper verlassen. Wenn man vorhersagen will, ob ein Stahlgerüst stabil ist, kann man sich auf die Theorie des Archimedes zur Statik verlassen. Newtons Theorie macht dieselben Vorhersagen. Die Theorie Einsteins auch, und auch – darauf können wir vertrauen – die Theorie, die Einsteins Theorie ablöst.

Wie kann das sein? Wie können so verschiedene Theorien wie die Statik des Archimedes, die Dynamik Newtons und die Allgemeine Relativitätstheorie Einsteins dieselbe richtige Antwort auf Fragen geben, die in ihrem gemeinsamen Zuständigkeitsbereich liegen? Und was können wir aus der Tatsache ihrer Übereinstimmung über wissenschaftliche Theorien und ihre Entwicklung folgern?‘

Der Philosoph Willard Van Orman Quine behauptet, Theorien seien *nicht hinreichend festgelegt*, wenn lediglich gefordert wird, ihre Vorhersagen müßten mit der Erfahrung übereinstimmen – mit dieser Forderung seien viele verschiedene Theorien vereinbar.

> Wir haben ... keinen Grund zur Annahme, daß die Oberflächenreizungen des Menschen – selbst wenn man sie bis in die Ewigkeit hinein berücksichtigt – eine bestimmte Systematisierung zulassen, die, wissenschaftlich gesehen, besser oder einfacher ist als alle möglichen Alternativen. Es erscheint vielmehr wahrscheinlicher – wenn auch nur aufgrund von Symmetrien und Dualitäten –, daß zahllose alternative Theorien Anspruch auf den ersten Platz haben würden. Die wissenschaftliche Methode ist zwar der Weg zur Wahrheit, aber sie gibt nicht einmal im Prinzip eine eindeutige Definition der Wahrheit.[5]

Die wissenschaftliche Wahrheit hat nach Quine also viele Formen. Der Wissenschaftshistoriker Thomas Kuhn geht noch weiter. Er gesteht zu, daß neue Theorien sich besser bewähren als die Theorien, die sie ablösen, aber er verneint, daß die Naturwissenschaft einen Fortschritt hin zu objektiven Wahrheiten über die Welt macht. In mancherlei Hinsicht, sagt Kuhn, besteht mehr Ähnlichkeit zwischen Einstein und Aristoteles als zwischen Einstein und Newton.[6]

Viele Naturwissenschaftler stimmen weder Quine noch Kuhn zu. Sie behaupten, daß eine wohlbestätigte wissenschaftliche Theorie durch Erfahrung über- und nicht unterdeterminiert sei und einen Kern objektiver Wahrheit über die Außenwelt und die Natur erfasse, oder, mit Einsteins Worten, »daß die Natur die Realisierung des denkbar Einfachsten ist«.[7] Diese Meinungen hängen eng zusammen. Wir betrachten jetzt genauer, was sie bedeuten und auf welche Tatsachen sie sich beziehen.

## Unterdeterminiert oder überdeterminiert?

Weil wir uns zu vorgegebenen Daten gewöhnlich viele Geschichten ausdenken können, die zu ihnen passen, scheint die Annahme plausibel, wissenschaftliche Theorien seien durch die Daten aus Beobachtung und Experiment, die zu einem bestimmten Zeitpunkt auf sie zutreffen, nicht völlig determiniert. Aber schauen wir uns einige historische Tatsachen an.

Jeder forschende Naturwissenschaftler weiß, wie schwer es ist, eine plausible Hypothese zu formulieren, die einen unerwarteten, aus Experiment oder Beobachtung resultierenden Befund erklärt, ohne mit anderen solchen Befunden in Konflikt zu geraten. So gibt es zum Beispiel heute noch keinerlei allgemein akzeptierte Erklärung des kürzlich entdeckten Phänomens der Supraleitung bei hohen Temperaturen (der Beobachtung, daß gewisse Verbindungen bei Temperaturen weit über dem absoluten Nullpunkt ihren elektrischen Widerstand verlieren). In der Praxis scheint die Erklärung eines neuen Phänomens weniger auf das Erfinden einer plausiblen Geschichte herauszulaufen, die zu einigen wenigen Tatsachen paßt, als darauf, ein großes Puzzle zusammenzusetzen, bei dem man weder weiß, welches Bild dabei entstehen soll, noch, ob man alle Einzelteile hat.

Die Geschichte der Physik liefert mehrere Beispiele für Theorien mit dem gleichen Geltungsbereich und den gleichen Vorhersagen. Aber wie sich herausstellte, hatten diese Theorien immer dieselbe Grundstruktur, wie zum Beispiel Euklids »synthetische« Geometrie und Descartes »analytische« Geometrie dieselbe Grundstruktur haben. (In der Geometrie des Descartes entsprechen Punkte in einer Ebene Zahlenpaaren; Geraden und Kreise werden durch algebraische Gleichungen dargestellt. Jeder der Sätze des Euklid hat ein algebraisches Gegenstück, und jeder der Sätze des Descartes hat ein geometrisches Gegenstück. Obwohl die beiden Theorien völlig verschieden aussehen, sind sie eigentlich dieselbe Theorie in verschiedenem mathematischen Gewand.) Zum Beispiel gab es 1926 zwei konkurrierende quantenphysikalische Theorien, nämlich Erwin Schrödingers »Wellenmechanik« und die »Matrizenmechanik« von Werner Heisenberg, Max Born und Pascual Jordan. Schrödinger zeigte, daß diesen Theorien genau die gleiche Struktur zugrundeliegt, wie auch die euklidische und die kartesische Geometrie dieselbe Grundstruktur haben. Das Gleiche passierte in den vierziger Jahren, als man bei drei scheinbar völlig verschiedenen Theorien der Quantenelektrodynamik dieselbe Grundstruktur nachweisen konnte.

Neue Phänomene wie die Supraleitung bei hohen Temperaturen regen gewöhnlich zur Aufstellung vieler rivalisierender Hypothesen an. Wenn jedoch eine dieser Hypothesen Erfolg hat und durch Experiment und Beobachtung gut bestätigt wird, geraten die anderen in Vergessenheit. So konnten sich die Physiker Anfang des neunzehnten Jahrhunderts nicht zwischen der Hypothese entscheiden, nach der Wärme ein unzerstörbarer Stoff ist, und jener, nach der sie in mechanische Energie umgewandelt werden kann. Für jede Hypothese ließen sich experimentelle Belege anführen, und jede hatte leidenschaftliche Anhänger. In den Jahren nach 1840 führten jedoch James Joule und Robert Mayer den experimentellen Nachweis, daß sich Wärme und mechanische Energie in vielen physikalischen Situationen in einem festen Verhältnis ineinander umwandeln lassen. Prompt war die rivalisierende Hypothese erledigt.

Auch zu Beginn des zwanzigsten Jahrhunderts schwankten die Physiker zwischen zwei Theorien für elektromagnetische Erscheinungen in bewegten Körpern. Beide Theorien konnten die bekannten Daten gleich gut erklären, und die meisten Physiker ließen sich bei ihrer Entscheidung für die eine und gegen die andere von philosophischen oder ästhetischen Vorurteilen leiten. Einige bevorzugten die Theorie von H. A. Lorentz, weil sie ein Medium voraussetzte, in dem sich Lichtwellen als Schwingungen ausbreiten konnten. Andere zogen die Theorie Albert Einsteins vor, weil sie *kein* solches Medium voraussetzte und mathematisch einfacher war als die von Lorentz. Einsteins Theorie gewann schließlich nicht deshalb, weil sie einfacher war, sondern weil sie sich als genauer und umfassender erwies als die von Lorentz. (Natürlich festigte der Erfolg der Einsteinschen Theorie die Vorurteile zugunsten mathematischer Einfachheit.)

In einer idealen Welt würden Naturwissenschaftler gut bestätigte Hypothesen bereitwillig übernehmen und sich hüten, über

Hypothesen zu urteilen, die noch nicht gut bestätigt sind. Aber wie andere Menschen sind auch Naturwissenschaftler gleichermaßen von Vorurteilen wie von Lehrmeinungen bestimmt. Die Gemeinschaft der Wissenschaftler übernimmt auch gut bestätigte Hypothesen nicht immer bereitwillig. Einsteins Photonenhypothese, die wir später erörtern werden, ist dafür ein berühmtes Beispiel. Trotz der enormen persönlichen Autorität Einsteins fand die Hypothese erst dann weithin Annahme, als sie schon lange gut bestätigt worden war.

Manche Hypothesen jedoch werden allgemein akzeptiert, *bevor* sie gut bestätigt sind. Die Hypothese eines alles durchdringenden Äthers, der Licht, Wärme und Schwerkraft übermittelt, wurde niemals gut bestätigt, wohl aber über zwei Jahrhunderte lang von jedem führenden Physiker, von Newton bis Lorentz, akzeptiert. Licht und Wärme *brauchten* anscheinend einen Übermittler. Schließlich mußte die Ätherhypothese der Einsteinschen speziellen Relativitätstheorie weichen.

Vorurteile können für die Entwicklung der Wissenschaft eine konstruktive Rolle spielen, solange sie nicht zu dogmatisch für richtig gehalten werden (und manchmal sogar dann). Sie veranlassen Wissenschaftler, neue Hypothesen zu überprüfen und zu entwickeln. Steven Weinberg beschreibt das sehr treffend:

> Ich glaube jedoch nicht, daß man dem wissenschaftlichen Fortschritt stets am besten dient, indem man sich für alles offenhält. Oft muß man seine eigenen Zweifel vergessen und die Konsequenzen der eigenen Annahmen weiterverfolgen, gleichgültig, wohin sie auch führen mögen – es kommt nicht darauf an, von theoretischen Vorurteilen frei zu sein, sondern darauf, die richtigen theoretischen Vorurteile zu haben. Schließlich wird jedes theoretische Vorurteil aufgrund seiner Konsequenzen überprüfbar.[8]

Mit »richtigen« Vorurteilen meint Weinberg solche, die schließlich durch Experimente oder Beobachtungen bestätigt werden.

Was können wir angesichts dieser Tatsachen über die Behauptung Quines sagen, wissenschaftliche Theorien seien durch die Daten aus Versuch und Beobachtung nicht hinreichend festgelegt? Es trifft zu, daß die Theorien von Archimedes, Newton und Einstein mit den experimentellen Daten zum Gleichgewichtszustand schwimmender Körper gleich gut verträglich sind. *Aber in ihrem gemeinsamen Geltungsbereich sind sie nicht wirklich verschieden.* Die Theorie des Archimedes ist ein Grenzfall der Newtonschen Theorie, und die Theorie Newtons ist ein Grenzfall der Einsteinschen Theorie. Dieses Beispiel ist typisch. Wie die Geschichte der Physik zeigt, bleibt eine gutbestätigte mathematische Theorie dann, wenn sie durch eine umfassendere und genauere Theorie ersetzt wird, als Grenzfall dieser Theorie gültig. Jedenfalls sind die meisten Naturwissenschaftler davon überzeugt. Was aber meinen Wissenschaftler eigentlich mit dem Ausdruck *Grenzfall*?

## Grenzfälle und die Entwicklung der Physik

In einem guten Stadtplan beträgt die Entfernung zwischen zwei Punkten einen festen Bruchteil der wirklichen Entfernung; die Karte hat überall denselben Maßstab. Es ist nicht möglich, einen solchen Plan von der Erde zu erstellen. Die gebräuchlichsten Weltkarten übertreiben besonders die Entfernungen zwischen Punkten, die auf den Polkappen liegen, aber jede Weltkarte muß unbedingt einige Bereiche verzerren. Wenn wir eine getreue Karte eines großen Teils der Erde zeichnen wollen, müssen wir einen Globus benutzen. Aber der Teil eines großen Globus, der eine Stadt darstellt, ist praktisch ununterscheidbar von einer auf Papier gezeichneten Karte desselben kleinen Bereichs. Die Geometrie des Stadtplans (ebene Geometrie) ist ein *Grenzfall* der Kugelsymmetrie (sphärische Geometrie).

Schauen wir uns dieses Beispiel etwas genauer an. Auf der Kugeloberfläche ist die kürzeste Entfernung zwischen zwei Punkten ein Teil des Großkreises durch diese Punkte. (Ein Großkreis ist ein Kreis, dessen Mittelpunkt mit dem Kugelmittelpunkt zusammenfällt.) Die Seiten eines sphärischen Dreiecks sind Teile von Großkreisen. Die Eigenschaften solcher Dreiecke unterscheiden sich von den Eigenschaften von Dreiecken in einer Ebene. So beträgt zum Beispiel die Winkelsumme in einem ebenen Dreieck genau 180°, aber die Winkelsumme in einem Dreieck auf der Kugel ist größer als 180° und nimmt mit der

Dreiecksfläche zu. Die Geometrie eines Flecks von der Größe einer Stadt auf einer Kugel von der Größe der Erde ist jedoch von der ebenen Geometrie fast nicht zu unterscheiden, und die Unterschiede zwischen den beiden Geometrien nehmen mit der Größe des Flecks ab, gehen also gegen Null, wenn die Fläche dieses Flecks (oder genauer der Bruchteil der Kugelfläche, den er einnimmt) gegen Null geht. Das ist mit der Aussage gemeint, daß die ebene Geometrie ein Grenzfall der sphärischen Geometrie ist, also für hinreichend kleine Flecken näherungsweise gilt.

Wie der Name andeutet, begann die Geometrie als die Wissenschaft vom Messen auf der Erdoberfläche. Euklids Axiome für die ebene Geometrie waren die ersten wissenschaftlichen Gesetze. Schließlich wurden sie durch die Axiome der sphärischen Geometrie abgelöst, die für beliebig große Bereiche auf der Erdoberfläche gelten. Aber der ebenen Geometrie kommt als einem für kleine Bereiche näherungsweise gültiger Grenzfall große praktische Bedeutung zu. Auf dieselbe Art und in demselben Sinn wurden die Gesetze des Archimedes für die Statik und die Galileis für die Bewegung fallender und geworfener Dinge in der Nähe der Erde Grenzfälle der Newtonschen Theorie, die ihrerseits ein Grenzfall der Einsteinschen Theorie wurde, die ihrerseits eines Tages ein Grenzfall einer noch umfassenderen Theorie werden könnte.

In dieser Stufenfolge erklärt jede Theorie mehr Phänomene als ihre unmittelbare Vorgängerin und ist genauer als sie. Die Theorien von Archimedes und Galilei gelten in Erdnähe; Newtons Theorie gilt nicht nur für die ganze Erde, sondern für alle astronomischen Systeme, von Planeten und ihren Satelliten bis zu großen Galaxienhaufen. Sie gilt jedoch nicht für das Weltall. Das aber tut Einsteins Theorie, die zudem die Bewegung der Planeten etwas genauer beschreibt als die Theorie Newtons.

## Einfachheit

Physik und Astronomie erwuchsen aus den Bemühungen, Erfahrungen zu verstehen, die Menschen gemeinsam sind. Diese gemeinsamen Erfahrungen machen die Welt der Erscheinungen aus. Bis zum Beginn des siebzehnten Jahrhunderts ging die Erweiterung der Welt der Erscheinungen mit der Verbesserung der Wahrnehmungsfähigkeit einher. Als Galilei sein Fernrohr zum Himmel richtete und zuvor nie Gesehenes sah – die Mondkrater, die Phasen der Venus, die Milchstraße als einen Schwarm von Einzelsternen –, zerstörte er die bequeme Illusion, daß wir sehen, was da ist. Galileis Beobachtungen schufen neue gemeinsame Erfahrungen und erweiterten dadurch nicht nur die Grenzen der Welt der Erscheinungen, sondern bewiesen auch, daß vom Standpunkt der Physik aus die von den menschlichen Sinnen auferlegten Grenzen nicht grundlegend sind – eine Schlußfolgerung, die Galileis Zeitgenossen zutiefst erschütterte. Seitdem hat sich die Welt der Erscheinungen nicht nur enorm erweitert, sondern sie hat auch viele neue Erfahrungen ermöglicht – Farben, die wir nicht sehen, Gerüche, die wir nicht riechen, Geräusche, die wir nicht hören. Beobachtung und Versuch haben uns neue Welten außerhalb der Milchstraße und im Inneren des Atoms erschlossen. Gleichzeitig jedoch wurde – trotz der früher erörterten Schwierigkeiten – das System mathematischer Gesetze und Axiome, das unserer theoretischen Beschreibung der Welt der Erscheinungen zugrundeliegt, immer einheitlicher, immer genauer in den Vorhersagen und sogar, in gewissem Sinn, immer einfacher.

Der Begriff *Einfachheit* ist nach dem Verständnis der Physiker kein einfacher Begriff. Die Gravitationstheorie Einsteins ist nach gewöhnlichen Maßstäben viel komplexer als die Newtons. Newtons Theorie verwendet eine Funktion des Orts zur Beschreibung eines Schwerefelds, Einsteins Theorie verwendet zehn Funktionen von Ort und Zeit. Die von Einsteins zehn Funktionen befriedigten Gleichungen sind zudem viel komplizierter und außerordentlich viel schwieriger zu lösen als die eine Gleichung der Newtonschen Theorie.

Andererseits wiederum ist Einsteins Theorie einfacher als Newtons. In Newtons Theorie gibt es zwei Arten von Masse: die träge Masse, ein Maß des Widerstands, den ein Körper der Beschleunigung entgegensetzt, wenn eine Kraft auf ihn wirkt, und die schwere Masse, ein Maß der Stärke, mit der ein Körper andere Körper anzieht und von anderen Körpern angezogen wird. Versuche von der Art, wie sie zuerst Galilei ausführte, haben gezeigt, daß diese beiden Arten von Masse, in geeigneten Einheiten gemessen, numerisch gleich sind. Obwohl dieser bemerkenswerte Befund mit Newtons Theorie in Übereinstimmung ist, stellt er keinen Bestandteil der Theorie selbst dar, sondern muß hinzugefügt werden. Wenn neue Versuche zeigen sollten, daß das Verhältnis zwischen schwerer und träger Masse nicht ganz konstant ist, könnte es nötig sein, wiederum einen Zusatz zum Zusatz zu machen. Die Theorie Newtons würde darüber hinaus nicht berührt. In Einsteins Theorie dagegen sind träge und schwere Masse im Prinzip gleich, oder jedenfalls zeigt sich nie ein Unterschied. So gesehen ist Einsteins Theorie einfacher als Newtons – vor allem ließe sie sich leichter durch den Versuch widerlegen.

Zu der Zeit, zu der Einstein seine Theorien über Raum, Zeit und Schwerkraft ausarbeitete und veröffentlichte, sahen die meisten Physiker und Wissenschaftstheoretiker in physikalischen Theorien nichts anderes als eine ökonomische Systematisierung der Erfahrung. Auf Einsteins Gravitationstheorie traf diese Beschreibung nicht zu. Nicht nur ist sie in einer abstrakten und schwierigen mathematischen Sprache gehalten, sondern die in der Theorie vorkommenden Größen sind nicht direkt meßbar. Eine Systematisierung der Erfahrung muß offensichtlich mit meßbaren Größen umgehen, nicht mit mathematischen Abstraktionen wie der Krümmung der Raumzeit. Ernst Mach und andere Positivisten wiesen deshalb Einsteins Theorie zurück.

Die experimentelle Bestätigung einiger entscheidender Vorhersagen – eine kleine Korrektur der Bahn des Merkur, die Ablenkung des Sternenlichts durch die Sonne, eine leichte Rötung des von kompakten Sternen ausgeschickten Lichts – bestätigte nicht nur Einsteins Gravitationstheorie, sondern auch seine Sicht vom Wesen physikalischer Theorien. Anscheinend teilte die Natur Einsteins Vorurteil zugunsten der Art von Einfachheit, die er in seine Theorie eingebaut hatte.

Einsteins Theorien waren tonangebend für die Physik des zwanzigsten Jahrhunderts. Die Geschichte der Quantenphysik ist die Geschichte einer andauernden, höchst erfolgreichen Suche nach einfacheren, tieferen, umfassenderen und abstrakteren vereinheitlichenden Grundsätzen. Diese Grundsätze sind keine Systematisierung der Erfahrung. Sie sind, wie Einstein gern sagte, »freie Geschöpfe des menschlichen Verstands«. Aber sie fangen in der Sprache abstrakter Mathematik Regelmäßigkeiten ein, die tief unter den Erscheinungen verborgen sind. Warum haben diese Regelmäßigkeiten eine mathematische Form? Und warum sind sie der menschlichen Vernunft zugänglich? Dies sind die großen Geheimnisse des ältesten und erfolgreichsten Unterfangens der menschlichen Vernunft. Wie Einstein einst an seinen Freund Solovine schrieb, empfand er »die Begreiflichkeit der Welt ... als Wunder oder ewiges Geheimnis«.[9]

## Ein Überblick

Die Naturwissenschaft hat zwei Hauptziele: Sie möchte einerseits die Gesetze verstehen, die Naturerscheinungen zugrundeliegen, und andererseits die Vorgänge erklären, die die uns bekannte Welt formen. Auch hier lockt die Einheit, wenn auch eine andere Art der Einheit als die der grundlegenden Naturgesetze.

Die beiden Ziele betreffen zwei Formen der natürlichen Ordnung. Ich möchte die erste die zeitlose oder pythagoräische Ordnung nennen. Sie wird in unveränderlichen mathematischen Gesetzen, die allen Naturerscheinungen zugrundeliegen, erfaßt. (Pythagoras und seine Nachfolger glaubten, daß der Welt der Erscheinungen Zahlen, geometrische Formen und mathematische Harmonie zugrundeliegen.) Die zweite Art zeigt sich in Strukturen, die entstehen, sich entwickeln und schließlich zerfallen. Ich nenne sie die zeitgebundene oder heraklitische Ordnung. (Die Weltanschauung des vorsokratischen Philosophen Heraklit, wie sie in dem Ausspruch »Man steigt nicht zweimal in denselben Strom« zusammengefaßt ist, betonte Veränderung und Wandel.)

In der Unterscheidung zwischen zeitloser und zeitgebundener Ordnung zeigt sich ein grundlegender Unterschied zwischen *Gesetzen* und *Anfangsbedingungen*. Die Gesetze der Physik definieren den Bereich des Möglichen, die Anfangsbedingungen definieren den Bereich des Wirklichen. Die Intelligenz des Laplace kennt alle Anfangsbedingungen und alle Gesetze. Deshalb beschäftigen wir uns zunächst noch einmal mit diesem Unterschied, der auf Galilei und Newton zurückgeht, um ihn neu zu deuten. Ich behaupte zunächst, daß jede Menge von Anfangsbedingungen regelmäßige und zufällige Komponenten enthält. Die regelmäßige Komponente entspricht einer Form der zeitgebundenen Ordnung. Ich behaupte weiterhin, daß dann, wenn es keinen Zufall gibt, alle Formen zeitgebundener Ordnung vorkommen und daß sie sich in einer einzigen vor über einem Jahrhundert von Ludwig Boltzmann entwickelten mathematischen Formel zusammenfassen lassen.

Danach will ich entgegen der vorherrschenden Meinung behaupten, daß die Zufallskomponente der Anfangsbedingungen nicht völlig auf menschlichem Unwissen beruht – gewisse Anfangsbedingungen lassen sich ganz grundsätzlich nicht in Erfahrung bringen, auch nicht von einer Laplaceschen Intelligenz. Diese Überlegung hilft uns zu verstehen, warum Zukunft und Vergangenheit unterscheidbar sind, obwohl die Gesetze, die Atome und Moleküle beherrschen, nicht zwischen den beiden Zeitrichtungen unterscheiden.

Vom Zufall ausgehend kommen wir zur Diskretheit, einem anderen Hauptthema dieses Buchs. Ein diskretes Aggregat ist eine Menge, deren Elemente sich aufreihen oder numerieren lassen. (Die Liste kann unendlich lang sein.) Die chemischen Elemente, die Sterne unserer Galaxis und die ganzen Zahlen sind alle diskrete Mengen. Im Gegensatz dazu lassen sich stetige Aggregate, etwa die Punkte einer Strecke, nicht aufzählen oder numerieren.[10] Die Welt der klassischen Physik ist stetig, die Welt der Quantenphysik ist diskret. Zum Beispiel kann ein Wasserstoffatom, das aus einem massereichen positiv geladenen Teilchen (dem Proton) und einem viel leichteren negativ geladenen Teilchen (dem Elektron) besteht, nach der klassischen Physik einen ganz beliebigen Radius und beliebige Energie haben. Aber die Quantenphysik sagt vorher – und Experimente bestätigen es –, daß das Wasserstoffatom nur eine diskrete Menge möglicher physikalischer Zustände annehmen kann, darunter einen mit niedrigster Energie und kleinstem Radius.

Wir werden sehen, daß der zeitlosen oder pythagoräischen

Ordnung Diskretheit zugrundeliegt. Wir werden auch sehen, daß Boltzmanns Definition der Unordnung – eine Definition, die es uns erlauben wird, eine einheitliche Darstellung der zeitgebundenen oder heraklitischen Ordnung zu geben – nur für Systeme gilt, deren mögliche Zustände ein diskretes Aggregat bilden. Die beiden Formen der Ordnung haben also eine gemeinsame Grundlage.

Die Suche nach einem tieferen Verständnis für den Zusammenhang von Zufälligkeit und Diskretheit wird uns zu einer neuen (und höchst spekulativen) Deutung der Quantenunbestimmtheit und einer gleichermaßen spekulativen Auflösung von Widersprüchen führen, die Quantenphysiker schon seit über einem halben Jahrhundert quälen. Wir werden auch zu einem tieferen Verständnis für den Zeitpfeil gelangen, wie er sich in der Makrophysik und in unserer gewöhnlichen Erfahrung manifestiert.

Der zweite Teil des Buchs erkundet die Vielfalt zeitgebundener Ordnung. Wir werden sehen, wie frühere Überlegungen über Zufall und Diskretheit es uns ermöglichen, zwei der zu Beginn dieses Kapitels erwähnten Konflikte zu lösen: zwischen der Makrophysik, die uns sagt, daß das Universum »abwirtschaftet«, und der Kosmologie, die uns sagt, daß das Universum sich »hinaufschraubt«, und zwischen der mechanistischen und deterministischen Weltanschauung der Physik und der evolutionären Weltsicht der Biologie.

In der uns bekannten Welt sind menschliches Denken und Handeln die reichsten Quellen von Ordnung. Sprache, Schrift, Musik, Gemälde und Skulptur, Tanz und die gewöhnlichen Aktivitäten des Alltagslebens sind zugleich die vertrautesten und geheimnisvollsten aller Ordnung erzeugenden Vorgänge. Eine Untersuchung dieser Vorgänge bahnt den Weg für die Erörterung unserer letzten Frage: Gibt es in einem wissenschaftlichen Weltbild Raum für menschliche Freiheit? Philosophen von Immanuel Kant bis Thomas Nagel haben behauptet, daß die subjektive und wissenschaftliche Weltsicht – die Sicht von innen und von außen – unvereinbar sind. Ich behaupte, daß die beiden Weltanschauungen verträglich sind und daß die Zukunft so offen ist, wie unser Gefühl es uns sagt.

# 2. Ordnung und Unordnung

Naturwissenschaftler suchen nach Ordnung. Wenn man jedoch Teilchenphysiker, Thermodynamiker, Kosmologen und Biologen bitten würde, zu sagen, was sie unter *Ordnung* verstehen, erhielte man wahrscheinlich vier völlig verschiedene Antworten. Teilchenphysiker setzen Ordnung mit der Regelhaftigkeit gleich, die den physikalischen Gesetzen und Symmetrieprinzipien zugrunde liegt. Thermodynamiker würden sagen, Ordnung bestünde in den Abweichungen von dem einheitlichen, eigenschaftslosen Zustand des thermischen Gleichgewichts, nach dem alle physikalischen Systeme und sogar das Weltall als Ganzes streben. Kosmologen könnten auf die geordneten Strukturen des Sonnensystems und des Milchstraßensystems verweisen und vielleicht hinzufügen, daß die Moralpredigt der Thermodynamiker über den Zerfall der Ordnung anscheinend nicht für selbst-gravitierende Systeme gilt. (Eine isolierte selbst-gravitierende Gaskugel zum Beispiel wird immer heißer und dichter, während sie Energie in den leeren Raum abstrahlt.) Biologen schließlich könnten behaupten, die biologische Organisation sei qualitativ verschieden von den Formen der Ordnung, die ihre drei Kollegen aus der Physik beschäftigen. Alle diese Sichtweisen haben ihre Berechtigung. Unser Problem besteht nicht darin, uns zwischen ihnen zu entscheiden, sondern sie zu einem kohärenten Bild zusammenzufügen, also eine Ordnung in das Thema Ordnung zu bringen.

## Gesetze und Anfangsbedingungen

Nach Überzeugung der Naturwissenschaftler werden alle Naturerscheinungen von einigen wenigen allgemeingültigen Gesetzen beherrscht, *aber nicht völlig bestimmt.*

Denken wir zum Beispiel an Galileis Theorie der Bewegung, die die Bewegung von Geschossen in der Nähe der Erdoberfläche beschreibt. Sie beruht auf zwei mathematischen Gesetzen:

1. Die Horizontalgeschwindigkeit eines Geschosses hat eine gleichförmige Geschwindigkeit und Richtung.

2. Die Vertikalgeschwindigkeit nimmt stetig ab (in jeder Sekunde um etwa 10 Meter pro Sekunde).

Diese Gesetze gelten für Körper, die von Türmen fallen, für Kugeln, die aus Kanonen geschossen werden, und für Steine, die Kinder werfen; sie gelten in Pisa, in Paris und in Paducah, und sie gelten in diesem Jahrhundert genauso wie in dem Galileis. Aber sie sagen uns nicht, wo oder in welche Richtung oder mit welcher Geschwindigkeit ein bestimmtes Geschoß auf den Weg geschickt wird. Und bis wir das wissen, können wir die Bahn nicht vorhersagen. Ort, Geschwindigkeit und Richtung eines Geschosses und der Zeitpunkt des Abwurfs stellen sogenannte *Anfangsbedingungen* dar. Wenn diese Daten gegeben sind, können wir mit Hilfe von Galileis Fallgesetzen die Bahn, die Geschwindigkeit und die Bewegungsrichtung des Körpers zu früheren und späteren Zeiten vorhersagen, solange er sich frei bewegt.

Dieses Beispiel veranschaulicht vier weitverbreitete Meinungen zu Gesetzen und Anfangsbedingungen:

1. Gesetze und Anfangsbedingungen sind grundsätzlich verschieden voneinander. Galileis Bewegungsgesetze haben also nichts mit den Anfangsbedingungen zu tun, die spezielle Bahnen definieren.

2. Gesetze sind Ausdruck *allgemeingültiger* und *notwendiger* Aspekte von Erscheinungen, Anfangsbedingungen sind Ausdruck ihrer *besonderen* und *zufälligen* Aspekte. Galileis Gesetze beschreiben also Eigenschaften, die allen möglichen Bahnen zukommen, während die Anfangsbedingungen jeweils eine bestimmte Bahn definieren.

3. Gesetze sind Ausdruck der den Erscheinungen zugrundeliegenden *Regelhaftigkeiten*, die Anfangsbedingungen jedoch haben *Zufalls*charakter.[1]

4. Die Anfangsbedingungen, die nötig sind, um alle zukünftigen Zustände der Welt zu bestimmen, können im Prinzip in allen Einzelheiten bekannt sein.

Ich möchte zeigen, daß diese Überzeugungen nur in bestimmten Zusammenhängen gültig sind und nicht für das Universum insgesamt.

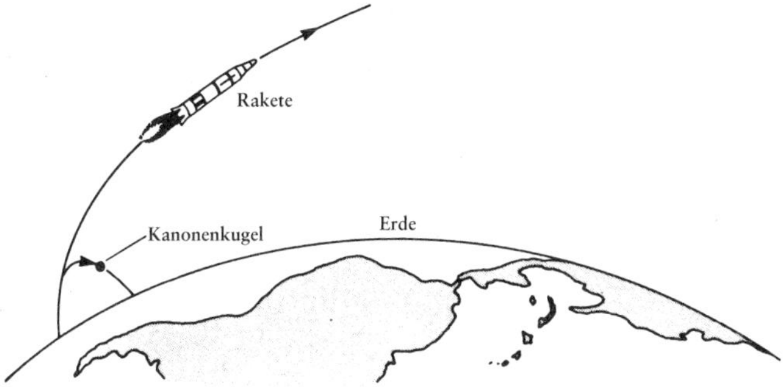


Abb. 2.1: Galileis Theorie sagt vorher, daß ein Geschoß entlang einer Parabelbahn steigt und fällt. Aber diese Vorhersage ist nur beschränkt gültig. Ein Geschoß, dessen Anfangsgeschwindigkeit hinreichend groß ist, verläßt die Erde und kommt niemals zurück.

Dazu müssen wir uns Galileis Theorie etwas genauer ansehen. Sie sagt vorher, daß ein Geschoß sich auf einer Parabelbahn bewegt. Aber diese Vorhersage hat nur beschränkte Gültigkeit. Wenn die Anfangsgeschwindigkeit groß genug ist, verläßt das Geschoß die Erde und kommt niemals zurück (Abbildung 2. 1). *Die Gesetze Galileis gelten also nur für einen gewissen Bereich von Anfangsbedingungen* (jene, für die die Anfangsgeschwindigkeit des Projektils unter einem bestimmten Wert liegt). Außerdem muß das Geschoß groß und schwer genug sein, damit die Wirkung des Luftwiderstands vernachlässigbar ist – eine weitere Anfangsbedingung. Deshalb muß eine genaue Fassung der Gesetze Galileis die Anfangsbedingungen mit einbeziehen. In diesem Beispiel sind also Gesetze und Anfangsbedingungen nicht unabhängig voneinander.

Nehmen wir jedoch an, wir ersetzten die Gesetze Galileis durch die Newtons. Die Klasse der zugelassenen Anfangsbedingungen ist dann viel größer. Newtons Gesetze berücksichtigen den Luftwiderstand und gelten für Geschosse, deren Anfangsgeschwindigkeit zur Überwindung der Schwerkraft der Erde ausreicht. Aber auch Newtons Gesetze beziehen stillschweigend Anfangsbedingungen mit ein: Sie gelten nur für Geschosse, deren Geschwindigkeit viel kleiner ist als die des Lichts.

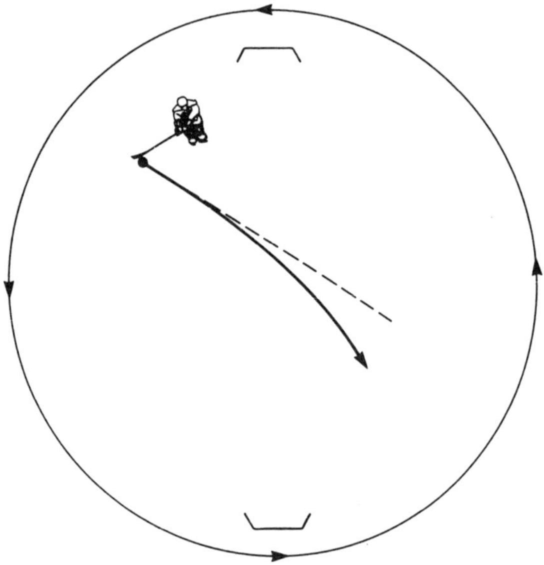

Abb. 2.2: Der Pfeil zeigt die gekrümmte Bahn eines Hockeypucks auf einer rotierenden Eisfläche. Die gestrichelte Gerade beschreibt die Bahn relativ zu einer nicht rotierenden Fläche unter der Eisbahn.

Diese Einschränkung gilt nicht für Einsteins Gravitationstheorie, denn sie gilt für Geschosse mit beliebigen Geschwindigkeiten. Ist es uns nun endlich gelungen, Gesetze und Anfangsbedingungen zu trennen?

Nicht ganz. Newtons Bewegungsgesetze gelten nur in bestimmten Bezugssystemen. Die Erdoberfläche zum Beispiel gehört *nicht* zu ihnen. Weil sich die Erde um ihre Achse dreht, ist die Bahn eines Pucks auf einer vollkommen flachen, waagerechten und reibungslosen Eisfläche leichtgekrümmt und entspricht nicht der von Galileis Trägheitsgesetz oder Newtons erstem Bewegungsgesetz vorhergesagten Geraden (Abbildung 2. 2). Auf einer sich rasch drehenden Eisfläche wäre die Krümmung der Bahn offensichtlich. Aber was kennzeichnet die Bezugssysteme, in denen Newtons Gesetze gelten, Systeme, in denen die Bahnen der Gummischeiben Geraden sind?

Newton beantwortete diese Frage auf eine Weise, die moderne Naturwissenschaftler für unbefriedigend halten. Er sagte, der *Raum selbst* liefere ein absolutes Ruhesystem. Ein Körper ist in Ruhe, wenn er relativ zum Raum in Ruhe ist, in Bewegung, wenn er relativ zum Raum in Bewegung ist, und beschleunigt, wenn er relativ zum Raum beschleunigt ist. Aber wie können wir herausfinden, ob ein Körper relativ zum Raum in Ruhe ist?

Wir können es nicht. Der Raum selbst, losgelöst von seinem Inhalt, läßt sich nicht beobachten. Heute würden wir sagen, der Newtonsche Raum sei ein mathematisches Gebilde ohne physikalische Entsprechung. Newton selbst sah das anders; er setzte den Raum mit dem »Sensorium Gottes« gleich. Eigentlich behauptete er, die Frage: »Was definiert ein nicht beschleunigtes Bezugssystem?« habe keine wissenschaftliche Antwort.

Ernst Mach (1838-1916), gleich bedeutend als Physiker, Physiologe und Philosoph, versuchte, eine wissenschaftliche Antwort zu geben. In *Die Mechanik – historisch-kritisch dargestellt* (1883) behauptet er, Newtons Bewegungsgesetze – und sogar alle physikalischen Gesetze – seien nichts anderes als sparsame Beschreibungen dessen, was beobachtet wurde oder beobachtet werden kann. Weil der Raum, wie Newton ihn sich vorstellte, grundsätzlich unbeobachtbar ist, sollte er in den Bewegungsgesetzen nicht vorkommen. Mach schlug vor, den Fixsternen die Rolle zuzuweisen, die Newton dem absoluten Raum zugeschrieben hatte. Bewegung würde dann *relativ zu den Fixsternen* beschleunigt oder nicht beschleunigt genannt.

Seit der Zeit Machs haben sich die »Fixsterne« als Teile eines riesigen selbst-gravitierenden Sternsystems mit komplizierten inneren Bewegungen erwiesen. Zudem wird dieses System, die Galaxis, durch die Gravitationsanziehung benachbarter Galaxien beschleunigt. Machs Gedanken lassen sich jedoch leicht so abwandeln, daß sie diese Befunde berücksichtigen. Wir müssen dazu nur die »Fixsterne« durch eine große Menge ferner Galaxien ersetzen und vereinbaren, unter »nicht beschleunigt« »nicht beschleunigt in bezug auf eine hinreichend große Menge ferner Galaxien« zu verstehen.

Machs Kritik an Newtons Gedanken über den absoluten

Raum machte großen Eindruck auf Einstein, der jedoch nicht meinte, Mach habe das Problem einfach dadurch gelöst, daß er die »Fixsterne« als Ruhesystem nahm. Einstein glaubte, eine angemessene Gravitationstheorie müsse eine *gesetzmäßige Verbindung* zwischen *lokalen* nicht beschleunigten Bezugssystemen – Systemen, in denen reibungslose Hockeypucks sich mit konstanter Geschwindigkeit auf vollkommenen Geraden bewegen – und einem *kosmischen* Bezugssystem herstellen, das durch die Verteilung von Materie, Energie und Bewegung im Kosmos bestimmt ist. Eine solche Theorie ermöglichte es, die nicht beschleunigte Bewegung des Pucks relativ zu einem von der Struktur des Universums definierten System *vorherzusagen* und sie nicht nur vorauszusetzen.

Einstein formulierte diese Forderung nicht nur, sondern es gelang ihm auch, eine Gravitationstheorie, nämlich die Allgemeine Relativitätstheorie zu konstruieren, die ihr genügt. Nach der Allgemeinen Relativitätstheorie bestimmt die geometrische Struktur der Raumzeit ihren physikalischen Gehalt und umgekehrt. Wenn Einsteins Theorie auf das Universum insgesamt angewendet werden soll, brauchen wir eine zusätzliche Annahme. Mit Einstein fordern die meisten Kosmologen, daß *die über einen hinreichend großen Raumbereich gemittelte Massendichte zu jedem Zeitpunkt überall im Weltall denselben Wert hat.* Zusammen mit dieser Annahme sagt die Einsteinsche Theorie vorher, daß der Hockeypuck sich mit konstanter Geschwindigkeit auf einer Geraden relativ zu einem Bezugssystem bewegt, in dem die großräumige kosmische Verteilung von Materie, Energie und Bewegung überall und in allen Richtungen gleich ist.

Was halten Physiker heute von Einsteins kosmologischem Postulat? Einige Kosmologen behaupten, kosmische Gleichförmigkeit sei ein Phänomen, das man eher erklären als voraussetzen sollte. Wie würde eine solche Erklärung aussehen? Ich denke, sie sollte zeigen, daß *jedes* Weltall, das Einsteins Gravitationsgesetz und den anderen Gesetzen der Physik genügt, sich zu einem Weltall entwickeln muß, das in einem hinreichend großen Maßstab zumindest in unserer unmittelbaren Umgebung homogen ist. Jeder weniger weitreichende Beweis würde eine Anfangsbedingung beschwören, die notwendigerweise komplexer ist als das Postulat kosmischer Homogenität.

Aber es ist sicherlich nicht wahr, daß *irgendwelche* Anfangsbedingungen zu einem so gleichförmigen Universum führen würden, wie das, was uns unsere Teleskope zeigen. Möglicherweise läßt sich diese Homogenität des Weltalls im Großen erklären, indem wir eine schwächere – aber weniger einfache – Anfangsbedingung als Einsteins Postulat heranziehen, aber es ist nicht möglich, eine theoretische Beschreibung des Universums zu formulieren, die ganz ohne Anfangsbedingungen auskommt.

Das Postulat der kosmischen Gleichförmigkeit unterscheidet sich von den üblichen Anfangsbedingungen. In allen anderen Fällen dienen die Anfangsbedingungen dazu, das System, das man untersuchen möchte, von anderen Systemen derselben Art zu unterscheiden – die Erde von anderen Planeten, die Sonne von anderen Sternen, die Galaxis von anderen Galaxien. Unterscheidet das Postulat der kosmischen Gleichförmigkeit unser Universum von anderen möglichen Universen? Sicherlich gehört das Gespräch über andere mögliche Universen, die grundsätzlich nicht beobachtbar sind, zur Science-fiction und nicht zur Naturwissenschaft. In jedem Fall gibt es keinen Grund zu der Annahme, andere Universen (was immer das heißt) gehorchten denselben physikalischen Gesetzen wie unser eigenes. Mathematiker können »Weltmodelle« untersuchen, aber im Lexikon der Naturwissenschaft gibt es das Wort *Weltall* nicht im Plural. Die Anfangsbedingungen, die das Universum definieren, sind nicht weniger einzigartig als die Gesetze. Deshalb versagt auf der Ebene der kosmologischen Beschreibung eine der wesentlichen Unterscheidungen zwischen Gesetzen und Anfangsbedingungen – der Einzigartigkeit der Gesetze läßt sich nicht mehr die Vielzahl der Anfangsbedingungen gegenüberstellen.

Eine andere der herkömmlichen Unterscheidungen zwischen Gesetzen und Anfangsbedingungen hängt von der mutmaßlichen Zufälligkeit der Anfangsbedingungen ab. Gesetze sollen Regelmäßigkeiten ausdrücken, während den Anfangsbedingungen Zufallscharakter zugeschrieben wird. Dieser Unterschied gilt fraglos für die Anfangsbedingungen, die gewöhnliche physikalische und astronomische Systeme definieren. Man betrachte

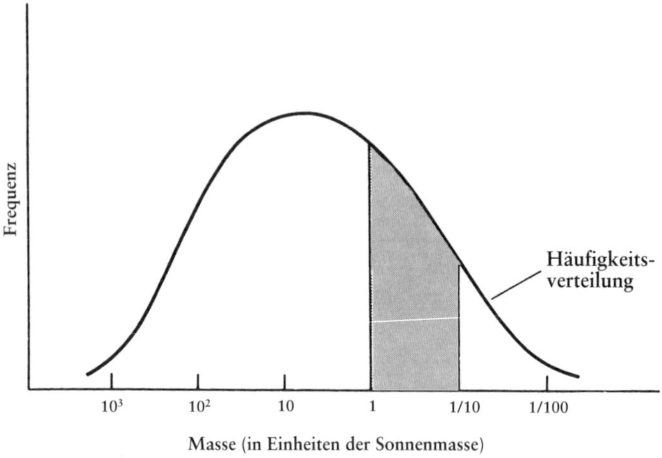


Abb. 2.3: Hypothetische Häufigkeitsverteilung der Anfangsmassen von Sternen. Wenn die Fläche unter der Kurve als Eins gesetzt wird, stellt der schattierte Bereich den Bruchteil der Sterne dar, deren Anfangsmasse zwischen einem Zehntel der Sonnenmasse und der Sonnenmasse liegt.

etwa einen Stern. Zu den ihn definierenden Bedingungen gehört sein Geburtsgewicht. Wenn astronomische Beobachtungen im Rahmen der Theorien der Sternstruktur und -entwicklung gedeutet werden, sagen sie uns, daß Sterne sehr unterschiedliche Anfangsmassen haben können. Einige Sterne haben ein Zehntel der Sonnenmasse, andere das Hundertfache oder mehr. Und doch gibt es keinen offensichtlichen Grund, warum ein bestimmter Stern – zum Beispiel die Sonne – mit einer bestimmten Masse geboren werden sollte.

Eine Theorie der Sternbildung könnte jedoch vorhersagen, welcher Bruchteil der Sterne Anfangsmassen hat, die in einem bestimmten Bereich liegen – sagen wir, innerhalb von zehn Prozent der jetzigen Sonnenmasse oder zwischen dem Zehn- und Hundertfachen der jetzigen Sonnenmasse. Sie könnte, anders gesagt, die *Häufigkeitsverteilung* der Anfangsmassen von Sternen vorhersagen (Abbildung 2. 3). Die Anfangsbedingungen, die für die Anfangsmassen von Sternen gelten, haben also sowohl eine gesetzmäßige als auch eine Zufallskomponente. Die Zufallskomponente ergibt sich aus der Tatsache, daß nichts in den heutigen oder denkbaren Theorien der Sternentstehung es uns ermöglicht, einem bestimmten Stern, etwa der Sonne, eine bestimmte Anfangsmasse zuzuordnen. Die gesetzmäßige Komponente beruht auf der Häufigkeitsverteilung der Sternmassen (Abbildung 2. 3). Sie gibt die Bruchteile der Anfangsmassen an, die in einem vorgegebenen Intervall liegen; eine geeignete Theorie der Sternentstehung sollte sie vorhersagen.

Wenn wir eine solche Theorie konstruieren wollten, müssen wir den *Vorgang* der Sternentstehung verstehen und die jeweiligen *Anfangsbedingungen* kennen – also die Bedingungen, die den Weg für die Sternentstehung ebnen. In der Praxis hängen diese beiden Aufgaben miteinander zusammen. Um den physikalischen Vorgang verstehen zu können, muß man etwas über die Anfangsbedingungen wissen; um die Anfangsbedingungen aufzudecken, muß man die Vorgänge kennen, die sie mit ihren Wirkungen verknüpfen. Im Prinzip jedoch unterscheiden sich die physikalischen Vorgänge von den Anfangsbedingungen. Wenn diese einmal *festgelegt* sind, werden die Vorgänge durch die physikalischen Grundgesetze bestimmt. Das Problem der Vorhersage der Häufigkeitsverteilung der Anfangsmassen reduziert sich also im Prinzip auf das Problem, Information über die Bedingungen zu erhalten, unter denen sich Sterne bilden.

Diese Bedingungen haben wiederum eine zufällige und eine gesetzmäßige Komponente. Wenn wir die gesetzmäßige Komponente vorhersagen wollen, müssen wir die früheren physikalischen Vorgänge und die mit ihnen verknüpften Anfangsbedingungen kennen. Und so weiter. Jeder Satz von Anfangsbedingungen ist über physikalische Vorgänge mit einem anderen Satz von Anfangsbedingungen verknüpft. Diese kausale Kette ist weder geschlossen noch endlos. Weil die gesetzmäßige Komponente jeder Menge von Anfangsbedingungen durch vorangegangene Anfangsbedingungen erklärt wird, die sich auf ein umfassenderes physikalisches System beziehen, müssen wir schließlich zu Bedingungen kommen, die den Anfangszustand des Universums insgesamt beschreiben. Dann sind wir am Ende der Kette angelangt. Wie Euklids Axiome lassen sich die kosmischen

Anfangsbedingungen aus nichts anderem herleiten. Sie enthalten Information über die Welt, die wir niemals erklären können werden.

Die meisten Naturwissenschaftler hoffen, daß dieser Rest an Unerklärtem und Unerklärbarem klein oder sogar nichtexistent ist. Obwohl manche Menschen – zum Beispiel Mystiker – diese Hoffnung nicht teilen, beruht sie nicht nur auf Vorurteilen, sondern zum Teil auch auf Erfahrung. Die Naturwissenschaft ist immer wieder auf anscheinend unerklärliche Erscheinungen gestoßen, und fast immer ist es ihr gelungen, sie früher oder später zu erklären. Es gibt auch einen methodologischen Grund für die Annahme, daß die kosmischen Anfangsbedingungen so einfach wie möglich sind: Die einfachsten Hypothesen stellen sich nicht immer als die richtigen heraus, aber sie erheben einen starken Anspruch darauf, zuerst überprüft zu werden, vor den weniger einfachen. Dieser Anspruch findet seinen Ausdruck in der Vorschrift, die oft Ockhams Rasiermesser genannt wird: Die Größen sollten nur nach Bedarf vermehrt werden.

Um das bisher Gesagte zusammenzufassen: Wir haben drei Körnchen herkömmlicher Weisheit über physikalische Gesetze und Anfangsbedingungen kritisch betrachtet. Wir haben gesehen, daß der Unterschied zwischen diesen beiden Determinanten der Naturerscheinungen nicht so klar ist, wie es auf den ersten Blick aussieht, und daß er auf der kosmologischen Beschreibungsebene völlig verschwinden kann. Auch der Gegensatz zwischen der Allgemeingültigkeit von Gesetzen und der Besonderheit und Zufälligkeit der Anfangsbedingungen verschwindet auf der kosmologischen Ebene. Schließlich haben wir gesehen, daß Anfangsbedingungen sowohl eine gesetzmäßige als auch eine Zufallskomponente haben. Kosmologen und Biologen liegt in der Tat vor allem daran, die Gesetzmäßigkeiten der Anfangsbedingungen zu verstehen. Diese Gesetzmäßigkeiten werden von Vorgängen geschaffen und zerstört, die allgemeinen und zeitlosen physikalischen Gesetzen gehorchen, lassen sich jedoch nicht wie etwa die Eigenschaften eines Wasserstoffatoms oder eines Diamanten allein aus diesen Gesetzen ableiten.

Die Frage, ob die Anfangsbedingungen des Universums seine Zukunft in der Weise festlegen, wie Laplace und Einstein es sich vorstellten, bleibt offen. Wir haben gesehen, daß diese Anfangsbedingungen eine große Zufallskomponente haben. Unsere nächste Aufgabe ist es, den Begriff des Zufalls genauer zu fassen.

## Zufall

Viele wissenschaftliche Begriffe werden implizit durch die Theorien definiert, in denen sie auftreten. Die Ausdrücke *Punkt* und *Gerade* sind implizit durch Axiome definiert, die uns nicht sagen, was Punkte und Geraden »wirklich sind«, sondern welche Eigenschaften der Dinge, die wir »Punkte« und »Geraden« nennen, wir ihnen im Zusammenhang mit diesen Axiomen zuschreiben. Auch die Bedeutung der Begriffe *Unordnung* und *Zufall* erwächst aus dem theoretischen Zusammenhang.

Die herkömmliche wissenschaftliche Sicht unterscheidet zwei Arten von Zufälligkeit, von denen die eine der Quantenphysik entspricht und die andere der klassischen Physik. Nach der Quantenphysik sind gewisse elementare Ereignisse – zum Beispiel der Zerfall eines radioaktiven Atomkerns – ihrem Wesen nach zufällig. Der Zeitpunkt, an dem ein instabiler Atomkern zerfällt, läßt sich einfach nicht genau vorhersagen. Die Quantenphysik gibt uns nur die Wahrscheinlichkeit dafür an, daß ein bestimmter Kern in einem bestimmten Zeitintervall zerfällt, und in dieser Hinsicht wird keine zukünftige Theorie je besser sein können. Das ist zumindest (zu Recht, meine ich) die Überzeugung der meisten heutigen Physiker.

Der Zufall spielt auch in der Makrophysik eine Rolle. Wenn Physiker untersuchen, welcher Zusammenhang zwischen Luftdruck, -temperatur und -dichte in einem Raum besteht, setzen sie voraus, daß sich die einzelnen Luftmoleküle mit zufälligen Geschwindigkeiten in zufällige Richtungen bewegen. Aber diese Annahme wird nur der Bequemlichkeit zuliebe gemacht. Die Physiker sind sich sicher, daß diese Unordnung in der Molekularbewegung, anders als die des radioaktiven Zerfalls, *reduzierbar* ist. Eine vollständige Beschreibung der Luft in dem Raum würde jedem Molekül innerhalb der von der Quantenphysik auferlegten Grenzen eine bestimmte Geschwindigkeit und Bewegungsrichtung zuordnen. Für die Zwecke des Physikers sind all diese mikrophysikalischen Einzelheiten unwichtig. Im Prinzip jedoch ist es möglich, sie zu kennen. Zumindest sind die meisten heutigen Physiker davon überzeugt.

Einstein, der fest von der Einheit der Physik überzeugt war, weigerte sich, wie die allermeisten seiner Kollegen, einen grundsätzlichen Unterschied zwischen makroskopischer und mikroskopischer Unordnung zu machen. Er glaubte, die Art von Zufall, für die der radioaktive Zerfall ein Beispiel ist, sei tatsächlich der gleiche, den Physiker der Molekularbewegung zuschreiben.

Glücklicherweise läßt sich die Frage nach der Reduzierbarkeit von der Frage trennen, wie Unordnung definiert und gemessen werden sollte. Diese Frage wurde von Ludwig Boltzmann gestellt und beantwortet. Boltzmann suchte 1873 nach einer statistischen Eigenschaft einer Menge von Molekülen, die der *Entropie*, also einer makroskopische Eigenschaft von Gasen, ähnelt. Die Entropie wurde 1854 von dem Physiker Rudolf Clausius erfunden (und benannt). Anders als solche Größen wie Druck und Temperatur hat die Entropie keine Entsprechung in der Erfahrung. Wir können die Entropie der Luft in einem Raum als eine Funktion von Temperatur, Druck und der chemischen Zusammensetzung berechnen, aber die Natur hat es uns nicht gegeben, Veränderungen der Entropie zu fühlen, so, wie wir Wärme, Druck und Geruch empfinden. Trotzdem ist die Entropie in allen möglichen praktischen Zusammenhängen, von der chemischen Industrie bis zur Biochemie, enorm wichtig. Mit der absoluten Temperatur multipliziert mißt sie die Menge der Energie, die *nicht* zur Verfügung steht, um nützliche Arbeit zu verrichten, wenn (wie in einer lebenden Zelle) Temperatur und Druck konstant sind.

Physikalische Vorgänge, die Energie verbrauchen, schaffen Entropie. Reibung erzeugt Entropie. Auch der direkte Wärmestrom von einem wärmeren in einen kühleren Körper erzeugt Entropie, weil sich mit Hilfe zweier Körper mit unterschiedlichen Temperaturen eine Wärmekraftmaschine betreiben läßt, die einen Teil des Wärmestroms in Arbeit umsetzt. Das tun auch chemische Reaktionen in lebenden Zellen. Clausius behauptete, *alle* natürlichen Prozesse erzeugten Entropie, wenn die Entropie nicht schon so groß wie möglich ist. Dieses Postulat ist eine mögliche Formulierung des zweiten Hauptsatzes der Thermodynamik. Der erste Hauptsatz besagt, daß kein natürlicher Vorgang Energie erzeugt oder vernichtet; aus dem zweiten Hauptsatz folgt, daß alle natürlichen Vorgänge Energie *entwerten*.

Obwohl Physiker mit Hilfe der von Clausius gegebenen Definition die Entropie eines Gases berechnen konnten, blieb die physikalische Bedeutung dieser Berechnungen unklar. Sie hätten Entropie gern in derselben Weise verstanden wie Temperatur und Druck. Die Temperatur war als ein Maß für die mittlere Energie der Molekülbewegung erkannt worden. Der Druck, den ein Gas auf die Wände eines Gefäßes ausübt, hatte sich als ein Maß für den Rückstoß erwiesen, den die Wände erfahren, wenn Gasmoleküle an ihnen abprallen. Was ist die molekulare Interpretation der Entropie? In welchem Zusammenhang steht die statistische Verteilung der Orte und Geschwindigkeiten der Moleküle? Boltzmann suchte die Antwort auf diese Fragen.

Wie er entdeckte, entwickelt sich ein isoliertes Gasvolumen immer so, daß die Bewegungen und die räumliche Verteilung der Gasmoleküle unordentlicher werden. Schließlich gelangt das Gas in einen Zustand, in dem Ort und Geschwindigkeit der Moleküle so zufällig wie nur möglich sind. Dieser Zustand ist das sogenannte *thermodynamische Gleichgewicht*. Genauer gesagt bewies Boltzmann, daß die Unordnung aufgrund der Wechselwirkungen zwischen den Molekülen immer größer wird, wenn sie nicht schon so groß wie möglich ist. Die von Boltzmann definierte Unordnung hat, wie sich herausstellt, genau dieselben mathematischen Eigenschaften wie die von Clausius definierte Entropie.

Um Boltzmanns Begriff der Unordnung zu veranschaulichen, ziehen wir einen einfachen Vergleich. Eine Menge von Molekülen, die zu einem bestimmten Zeitpunkt, gleichsam als Schnappschuß, gesehen wird, läßt sich mit einem Kartenspiel vergleichen. Eine Karte entspricht einem Molekül, das sich an einem bestimmten Ort befindet und sich mit einer bestimmten Geschwindigkeit bewegt. Die Farbe (Pik, Herz, Karo, Kreuz) entspricht dem Ort und der Wert (Zwei bis As) der Geschwindigkeit:

Karte ↔ Molekül
Farbe ↔ Ort
Wert ↔ Geschwindigkeit

Stellen wir uns nun vor, es würden fünf von 52 Karten gezogen. (Die Zahl 52 entspricht dann der Anzahl der Moleküle in dieser Menge.)

Jede ausgeteilte Hand entspricht dem, was ich einen *Mikrozustand* der Molekülmenge nennen will. Ein Mikrozustand ist festgelegt, wenn Ort und Geschwindigkeit eines jeden Moleküls der Menge festliegen. Weil es sehr viele verschiedene Mengen von fünf Karten gibt, ist auch die Zahl der Mikrozustände der Molekülmenge sehr groß.

Ein *Makrozustand* ist eine Klasse oder Kategorie von Mikrozuständen mit einer bestimmten gemeinsamen Eigenschaft – zum Beispiel der Eigenschaft, daß alle Moleküle in einem Kasten sich (momentan) in seiner linken Hälfte befinden, oder der Eigenschaft, daß die Durchschnittsgeschwindigkeit der Moleküle in der oberen Hälfte des Kastens doppelt so groß ist wie die der Moleküle in der unteren Hälfte. Das Analogon zu einem Makrozustand ist eine Klasse oder Kategorie von jeweils fünf Karten, die eine gemeinsame Eigenschaft haben. Das Pokerspiel liefert dafür eine geeignete Menge von Kategorien: vier Gleiche (vier der fünf Karten haben denselben Wert), Drilling (drei Karten haben denselben Wert), Flöte (alle fünf Karten haben dieselbe Farbe), Sequenz (der Wert der fünf Karten bildet eine ungebrochene Folge) und so weiter. Es gilt also

Pokerhand ↔ Mikrozustand
Flöte, Sequenz und so weiter ↔ Makrozustand

Wir sind jetzt in der Lage, Unordnung zu definieren. Der entscheidende Gedanke Boltzmanns bestand darin, die Unordnung eines Makrozustands durch die Zahl seiner zugehörigen Mikrozustände zu messen. (Boltzmann nannte die zu einem vorgegebenen Makrozustand gehörenden Mikrozustände die

*Komplexionen* dieses Zustands. Die Unordnung eines Makrozustands wird also durch die Anzahl seiner Komplexionen gemessen.) Entsprechend ist das Maß der Unordnung, die einer Kategorie von Pokerhänden, etwa einer Sequenz oder einer Flöte, zugeordnet wird, die Anzahl der verschiedenen möglichen Blätter in dieser Kategorie. Die besten Pokerhände gehören zu Kategorien mit hoher Ordnung, die schlechtesten zu solchen mit hoher Unordnung. Die zufälligste Kategorie (weil zu ihr mehr Blätter gehören als zu jeder anderen) besteht aus solchen, in denen die Karten nicht alle zur selben Farbe gehören, in denen die Werte keine ununterbrochene Folge bilden und in denen keine zwei Karten den gleichen Wert haben. Die am wenigsten zufällige Kategorie ist die Farbsequenz, ein Blatt von fünf Karten derselben Farbe, deren Werte eine ungebrochene Folge bilden.

Boltzmann definierte die Unordnung eines Makrozustands nicht als die Anzahl seiner Komplexionen, sondern als den Logarithmus dieser Zahl. Sie werden sich erinnern, daß mit Hilfe von Logarithmen Produkte in Summen verwandelt werden können. Der Logarithmus des Produkts zweier Zahlen ist die Summe ihrer Logarithmen. Als es noch keine billigen elektronischen Rechner gab, multiplizierte man große Zahlen mit Hilfe von Logarithmentafeln oder Rechenschiebern – Geräte zur mechanischen Addition von Logarithmen. Diese Eigenschaft von Logarithmen erklärt ihr Auftreten in Boltzmanns Formel, wie es das folgende Beispiel verdeutlicht.

Wir betrachten zwei getrennte physikalische Systeme $A$ und $B$ und denken sie uns als ein zusammengesetztes System $AB$. Um einen Makro- oder Mikrozustand des zusammengesetzten Systems festzulegen, müssen wir für jedes System einzeln einen Makro- oder Mikrozustand festlegen. Nehmen wir an, $A$ sei in einem Makrozustand $X$ mit $N_x$ Mikrozuständen, und $B$ in einem Makrozustand $Y$ mit $N_y$ Mikrozuständen. Dann ist das zusammengesetzte System $AB$ in einem Makrozustand (den wir $XY$ nennen können) mit $N_x \times N_y$ Mikrozuständen, weil wir einen Mikrozustand des zusammengesetzten Systems festlegen, indem wir die Mikrozustände jedes Komponentensystems festlegen, und das kann auf genau $N_x \times N_y$ Arten geschehen. Nach

Boltzmanns Definition ist die Unordnung des Makrozustands *XY* der Logarithmus dieser Zahl $N_x \times N_y$. Dieser Logarithmus ist gleich der Summe der Logarithmen von $N_x$ und $N_y$. Deshalb ist die Unordnung des Makrozustands *XY* die Summe der Unordnungen der Makrozustände *X* und *Y*. Boltzmann wollte der Unordnung gern diese Eigenschaft zuschreiben, denn er hoffte, die Unordnung mit der Entropie gleichsetzen zu können, und die Entropie eines zusammengesetzten Systems entspricht der Summe der Entropien seiner Komponenten. (Andere physikalische Größen mit dieser Eigenschaft sind Volumen und Energie.)

Ich habe das Wichtigste am intuitiven Begriff der Unordnung noch nicht erwähnt: den Zufall. Der Zusammenhang zwischen Unordnung und Zufall ist leicht herzustellen. Nehmen wir an, wir wüßten nicht, in welchem Mikrozustand ein System ist. Wenn wir *fordern*, daß alle Mikrozustände mit gleicher Wahrscheinlichkeit verwirklicht werden können – wenn wir ihnen gleiche Wahrscheinlichkeiten zuschreiben –, ist es viel wahrscheinlicher, daß Makrozustände verwirklicht werden, die eine relativ große Anzahl von Mikrozuständen enthalten und deshalb eine relativ hohe Unordnung aufweisen als Makrozustände mit relativ wenigen Mikrozuständen. Zum Beispiel ist die Wahrscheinlichkeit viel größer, daß von einem gut gemischten Kartenstapel eine Pokerhand ausgeteilt wird, die zu einer Kategorie mit hoher Unordnung gehört – einer Kategorie, die relativ viele verschiedene Blätter enthält – als eine Hand, die zu einer Kategorie mit hoher Ordnung gehört; Paare sind in einem ehrlichen Pokerspiel häufiger als Flöten, die ihrerseits häufiger vorkommen als Farbsequenzen. Das folgt aus dem Zustand, der einen gut gemischten Talon kennzeichnet: Jede Hand kann mit gleicher Wahrscheinlichkeit ausgeteilt werden. Die Wahrscheinlichkeit, eine Hand zu erhalten, die zu einer vorgegebenen Kategorie gehört, ist dann proportional zu der Anzahl verschiedener Hände in dieser Kategorie.

In wissenschaftlichen Zusammenhängen ist es nicht so einfach, Mikrozuständen Wahrscheinlichkeiten zuzuschreiben. Es mag plausibel erscheinen, daß die Orte und Geschwindigkeiten von Molekülen in einem Gas durch Wechselwirkungen der Moleküle untereinander und mit der Außenwelt »gut gemischt«

sind. In der Tat bewährt sich fast immer die Annahme, daß sie gut gemischt sind. Aber der Beweis dafür stellt ein schwieriges theoretisches Problem dar. (Ich erläutere das Problem in Kapitel 3 und skizziere dort auch eine mögliche Lösung.)

## Ordnung

Ich schlage vor, *Ordnung* als das Fehlen von Unordnung zu definieren. Auf den ersten Blick scheint diese Definition auf dem Kopf zu stehen. Sicherlich, könnten Sie sagen, müßte es doch umgekehrt sein: Ordnung ist eine positive Eigenschaft, und Unordnung ist das Fehlen dieser Eigenschaft. Ja, schon. Aber die möglichen Ordnungen unterscheiden sich sehr voneinander. Strukturelle und chemische Ordnung haben wenig gemeinsam, biologische und physikalische Ordnung noch weniger. Und die Vorgänge, die verschiedene Arten von Ordnung erzeugen, sind so verschieden wie ihre Ergebnisse. Unordnung ist im Gegensatz dazu eine universelle Eigenschaft, und die Vorgänge, die sie erzeugen, werden von einer einzigen großen Verallgemeinerung, dem zweiten Hauptsatz der Thermodynamik, bestimmt. Um Tolstoi zu paraphrasieren: Unordentliche Systeme sind alle gleich; jedes geordnete System ist auf seine eigene Art geordnet.

Unordnung läßt sich messen. Genauso läßt sich *Information*, die durch die Formel

Information = maximale Unordnung – tatsächliche Unordnung

definiert wird, als ein numerisches Maß für Ordnung sehen. Information ist also mögliche Unordnung. Sie gibt an, um wieviel die Unordnung eines Makrozustands unter seinem größtmöglichen Wert bleibt. Vorgänge, die die Unordnung vergrößern, zerstören Information, Vorgänge, die Unordnung verringern, erzeugen Information.

Wenn wir Ordnung als das Fehlen von Unordnung definieren, haben wir unsere Aufmerksamkeit auf den allgemeinen, quantifizierbaren Kern aller möglichen Ordnungen gelenkt. Aber wir haben dabei keineswegs die Eigenschaften unterdrückt, die diese möglichen Ordnungen kennzeichnen. Wir erinnern uns an unsere Definition von Unordnung als dem Logarithmus der Anzahl der Mikrozustände oder Komplexionen, die zu einem bestimmten Makrozustand gehören. *Die Eigenschaften, die Ordnung kennzeichnen, sind genau jene, die Makrozustände definieren.* Eine Kategorie von Pokerhänden ist nicht in derselben Weise geordnet wie der Makrozustand eines Gases – die definierenden Eigenschaften der beiden Arten von Makrozuständen sind völlig verschieden –, aber dieselbe Formel schreibt beiden Arten von Ordnung eine bestimmte Menge an Information zu.

## Biologische Ordnung

Mit Hilfe dieser Definitionen für Zufall, Information und Ordnung können wir einen alten Streit zwischen Physikern und Biologen über das Wesen biologischer Ordnung schlichten. Die Sichtweisen der beiden Seiten wurden vor fast einem halben Jahrhundert von Joseph Needham deutlich beschrieben, als er die Standpunkte einander so gegenüberstellte:

> Die Entwicklung der modernen Naturwissenschaft hat zu merkwürdig unterschiedlichen Weltanschauungen geführt. Für die Astronomen und Physiker »verfällt« die Welt, wie man so gern sagt, immer mehr in einen Zustand toter Trägheit, wenn die Wärme in ihr überall gleich verteilt worden ist. Für die Biologen und Soziologen entwickelt sich zumindest ein Teil (und ein für uns sehr wichtiger Teil) der Welt weiter, und in ihr läßt sich ein Fortschritt erkennen, weil niedrigere Organisationsstufen von höheren abgelöst werden. Für den gewöhnlichen Menschen ist dieser Widerspruch, wenn es denn einer ist, schwerwiegend, weil viele Physiker, wenn sie den ersten dieser Grundsätze, den 2. Hauptsatz der Thermodynamik, verwenden, das Wort »Organisation« verwenden und sagen, sie nehme immer mehr ab. Liegt hier ein wirklicher Widerspruch? Falls ja, wie läßt er sich auflösen?

Needham beschreibt dann zwei Möglichkeiten, diesen Widerspruch zu lösen:

1. Der Begriff der Organisation, wie ihn Physiker und Biolo-

gen verwenden, ist derselbe, aber alle biologische und damit alle soziale Organisation wird auf Kosten eines überkompensierenden Abbaus der Energie für die Aufrechterhaltung des Stoffwechsels erreicht.

2. Die beiden Begriffe sind völlig verschieden und unvergleichbar. Wir sollten zwischen *Ordnung* und *Organisation* unterscheiden.[2]

Die erste Meinung wird noch heute von den meisten Physikern und auch einigen Biologen vertreten. In einem Aufsatz, der etwa zur selben Zeit veröffentlicht wurde wie der Needhams, schreibt Erwin Schrödinger, einer der Begründer der Quantenmechanik:

> Die in der Sonne gespeicherte Wärme enthält einen ungeheuren Vorrat an Ordnung, so wie Physiker »Ordnung« verstehen ... Schon ein Bruchteil davon reicht aus, die zur Erhaltung des Lebens auf der Erde notwendige Menge an »Ordnung« zu liefern.[3]

Drei Jahre später ging Schrödinger in seinem einflußreichen kleinen Buch *Was ist Leben?* noch weiter. Er behauptete, Lebewesen würden ihre biologische Organisation angesichts einer allgemeinen Neigung der Ordnung zum Zerfall wahren, indem sie »aus der Umwelt Ordnung aufsaugen«.

Needham vertrat die zweite Meinung. Seine Überlegung, zu der sich später der Biologe Peter Medawar bekannte, verläuft so: »Biologische Organisation ist nur die Extrapolation von Strukturen, wie sie in der nicht-belebten Welt gefunden werden.« Aber auch in physikalischen Zusammenhängen kann eine Zunahme der Organisation von einer Zunahme der Entropie begleitet sein. Wenn sich zum Beispiel in sorgfältig unter den Gefrierpunkt abgekühltem Wasser Eiskristalle bilden, wird Entropie erzeugt, weil nach dem zweiten Hauptsatz jeder spontane Prozeß Entropie erzeugt. Aber die Kristallisierung führt offenbar dazu, daß sich die räumliche Verteilung der Wassermoleküle viel stärker organisiert. Organisation hat also nichts mit der Ordnung zu tun, wie Physiker sie (mittels der Entropie) definieren.

Beide Teile dieser Überlegung haben ihre Schwächen. Es trifft zu, daß die Kristallisierung einer unterkühlten Flüssigkeit ihre Entropie vergrößert, aber die Entropie mißt nicht nur räumliche Unordnung. Auch ungeordnete Molekularbewegungen tragen zur Entropie bei. Wenn unterkühltes Wasser gefriert, macht die verstärkte Unordnung der Molekularbewegung die größere Ordnung der kristallinen Anordnung reichlich wett.

Wichtiger noch, obwohl biologische Ordnung auf der Ordnung *beruht*, für die Kristalle und Moleküle Beispiele sind, ist sie nicht, wie Needham behauptet, eine »Extrapolation« dieser Art Ordnung. Die Struktur eines Blatts steckt anders als die eines Kristalls nicht implizit in einem physikalischen Gesetz; sie ist das Ergebnis eines Vorgangs, und das Ergebnis läßt sich nicht von diesem Vorgang trennen.

Ein erster Zusammenhang zwischen Information und Entropie wurde zuerst mit einem Gedankenexperiment in Verbindung gebracht, das James Clerk Maxwell erdachte, um die dem zweiten Hauptsatz auferlegten Grenzen zu verdeutlichen. Maxwell stellte sich ein mit Luft gefülltes Gefäß vor, das durch eine Trennungsfläche, in welcher eine kleine Öffnung ist, in zwei Teile, *A* und *B*, geteilt ist und »dass ein Wesen, das die einzelnen Molekeln sehen kann, diese Öffnung in der Weise öffnet und schliesst, dass nur den schnell sich bewegenden Molekeln gestattet wird, von *A* nach *B*, und nur den langsamer sich bewegenden von *B* nach *A* zu gelangen«.[4] Dadurch wird *A* immer kälter und *B* immer heißer. Dieser Schluß scheint dem zweiten Hauptsatz zu widersprechen, der besagt, in einem isolierten System könnten sich bei gleichförmiger Temperatur keine Temperaturunterschiede ausbilden. Maxwell schloß daraus, daß der zweite Hauptsatz wie auch andere auf makroskopische Beobachtungen und Experimente gegründete Gesetze möglicherweise nicht »mehr anwendbar sind auf vollkommenere Beobachtungs- und Versuchsmethoden, die wir uns angestellt denken können von Wesen, mit denen wir immer nur in großen Mengen operieren, die einzeln wahrzunehmen und zu behandeln fähig sind.«

Leo Szilard zog 1929 einen anderen Schluß aus Maxwells Gedankenexperiment. Maxwells Dämon (wie der winzige Türhüter später genannt wurde) läßt die Entropie eines Gases abnehmen, indem er Information über seinen mikroskopischen Zustand gewinnt und nutzt. Szilard bewies, daß alles – ob belebt oder unbelebt –, das dies leistet, bei der Gewinnung der Information mehr Entropie erzeugen muß, als das Gas dabei verliert.

Deshalb muß die gesamte Entropie von Gas und Dämon (oder seinem unbelebten Gegenstück) im Lauf der Zeit abnehmen.

Szilard hatte gezeigt, daß der Vorgang der Informationsgewinnung Entropie erzeugt. Claude Shannon konnte 1946 die Struktur der Information selbst aufklären. Dazu befreite Shannon Boltzmanns Definition der Entropie von ihren ursprünglichen physikalischen Bezügen (der Gastheorie) und wandte sie auf *Botschaften* an – Folgen von Buchstaben oder anderen Symbolen. Mit Hilfe dieser Definition konstruierte er dann eine elegante und folgenreiche Kommunikationstheorie. Besonders der erste Schritt jedoch faszinierte die Vorstellungskraft von Wissenschaftlern aus vielen Bereichen. Eine »Botschaft«, wie Shannon sie definiert, ist eine höchst abstrakte Struktur, die sich auf endlos viele Weisen konkret interpretieren läßt. Alle möglichen Ordnungsstrukturen lassen sich »digitalisieren« – also als Ziffernfolgen darstellen –, auch die menschliche Sprache, Musik, selbst Bilder (astronomische Daten werden heutzutage in dieser Form *gesammelt* und auch aufgezeichnet und analysiert). Mitte der fünfziger Jahre war es klar, daß auch die Natur biologische Organisation als Symbolfolgen verschlüsselt hat; die Folgen sind DNA-Moleküle, und die Symbole sind Molekülgruppen, sogenannte Nukleotide. So schien die Informationstheorie den Schlüssel für ein Verständnis der biologischen Organisation zu bergen.

Aber diese große Verheißung wurde nicht erfüllt. Medawar schrieb dazu:

> Man muß meiner Meinung nach den kühnen Versuch, die formale Gleichwertigkeit der Gedanken der biologischen Organisation und der thermodynamischen Ordnung, Nicht-Unordnung und Information aufzuzeigen, als Fehlschlag erachten. Wir suchen immer noch eine Theorie der Ordnung in ihrer interessantesten und wichtigsten Form, nämlich der, die durch die komplexe funktionale und strukturelle Ganzheitlichkeit von Lebewesen gegeben ist.[5]

Medawars Einwand gegen die Verwendung von Information als ein Maß für biologische Ordnung wird von vielen Biologen erhoben. Er wird in dem folgenden erdachten Gespräch deutlich:

PHYSIKER: Ein Protein ist eine kompliziert verdrehte und gefaltete Kette, manchmal mit zwei oder mehr verflochtenen Strängen. Jeder Strang besteht aus chemischen Gruppen, sogenannten Aminosäuren, die in einer linearen Folge miteinander verbunden sind. In den Proteinen der DNA kommen nur zwanzig verschiedene Aminosäuren vor. Die komplizierte Struktur eines Proteins ist völlig durch die lineare Folge von Aminosäuren in jedem seiner Stränge bestimmt. Nehmen wir einmal an, wir stellten die Aminosäuren durch die ersten zwanzig Buchstaben des Alphabets dar. Dann könnten wir die lineare Folge von Aminosäuren in einem Strang als eine »Botschaft« sehen. Solche »Botschaften« sind gewöhnlich mehrere hundert Zeichen lang. Der Informationsgehalt der Botschaft ist der Logarithmus der Anzahl möglicher Botschaften derselben Länge. Da es für jeden Buchstaben in der Botschaft zwanzig Möglichkeiten gibt, gibt es $20 \times 20 \times \ldots \times 20$ oder $20^n$ verschiedene Botschaften der Länge $n$. Der Logarithmus dieser Zahl ist $n \log 20$. Das ist der Informationsgehalt einer Botschaft der Länge $n$.

BIOLOGE: Dann enthalten also alle gleichlangen »Botschaften« dieselbe Menge an Information. Natürlich können Sie *Information* so definieren, aber Ihre Definition fängt dann nicht das Wesentliche der biologischen Ordnung ein. Biologische Ordnung steckt in der *Bedeutung* einer Botschaft, nicht in ihrer Länge. Die Bedeutung eines Proteins ist seine spezielle biologische Funktion. Wenn ein oder zwei Buchstaben in einer Botschaft ausgetauscht werden, kann das die biologische Funktion des Proteins und damit die Eigenschaft, die Biologen »Ordnung« nennen, stark verändern oder sogar zerstören. Aber so, wie Physiker *Information* definieren, wird der Informationsgehalt nicht verändert.

Der Biologe hat recht. Es stimmt, daß die übliche Definition von Information nicht das Wesen der biologischen Ordnung trifft. Der Grund ist nicht schwer zu finden. Man erinnere sich, daß die Unordnung eines Makrozustands der Logarithmus der Anzahl seiner Mikrozustände ist und daß die Information eines Makrozustands der Unterschied zwischen seiner größten möglichen Unordnung und der wirklichen Unordnung ist. *Die herkömmliche Vorschrift zur Berechnung der Information eines*

*Proteins setzt stillschweigend Makrozustände und Mikrozustände gleich.* Weil sie annimmt, daß jeder Makrozustand aus nur einem Mikrozustand besteht, schreibt sie jedem Makrozustand eine Unordnung von Null und dieselbe (sehr große) Menge an Information zu.

Diese Definition von Makrozustand ist in der Kommunikationsindustrie, für die Shannon die Informationstheorie entwickelte, durchaus angebracht. Die Kosten der Übermittlung einer Botschaft hängen nicht von ihrer Bedeutung, sondern nur von ihrer Länge ab; deshalb kümmert die Telefongesellschaft sich nicht um den Inhalt der Botschaften, die sie übermittelt. Für Biologen jedoch ist die Bedeutung der in der DNA enthaltenen Information wichtig. Entsprechend haben sie ein Recht dazu, Definitionen für genetische Information zurückzuweisen, die ihre biologische Bedeutung nicht berücksichtigen. Boltzmanns Definition von Unordnung ist jedoch wie jede mathematische Definition eine Form ohne Inhalt. Versuchen wir einmal, einen geeigneten biologischen Inhalt dafür zu finden.

Warum ist ein Insulinmolekül eine geordnete Struktur? Dafür sprechen viele Gründe. Die Bausteine des Insulin sind wie die aller Proteine Aminosäuren. Jede Aminosäure ist eine geordnete Struktur von Atomen, die wiederum geordnete Strukturen sind. Die Aminosäuren sind zu einer Kette geordnet – wieder eine geordnete Struktur. Außerdem kommen in der Kette nur zwanzig verschiedene Aminosäuren vor – in jedem Protein die gleichen zwanzig. Dies sind Gesetzmäßigkeiten, die für alle Proteine gelten, und die Tatsache, daß die chemische Strategie des Lebens diese Art von Molekülen aufweist, ist ein tiefer Aspekt biologischer Ordnung. Aber der Aspekt der biologischen Ordnung, der speziell das Insulin kennzeichnet, ist seine *Folge von Aminosäuren.* Richten wir jetzt einmal unsere Aufmerksamkeit auf diesen einen Aspekt und vernachlässigen wir alles andere.

Wie sollen wir dieser Folge Werte für Unordnung und Information zuschreiben? Betrachten wir ein analoges Problem. Stellen wir uns vor, man habe ein Manuskript mit einem zuvor unbekannten Sonnett von Shakespeare entdeckt, dem leider Mäuse eine Zeile abgenagt haben. Ein Wettbewerb wird ausgeschrieben, wie diese Zeile zu ersetzen sei, und die Einträge sollen von angesehenen Shakespeare-Kennern und Dichtern beurteilt werden. Welche Kriterien sollen die Richter zur Beurteilung anwenden? Es ist wahrscheinlich unmöglich, über die offensichtlichen Kriterien, also Versmaß, Reim und Sprache hinaus, explizite Kriterien anzugeben. Aber aus der Erfahrung wissen wir, daß sich gewöhnlich ein hohes Maß an Übereinstimmung darüber einstellt, welche Eingänge die besten sind und welche keiner ernsthaften Betrachtung wert sind.

Das biologische Analogon zur Auswahl durch eine Jury ist die natürliche Auslese. Die »tauglichste« Variante eines Proteins ist jene, die den Beitrag seines Besitzers zum Genvorrat der nächsten Generation möglichst groß sein läßt. Ein Gen, das ein fehlerhaftes Protein enkodiert, verringert die Chancen seiner Besitzer, so lange zu überleben, bis sie sich fortpflanzen oder gesunde Nachkommen haben konnten. Deshalb werden Überträger dieses Gens in der Bevölkerung seltener. Diese »Tauglichkeit« ist eine gewöhnlich nur schwer einzuschätzende Größe – sie ist fast so schwer zu messen wie literarische Qualität. Biologen können selten sicher sein, daß sie alle Funktionen eines bestimmten Proteins kennen oder wissen, wie sich ein Protein in allen wichtigen inneren und äußeren Umgebungen verhält. Bevölkerungsgenetiker nehmen jedoch an, daß in einer bestimmten Population und in einem bestimmten Bereich von Umwelten jedes Protein eine gewisse Tauglichkeit hat, ob sie nun gemessen werden kann oder nicht.

Aufgrund dieser Annahme schlage ich vor, jedes Protein einer Klasse zuzuordnen, die aus all den Varianten des Proteins besteht, die gleiche oder größere Tauglichkeit haben. Sehr gut geeignete Proteine gehören dann zu sehr kleinen Klassen, ungeeignete zu großen. Nichtfunktionale Proteine gehören zur Klasse aller möglichen Varianten: Jede Variante ist mindestens so wirksam wie eine, die völlig ineffektiv ist. Wir identifizieren jetzt diese Klassen mit Makrozuständen. Weil die Information eines Makrozustands gleich dem Logarithmus der Gesamtzahl der Varianten minus dem Logarithmus der Anzahl der Mikrozustände ist, die zu diesem Makrozustand gehören, schreibt unsere Definition tauglichen Proteinen hohen Informationswert zu und nichtfunktionalen Proteinen den Informationswert Null.

Diese Definition präzisiert den intuitiven Begriff der biologischen Ordnung (zumindest im Fall der individuellen Proteine und der Gene, die sie kodieren). Biologische Ordnung, wie wir sie definiert haben, trägt zu der Überlebenserwartung eines Lebewesens in einer bestimmten Umwelt bei. Umgekehrt neigt die natürliche Auslese immer dazu, biologische Ordnung zu erzeugen, weil sie den Anteil relativ tauglicher Varianten eines bestimmten Proteins anwachsen und den Anteil relativ ungeeigneter Varianten abnehmen läßt. Deshalb wird der Aspekt biologischer Ordnung, den wir betrachteten, von der natürlichen Auslese beeinflußt.

## Die Hierarchie der Prozesse, die Ordnung erzeugen

Biologische Ordnung ist nicht auf den Grad der Tauglichkeit einzelner Proteine für spezielle biologische Funktionen beschränkt; vielmehr sind die der Entwicklung eines Lebewesens zugrundliegenden chemischen Reaktionen in hohem Maße koordiniert und ausgezeichnet reguliert. Ein Bruchteil – vermutlich ein großer Bruchteil – des genetischen Materials eines Lebewesens dient zur Kodierung der molekularen Mechanismen, die die wunderbare Koordination und Regulation bewirken, die selbst die einfachsten Lebensformen zeigen. Genau wie wir es bei einzelnen Proteinen gemacht haben, können wir den Teil des genetischen Textes betrachten, der eine bestimmte Regelungsaufgabe enkodiert, und die ihm zugeordnete Information definieren. Auch diese Information muß durch natürliche Auslese erzeugt worden sein.

Die natürliche Auslese ist jedoch nicht der einzige Vorgang, der biologische Ordnung schafft, und nicht alle biologische Ordnungen stecken in Genen. Niemand wird mit der Fähigkeit geboren, Chinesisch zu sprechen oder Klavier zu spielen. Dieses und manches andere Verhalten erlernen wir im Lauf unseres Lebens. Wie wir später sehen werden, steckt die physiologische Grundlage solcher erlernter Fähigkeiten und Verhaltensweisen wahrscheinlich in den Verbindungen der Nervenzellen untereinander; sie bilden sich während des Lernprozesses allmählich heraus und spiegeln, abstrakt gesehen, die Struktur der entsprechenden Fähigkeit oder des entsprechenden Verhaltens. Je komplexer eine Fähigkeit oder ein Verhalten ist, um so komplexer muß das zugrundliegende Netz der Nervenverbindungen sein, und um so größer ist der Informationsgehalt.

Die menschliche Kultur in all ihren vielen Äußerungsformen – Sprache, Kunst, gesellschaftlichen und politischen Institutionen, Religionen und Ideologien, um nur einige der offensichtlichsten zu nennen – stellt wieder eine andere Art biologischer Ordnung dar.

In welchem Zusammenhang stehen all die von uns erörterten Formen von Ordnung?

Der grundlegende Unterschied zwischen Gesetzen und Anfangsbedingungen enthält einen ebenso grundlegenden Unterschied zwischen der zeitlosen (pythagoräischen) Ordnung, wie sie sich in Kristallen, Molekülen, Atomen, Atomkernen und subnuklearen Teilchen zeigt, und der zeitgebundenen (heraklitischen) Ordnung, wie sie in astronomischen und biologischen Strukturen verkörpert ist. Die pythagoräische Ordnung folgt direkt aus physikalischen Gesetzen und den Größen, die diese Gesetze postulieren. Die heraklitische Ordnung wird durch physikalische Prozesse geschaffen und vernichtet.

Diese Prozesse und ihre Ergebnisse beruhen auf mehreren Aspekten der pythagoräischen Ordnung und machen sie sich zunutze. So ist zum Beispiel der Kreislauf der Jahreszeiten, der den Verlauf der biologischen Evolution wesentlich beeinflußt hat, von der Tatsache bedingt, daß die Erde auf einer geschlossenen Kreisbahn um die Sonne läuft. Das ist wiederum eine Folge aus dem Gravitationsgesetz, wonach die Anziehung zwischen zwei Körpern proportional zum Reziproken des Quadrats ihres Abstands ist. Weiter hängen alle Formen biologischer Ordnung von den Eigenschaften des DNA-Moleküls ab, das aus zwei fadenartigen, zu einer Doppelspirale verdrillten Ketten besteht. Jede Kette ist eine lineare Folge molekularer Einheiten, die wie die Buchstaben einer Vorschrift ein Entwicklungsprogramm darstellt. Die DNA löst in einem befruchteten Ei eine Reihe chemischer Reaktionen aus, die zur Entwicklung und zum Wachstum eines Organismus führen. Wie das Programm genau ausgeführt wird, hängt von der Dauerhaftigkeit und Stabilität der Molekülstruktur ab. So ist es auch mit den Prozessen, durch die DNA von einer Generation zur nächsten weitergegeben wird. Leben hätte nicht ohne eine in dauerhaften Zeichen geschriebene Sprache entstehen oder sich entwickeln können.

Astronomische und biologische Systeme weisen eine hierarchische Struktur auf, die wir in späteren Kapiteln im einzelnen untersuchen wollen. Die strukturellen Hierarchien sind die Ergebnisse einer grundlegenderen *Hierarchie der Anfangsbedingungen und der Prozesse, die Ordnung erzeugen*. Jeder solche Prozeß braucht Anfangsbedingungen, die von Prozessen geschaffen werden, die frühere hierarchische Ebenen besetzten, und jeder schafft wiederum Anfangsbedingungen für die Ordnung erzeugenden Prozesse, die auf höherer Ebene ablaufen. Abbildung 2.4 zeigt die wichtigsten dieser Ebenen.

– Kosmogene Prozesse führten im frühen Weltall zu selbstgravitierenden Systemen, darunter dem Sonnensystem. Sie führten auch zu *chemischer Ordnung*, die in Kapitel 8 behandelt wird.

– Im Sonnensystem kam es durch Vorgänge, die sich qualitativ von jenen unterschieden, die zu den ersten selbst-gravitierenden Systemen führten, zur Bildung von Planeten und ihrer Satelliten.

– Danach schufen physikalische und chemische Vorgänge in der Erdatmosphäre, in den Meeren und auf dem Land Bedingungen, in denen die ersten sich selbst replizierenden Moleküle entstehen konnten, womit der Vorgang der biologischen Evolution begann.

– Schließlich schuf die biologische Evolution im *Homo sapiens* die für eine kulturelle Evolution nötigen Anfangsbedingungen; sie ist der schnellste und reichhaltigste aller Prozesse, die Ordnung entstehen lassen.

Auf jeder dieser hierarchischen Ebenen gibt es wiederum eine Reihe hierarchisch organisierter Unterebenen. Betrachten wir die als »biologische Evolution« bezeichnete Ebene. Die Evolution ist kein Prozeß, der nur eine Richtung hat, sondern kann im Gegenteil in alle Richtungen laufen. Wenn wir jedoch unsere Aufmerksamkeit auf jene außerordentlich seltenen (aber auch außerordentlich interessanten) evolutionären Veränderungen

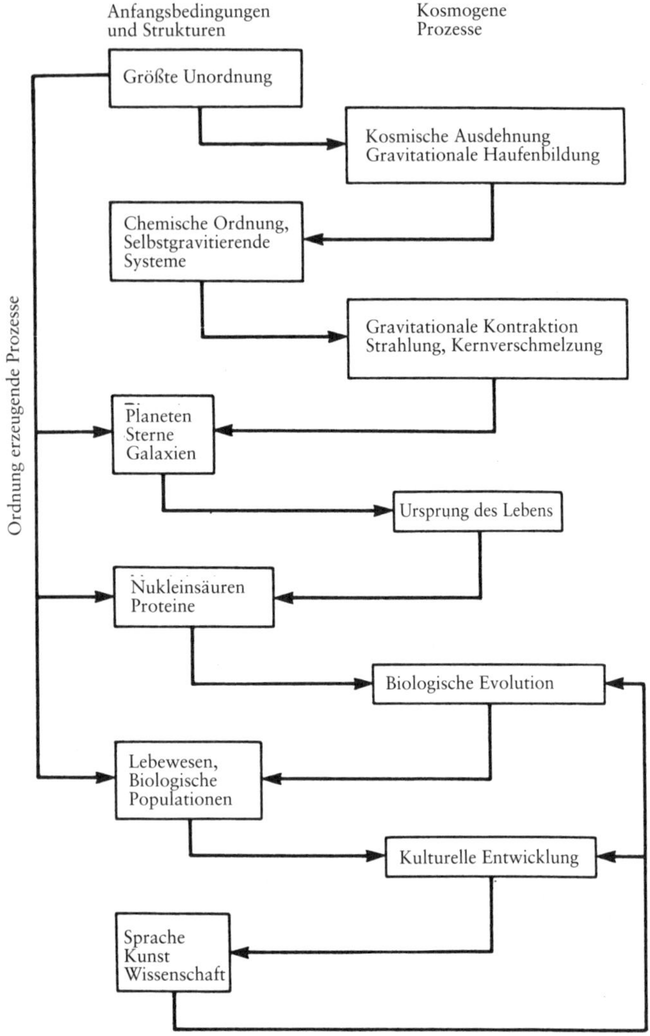


Abb. 2.4: Die Hierarchie der zeitgebundenen Ordnung. Die Zeit läuft von oben nach unten. Zu Beginn der kosmischen Ausdehnung gab es wenig oder keine Ordnung in der Welt. Mit der Ausdehnung des Weltalls entstanden die chemische und die strukturelle Ordnung. Geologische Vorgänge auf der Erde (in der Zeichnung nicht gesondert aufgeführt) erschufen die Bedingun-

richten, die neue Ebenen der biologischen Organisation schufen, sehen wir eine detailliertere Hierarchie von Vorgängen und Anfangsbedingungen mit derselben Struktur wie die in Abbildung 2. 4 dargestellte Grobstruktur:

– Die Entstehung selbst-replizierender Moleküle bahnte den Weg für die Evolution selbst-reproduzierender molekularer Gemeinschaften.

– Diese entwickelten sich zu den Vorfahren der modernen Bakterien. Bakterienzellen entwickelten sich vielleicht über die Bildung symbiotischer Gemeinschaften zu höheren Zellen mit Zellkernen.

– Ansammlungen höherer Zellen wurden einfache Vielzeller, wie es Schwämme sind.

– Weitere Zelldifferenzierung führte zur Entstehung höherer Pflanzen und Tiere wie Flachwürmern mit spezialisiertem Gewebe und Organen.

– Die aufeinander abgestimmte Evolution von Sinnesorganen, einem zentralen Nervensystem und Gliedern ermöglichte es Tieren, Information über ihre Umwelt zu gewinnen, zu verarbeiten und entsprechend zu handeln.

– Mit der weiteren Entwicklung des Gehirns erhielten ihre Besitzer die Fähigkeit, sich Bilder zu machen, damit umzugehen, im Gedächtnis zu speichern und sich in Gedanken mögliche Handlungsweisen vorzustellen und zwischen ihnen zu wählen.

Jede Ebene und jede Unterebene der Hierarchie der Anfangsbedingungen verkörpert eine qualitativ andere Art von Ordnung. Aber all diese vielen Arten von Ordnung bestehen im Fehlen derselben Unordnung. Sie sind wie Gestalten, die, obwohl sie alle ganz verschieden sind, doch aus demselben Marmorblock gehauen wurden. Die Ordnung zeigt sich auf endlos viele Weisen, die Vorgänge jedoch, die sie erzeugten oder erzeu-

---

gen, unter denen sich die ersten selbst reproduzierenden Moleküle bildeten. Jeder Vorgang erzeugt Strukturen und Anfangsbedingungen, die neue Prozesse ermöglichen. Man beachte die Rückkopplungschleifen, die es der menschlichen Kultur ermöglichen, sowohl ihre eigene Evolution als auch die biologische Evolution zu beeinflussen.

gen, gehören zu einer kleinen Gruppe unterscheidbarer Kategorien, und der Zufall, der Ordnung zerstört, ist nur von einer Art. Unsere nächste Aufgabe ist es, das Wesen des Zufalls zu erkunden, die oberste Sprosse der in Abbildung 2. 4 veranschaulichten Hierarchie.

# 3. Das Starke Kosmologische Prinzip und der Zeitpfeil

Nach Laplace und Einstein ist der Zufall ein Ergebnis menschlichen Unwissens. Aus dieser Auffassung vom Zufall folgt, daß zeitliche Formen der Ordnung, die im Fehlen von Unordnung bestehen, so subjektiv sind wie der Zufall selbst. Denn mikroskopische Unordnung und makroskopische Ordnung sind, wie wir in Kapitel 2 sahen, zwei Seiten derselben Medaille. Diese Auffassung bedeutet auch, daß die Offenheit der Zukunft eine Illusion ist. Für die Intelligenz des Laplace mit ihrer vollkommenen und vollständigen Kenntnis der Außenwelt unterscheiden sich Zukunft und Vergangenheit lediglich so, wie sich rechts und links unterscheiden.

Bietet die Quantenphysik einen Ausweg aus dem Laplaceschen Determinismus? Die Quantenphysik sagt uns, daß der genaue Augenblick, in dem ein radioaktiver Atomkern zerfällt, grundsätzlich nicht vorhergesagt werden kann. Die Gesetze der Quantenphysik sind jedoch genauso deterministisch wie jene der klassischen Physik. Wenn eine vollständige Quantenbeschreibung der Welt in einem einzigen Zeitpunkt vorläge, könnte ein mit den Gesetzen der Quantenphysik programmierter Supercomputer jeden ihrer vergangenen oder zukünftigen Zustände berechnen. Warum läßt sich dann der genaue Augenblick des radioaktiven Zerfalls nicht vorhersagen?

Es mag seltsam erscheinen, aber die Quantenphysiker sind sich über die Antwort auf diese grundlegende Frage nicht einig. Einige von ihnen sagen, der physikalische Zustand eines Quantensystems ändere sich bei einer Messung oder Beobachtung plötzlich und unvorhersagbar. Andere behaupten, der physikalische Zustand eines Quantensystems sei grundsätzlich unzugänglich, denn die Quantenphysik ist ihrer Meinung nach lediglich ein Hilfsmittel zur Berechnung der Wahrscheinlichkeiten beobachtbarer Ereignisse. Diese Gruppe von Physikern setzt wie die erste Gruppe einfach voraus, daß die Ergebnisse von Messungen an Quantensystemen normalerweise unvorhersagbar sind. Eine dritte, viel kleinere Gruppe glaubt, jede Messung führe dazu, daß sich das gesamte Universum in unendlich viele parallele Welten aufspaltet; in jeder dieser Welten hat dann die Messung ein wohlbestimmtes Ergebnis. In welchem Weltall wir leben, ist eine Sache des Zufalls. Dieses sind nicht die einzigen Versuche, die Physiker unternommen haben, um zu erklären, warum Messungen von quantalen Systemen unvorhersagbare Ergebnisse haben, aber sie sind die bekanntesten.

Alle jedoch weisen, wie wir sehen werden, ernsthafte Mängel auf. Dieses Kapitel legt die Grundlagen für das, was sich (wie ich hoffe) als eine bessere Antwort erweisen wird. Ich behaupte, daß es im Gegensatz zur herkömmlichen Meinung in der Welt ungeheuer viel echte, irreduzierbare Unordnung gibt.

## Eine Spielzeugwelt

Ich möchte mit einem einfachen Modell beginnen, einer »Spielzeugwelt«, die irreduzierbare Unordnung aufweist. Stellen Sie sich eine unendlich lange Gerade vor, die wie in Abbildung 3.1 in gleich große Abschnitte geteilt ist. Einige dieser Intervalle enthalten je einen Spielstein, der in der Abbildung durch einen schwarzen Punkt dargestellt ist, andere sind leer. Wir können die Verteilung der Zählmarken durch eine Folge von Nullen und Einsen darstellen:

... 0010110001 0 ...

Nehmen wir nun an, für die Verteilung der Zählmarken gelte die folgende Regel: Für jede Zelle hängt die Entscheidung, ob eine Marke in die Zelle gelegt werden soll oder nicht, von dem Ergebnis des Wurfs einer nicht gewichteten Münze ab. Wenn also die Null für Kopf steht und die Eins für Zahl, stellt die Folge von Nullen und Einsen auch das Ergebnis einer unendlichen Folge von Würfen dar. Welche Art von Information enthält eine solche Folge?

Wenn wir in langen Teilfolgen den Anteil der besetzten Zellen bestimmen, liegt die Anzahl der Marken pro Zelle im Mittel nahe bei einhalb. Dieser Mittelwert läßt sich um so genauer abschätzen, je mehr Teilfolgen gemessen werden. Wir können

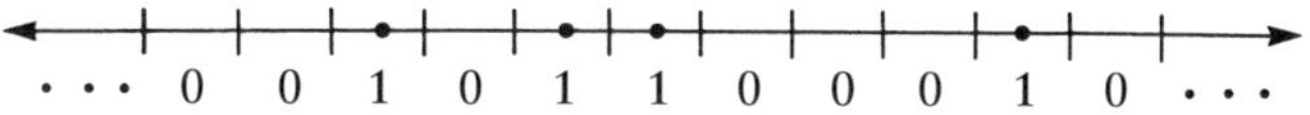


Abb. 3.1: Eine Spielzeugwelt, hier als unendliche, in gleich große Intervalle geteilte Gerade dargestellt; jedes Intervall kann einen Zählstein enthalten oder nicht. Der Zustand dieser »Welt« wird durch eine endlose Folge von Nullen und Einsen beschrieben.

auch Fragen wie diese beantworten: Hängt die Wahrscheinlichkeit, einen Spielstein in einer bestimmten Zelle zu finden, davon ab, ob die Nachbarzellen (oder irgendwelche anderen Zellen) besetzt sind? Wieder wird unsere Antwort nicht genau sein, aber wenn wir genug Messungen ausführen, können wir sie beliebig genau machen. Wir können also mit beliebiger Genauigkeit die Information erhalten, die für das Verfahren, das zur Konstruktion dieser Folge führte, kennzeichnend ist. Ich will diese Information *statistische Information* nennen, weil sie mit Mittelwerten und Wahrscheinlichkeiten zu tun hat: Die durchschnittliche Anzahl der Spielsteine pro Zelle beträgt einhalb, und die Wahrscheinlichkeit, eine Marke in einem bestimmten Abschnitt zu finden, hängt nicht davon ab, wie die Nachbarzellen besetzt sind.

Die tatsächliche Folge von Nullen und Einsen stellt *nichtstatistische Information* dar. Auf den ersten Blick scheint die Folge eine unendliche Menge solcher nichtstatistischen Information zu enthalten. Das wäre sicherlich der Fall, wenn die Folge einen Anfang oder ein Ende hätte, – sie also die Form

10101100010 ...

oder

... 10101100010

hätte und nicht die Form

... 10101100010 ...

Wenn zwei Folgen gegeben sind, die einen Anfang haben, oder zwei Folgen, die ein Ende haben, können wir versuchen zu entscheiden, ob sie gleich sind, indem wir sie paaren. Wir können natürlich zwei unendlich lange Folgen nicht in ihrer ganzen Länge vergleichen, aber wir können wenigstens ein Kriterium für Gleichheit angeben:

> Zwei Folgen, die einen Anfang (oder ein Ende) haben, sind dann und nur dann gleich, wenn die aus ihren ersten (oder letzten) *N* Ziffern bestehenden Teilfolgen für jeden Wert von *N* gleich sind.

Denn wenn zwei unendliche Folgen von derselben Art *nicht* identisch sind, müssen sie sich in mindestens einer Stelle unterscheiden – etwa der millionsten. Dann unterscheiden sich die Teilfolgen, die aus der ersten (oder letzten) Million Ziffern bestehen, an dieser Stelle.

Wir betrachten jetzt zwei Folgen, die beide in der oben beschriebenen Weise durch Würfe einer ungewichteten Münze konstruiert wurden und weder einen Anfang noch ein Ende haben. Wie können wir herausfinden, ob die beiden Folgen sich unterscheiden? Weil die Folgen beide weder Ende noch Anfang haben, könnte man sie auf unendlich vielen Wegen zu paaren versuchen. Die direkteste Verallgemeinerung des vorangehenden Kriteriums scheint in diesem Fall die folgende zu sein:

> Zwei Folgen, die keinen Anfang und keine Ende haben, sind dann und nur dann gleich, wenn es zu jeder Teilfolge der ersten Folge, unabhängig von ihrer Länge, in der zweiten Folge eine genau gleiche Teilfolge gibt.

Dieses Kriterium ist offensichtlich *notwendig*, denn wenn wir eine einzige Teilfolge der ersten Folge finden könnten, die in der zweiten Folge kein Gegenstück hat, könnte man sicher sagen, daß die beiden Folgen verschieden sind. Das Kriterium besagt zum Beispiel, daß sich die Folge

... 01010101 ...

in der sich in der ganzen Länge Nullen und Einsen abwechseln, von einer Folge unterscheidet, in der Nullen und Einsen zufällig verteilt sind. Die Entscheidung, ob das Kriterium *hinreichend* ist – ob also zwei Folgen, die das Kriterium befriedigen, verschieden sein können –, ist viel schwieriger. Gibt es eine Möglichkeit, solche Folgen zu unterscheiden? Ich kann nicht beweisen, daß es keine gibt, aber ich kann mir auch keine ausdenken.

*Folgen unabhängiger Würfe einer ungewichteten Münze ohne*

*Anfang und Ende sind also identisch.* Die Folge von Nullen und Einsen ist völlig durch ihre statistischen Eigenschaften bestimmt; eine völlige Beschreibung einer solchen Folge enthält nur statistische Information.

Die Welt, über die die Intelligenz des Laplace nachdenkt, ist einer unendlichen Folge von Nullen und Einsen vergleichbar, die einen Anfang oder ein Ende hat. Zur vollständigen Beschreibung ist eine unendliche Menge an Information nötig, und eine statistische Beschreibung ist sehr unvollständig. Ich behaupte, daß die wirkliche Welt wie eine unendliche Folge von Nullen und Einsen ist, die weder Anfang noch Ende hat. Eine vollständige Beschreibung einer solchen Welt enthält relativ wenig Information, und sie ist nur statistisch.

Kann eine vollständige Beschreibung des wirklichen Universums nur statistische Information enthalten – Information, die sich nur auf Mittelwerte und Wahrscheinlichkeiten bezieht? Es stellt sich heraus, daß die Antwort Ja ist, wenn das Universum die folgenden Eigenschaften hat:

1. Es ist *unendlich.*

2. Es ist *statistisch* gleichförmig. Das heißt, seine Eigenschaften sind im Mittel in jedem Raumpunkt gleich.

3. Lokale Ungleichförmigkeiten haben eine maximale Größe.

4. Die Mikrozustände endlicher Systeme sind *diskret* und nicht stetig angeordnet.

Ein Universum mit diesen Eigenschaften hat eine »statistisch repetitive« Struktur. In ihr sind alle Möglichkeiten, die mit einer statistischen Beschreibung verträglich sind (in der Spielzeugwelt sind das alle endlichen Teilfolgen von Nullen und Einsen) verwirklicht. In der Tat sind sie immer wieder verwirklicht, weil die möglichen Realisierungen (durch die Eigenschaften 2 bis 4) begrenzt sind und die Gelegenheiten zu ihrer Verwirklichung (durch Eigenschaft 1) unbegrenzt sind. Eine einzige Verwirklichung der statistischen Beschreibung enthält also alle möglichen Strukturen.

Ganz entscheidend ist die Diskretheit (Eigenschaft 4). In der Spielzeugwelt stellt jede Zelle ein System dar, dessen physikalischer Zustand durch die Besetztheit der Zelle dargestellt wird. Jedes dieser Systeme hat nur zwei mögliche Zustände, die hier als 0 und 1 dargestellt sind. Nach der Quantenphysik sind die möglichen Zustände endlicher Systeme in der Tat diskret angeordnet; deshalb ist unsere Spielzeugwelt eine Quantenwelt. In der klassischen Entsprechung der Spielzeugwelt ist jeder Spielstein an einem bestimmten Punkt. Um einen Mikrozustand dieser klassischen Spielzeugwelt festzulegen, bräuchten wir keine endlose Folge von Nullen und Einsen, sondern eine endliche Folge reeller Zahlen, die sich als unendliche Dezimalzahlen darstellen lassen. In einer solchen Folge ist sowohl die Wahrscheinlichkeit, daß sich eine einzelne Zahl wiederholt, als auch die Wahrscheinlichkeit, daß sie in einer anderen Folge mit denselben statistischen Eigenschaften vorkommt, gleich Null. Die Mikrozustände dieser klassischen Spielzeugwelt lassen sich deshalb zumindest grundsätzlich leicht unterscheiden.

(Diese Behauptungen hängen von der von Georg Cantor Ende des neunzehnten Jahrhunderts bewiesenen Tatsache ab, daß die reellen Zahlen, also die unendlichen Dezimalzahlen, unendlich viel zahlreicher sind als die ganzen Zahlen. Beide Zahlenmengen sind unendlich, aber die Unendlichkeit der reellen Zahlen ist von einer höheren Ordnung als die Unendlichkeit der ganzen Zahlen. In einer Liste reeller Zahlen, die durch ein Zufallsverfahren erzeugt wird, ist die Wahrscheinlichkeit Null, daß eine der Zahlen sich wiederholt. Siehe Kapitel 1, Fußnote 9.)

Irreduzierbare oder objektive Unordnung – Unordnung, die sich nicht aus menschlichem Unwissen ergibt – kann es also nur in einem Universum geben, deren fundamentale Gesetze quantal und nicht klassisch sind. Wir werden die Verbindung zwischen Diskretheit und Quantenphysik in Kapitel 4 erörtern.

## Kosmologische Beobachtungen

Die griechischen Atomisten vertraten die Auffassung, die Sterne seien mehr oder weniger gleichförmig über einen unendlichen Raum verteilt. Sie vermuteten auch, die Sterne seien ferne Sonnen, jede mit einem eigenen Planetensystem. Aristoteles jedoch meinte, die Erde sei das Zentrum des Universums. Der Widerstreit zwischen diesen beiden gegensätzlichen Weltanschauungen bestand weit über 2000 Jahre lang.

Kopernikus vertrat die pythagoräische Ansicht, die Erde sei nur einer von fünf Planeten, die die Sonne umkreisen, hielt aber, wie Kepler ein Jahrhundert später, die Sonne für den Mittelpunkt der Schöpfung. Giordano Bruno behauptete Ende des sechzehnten Jahrhunderts, das Universum sei unendlich und unbegrenzt (»die Mitte ist überall, der Umfang nirgends«), die Sterne seien Sonnen, und weder das Sonnensystem noch seine Umgebung seien irgendwie ausgezeichnet. Für die Verbreitung dieser und anderer ketzerischer Meinungen wurde er auf dem Scheiterhaufen verbrannt.

Huygens und Newton waren davon überzeugt, daß die Sterne gleichförmig über einen unendlichen Raum verteilte Sonnen sind. Trotzdem hatte die heliozentrische Hypothese unter Beobachtungsastronomen bis weit ins zwanzigste Jahrhundert ihre Anhänger. Harlow Shapley fand 1918 überzeugende astronomische Hinweise darauf, daß die Sonne weit vom Mittelpunkt eines riesigen Sternsystems entfernt ist, schloß jedoch, dieses System, die Galaxis, liege im Mittelpunkt des astronomischen Weltalls.

Newton und Huygens waren vermutlich stärker von vorgefaßten Meinungen über das Aussehen des Universums beeinflußt als von Beobachtungstatsachen. In jeder klaren dunklen Nacht kann man sehen, daß die Sterne nicht gleichförmig über den Himmel verteilt sind, sondern sich in einem hellen unregelmäßigen Lichtstreifen, der Milchstraße, konzentrieren. Thomas Wright, ein Amateurastronom und Theologe, behauptete 1750, das Aussehen der Milchstraße lasse sich durch die Annahme erklären, die Sterne »bewegten sich alle in dieselbe Richtung und wichen nicht weit von einer Ebene ab, genau wie die Planeten es in ihrer heliozentrischen Bewegung um den Sonnenkörper herum tun.« Immanuel Kant entwickelte diese geniale Idee zu einem überzeugenden wissenschaftlichen Argument, das der Eckstein einer 1755 veröffentlichten umfassenden Theorie des astronomischen Universums und seines Ursprungs wurde. Über ein Jahrhundert früher hatte Galilei die Milchstraße durch sein neu gebautes Fernrohr betrachtet und gesehen, daß ihr Licht zumindest zum Teil von Sternen kam, die so lichtschwach sind, daß man sie mit dem bloßen Auge nicht unterscheiden kann. Kant folgerte aus dieser Beobachtung, daß die Sterne weder gleichförmig über einen unendlichen Raum verteilt sind, noch auf einer Kugelschale um die Sonne liegen; sie müßten, so behauptete er, zu einem riesigen scheibenförmigen System gehören, dessen Mitglieder sich unter dem Einfluß der Schwerkraft auf dieselbe Weise um einen entfernten Mittelpunkt bewegen wie die Planeten um die Sonne.

Kants Spekulationen über Form und Struktur des astronomischen Universums gingen noch weiter. Die Astronomen hatten hier und da unter den Sternen kleine verschwommene Lichtflekken entdeckt, von denen einige näherungsweise S-förmig aussahen. Kant vermutete, diese leuchtenden Flecken seien nicht, wie seine Zeitgenossen annahmen, zarte Wolken eines leuchtenden Gases, sondern ferne Sternsysteme, die in jeder Hinsicht mit unserem eigenen Milchstraßensystem vergleichbar und mehr oder weniger gleichmäßig durch den unendlichen Raum verteilt seien. Auf diese Weise konnte Kant die Hypothese kosmischer Gleichförmigkeit mit astronomischen Beobachtungen vereinbaren.

Seltsamerweise wurde Kants Bild des astronomischen Weltalls von den Astronomen nicht übernommen. Die Beobachtungshinweise schienen zu belegen, daß die Sonne im Zentrum unseres Sternsystems stand. In bezug auf die »Spiralnebel« (wie die Nebelflecken Kants schließlich genannt wurden) blieb die Meinung der Astronomen gespalten zwischen Kants Ansicht, sie seien ferne, mit unserem eigenen Milchstraßensystem vergleichbare »Welteninseln«, und der neo-aristotelischen Ansicht, sie seien relativ kleine und nahe Satelliten der Milchstraße. Die Frage wurde in den zwanziger Jahren dieses Jahrhunderts durch Edwin Hubble aufgrund von Beobachtungen mit dem damals größten Teleskop der Welt, dem 2½ m-Spiegelteleskop auf dem südkalifornischen Mount Wilson entschieden. Hubbles Beobachtungen zeigten, daß die Spiralnebel, wie von Kant vermutet, Sternsysteme sind, die in Größe und Masse mit unserem eigenen vergleichbar sind, und daß ihre räumliche Verteilung, in einem hinreichend großen Maßstab gesehen, in allen Richtungen gleich ist.

> Keine Verdünnung nach außen, keine Spur einer physikalischen Grenze ist zu beobachten. Nicht die geringste Andeutung für ein Supersystem von Nebeln in einer größeren Welt ist vorhanden. Es ist also wohl erlaubt, wenigstens vermutungsweise, das Prinzip der Einheitlichkeit anzuwenden und anzunehmen, daß jeder andere Teil des Weltalls dem uns zugänglichen ähnlich ist.[1]

Hubbles Untersuchungen an Galaxien (dem modernen Wort für Spiralnebel) bestätigten die Meinung von Demokrit, Huygens, Newton und Kant. Sie offenbarten auch ein neues und überraschendes Merkmal des astronomischen Universums, nämlich die kosmische Ausdehnung. Hubble fand, daß sich die Galaxien voneinander mit einer Geschwindigkeit entfernen, die, wenn sie aufrecht erhalten bleibt, die Entfernung zwischen irgend zwei von ihnen in einer bestimmten Zeitspanne verdoppelt, falls sie nicht zu Gruppen oder Haufen gehören, die aufgrund ihrer eigenen Schwerkraft zusammenhalten. Weit voneinander entfernte Galaxien bewegen sich relativ zueinander wie Flecken auf einem sich ausdehnenden Ballon.

Für die Entdeckung Hubbles gab es in der wissenschaftlichen Literatur schon eine theoretische Deutung. Einstein hatte seine neue Theorie der Gravitation 1916 auf das einfachste Weltmodell angewendet, das er sich vorstellen konnte: ein statisches, gleichförmiges, unbeschränktes Medium, das den ganzen Raum füllt. Um eine widerspruchsfreie Theorie zu erhalten, mußte Einstein sein Gravitationsgesetz abändern, was er später die größte Eselei seines Lebens nannte. Aber sechs Jahre später, 1922, zeigte Alexander Friedmann, daß Einsteins urspüngliches Gesetz für ein homogenes, unbeschränktes Medium doch zutrifft, wenn das Medium nicht statisch ist, sondern sich aus einem Anfangsstadium unendlicher Dichte, das es vor einer endlichen Zeit gab, gleichförmig ausdehnt. Hubbles Entdeckung der kosmischen Ausdehnung bestätigte Friedmanns Vorhersage und stützte Einsteins und Hubbles Forderung nach kosmischer Gleichförmigkeit.

Moderne Untersuchungen der räumlichen Verteilung und der Bewegungen ferner Galaxien haben es Astronomen ermöglicht, einen viel größeren Teil des »Reichs der Nebel« zu untersuchen, als Hubble es tun konnte, aber sie haben seine wesentliche

Folgerung nicht angetastet: *In jedem Augenblick sind die Eigenschaften des astronomischen Weltalls im Mittel überall im Raum gleich und von jedem Punkt aus in allen Richtungen dieselben.*

Starke und unerwartete Bestätigung dieser Folgerung (Kosmologen nennen es das Kosmologische Prinzip) ergab sich 1965 mit der Entdeckung, daß wir von einem Meer von Schwarzkörperstrahlung (Kapitel 5) umgeben sind, dessen Temperatur bei etwa 3 Kelvin, also 3 Grad über dem absoluten Nullpunkt liegt. Die Photonen, die dieses Meer ausmachen, entstanden in Entfernungen, die weit über jene der fernsten Galaxien hinausgehen, zu einer Zeit, als es noch keine Galaxien gegeben haben kann. Ihre Richtungsverteilung liefert die bei weitem empfindlichste Überprüfung für die Hypothese, daß die durchschnittlichen Eigenschaften des astronomischen Weltalls von der Erde aus in allen Richtungen gleich sind.

Die Hinweise aus der Astronomie bestätigen also das Kosmologische Prinzip. Aber welchen wissenschaftlichen Status hat es? Ist es ein erklärungsbedürftiges Phänomen? Oder ein Postulat?

## Theoretische Überlegungen zum Kosmologischen Prinzip

Wir berührten diese Frage schon in Kapitel 2, als ich behauptete, die Bedingungen, die den Anfangszustand des Universums definieren, müßten postuliert werden, denn sie ließen sich nicht aus vorgegebenen Anfangsbedingungen ableiten. Viele Kosmologen meinen jedoch, es sei weder notwendig noch wünschenswert, für den Anfangszustand des Universums statistische Gleichförmigkeit zu fordern. Sie behaupten, statistische Gleichförmigkeit könne im frühen Weltall durch physikalische Vorgänge erzeugt worden sein, und was sich erklären läßt, braucht nicht vorausgesetzt zu werden. Weil diese Überlegung so weithin akzeptiert ist, verdient sie sorgfältige Betrachtung.

Statistische Gleichförmigkeit ergibt sich üblicherweise dann, wenn Wechselwirkungen lange anhalten, denn diese führen dann zu einem Ausgleich aller Ungleichförmigkeiten der Dichte, der Temperatur und der Bewegung. In einem ruhigen Zimmer sind Luftdichte und Temperatur fast vollkommen gleichförmig. Könnten wir nicht die bemerkenswerte Isotropie des kosmischen Mikrowellenhintergrunds ebenso wie die weniger genau bestätigte, aber doch bemerkenswerte großräumige Isotropie und Gleichförmigkeit der räumlichen Verteilung der Galaxien auf Wechselwirkungen zurückführen, die sich mit jenen vergleichen lassen, die für die makroskopisch uniforme Verteilung von Luftmolekülen in einem Raum verantwortlich sind?

Nein. Die heute beobachteten Mikrowellenphotonen sind sehr alt. Sie sind fast die gesamte Lebenszeit des Universums über ungestört gereist. Schwankungen in der Helligkeitsverteilung der Mikrowellenstrahlung am Himmel sind deshalb direkt mit *räumlichen* Schwankungen der Temperatur und der Energiedichte der Strahlung im frühen Universum verknüpft. Deshalb folgt aus dem am Gesamthimmel beobachteten Ausbleiben von Schwankungen in der Helligkeitsverteilung der Strahlung ein bestimmter berechenbarer Grad an Gleichförmigkeit in der räumlichen Verteilung von Temperatur und Energie im frühen Universum. Diese große Gleichförmigkeit wiederum kann nicht in derselben Weise durch Wechselwirkungen zustande gekommen sein wie die makroskopisch gleichförmige Verteilung von Luftmolekülen in einem Raum.

Das hat mit *Einflußsphären* zu tun. Man stelle sich einen versiegelten Raum vor, der nichts anderes enthält als Luft und einen aufgeblasenen Ballon. Plötzlich platzt der Ballon. Wie lange braucht die Luft, bis sie in einem Gleichgewichtszustand gleichförmiger Dichte ist? Die Ausdehnung der plötzlich freigelassenen Luft erzeugt eine Druckwelle, die in alle Richtungen läuft, die Nachricht von den veränderten Bedingungen in den Raum trägt und lokal Reaktionen darauf auslöst. Kein Bereich kann auf die Neuigkeit reagieren, bevor die Nachricht ihn erreicht hat. Die Zeit zwischen dem Platzen des Ballons und dem Erreichen eines neuen gleichförmigen Gleichgewichtszustands muß deshalb länger sein als die Zeit, die eine mit Schallgeschwindigkeit bewegte Druckwelle zum Durchqueren des Raums braucht. Die gleiche Überlegung sagt uns, daß der Radius eines Bereichs, in dem sich innerhalb eines Zeitintervalls ein Gleichgewicht erreichen läßt, nicht größer sein kann als die Entfernung die der Schall in derselben Zeit zurücklegen könnte.

Im frühen Universum breiteten sich Neuigkeiten über lokale Irregularitäten mit Lichtgeschwindigkeit aus. Der Radius eines Bereichs, in dem Gleichförmigkeit erzeugt hätte werden können, als das Universum *t* Sekunden alt war (einer »Einflußsphäre«), ist deshalb *ct*, wobei *c* die Lichtgeschwindigkeit ist. Wenn wir die *Masse* eines solchen Bereichs berechnen, finden wir, daß sie proportional zum Alter *t* ist (weil nach Friedmanns Theorie die Massendichte umgekehrt proportional zum Quadrat von *t* ist). Wechselwirkungen, die stark genug waren, um große Dichteunterschiede zu glätten, gab es nur zu sehr frühen Zeiten, als die Massendichte selbst sehr hoch war. Zu diesen frühen Zeiten war die Masse innerhalb einer Einflußsphäre sehr klein – sie machte nur einen winzigen Bruchteil der Masse des gegenwärtig beobachtbaren Universums aus. Diese Überlegung läßt vermuten, daß wir die Isotropie der kosmischen Hintergrundstrahlung und die Isotropie und Gleichförmigkeit der räumlichen Verteilung von Galaxien nicht mit Hilfe von Wechselwirkungen im frühen Weltall erklären können.

Es gibt jedoch einen Ausweg. Nach einer genialen Theorie, die 1981 von dem Physiker Alan Guth vorgeschlagen wurde, könnte es gleich zu Beginn der kosmischen Ausdehnung, weniger als $10^{-35}$ Sekunden lang, eine Zeit gegeben haben, in der sich das Universum um einen Faktor von $10^{50}$ oder mehr ausdehnte. Während dieser »inflationären« Periode hätte sich der Radius einer Einflußsphäre um einen ähnlichen Faktor ausgedehnt. Wenn diese Theorie zutrifft, wäre das gesamte zur Zeit beobachtbare Universum vor der Inflation in einer Einflußsphäre enthalten gewesen. Dann hätten Wechselwirkungen im sehr frühen Universum die Gleichförmigkeit und Isotropie des heute beobachtbaren Universums selbst dann erzeugen können, wenn der Anfangszustand alles andere als gleichförmig war.

Auf den ersten Blick scheint es, man solle eine Theorie, die die Gleichförmigkeit und Isotropie des heutigen Weltalls *erklärt*, einer Theorie vorziehen, die diese Eigenschaften *postuliert*. Dies wäre sicherlich der Fall, wenn die Anfangsbedingungen für das Universum streng analog sind zu jenen für Sterne oder Galaxien.

Wir sahen jedoch schon, daß die Anfangsbedingungen für da Universum sich in zweierlei Weise wesentlich von jenen für andere physikalische Systeme unterscheiden. Die kosmologischen Anfangsbedingungen definieren ein eindeutiges System, und sie sind irreduzierbar, lassen sich also nicht aus vorgegebenen Anfangsbedingungen herleiten. Diese Eigenschaften machen die kosmologischen Anfangsbedingungen eher zu Gesetzen als zu gewöhnlichen Vorbedingungen. Es ist vorteilhaft, eine Theorie der Sternstruktur und -entwicklung zu haben, die auf einen weiten Bereich von Anfangsbedingungen anwendbar ist, weil die von der Theorie beschriebenen Dinge einen weiten Bereich möglicher Anfangsbedingungen konkretisieren. Es ist nicht vorteilhaft, eine Theorie des Universums zu haben, die für sehr viele mögliche Anfangsbedingungen gilt, weil es nur ein Universum gibt. Eine kosmologische Theorie, die statistische Gleichförmigkeit herleitet und nicht fordert, muß kompliziertere Anfangsbedingungen voraussetzen. Da diese Information das erste Glied in einer Kausalkette bilden würde, ließe sie sich nie erklären. Man könnte niemals mehr als nur einen unbedeutenden Bruchteil kennen. Wissenschaftliche Kenntnis über das Universum könnte dann niemals mehr als eine winzige Insel in einem ungeheuren Meer unüberwindlichen Unwissens sein.

Vielleicht ist die Welt so. Aber warum soll man das von Anfang an annehmen? Ein Anhänger Karl Poppers könnte sogar behaupten, daß eine solche Annahme methodologisch fragwürdig sei. Nach Popper ist für eine wissenschaftliche Hypothese ihre Überprüfbarkeit entscheidend. Die Hypothese, daß das Universum größtenteils nicht in Erfahrung gebracht werden kann, ist nicht überprüfbar, weil sie, ernst genommen, ihre eigene Wahrheit garantiert.

Statt anzunehmen, eine vollständige Beschreibung des Anfangszustands enthalte ungeheuer viel Information, die fast völlig unbekannt bleiben muß, will ich fordern, daß *eine vollständige Beschreibung des Anfangszustands überhaupt keine Information enthält, die dazu dienen könnte, im Raum einen Ort oder in einem Punkt eine bevorzugte Richtung auszuzeichnen.* Ich nenne dieses Postulat das Starke Kosmologische Prinzip, weil es ausdrücklich feststellt, daß *keine* statistische

Eigenschaft des Universums einen bestimmten Ort oder eine bestimmte Richtung auszeichnet. Weiter oben in diesem Kapitel habe ich behauptet, eine statistische Beschreibung eines unendlichen Universums, die dem Starken Kosmologischen Prinzip genügt, sei auch eine *vollständige* Beschreibung: Sie läßt sich nicht durch genaue mikroskopische Information ergänzen, weil irgend zwei Verwirklichungen derselben statistischen Beschreibung identisch sind.

Wenn dieses zu irgendeinem Zeitpunkt zutrifft, ist es immer wahr. Der Anfangszustand des Universums ist durch physikalische Gesetze mit seinem späteren Zustand verbunden. Keines unserer heutigen physikalischen Gesetze unterscheidet zwischen verschiedenen Orten oder in einem bestimmten Punkt zwischen verschiedenen Richtungen. Zum Beispiel gilt für Planeten, die den Stern Sirius umlaufen (falls es welche gibt) dasselbe Gravitationsgesetz wie für Planeten, die die Sonne umlaufen, und dieses Gesetz unterscheidet nicht zwischen den Richtungen in einem vorgegebenen Punkt. Deshalb ist die Schwingungsrate einer Pendeluhr (die vom Gewicht des Pendels abhängt) auf einem gleichförmigen, kugelförmigen, nichtrotierenden Planeten überall gleich. (Auf der Erdoberfläche verändert sich die Schwingungsrate eines Pendels wegen der Rotation und der nicht vollkommenen Kugelform der Erde mit der geographischen Breite.) Im Anfangszustand des Universums sind also alle Raumpunkte und alle Richtungen in jedem Punkt völlig gleich; die Gesetze, die die späteren Zustandsveränderungen des Universums bestimmen, können nicht zu einer Bevorzugung eines Orts oder einer Richtung führen, die es nicht von Anfang an gibt, und deshalb kann eine vollständige Beschreibung eines jeden Zustands im Weltall keine Information enthalten, die dazu dienen könnte, eine bevorzugte Raumposition oder Richtung in einem Punkt zu definieren.

Das bedeutet nicht, daß wir nicht genaue, nichtstatistische Information über jeden endlichen Teil des Universums – zum Beispiel über die Erde und ihre Umgebung – *sammeln* können. Eine vollständige Beschreibung des Universums, die dem Starken Kosmologischen Prinzip genügt, kann aber keine Aussage enthalten wie: »In diesem Teil des Raums gibt es einen Stern mit einer bestimmten Masse, der von neun Planeten mit den folgenden Kennzeichen umgeben ist ...« Eine Beschreibung, die nicht zwischen Orten unterscheidet, kann nicht definieren, was mit *diesem* gemeint ist, genau wie eine Beschreibung, die nicht zwischen unbeschleunigten Bezugssystemen unterscheidet (Spezielle Relativitätstheorie), keine Möglichkeit hat, das Wort *Ruhe* zu definieren. Eine vollständige statistische Beschreibung der kosmischen Evolution würde vorhersagen, daß ein bestimmter Anteil der Masse des Universums zu Sternen kondensiert ist, daß ein bestimmter Anteil dieser Sterne Eigenschaften hat, die (in einem wohldefinierten Sinn) denen der Sonne ähneln, daß ein bestimmter Anteil dieser Sterne Planetensysteme hat und so weiter. Man würde also, anders gesagt, einem Planetensystem wie unserem eine Häufigkeit seines Vorkommens zuschreiben, und mehr läßt sich von einer Beschreibung, die dem Starken Kosmologischen Prinzip genügt, nicht verlangen. So offensichtlich die Unterscheidung zwischen einem Ort und einem anderen auch erscheinen mag, es folgt doch aus dem Starken Kosmologischen Prinzip, daß sie lediglich einem Vorurteil entspringt, genau wie das Relativitätsprinzip bedingt, daß die offensichtliche Unterscheidung zwischen Ruhe und gleichförmiger Bewegung lediglich ein Vorurteil ist.

Wie jedes wissenschaftliche Postulat muß das Starke Kosmologische Prinzip nicht danach beurteilt werden, wie gut es mit unseren Vorurteilen übereinstimmt, sondern wie gut es mit den Tatsachen in Einklang ist und wie es in das Gewebe physikalischer Gesetze hineinpaßt, so behaupte ich. Das Starke Kosmologische Prinzip löst ein Grundproblem mit Boltzmanns statistischer Deutung des zweiten Hauptsatzes der Thermodynamik. Zunächst jedoch muß ich eine philosophische Frage behandeln.

## Information und Objektivität

»Eine vollständige Beschreibung des Universums enthält nur statistische Information.« Ist dies eine Hypothese über das Universum selbst oder über eine *Beschreibung* des Universums? Es geht hier eigentlich um zwei Fragen. Eine hat mit der Beziehung zwischen der Wirklichkeit und Beschreibungen der Wirklichkeit zu tun, die andere mit dem Status von *Information*. Es wird hilfreich sein, sie zu trennen.

In seiner Einführungsvorlesung für Physikstudenten am Caltech, der technischen Hochschule Kaliforniens, fragte Richard Feynman 1961: »Woher *wissen* wir, daß es Atome gibt?«

> Durch einen der früher erwähnten Tricks: Wir machen die Hypothese, daß Atome existieren, und ein Resultat nach dem anderen bestätigt unsere Vorhersage, so wie sie es sollten, *wenn* die Dinge aus Atomen bestehen.[2]

Ich denke, die meisten Wissenschaftler, die über diese Fragen nachgedacht haben, würden dieser Sicht der Beziehung zwischen theoretischen Beschreibungen und physikalischer Wirklichkeit zustimmen. Zu sagen, daß Atome (oder Quarks oder Gene) existieren, heißt, daß diese Objekte durch eine höchst erfolgreiche (das heißt gut bestätigte) Theorie postuliert oder vorhergesagt werden.

Wenn sich Theorien entwickeln, verändern sich die von ihnen postulierten oder vorhergesagten Größen manchmal radikal. Das von J. J. Thomson postulierte Elektron unterscheidet sich radikal von dem durch Schrödingers Wellengleichung definierten Elektron, das sich wiederum genauso radikal von dem Elektron unterscheidet, das durch Diracs relativistische Theorie des Elektrons definiert wird. Diese Objekte werden trotz ihrer Unterschiede mit demselben Namen bezeichnet, weil sie gleiche Kennzeichen haben (sie sind punktförmige Teilchen mit einer bestimmten Masse, die eine Einheit der negativen elektrischen Ladung tragen), und sie spielen in den Beschreibungen, in denen sie vorkommen, ähnliche Rollen. Entsprechend sind das Gen der Mendelschen Genetik, was mit »ein Gen, ein Enzym« gemeint ist, und das fragmentierte Gen der modernen Molekulargenetik (siehe Kapitel 11) radikal verschiedene Fassungen der Erbeinheit. Wenn Wissenschaftler behaupten, daß Elektronen oder Gene nicht nur theoretische Konstruktionen, sondern »wirklich« sind, meinen sie – oder sollten doch meinen –, daß erkennbare Formen dieser Gebilde in erfolgreichen Theorien weiterhin eine Rolle spielen werden. Und weil sich wissenschaftliche Theorien entwickeln, indem sie frühere Theorien eher einverleiben als sie abzulehnen, verändern sich die Antworten, die Wissenschaftler auf die alte philosophische Frage »Was ist da?«[3] geben, weniger rasch und weniger radikal in der Form als im Inhalt.

Die Behauptung, eine vollständige Beschreibung des Universums enthalte nur statistische Information, ist deshalb von ähnlicher Art wie die Behauptung, Galaxien seien die Bausteine des Universums. Sie *scheint* eine Aussage anderer Art zu sein, zum Teil, weil sich das Wort *Information* explizit (und nicht nur implizit) auf eine theoretische Beschreibung bezieht, und zum Teil auch, weil das Wort subjektive Komponenten hat: Information ist etwas, das *wir* über etwas dort draußen wissen (oder nicht wissen). In der Tat ist Information, so wie der Begriff hier definiert und verwendet wird, so objektiv wie etwa die Begriffe Energie und Masse. Sie unterscheidet sich von Masse und Energie, insofern sie eine Eigenschaft des Universums und nicht einzelner Teilsysteme ist. Dasselbe gilt für die Wahrscheinlichkeit. Man bedenke, daß sich in der Spielzeugwelt die Wahrscheinlichkeit, in einer vorgegebenen Zelle eine Zählmarke zu finden, mit beliebiger Genauigkeit messen läßt. Um jedoch die Genauigkeit einer Messung zu verbessern, müssen wir mehr Zellen überprüfen. Die Wahrscheinlichkeit, in einer Zelle eine Zählmarke zu finden, ist eine Eigenschaft einer unendlichen Menge von Zellen, nämlich dem Bruchteil von Zellen in der Menge, die eine Zählmarke enthalten. Weil (wegen des Starken Kosmologischen Prinzips) die Zellen als solche ununterscheidbar sind, sind ihre Eigenschaften implizit Eigenschaften der gesamten unendlichen Menge.

## Der Zeitpfeil und das Starke Kosmologische Prinzip

Viele alltägliche Phänomene lassen einen Zeitpfeil erkennen. Eine sich selbst überlassene Tasse Kaffee kühlt sich allmählich auf Zimmertemperatur ab. Anschließend entzieht sie der sie umgebenden Luft nicht spontan Energie, um sich zu erwärmen. Wenn ich Sahne in den Kaffee gegossen habe, trennen sich die beiden nicht spontan. Die Bewegung des Kaffees durch das

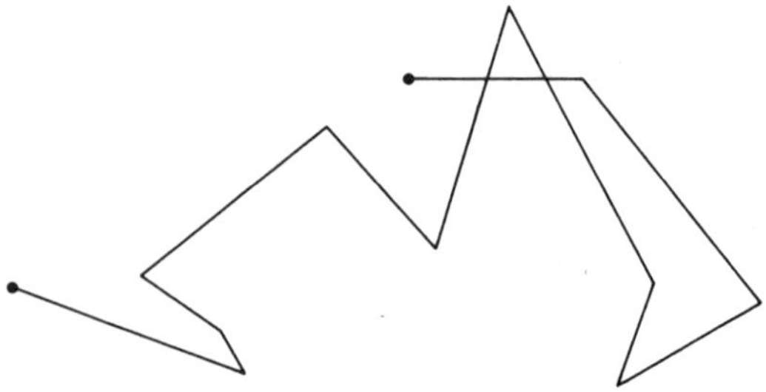

Abb. 3.2: Der Weg eines Gasmoleküls. Immer, wenn sich Moleküle begegnen, verändern sie deutlich ihre Richtung.

Umrühren läßt nach und erzeugt sich nicht spontan von neuem. In diese und alle anderen spontanen makroskopischen Prozesse ist ein zeitlicher Wegweiser eingebaut: Hier geht es in die Zukunft.

Und doch sind einzelne molekulare Zusammenstöße genau wie andere mikroskopische Ereignisse, die einen makroskopischen Prozeß ausmachen, umkehrbar. Sie zeichnen keine Zeitrichtung aus. Die Gesetze, die atomare und subatomare Prozesse kennzeichnen, sind umkehrbar. Woher kommt dann die makroskopische Unumkehrbarkeit? Wie kann ein Gesetz, das eine ausgezeichnete Zeitrichtung definiert (der Zweite Hauptsatz der Thermodynamik), sich aus grundlegenderen Gesetzen herleiten, die den Richtungen der Vergangenheit und Zukunft gleichen Status zuschreiben? Versuchen wir, diese Fragen zu beantworten.

Man betrachte ein einfaches Experiment, bei dem der Zeitpfeil auf der makroskopischen Ebene offensichtlich ist, aber verschwindet, wenn wir das Verhalten einzelner Moleküle betrachten. Eine geöffnete Parfümflasche steht in einem verschlossenen und vollkommen ruhigen Raum. Das Parfüm verdunstet. Seine Moleküle diffundieren und vermischen sich schließlich gleichmäßig mit den Luftmolekülen. Dieser Vorgang ist offensichtlich unumkehrbar; das Parfüm wird niemals seinen Weg in die Flasche zurückfinden. Um den Grund zu sehen, müssen wir uns den Vorgang im mikroskopischen Detail ansehen.

Jedes Parfümmolekül läuft im Zickzack und verändert seine

Richtung deutlich immer dann, wenn es einem anderen Molekül begegnet (Abbildung 3. 2). Ein rückwärts laufender Film einer Begegnung zeigt eine andere mögliche Begegnung. Da die Geschichte eines Moleküls eine Folge von umkehrbaren freien Flügen ist, die von umkehrbaren Begegnungen unterbrochen ist, ist auch sie umkehrbar. Wenn also Zusammenstöße mit den Wänden des Raums ebenfalls umkehrbar wären (eine unrealistische, aber keine widersinnige Annahme), wäre die Geschichte der Gesamtheit der Luft- und Parfümmoleküle umkehrbar. Ein rückwärts laufender Film des Experiments, der zeigt, wie die Parfümmoleküle ihren Weg zurück in die Flasche finden, würde mikrophysikalisch gesehen durchaus sinnvoll sein. Er würde kein einziges Gesetz der Mikrophysik verletzen. Die Intelligenz des Laplace, die Information über Ort und Geschwindigkeit eines jeden Moleküls verstehen, speichern und handhaben könnte, würde darin keinen Fehler finden. Natürlich würden *wir* sofort erkennen, daß der Film rückwärts läuft. Die von der *makroskopischen* Physik gestützte Erfahrung sagt uns, daß solche Dinge nicht passieren. Warum nicht?

Die übliche Antwort ist: Sie *könnten* passieren; es ist nicht unmöglich, daß das Parfüm seinen Weg wieder in die Flasche findet, aber höchst unwahrscheinlich. Aber sollen physikalische Gesetze nicht beschreiben, was *tatsächlich* passiert, und nicht, was *wahrscheinlich* passiert? Beruhen Wahrscheinlichkeitsaussagen – die Art von Aussagen, die Meteorologen über das morgige Wetter machen – nicht auf unvollständiger Information? Würde die Intelligenz des Laplace das Wetter von morgen mit völliger Sicherheit vorhersagen können?

Zunächst einmal müssen wir uns über die Bedeutung von *Wahrscheinlichkeit* und *Zufall* im klaren sein. Einige Menschen, darunter auch einige Physiker, definieren die Wahrscheinlichkeit eines Ereignisses, wenn gewisse Daten vorgegeben sind, als den Grad an Vertrauen, den ein vollkommen logisch denkender Mensch in das Auftreten dieses Ereignisses setzen würde, wenn jene Daten gegeben sind. Physiker interpretieren Zufall im ganzen gesehen anders. Wenn sie sagen, daß ein radioaktives Atom mit einer Wahrscheinlichkeit von einhalb in der nächsten Stunde zerfällt, meinen sie zweierlei: Erstens, daß die Hälfte aller Elemente einer sehr großen – im Prinzip unendlich großen – Menge identischer radioaktiver Atome innerhalb einer Stunde zerfällt, und zweitens, daß man nicht wissen kann, welche Atome zerfallen. Diese beiden Aussagen definieren die statistische Sicht von Zufall. Meine Meinung darüber, wie wahrscheinlich das eine oder andere einzelne Ereignis ist, spielt dabei keine Rolle. Die Wahrscheinlichkeit, daß ein bestimmtes Ergebnis eintritt, ist die Häufigkeit dieses Ergebnisses in einer sehr großen (theoretisch unendlichen) Menge identischer Versuche. So haben wir die Wahrscheinlichkeit dafür definiert, daß wir in einer bestimmten Zelle der Spielzeugwelt, die wir weiter oben in diesem Kapitel beschrieben, eine Zählmarke finden.

So verstanden bedeutet die Aussage: »Das Parfüm findet seinen Weg höchstwahrscheinlich nicht in die Flasche zurück« etwa das Folgende: Wenn wir eine riesige Menge identischer Räume betrachten, in denen identische Kopien einer Parfümflasche verdunsten und diffundieren, und wenn wir diese Räume nach einer bestimmten Zeitspanne untersuchen, finden wir, daß das Parfüm nur in einem absurd kleinen Bruchteil von ihnen den Weg in die Flasche zurückgefunden hat.

Warum ist dieser Bruchteil so klein? Aus zwei Gründen. Erstens führt nur ein absurd kleiner Bruchteil der Molekülkonfigurationen, die mit der Versuchsanordnung verträglich sind, (wie ich den Raum versiegelt, die Wände poliert, die Parfümflasche entkorkt habe) zu diesem Ergebnis. Das erscheint plausibel und ist nicht schwer streng zu beweisen. Zweitens nehme ich an, daß alle Molekülkonfigurationen, die mit meiner Vorbereitung des Experiments verträglich sind, gleich wahrscheinlich sind.

Diese Annahme ist ein wesentlicher Teil der üblichen Erklärung der Unumkehrbarkeit. Sie kommt in allen Lehrbüchern vor. Aber ihre Bedeutung ist alles andere als klar. Schließlich würde die Intelligenz des Laplace, die auf einen einzigen Blick die genaue Konfiguration aller Moleküle in einem Raum erkennt, der Behauptung nicht zustimmen, all die mit einer bestimmten makroskopischen Bedingung verträglichen Konfigurationen seien gleich wahrscheinlich. Weil die Intelligenz die anfängliche Molekülkonfiguration *kennt*, würde sie dieser Konfiguration die Wahrscheinlichkeit Eins (Gewißheit) zuschreiben und allen anderen die Wahrscheinlichkeit Null. Beschreiben wir, wenn wir jeder der anfänglichen Molekülkonfigurationen gleiche Wahrscheinlichkeit zuschreiben, nicht eher den Stand unseres Wissens als den Zustand des Gases? Und wenn das so ist, ist dann nicht die Unumkehrbarkeit ein subjektives Phänomen, das durch unsere sehr begrenzte Fähigkeit im Umgang mit Information verursacht wird?

Einige Physiker – ich glaube, Einstein war einer von ihnen – haben in den sauren Apfel gebissen und gesagt: »Ja, die Unumkehrbarkeit *ist* ein subjektives Phänomen, ein Ergebnis der menschlichen Bedingungen.« Für eine Laplacesche Intelligenz (oder für Gott) gäbe es kein Werden, sondern nur das Sein in einer vierdimensionalen Raumzeitmannigfaltigkeit.

Wenn wir diese Sichtweise ablehnen und stattdessen behaupten, das irreversible Verhalten der Parfümmoleküle in unserem Versuch sei ein objektives Phänomen, dann müssen wir auch behaupten, daß eine vollständige Beschreibung des Raums die Orte und Geschwindigkeiten der Moleküle nicht vollständig festlegt. (Wenn sie das täte, würden sich die Wahrscheinlichkeiten, die in einer statistischen Beschreibung der Unumkehrbarkeit vorkommen, auf den Zustand unseres Wissens beziehen und nicht auf den Zustand des Gases.) Wie aber kann eine vollständige Beschreibung den mikrophysikalischen Zustand eines Gases nicht festlegen? Wie könnte der mikroskopische Zustand selbst der Intelligenz des Laplace unbekannt bleiben?

Eine plausible Antwort lautet so: Unser versiegelter Raum kann nicht vollständig isoliert sein. Wir können die Moleküle in ihm zum Beispiel nicht vor dem Einfluß der Schwerkraft bewahren. Wir können auch die Wechselwirkungen zwischen den Molekülen und den Wänden nicht kontrollieren, die ihrerseits wieder aus Molekülen bestehen, deren Orte und Geschwindigkeiten indirekt durch Ereignisse in der Außenwelt beeinflußt werden. Deshalb ist die Annahme der vollkommenen Isolierung eine unerreichbare Idealisierung.

Aber ist sie denn nicht trotzdem eine *nützliche* Idealisierung? Hängen nicht *alle* theoretischen Beschreibungen von der einen oder anderen Idealisierung ab?

Die Antwort liegt nicht auf der Hand. Denken wir an die

Reibung. Vor Newton wurde die Reibung als eine unwichtige Komplikation gesehen und deshalb ignoriert. Archimedes betrachtete ideale (das heißt: reibungslose) Flüssigkeiten und reibungslose Maschinen. Galilei machte sich Gedanken über Holzblöcke, die vollkommen glatte Ebenen hinuntergleiten, und über Pendel, die keinem Luftwiderstand (einer Form von Reibung) begegnen. Newton wich von dieser Überlieferung ab und untersuchte die Reibung – in einer idealisierten Form. Im selben Sinn, also durch Vernachlässigung unwichtiger Komplikationen, um die zugrundeliegenden Regelmäßigkeiten klarer sichtbar werden zu lassen, betrachten Thermodynamiker Systeme, die von aller Wechselwirkung mit der Außenwelt abgeschnitten sind. Ein ideales isoliertes System tauscht mit seiner Umgebung weder Masse noch Energie *noch Information* aus.

Die Vernachlässigung von Masse- und Energieaustausch läßt sich durch Überlegungen begründen, die jenen ähneln, mit denen Galilei seine Vernachlässigung des Luftwiderstands gerechtfertigt hätte. Ein System, das *fast* vollkommen gegen Veränderungen von Masse und Energie isoliert ist, verhält sich, über kurze Zeit gesehen, weitgehend wie ein ideales System, das vollkommen gegen solche Veränderungen isoliert ist. Ein hinreichend geschickter Versuchsleiter kann sicherstellen, daß die Auswirkungen von Masse- und Energieschwund klein und uninteressant sind. *Er kann jedoch ein Gas nicht wirklich gegen ein Leck an mikroskopischer Information isolieren. Er kann es nicht gegen äußere Störungen abschirmen, die seinen mikrophysikalischen Zustand höchst ungewiß sein lassen.* Wenn nur ein einzelnes Molekül unendlich wenig von seinem vorgeschriebenen Kurs abweicht, vergrößern molekulare Zusammenstöße die Abweichung und geben sie an Moleküle in jeder Ecke des Raums weiter.

Ein ähnliches Phänomen kennen wir aus dem Spiel »Flüsterpost«, in dem die Teilnehmer der Reihe nach einem Nachbarn die Botschaft zuflüstern, die sie vom anderen erhielten. Wenn die Anzahl der Spieler groß ist, kann die Endform der Botschaft völlig anders sein als ihre Ausgangsform; Fehler werden im Lauf der Übermittlung gewöhnlich größer.

Es gibt eine einfache und nützliche Möglichkeit, sich zu

veranschaulichen, wie sich winzige Störungen eines Gases ausbreiten und anwachsen. Betrachten wir zunächst ein einzelnes Molekül, das gezwungen ist, sich auf einer Geraden zu bewegen. Sein physikalischer Zustand ist durch seinen Ort und seine Geschwindigkeit bestimmt (Richtung und Betrag). Wir können, wie Abbildungen 3. 3 und 3. 4 zeigen, jede Kombination von Ort und Geschwindigkeit durch einen Punkt in einem zweidimensionalen Diagramm darstellen. Die horizontale Achse des Diagramms stellt die Gerade dar, entlang der sich das Molekül bewegt, und die horizontale Koordinate eines Punkts gibt die Lage des Teilchens auf dieser Geraden an. Die vertikale Komponente gibt die Geschwindigkeit des Moleküls an. Punkte mit positiven Vertikalen (Punkte über der horizontalen Achse) stellen Teilchen dar, die sich von links nach rechts bewegen; Punkte mit negativen vertikalen Koordinaten (Punkte unter der horizontalen Achse) stellen Teilchen dar, die sich von rechts nach links bewegen.

Wir verallgemeinern diese Darstellung jetzt, indem wir ein Teilchen betrachten, das sich nicht nur auf einer Geraden, sondern in einer Ebene bewegt. Dazu müssen wir zwei Ortskoordinaten und zwei Geschwindigkeitskoordinaten angeben. Wir brauchen deshalb ein vierdimensionales Diagramm. Analog brauchen wir zur Beschreibung des Zustands eines Teilchens im dreidimensionalen Raum ein sechsdimensionales Diagramm. Natürlich können wir keine vierdimensionalen Diagramme zeichnen – und sechsdimensionale schon gar nicht, aber zum Glück ist das auch nicht nötig. Alles, was der Veranschaulichung dient, läßt sich wie in Abbildung 3.3 oder Abbildung 3.4 in einem zweidimensionalen Diagramm darstellen, in dem die horizontale Koordinate eines Punkts für alle drei Ortskoordinaten steht und die vertikale für alle drei Geschwindigkeitskomponenten.

Um den Zustand eines Molekülpaars darzustellen, brauchen wir einen zwölfdimensionalen Raum. Ein Punkt in diesem Raum wird durch zwölf Koordinaten festgelegt. Die ersten drei stellen die Ortskoordinaten des ersten Moleküls dar, die nächsten drei die Ortskoordinaten des zweiten Moleküls, die nächsten drei die Geschwindigkeitskomponenten des ersten Moleküls und die

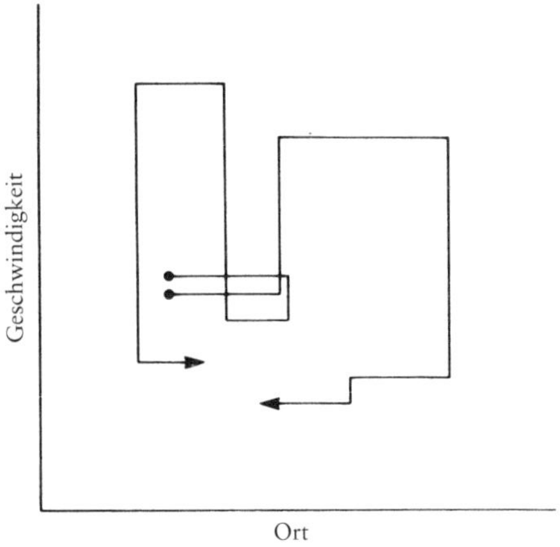


Abb. 3.3: Teilchenbahnen im 6*N*-dimensionalen Ort-Geschwindigkeits-Raum, die die Entwicklung zweier zu Beginn ähnlicher Mikrozustände eines aus *N* Teilchen bestehenden Gases darstellen. Die 3*N* Ortskoordinaten werden durch die horizontale Koordinate dargestellt, die 3*N* Geschwindigkeitskomponenten durch die Vertikale. Zwischen den Zusammenstößen sind die 3*N* Geschwindigkeitskomponenten konstant. Wann immer zwei Moleküle zusammenstoßen, verändern sich ihre sechs Geschwindigkeitskomponenten plötzlich. Die beiden Teilchenbahnen divergieren sehr rasch.

letzten drei die Geschwindigkeitskomponenten des zweiten Moleküls. Wieder jedoch können wir ein zweidimensionales Diagramm verwenden, um die Vorgänge zu veranschaulichen. In diesem Diagramm steht die horizontale Koordinate für alle sechs Ortskoordinaten und die vertikale Koordinate für alle sechs Geschwindigkeitskomponenten. Wenn wir so weitermachen, können wir den Zustand einer beliebigen Anzahl von *N* Molekülen durch einen einzigen Punkt in einem Raum mit 6*N* Dimensionen darstellen, aber wir können die Vorgänge immer noch in einem zweidimensionalen Diagramm darstellen. Das wollen wir jetzt tun.

Während sich die Gasmoleküle bewegen und zusammenstoßen, läuft der Punkt im 6*N*-dimensionalen Raum, der ihren Gesamtzustand darstellt, auf einem außerordentlich komplizierten Zickzackweg. Bei jedem Zusammenstoß von zwei Molekü-

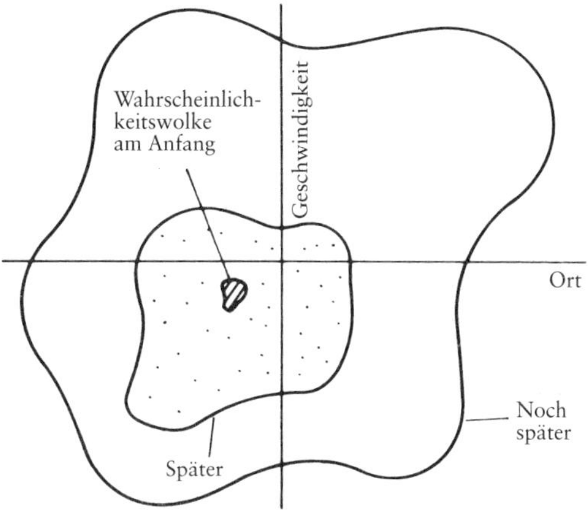


Abb. 3.4: Wenn der anfängliche Mikrozustand eines Gases unbekannt ist, läßt es sich durch eine kleine Wahrscheinlichkeitswolke im 6*N*-dimensionalen Zustandsraum darstellen. Wenn sich das Gas entwickelt, dehnt sich die Wolke rasch aus, bis sie den ganzen Zustandsraum ausfüllt.

len verändern sich sechs der Koordinaten (die drei Geschwindigkeitskoordinaten jedes der am Zusammenstoß beteiligten Moleküle) drastisch, und solche Zusammenstöße laufen mit enormer Geschwindigkeit ab. Betrachten wir zwei fast identische Anfangszustände des Gases, die durch zwei benachbarte Punkte des 6*N*-dimensionalen Raums dargestellt werden. Weil die Molekülzusammenstöße die Anfangsdifferenz zwischen den beiden Zuständen vergrößern, divergieren die beiden Bahnen auch dann rasch, wenn ihre Anfangspunkte nahe beieinanderliegen. (Abbildung 3. 3). Weil es unvermeidlich äußere Störungen gibt, muß der Anfangszustand des Gases jedoch etwas ungewiß sein. Statt das Gas also durch einen Punkt darzustellen, sollten wir es, wie in Abbildung 3. 4, durch eine kleine *Wolke* veranschaulichen. Die Wahrscheinlichkeit, daß der das Gas repräsentierende Punkt in einem bestimmten Bereich der Wolke liegt, ist proportional zu dem (6*N*-dimensionalen) Volumen des Bereichs. Weil sich je zwei benachbarte Punkte in der Wolke im Lauf der Zeit voneinander entfernen, muß sich jeder Teil der Wolke im Lauf der Zeit ausdehnen. Deshalb dehnt sich die ganze Wolke aus, und schließlich füllt sie den zugänglichen Teil des 6*N*-dimensionalen Raums gleichförmig.

Ich halte diese Überlegung für richtig und wichtig, aber unvollständig. Sie nimmt an, daß die äußeren Störungen zufällig sind. Zweifellos sind sie das auch – für uns. Aber für die Intelligenz des Laplace, für die das Universum ein offenes Buch ist, entwickelt sich der mikroskopische Zustand unseres nicht völlig isolierten Zimmers voller Moleküle auf völlig determinierte Art und Weise. Die Unordnung, die wir äußeren Störungen zuschreiben, ist illusorisch, und auch die Umkehrbarkeit der Veränderung. Ich denke, wir können diesen Schluß nicht vermeiden, wenn wir die Möglichkeit einer Laplaceschen Intelligenz zulassen – also eine vollständige mikroskopische Beschreibung der Welt für möglich halten.

Das Starke Kosmologische Prinzip liefert das, was in der vorangegangenen Darstellung der Unumkehrbarkeit fehlt, indem es die Unordnung zu einer objektiven Eigenschaft des Universums macht. Das Starke Kosmologische Prinzip bedingt, daß es über den Zustand des Universums als Ganzes objektiv keine Information gibt, die nicht statistisch ist. Die Wahrscheinlichkeiten, die bei einer vollständigen statistischen Beschreibung des Universums eine Rolle spielen, spiegeln das objektive Fehlen einer mikroskopischen Ordnung wider und nicht die Unvollständigkeit unseres Wissenstands.

Wenn wir das Starke Kosmologische Prinzip bejahen, verläuft eine Erklärung dafür, warum wir nicht erwarten sollten, das verdunstete Parfüm in seiner Flasche wiederzufinden, folgendermaßen. Wir können uns vorstellen, daß der versiegelte Raum in unserem imaginären Experiment ein Element einer unendlichen Menge makroskopisch identischer Räume ist, die im Universum mehr oder weniger gleichförmig verteilt sind. (Eine Beschreibung, in der es nur einen einzigen solchen Raum gibt, würde eine bestimmte Raumposition auszeichnen.) In allen außer einem außerordentlich kleinen Bruchteil dieser Räume verhält sich das Parfüm »normal«; es verdunstet und bleibt gleichmäßig verteilt. Weil wir nicht sagen können, welches Zimmer das unsere ist, schließen wir, daß sich das Parfüm »fast sicherlich« normal verhält. Dies ist genau der Schluß, der in jedem modernen Lehrbuch gezogen wird. Das Starke Kosmologische Prinzip liefert für diesen Schluß eine objektive Grundlage und für die Phrase »fast sicherlich« eine konkrete Deutung.

Diese Beschreibung unumkehrbaren Verhaltens setzt voraus, daß der Anfangszustand des von uns betrachteten Systems keine *verborgene Ordnung* enthält. Verborgene Ordnung und ihre Folgen werden durch eine in Vorlesungen beliebte Demonstration veranschaulicht.

Der Versuchsleiter betritt den Saal mit einem großen Glaszylinder, wie in Abbildung 3.5 gezeigt. Im Inneren dieses Zylinders ist ein etwas kleinerer Zylinder. Der Raum zwischen den beiden Zylindern ist mit einer gefärbten Flüssigkeit gefüllt; der innere Zylinder ist mit einer Kurbel versehen und so montiert, daß er sich in dem großen Zylinder in beide Richtungen (um die gemeinsame Achse) drehen kann. Der Versuchsleiter dreht dann langsam den inneren Zylinder gegen den Uhrzeigersinn. Dabei wird die Farbe der Flüssigkeit zwischen den Zylindern allmählich *weniger* gleichförmig. Schließlich konzentriert sich die Farbe in einem engen senkrechten Streifen. Aus dem Chaos wurde, in ganz offensichtlichem Widerspruch zum zweiten Hauptsatz der Thermodynamik, Ordnung!

Das Verhalten des Farbstoffs wird weniger geheimnisvoll, wenn wir mehr über die Anfangsbedingungen wissen. Die Flüssigkeit zwischen den Zylindern (gewöhnlich wird Glyzerol gewählt) ist sehr zäh. Wenn der Farbstoff nicht verrührt wird, diffundiert er nur sehr langsam – in dem für die Versuchsvorführung nötigen Zeitraum fast nicht. Vor Betreten des Lehrsaals war ein schmaler Streifen Farbe in die Flüssigkeit zwischen den Zylindern eingeführt worden. Dann wurde der innere Zylinder langsam und sorgfältig im Uhrzeigersinn gedreht, wodurch sich der Farbstreifen spiralig zu einer viel dünneren, sehr eng verbundenen Schicht verteilte. Der Versuchsleiter zeigt den Zylinder dem Publikum und dreht den inneren Zylinder in die entgegengesetzte Richtung, wodurch sich die Spirale wieder abwickelt. So entsteht schließlich eine etwas verschwommene Fassung der wirklichen Anfangsbedingungen. Der den Zuschauern dargebotene Versuchsablauf schuf keine makroskopische Ordnung, son-

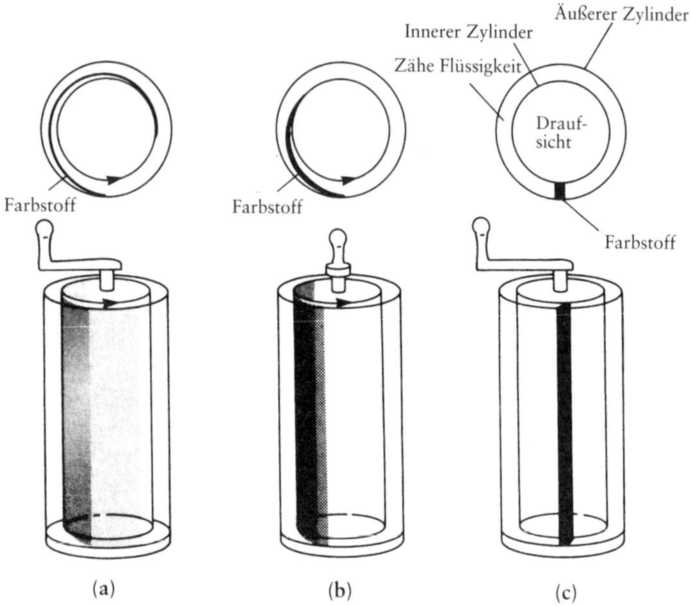


Abb. 3.5: Ein Experiment, mit dem sich »verborgene Ordnung« nachweisen läßt. Der Apparat besteht aus zwei konzentrischen Zylindern, zwischen denen eine zähe Flüssigkeit wie Glyzerin oder Syrup ist. Durch Drehen einer Kurbel kann der Versuchsleiter den inneren Zylinder relativ zum äußeren drehen. Vor Betreten des Lehrsaals führt der Versuchsleiter einen farbigen schmalen Streifen senkrecht in die Flüssigkeit zwischen den Zylindern ein; dann wird der innere Zylinder gedreht, wodurch sich der Streifen, wie Abbildung (a) zeigt, spiralig zu einer dünnen Schicht verformt. Für Zuschauer scheint der Farbstoff zwischen den Zylindern gleichförmig verteilt zu sein. Die Draufsicht zeigt, daß die Farbe tatsächlich nur einen kleinen Bruchteil des Bereichs zwischen den Zylindern einnimmt; ihre geordnete Verteilung ist eindeutig, aber verborgen. Wird nun der innere Zylinder in die entgegengesetzte Richtung gedreht, bildet sich, wie in (b) oder (c) gezeigt, ein etwas verschwommener dünner Farbstreifen heraus. Die Zuschauer, die nicht gesehen haben, wie der Streifen zuvor auseinandergezogen wurde, glauben, sie wären Zeugen, wie aus Chaos Ordnung wird. Tatsächlich sehen sie jedoch, wie verborgene Ordnung offenbar wird.

dern offenbarte nur eine zuvor geschaffene makroskopische Ordnung.

Dieser Versuch lehrt uns, daß makroskopische Systeme verborgene Ordnung enthalten können. Können wir sicher sein, daß der Anfangszustand unseres versiegelten Raums mit seiner offenen Parfümflasche keine verborgene Ordnung birgt, die analog ist zu jener der Farbe in der Flüssigkeit zwischen den Gaszylindern – keine verborgene Ordnung, die dazu führen würde, daß die zerstreuten Parfümmoleküle sich wieder in ihrer Flasche versammeln? Ich denke ja. Selbst wenn ein dämonischer Schwindler ohne unser Wissen verborgene Ordnung in den mikroskopischen Anfangszustand des Gases eingeführt hätte, würden äußere Störungen (die dank des Starken Kosmologischen Prinzips eine echte Zufallskomponente haben müßten) diesen Plan vereiteln. Es gibt jedoch andere makroskopische Systeme, deren Entwicklung anders verläuft, wenn in ihrem Anfangszustand Ordnung verborgen ist. Im vorangehenden Beispiel war die verborgene Ordnung, auch wenn sie den Studenten im Lehrsaal unsichtbar blieb, auf einer makroskopischen Skala. Physiker haben sich jedoch analoge Versuche ausgedacht, in denen die in einem Anfangsstadium verborgene Ordnung wirklich auf der molekularen Ebene ist.[4] Ein makroskopisches System mit einem solchen Anfangszustand kann sich »anti-entropisch« entwickeln, das heißt, makroskopische Ordnung kann im Lauf der Zeit zunehmen. Dies wird durch das folgende Gedankenexperiment bezeugt, in dem eine Mutante von Maxwells Dämon vorkommt.

Man erinnere sich, daß in Maxwells Gedankenexperiment ein winziger Türhüter den Durchgang einzelner Moleküle durch eine winzige Tür in einer Trennscheibe zwischen den beiden Teilen eines isolierten Gaskastens regelt und nur schnelle Moleküle von links nach rechts durchläßt und nur langsame von rechts nach links. Dadurch erwärmt sich der rechte Teil allmählich, während sich der linke allmählich abkühlt. Beobachter, die nichts von dem Vorhandensein des Dämons wissen, würden ein ständiges Nachlassen der Entropie des Gases bemerken, was anscheinend den Zweiten Hauptsatz verletzt. Um jedoch die Information zu erhalten, die nötig ist, um zwischen schnellen und langsamen Molekülen unterscheiden zu können, müßte der Dämon mindestens soviel Entropie erzeugen, wie diese Verringerung der Energie verbraucht. Die kombinierte Entropie des Gases und des Dämons würde also immer weiter zunehmen, wie es der Zweite Hauptsatz fordert.

Nehmen wir jedoch an, wir ersetzten den Dämon durch einen Computer, der gerade von einer Laplaceschen Intelligenz dazu programmiert wurde, die Tür zu bestimmten vorgegebenen Zeiten zu öffnen und zu schließen; diese Zeiten wurden aus einer genauen Kenntnis des Anfangszustands des Gases und der für die Bewegung der Gasmoleküle wichtigen physikalischen Gesetze berechnet. Anders als Maxwells Dämon benötigt der Computer keine Information über einzelne Moleküle. Er hat alle nötige Information von Anfang an. Natürlich erzeugen der Computer und der Mechanismus, der die Tür öffnet und schließt, etwas Entropie; ihre Erzeugungsrate ist jedoch nicht direkt an die Rate gebunden, mit der das Gas Entropie verliert. Im Prinzip gibt es keinen Grund, warum die gesamte Entropie des Systems nicht zumindest für eine Weile abnehmen könnte, was den Zweiten Hauptsatz verletzen würde.

In diesem Gedankenexperiment liegt von Anfang an eine enorme Menge an mikroskopischer Information vor – die Information, die durch die Beschreibung des Mikrozustands des Gases gegeben wird. Ein Teil dieser Information zeigt sich im Lauf des Experiments in Form makroskopischer Ordnung (einem Temperaturunterschied zwischen den beiden Teilen). Dieses Gedankenexperiment veranschaulicht wieder einmal, daß die Abnahme der makroskopischen Ordnung (also die Zunahme der Entropie) in einem isolierten System vom anfänglichen Fehlen gewisser Formen *mikroskopischer* Ordnung abhängt. Das Starke Kosmologische Prinzip stellt sicher, daß mikroskopische Ordnung objektiv gesehen fehlen *kann*, schließt aber nicht die Möglichkeit aus, daß der Anfangszustand eines bestimmten Systems eine verborgene mikroskopische Ordnung enthalten könnte.

Selbst wenn verborgene mikroskopische Ordnung zu Beginn vorhanden ist, kann sie durch äußere Störungen zu rasch zerstört werden, als daß sie zu einer merklichen Zunahme makroskopischer Ordnung führen könnte. Dies ist immer der Fall, wenn es um makroskopische Gase geht. Aber es gibt andere Systeme mit großen Teilchenmengen, für die sich anti-entropische Anfangsbedingungen verwirklichen lassen. Solche Systeme gehorchen vielleicht nicht den Gesetzen der makroskopischen Physik, die die Irrelevanz mikroskopischer Information voraussetzen und entsprechend entropisches Verhalten vorhersagen – die Diffusion von Farbe in einer Flüssigkeit, der Wärmefluß von wärmere in kühlere Bereiche. Um vorherzusagen, wie sich ein solches System verhält, muß man etwas über seine Geschichte wissen.

So ist also der Zweite Hauptsatz von völlig anderer Art als die Gesetze, die für Elementarteilchen und ihre Wechselwirkungen gelten. Diese Gesetze sind unabhängig von Anfangsbedingungen. Sie sind wahrlich Ausdruck zeitloser Ordnung. Der Zweite Hauptsatz beruht auf einer historischen Verallgemeinerung: Er gilt für makroskopische Systeme, die aus wenig oder keiner mikroskopischen Ordnung entstehen. Der Zweite Hauptsatz verdankt seine gewaltige – aber unvollständige – Allgemeinheit der Tatsache, daß fast alle natürlich vorkommenden Systeme in der Tat mit wenig oder keiner mikroskopischen Ordnung gebildet wurden.

## Chaos und Unumkehrbarkeit

Wir haben gesehen, daß die makroskopischen Eigenschaften eines Gases im Lauf der Zeit immer gleichförmiger werden, wenn externe Kräfte die Bewegungen einzelner Moleküle zufällig stören. Wir sahen auch, daß sich ein Gas niemals von äußeren Störungen abschirmen läßt, die makroskopische Ordnung zerstören. Wie würde sich ein anfangs ungleichförmiges Gas entwickeln, wenn seine Moleküle nur untereinander und mit den vollkommen reflektierenden Wänden ihrer Behälter, aber nicht mit der Außenwelt wechselwirken? Werden seine makroskopischen Eigenschaften im Lauf der Zeit immer gleichförmiger? Nimmt seine thermodynamische Entropie weiter zu? Sind kurze, zufällige äußere Störungen *notwendig* (und auch *hinreichend*) für die Unumkehrbarkeit?

Zur Untersuchung dieser Frage kehren wir zum 6*N*-dimensionalen Zustandsraum zurück. Wie Sie sich erinnern werden, sind die Koordinaten eines Punktes in diesem Raum die Orts- und Geschwindigkeitskomponenten der *N* Moleküle in einem bestimmten Augenblick. Wenn sich das Gas entwickelt, läuft der repräsentative Punkt auf einer Bahn im Zustandsraum. Jede solche Teilchenbahn stellt eine mögliche Geschichte des Gases dar. Die Teilchenbahnen im Zustandsraum eines Gases haben drei Eigenschaften, die für die folgenden Überlegungen wichtig sind.

1. Wir nehmen an, die Positionen und Geschwindigkeiten aller Moleküle zu einer Anfangszeit seien gegeben. Weil wir angenommen haben, daß es keine äußeren Störungen gibt, bestimmen die Bewegungsgesetze die Orte und Geschwindigkeiten aller Moleküle zu allen späteren (und früheren) Zeiten. Dies bedeutet, daß *durch jeden Punkt in dem 6N-dimensionalen Zustandsraum (mit Ausnahme des Ursprungs)*[5] *nur eine Teilchenbahn läuft.*

2. Selbst wenn es keine äußeren Störungen gibt, sind Teilchenbahnen außerordentlich unregelmäßig. Jeder Zusammenstoß zwischen zwei Molekülen führt in einem kurzen Zeitraum bei sechs der entscheidenden Koordinaten eines Punktes (den drei Geschwindigkeitskomponenten eines jeden der zusammenstoßenden Moleküle) zu großen Veränderungen (siehe Abbildung 3. 3).

3. Jede Teilchenbahn ist auch stark von ihrem Ausgangspunkt abhängig (dessen Koordinaten die Anfangsbedingungen des Gases darstellen). Eine, wenn auch noch so kleine, Verschiebung in der Lage des Anfangspunkts führt zu einer immer stärkeren Abweichung der geänderten Teilchenbahn von der ursprünglichen Teilchenbahn. Nach kurzer Zeit schon scheint keine Verbindung mehr zwischen der ursprünglichen und der veränderten Teilchenbahn zu bestehen (siehe Abbildung 3. 3).

Bahnen mit den letzten beiden Eigenschaften heißen *chaotisch* (im Gegensatz zu *regulär*).

Die Erforschung des Chaos geht auf Henri Poincaré zurück, der sich Ende des neunzehnten Jahrhunderts mit einem schon von Newton behandelten Problem beschäftigte. Das von Newton behandelte und gelöste Problem war die Beschreibung der Bewegung zweier Körper (etwa der Erde und der Sonne), deren wechselseitige Anziehung dem von Newton aufgestellten Gravitationsgesetz gehorcht. Newtons Theorie beschreibt alle möglichen Bewegungen der beiden Körper. Die Relativbahn (die Bahn eines Körpers aus der Sicht des anderen) kann eine Ellipse, eine Parabel oder eine Hyperbel sein, und die Relativgeschwindigkeit hängt nach einer einfachen Formel von ihrem Abstand ab. Newtons Nachfolger versuchten sofort, das Problem von drei wechselseitig gravitierenden Körpern zu lösen. Sie wußten, daß die Bewegungen in einem solchen System sehr kompliziert sein können, aber sie zweifelten niemals daran, daß es das, was sie suchten – mathematische Formeln, die diese komplizierten Bewegungen beschreiben – auch gab. Poincaré und unabhängig davon Heinrich Bruns bewiesen, daß *es solche Formeln im allgemeinen nicht gibt*! Die Anfangsbedingungen bestimmen die spätere Bewegung vollständig, aber keine noch so komplizierte Formel kann die Bahnen bei beliebigen Anfangsbedingungen beschreiben.

Etwas beweisen ist eine Sache, etwas verstehen eine andere. Welche Art von Komplexität macht es unmöglich, das Dreikörperproblem genau so zu lösen, wie Newton das Zweikörperproblem löste? Um Einsicht in diese und verwandte Fragen zu erhalten, entwickelte Poincaré neue mathematische Methoden, die es ihm ermöglichten, qualitative, geometrische Eigenschaften von Bahnen im Zustandsraum zu untersuchen und den ersten Einblick in die mit chaotischen Bahnen verknüpfte Komplexität zu erlangen. Die moderne Theorie des Chaos in dynamischen Systemen, das sich außer in der Astronomie in vielen Bereichen der Naturwissenschaft findet, ist ein direktes Produkt der bahnbrechenden Untersuchungen Poincarés.

Nehmen wir jetzt, wie schon zuvor, an, der anfängliche Mikrozustand des Gases sei ungewiß. Statt durch einen Punkt stellen wir das Gas deshalb als eine *Wahrscheinlichkeitswolke* gleichmäßiger Dichte dar, die einen kleinen Bruchteil des zugänglichen[6] Bereichs des Zustandsraumes erfüllt. Wir nehmen an, daß der Anfangszustand des Gases einen hohen Grad von *makroskopischer* aber keine *mikroskopische* Ordnung hat; die

Wahrscheinlichkeitsverteilung der Mikrozustände ist innerhalb eines Bereichs gleichförmig, der einen Makrozustand niedriger Entropie darstellt. Früher schlossen wir, daß die Wolke sich wie ein heißer Luftstoß ausdehnen würde. Aber die Überlegung, die zu diesem Schluß führte, hing von dem Vorliegen zufälliger äußerer Störungen ab. Wenn es keine zufälligen äußeren Störungen gibt, verhält sich die Wahrscheinlichkeitswolke nicht wie ein Gas, sondern wie eine Flüssigkeit. Die Dichte und das Volumen bleiben beide während der Entwicklung der Wolke konstant. Diese Eigenschaft ist eine mathematische Folge der Bewegungsgleichungen und gilt für jedes isolierte System wechselwirkender Teilchen. Zu welchen Folgerungen führt das?

Wir wissen, daß Punkte, die zu der Wolke gehören, unregelmäßige Bahnen beschreiben und daß die Bahnen benachbarter Punkte mit immer größerer Geschwindigkeit divergieren. Wenn wir diese Information mit der Forderung zusammenfassen, daß sich Volumen und Dichte der Wolke niemals ändern, erhalten wir das folgende Bild: Die inneren Bewegungen der Wolke verwandeln sich rasch in verdrehte Filamente, von denen sich jedes noch während seiner Bildung in dünnere Filamente auflöst. Diese wiederum lösen sich zu noch dünneren Filamenten auf und so weiter, bis ins Unendliche. Die Filamente berühren sich nicht und brechen niemals ab. Schließlich entsteht ein feines, dichtes, außerordentlich verzweigtes Netzwerk von Adern, Kapillarien und Unter-Kapillarien, das den ganzen zugänglichen Bereich des $6N$-dimensionalen Zustandsraums ausfüllt.

Diesen Bereich können wir uns als das Innere eines Quadrats vorstellen. Der Bruchteil seiner Fläche, der von der Wahrscheinlichkeitswolke eingenommen wird, bleibt fest, und also auch seine Dichte, die wir durch eine bestimmte Grauschattierung darstellen können. Wenn sich die Wahrscheinlichkeitswolke entwickelt, schneidet eine beliebig durch das Quadrat gezogene Linie immer mehr Filamente. Jedes Filament behält seine Grauschattierung, aber die mittlere Breite eines Filaments nimmt ständig ab. Schließlich wird man einzelne Filamente gar nicht länger unterscheiden können. Das Innere des Quadrats ist dann gleichmäßig grau geworden, viel heller als das Grau eines einzelnen Filaments. Aber es gibt immer noch Filamente. Man kann sie sehen, wenn man sie durch ein Mikroskop mit hinreichend guter Auflösung betrachtet. Im Lauf der Zeit braucht man immer bessere Auflösung.

Was passiert während des gerade beschriebenen Vorgangs mit der Entropie des Gases? Man erinnere sich aus Kapitel 2, daß die Entropie eines Zustands in einem bestimmten Makrozustand der Logarithmus der Anzahl der Mikrozustände ist, die zu diesem Makrozustand gehören. Wie in Kapitel 5 gezeigt werden wird, werden Mikrozustände durch Mikrozellen bestimmter Größe im Zustandsraum dargestellt. Nehmen wir an, die Wolke enthielte anfangs $Z$ solche Mikrozellen. Die Entropie der Wolke ist dann $\log Z$, der Logarithmus dieser (sehr großen) Zahl $Z$. Die Entropie bleibt zudem während der Entwicklung der Wolke gleich, weil das Volumen der Wolke im Lauf der Zeit konstant bleibt. Wie wir sehen werden, läßt sich die Entropie aufteilen. Ein Teil, den wir Makro-Entropie nennen werden, bezieht sich auf Maßstäbe, in denen die Wolke glatt aussieht, der andere, den wir Mikro-Entropie nennen werden, auf Maßstäbe, in denen die Filamentstruktur vorliegt. Wir werden sehen, daß die Makro-Entropie auf Kosten der Mikro-Entropie ständig zunimmt. Makro-Information wird allmählich in Mikro-Information verwandelt.

Mit Makrozelle bezeichnen wir einen $6N$-dimensionalen Würfel, dessen Seitenlänge gleich der typischen Entfernung benachbarter Filamente ist, und mit $z(t)$ die Anzahl von Mikrozellen in einer Makrozelle. Die Bezeichnung zeigt an, daß diese Zahl von der Zeit $t$ abhängt. Zu Beginn (zur Zeit $t = 0$) ist $z(0) = Z$. Dann werden die Filamente immer dünner und ihre Anordnung immer enger, und $z(t)$ nimmt ab. Zu Zeit $t$ enthält die Wolke $Z/z(t)$ Makrozellen. Wir definieren die Makro-Entropie als den Logarithmus dieser Zahl und die Mikro-Entropie als den Logarithmus von $z(t)$, die Anzahl von Mikrozellen in einer Makrozelle. Weil $\log (a/b) = \log a - \log b$ ist, ist $\log (Z/z(t)) + \log z(t) = \log Z$. Die Summe der Makro- und Mikro-Entropien ist gleich der (konstanten) Gesamtentropie. Da zudem $z(t)$ ständig abnimmt, nimmt die Makro-Entropie $(Z/z(t))$ ständig zu.

Die vorstehende Erörterung legt nahe (und strenge mathematische Überlegungen beweisen), daß ein isoliertes Gas, das anfangs in einem Zustand niedriger Makro-Entropie und maximaler Mikro-Entropie ist, sich irreversibel zu einem Zustand maximaler Makro-Entropie und minimaler Mikro-Entropie hinbewegt. Die Information fließt im Zustandsraum unumkehrbar zu immer kleineren Skalen hin.

Wir haben gefunden, daß zufällige äußere Störungen nicht unbedingt notwendig sind, wenn unumkehrbares Verhalten erzeugt wird. Können wir auch auf die Annahme verzichten, daß der Anfangszustand des Gases durch eine gleichförmige Wahrscheinlichkeitswolke beschrieben wird?

Die entgegengesetzte Annahme wäre, daß das Gas ursprünglich in einem bestimmten Mikrozustand ist – daß sein Anfangszustand durch einen einzelnen Punkt im Zustandsraum dargestellt wird. Aber diese Annahme ist sicherlich unangemessen. Ein einzelner repräsentativer Punkt verhält sich nicht wie eine Wahrscheinlichkeitswolke, denn er breitet sich nicht aus. Und die Entwicklung eines Gases in einem bestimmten Mikrozustand ist nicht unumkehrbar. Aus der Tatsache, daß das Volumen der Wahrscheinlichkeitswolke sich nicht ändert, wenn sich das Gas entwickelt, leitete Poincaré durch eine einfache, aber geniale Überlegung her, daß jeder repräsentative Punkt im Zustandsraum schließlich in eine beliebig kleine Umgebung seines Anfangsortes zurückkehren muß. Wenn zum Beispiel Gasmoleküle anfangs alle in der linken Hälfte eines isolierten Kastens sind, würden sie irgendwann fast sicherlich den ganzen Kasten gleichmäßig erfüllen, aber sich schließlich wieder in der linken Hälfte versammeln. (»Schließlich« bedeutet in diesem Fall »nach einer Zeit, die viel länger ist als das Weltall alt ist«, aber es kommt ja auf das Prinzip an!) Unumkehrbarkeit ist also notwendigerweise ein statistisches Phänomen, und das Gesetz von der Zunahme der Entropie ist notwendigerweise ein statistisches Gesetz.

Dies war jedenfalls Boltzmanns Ansicht, und es ist die Ansicht fast aller, die sich heute mit Irreversibilität beschäftigen. Als Abweichler zeichnet sich Ilya Prigogine aus, wenn er behauptet, aus Boltzmanns Sichtweise folge, daß Unumkehrbarkeit eine Täuschung sei:[7] »Es ist schwer zu glauben, daß die beobachteten irreversiblen Prozesse wie etwa Viskosität, Zerfall instabiler

Teilchen und so weiter einfach Täuschungen sind, die auf mangelndem Wissen oder unvollständiger Beobachtung beruhen.«[8]

Ich stimme zu. In diesem Kapitel habe ich behauptet, daß die für die Unumkehrbarkeit gehörige Unordnung objektiv ist – also weder einem Mangel an Wissen noch unvollständiger Beobachtung entspringt, sondern der (geforderten) Unmöglichkeit, im Raum einen Ort oder eine Richtung vor anderen auszuzeichnen.

Der Ansatz von Prigogine geht von der *langfristigen Unvorhersagbarkeit* chaotischer Teilchenbahnen aus. Wie reguläre sind auch chaotische Bahnen durch Bewegungsgesetze und Anfangsbedingungen bestimmt. Anders als reguläre Teilchenbahnen sind chaotische Bahnen in gewissem Sinn unvorhersagbar. Dies ist eine Folge der Tatsache, daß zwei chaotische Teilchenbahnen schnell auseinanderlaufen, auch wenn ihre Anfangspunkte sehr nahe benachbart sind. Da wir die Anfangsbedingungen niemals mit vollständiger Genauigkeit wissen können (das würde nicht nur eine sehr große, sondern eine unendliche Menge an Information erfordern), würde langfristige Vorhersage selbst dann unmöglich sein, wenn wir die Teilchenbahnen selbst mit völliger Präzision berechnen könnten. Natürlich können wir Bahnen nicht vollkommen genau bezeichnen: Auch das würde voraussetzen, daß wir unendliche Mengen an Information speichern und verarbeiten. Deshalb nimmt die Zuverlässigkeit langfristiger Vorhersagen für chaotische Bahnen rasch ab und werden nach einer gewissen Zeit sinnlos. Andererseits können wir den Augenblick, in dem die Ansammlung von Fehlern eine langfristige Vorhersage sinnlos macht, um so länger hinausschieben, je genauer wir die Anfangsbedingungen kennen und je kleiner die Rechenfehler sind.

Prigogine behauptet, daß der Begriff einer bestimmten Bahn im Zustandsraum in einem chaotischen System (einem System, in dem alle Bahnen im Zustandsraum chaotisch sind), eine »unbeobachtbare Idealisierung« darstellt. Er und seine Mitarbeiter in Brüssel haben grundlegende Veränderungen in den Gesetzen der klassischen und der Quantenmechanik vorgeschlagen. Ihr ausdrückliches Ziel ist es, sowohl mikroskopische Unordnung als auch Irreversibilität zu Folgen neuer dynamischer Gesetze zu machen.

Meiner Meinung nach muß dieses ehrgeizige Vorhaben fehlschlagen. Die von Prigogine und seinen Mitarbeitern vorgeschlagenen Veränderungen sind Veränderungen physikalischer Gesetze, aber die Irreversibilität hat genau so viel mit den Anfangsbedingungen zu tun wie mit Gesetzen. Ich meine damit nicht, daß sich Theorien wie die Boltzmanns und die in diesem Kapitel skizzierte auf Anfangsbedingungen beziehen, sondern ich meine, daß Anfangsbedingungen untrennbar mit den Phänomenen selbst verknüpft sind. Wir stellen uns den Pfeil der Zeit gewöhnlich als in die Zukunft gerichtet vor. Es ist informativer, wenn wir uns vorstellen, er weise von den Anfangszuständen *weg*, die zwei notwendige Eigenschaften haben: Das Fehlen mikroskopischer und das Vorliegen makroskopischer Ordnung. (Wie wir weiter oben in diesem Kapitel sahen, kehrt der Pfeil seine Richtung um, wenn die erste Eigenschaft fehlt – wenn geeignete Arten mikroskopischer Ordnung vorliegen.) Weil diese Eigenschaften notwendig sind, muß eine angemessene Theorie der Irreversibilität sie erklären können. Aber die von Prigogine und seinen Mitarbeitern vorgeschlagenen grundlegenden Veränderungen in den Gesetzen der Mikrophysik betreffen nicht die Anfangsbedingungen. Aus diesem Grund können sie (meiner Meinung nach) niemals die Unumkehrbarkeit erklären.

# 4. Wie wichtig es ist, diskret zu sein

Die Welt von Galilei, Newton und Maxwell – die Welt der klassischen Physik – ist im Grunde stetig. In den Kapiteln 2 und 3 sahen wir, wie sehr Boltzmanns Definition von Unordnung oder Zufall und das Starke Kosmologische Prinzip, die beiden Säulen, auf denen die hier skizzierte Theorie der zeitgebundenen Ordnung ruht, von dieser Annahme abhängen. In diesem und im nächsten Kapitel werden wir versuchen, Einsicht in die womöglich wichtigste wissenschaftliche Entdeckung des zwanzigsten Jahrhunderts zu erhalten, die Entdeckung nämlich, daß die physikalische Wirklichkeit im Grunde diskret ist.

## »Der Punkt, an dem die Wissenschaft aufhören muß«

Newtons *Mathematische Prinzipien der Naturphilosophie* (die *Principia*) erschien 1687. Im darauf folgenden Jahrhundert beschäftigten sich die Wissenschaftler überwiegend mit den Folgerungen aus seinen Gedanken. Sie konstruierten mathematische Theorien für die Bewegungen von Teilchen, Festkörpern, Flüssigkeiten und der Planeten und ihrer Monde, die alle auf Newtons drei Bewegungsgesetzen und seiner Gravitationstheorie beruhten. Auf der gesicherten Grundlage dieser Zweige der Naturwissenschaft machten sich die Wissenschaftler des neunzehnten Jahrhunderts an die Eroberung neuer Bereiche. Experimentelle und theoretische Untersuchungen von Licht, Elektrizität und Magnetismus fanden ihren Höhepunkt in der Elektrodynamik von James Clerk Maxwell, einer Theorie also, die den Rahmen der Newtonschen Physik erweiterte und alle drei Arten von Erscheinungen zusammenfaßte. Die Erforschung der Wärme führte zur Wissenschaft der Thermodynamik mit ihren beiden großen Gesetzen: dem Energieerhaltungssatz (formuliert von Robert Mayer und James Joule) und dem Gesetz der Zunahme der Entropie (formuliert von Rudolf Clausius). Anders als der Elektromagnetismus hatte die Thermodynamik jedoch nur über den Energiebegriff eher flüchtig mit der Newtonschen Physik zu tun. Maxwell, Clausius und Ludwig Boltzmann machten sich an die Konstruktion einer Theorie der Thermodynamik. Ihr Ausgangspunkt war die Atomhypothese. Sie wollten zeigen, daß die makroskopischen Eigenschaften von Gasen, Flüssigkeiten und Festkörpern sich aus den Eigenschaften und dem Verhalten der Moleküle herleiten lassen, aus denen sie bestehen und ihre Bewegung und Wechselwirkung den Newtonschen Gesetzen gehorcht. Zunächst hatte dieses Programm außerordentlichen Erfolg. Um 1880 waren viele Wissenschaftler zu der Überzeugung gekommen, jetzt seien alle physikalischen Gesetze entdeckt und die verbliebenen ungelösten Probleme – das Problem der Strahlung zum Beispiel – würden sich einer Lösung nicht mehr lange widersetzen.

Nicht alle Physiker jedoch waren so zuversichtlich. Maxwell begann einen 1880 veröffentlichten populärwissenschaftlichen Vortrag mit der Erklärung, warum er und andere Physiker davon überzeugt waren, daß Gase aus Molekülen bestehen, die sich entsprechend den Gesetzen der Newtonschen Physik bewegen und wechselwirken. Moleküle können, so fuhr er fort, jedoch nicht einfach wie winzige Billardbälle sein:

> Das Molekül ist, wenngleich unzerstörbar, kein harter starrer Körper, sondern es ist innerer Bewegungen fähig, und wenn diese angeregt wurden, schickt es Strahlen aus, deren Wellenlänge ein Maß für die Schwingungsdauer dieses Moleküls ist.

Weniger knapp gesagt: Wenn wir durch ein Spektroskop eine glühende Gaswolke betrachten, deren Prisma das Licht in einen Regenbogen oder ein Spektrum zerlegt, sehen wir eine Reihe heller Linien, die jede eine bestimmte reine Farbe haben. Eine Natriumlampe zum Beispiel schickt den größten Teil ihres sichtbaren Lichts in zwei eng benachbarten gelben Linien aus. Die Farben (oder Wellenlängen) dieser Linien sind typisch für die Moleküle, aus denen die Wolke besteht. Jedes Atom und jedes Molekül hat gleichsam als Fingerabdruck sein eigenes Muster heller Linien. Mehr noch – und das ist der Haken an Maxwells Überlegung –, sorgfältige Messungen haben gezeigt, daß die Linien, die atomarer Wasserstoff aus irdischen Quellen ausschickt, unabhängig von der Quelle immer gleich und mit jenen identisch sind, die von Licht kommen, das wir von der Sonne, den Sternen und interstellaren Gaswolken erhalten.

> Wir sind deshalb sicher, daß es in jenen fernen Bereichen Moleküle [wir würden sie jetzt Atome nennen] gibt, die von gleicher Art sind wie jene unseres Wasserstoffs, oder daß es sie jedenfalls damals gab, als das Licht, mit dem wir sie heute sehen, ausgeschickt wurde ... Ein Wasserstoffmolekül, ... ob im Sirius oder Arcturus, führt seine Schwingungen in genau der gleichen Zeit aus.

Es folgt, sagt Maxwell, daß die Schwingungen in einem Wasserstoff»molekül« Newtons Gesetzen nicht gehorchen. Das wird deutlich, wenn wir sie mit den Bewegungen von Planeten im Sonnensystem vergleichen, von denen wir wissen, daß sie Newtons Gesetzen gehorchen:

> Die Form und Größen der Planetenbahnen zum Beispiel sind nicht durch ein Naturgesetz bestimmt, sondern hängen von [Anfangsbedingungen] ab ... Natürliche Ursachen sind am Werk, die dazu neigen, alle Anordnungen der Erde und des ganzen Sonnensystems zu verändern, wenn nicht schließlich zu zerstören. Aber obwohl im Lauf der Zeiten Katastrophen eingetreten sind und auch jetzt am Himmel vorkommen mögen, obwohl alte Systeme sich aufgelöst haben und aus ihren Ruinen neue Systeme erwachsen konnten, bleiben die Moleküle, aus denen diese Systeme gebaut sind – die Grundsteine des stofflichen Weltalls – ungebrochen und unverbraucht.

Maxwell schließt, daß die Physik in einer Sackgasse steckt:

> Wir sind auf einem streng wissenschaftlichen Pfad sehr nahe an den Punkt geführt worden, an dem die Naturwissenschaft aufhören muß.[1]

Mit »Naturwissenschaft« meint Maxwell nicht nur die Physik seiner eigenen Zeit, sondern jede Theorie, die moderne Physiker »klassisch« nennen. Eine klassische Theorie stellt die Welt der Physik als aus *Ereignissen* bestehend dar, die sich jedes auf einen bestimmten Punkt im Raum und einen bestimmten Augenblick in der Zeit beziehen. Die mathematischen Gesetze einer klassischen Theorie verbinden Ereignisse, die sich auf einen bestimmten Zeitpunkt beziehen, mit Ereignissen, die sich auf frühere und spätere Zeiten beziehen.

Was sind das für Ereignisse? Newton stellte sich wie Demokrit vor, die Welt bestünde aus Teilchen, die sich im leeren Raum bewegen. In der Newtonschen Physik wird jedes Ereignis mit einem Teilchen verknüpft und durch Angabe von Ort, Geschwindigkeit und Masse des Teilchens beschrieben. Um die Mitte des neunzehnten Jahrhunderts fügte Michael Faraday diesem Bild ein wichtiges neues Element hinzu, nämlich das elektromagnetische Feld. Faraday stellte sich vor, daß elektrische und magnetische Felder den Raum zwischen elektrisch geladenen Teilchen, den Quellen des Feldes, durchdringen. Das elektrische Feld ist an jedem Raumpunkt gleich der Kraft, die dort auf ein stationäres Teilchen wirken würde, das eine positive elektrische Einheitsladung trägt; das Feld jedoch ist unabhängig davon vorhanden, ob es ein geladenes Teilchen gibt, auf das es wirkt, oder nicht. Entsprechend kann ein Magnetfeld durch seine Wirkung auf ein Stück Draht, durch das ein elektrischer Strom fließt, oder auf eine bewegte elektrische Ladung definiert werden.

Obwohl die Einführung des elektromagnetischen Feldes die klassische Physik bereicherte, hat sie sich im Grunde nicht verändert. Das gilt auch für Einsteins große Theorien über Raum, Zeit und Energie, die Spezielle Relativitätstheorie (1905) und die Allgemeine Relativitätstheorie (1915); sie beschreiben die Welt weiterhin »klassisch« – sehen sie also als eine Menge von Ereignissen in einem Raumzeitkontinuum; allerdings hat dieses Raumzeitkontinuum völlig andere Eigenschaften als jene, die ihm von früheren Wissenschaftlern zugeschrieben wurden.

## Die Quantenwelt

Maxwell hatte völlig recht mit seiner Überzeugung, die Naturwissenschaft könne auf die eine Weise, die ein Wissenschaftler des ausgehenden neunzehnten Jahrhunderts hätte verstehen können, niemals erklären, warum die »Grundbausteine des materiellen Universums« auf ewig »ungebrochen und unverbraucht« sind. Die Quantenphysik dagegen, die während des ersten Viertels des zwanzigsten Jahrhunderts entwickelt wurde, klärte diese und viele andere Fragen. Die Quantenphysik ist jedoch keine klassische Theorie. Ihr Bild von der physikalischen Wirklichkeit unterscheidet sich so radikal von dem der klassischen Physik, daß das Wort *Bild* sehr weit gefaßt werden muß, wenn es dafür gelten soll. Wie macht man sich ein Bild von einem punktförmigen Teilchen, das gleichzeitig an mehreren Orten sein kann? Nach der Quantenphysik ist das Elektron ein solches Teilchen. Oder vielmehr ist dies die Art Aussage über Elektronen, die man erhält, wenn man versucht, die Sprache der Quantenphysik in die Umgangssprache zu übersetzen. Das Ergebnis ergibt keinen Sinn – und läßt sich sicherlich nicht veranschaulichen.

Die Grundbegriffe der klassischen Physik liegen der Erfahrung und Umgangssprache gar nicht so fern. (Jedenfalls kommt es uns heutzutage so vor.) Worte wie *Geschwindigkeit, Beschleunigung, Masse* und *Kraft* mögen einem Dichter nicht genau dasselbe sagen wie einem Physiker, aber es ist unwahrscheinlich, daß aus den Bedeutungsunterschieden große Mißverständnisse erwachsen. Die grundlegenden Begriffe der Quantenphysik beziehen sich auf mathematische Begriffe, die viel weniger direkt mit der Erfahrung verknüpft sind. Die Quantenwelt hat jedoch eine kohärente und einsehbare Struktur, und einige ihrer wichtigsten Kennzeichen lassen sich meiner Überzeugung nach in überwiegend nicht-mathematischer Sprache vermitteln.

Es gibt vier wesentliche Unterschiede zwischen der Quantenwelt und der klassischen Welt.

1. Die klassische Welt ist stetig, die Quantenwelt ist diskret. Die Ausdrücke *stetig* und *diskret* gelten für Ansammlungen von Dingen. Die Elemente einer diskreten Menge sind voneinander getrennt. Jedes hat, wirklich oder bildlich gesprochen, Raum um sich herum. In einer stetigen Menge oder einem Kontinuum gibt es keine Lücken. Die Punkte auf einer Geraden bilden ein Kontinuum, die Einteilungen auf einem Metermaß bilden eine diskrete Menge.

Maxwells Vergleich von Atomen und Planetensystemen kann diesen Gegensatz zwischen der klassischen und der Quantenwelt gut veranschaulichen. Ein künstlicher Satellit kann beliebige

Umlaufzeiten und Bahndurchmesser haben, aber ein Wasserstoffatom hat notwendigerweise eine diskrete Menge physikalischer Zustände, weil es nur Licht bestimmter Wellenlängen ausschickt und absorbiert. Die chemischen Elemente bilden, nach ihrer Masse oder der elektrischen Ladung ihrer Atomkerne geordnet, eine diskrete Folge. Es gibt kein Element, dessen Masse zwischen der Masse von Wasserstoff (1 Einheit) und der Masse von Deuterium (2 Einheiten) oder dessen elektrische Ladung im Kern zwischen der des Wasserstoffs (1 Einheit) und Helium (2 Einheiten) liegt. In der klassischen Physik jedoch haben Masse und elektrische Ladung stetige Wertebereiche.

2. Die klassische Welt ist eine Welt im Fluß mit unumkehrbaren Veränderungen. Aber Kristalle, Moleküle, Atome und subatomare Teilchen – die Dinge, die die Quantenwelt bevölkern – sind dauerhaft und unvergänglich.

3. In der klassischen Welt sind Veränderungen sowohl stetig als auch grundsätzlich völlig vorhersagbar. Die beobachtbaren Auswirkungen von Veränderungen in der Quantenwelt sind unstetig und grundsätzlich zum Teil unvorhersagbar. Wenn man beobachtet, wie ein Wasserstoffatom ein Photon ausschickt, verändert sich sein physikalischer Zustand plötzlich. Nach der Quantenphysik läßt sich unmöglich genau vorhersagen, wann ein solches Ereignis eintritt. Die Theorie sagt uns nur, welcher Bruchteil der Atome in einer Wolke angeregten Wasserstoffs in einem bestimmten Zeitintervall ein Photon ausschicken wird.

4. Die klassische Welt wird von Individuen bewohnt, die Quantenwelt von Klonen. Zwei klassische Objekte – zwei Kugeln eines Kugellagers zum Beispiel – können nicht in jeder Hinsicht genau gleich sein. Nach der Quantenphysik jedoch sind alle Elektronen exakte Duplikate. Sie sind nicht nur in der Praxis, sondern auch grundsätzlich ununterscheidbar, genauso wie alle Wasserstoffatome, alle Wassermoleküle und alle Salzkristalle (abgesehen von ihrer Größe). Dies ist nicht einfach ein Dogma, sondern eine überprüfbare und gut bestätigte Hypothese. Wenn die Elektronen zum Beispiel nicht absolut ununterscheidbar wären, würden zwei Wasserstoffatome ein viel schwächer gebundenes Molekül bilden, als sie es tun. Die absolute Ununterscheidbarkeit der Elektronen in den beiden Atomen

führt zu einer »zusätzlichen« Anziehungskraft zwischen ihnen. Die Ununterscheidbarkeit der Elektronen ist auch eine Ursache für die Struktur des Periodensystems – also dafür, daß Elemente in derselben Spalte der Tafel (träge Gase, Halogene, alkalische Metalle, alkalische Erden und so weiter) ähnliche chemische Eigenschaften haben.

Diese vier nichtklassischen Aspekte der Quantenwelt sind eng miteinander verwandt. Der grundlegendste Aspekt ist wahrscheinlich die Diskretheit, weil aus ihr alle anderen folgen. Betrachten wir zum Beispiel die zweite Eigenschaft, die Dauerhaftigkeit. Daß Atome und Moleküle bestimmte Eigenschaften haben, beruht auf der Tatsache, daß ihre möglichen physikalischen Zustände diskret und nicht stetig sind. Wenn sich der physikalische Zustand eines Atoms oder Moleküls ändert, geht es von einem wohldefinierten Zustand in einen anderen über.

Die Ununterscheidbarkeit, die vierte Eigenschaft, hängt ebenfalls von der Diskretheit ab. Elektronen wären nicht ununterscheidbar, wenn ihre elektrische Ladung einen stetigen Bereich möglicher Werte annehmen könnte.

Schließlich hat Diskretheit auch Unvorhersagbarkeit, die dritte Eigenschaft, zur Folge. Diese Beziehung ist etwas subtiler als die anderen. Man betrachte eine Menge von freien Neutronen. Außerhalb des Atomkerns ist das Neutron ein instabiles Teilchen, das spontan in ein Proton, ein Elektron und ein Antineutrino (ein masseloses Teilchen, das sehr schwach mit anderen Materiearten wechselwirkt) zerfällt. Nach etwa fünfzehn Minuten sind die Hälfte der Neutrinos einer großen Neutrinomenge zerfallen. Die Quantenphysik sagt jedoch nicht vorher, wann ein individuelles Neutron zerfällt. Nehmen wir an, Neutronen hätten eine bis jetzt noch unbekannte Eigenschaft, die es uns, wenn wir sie beobachten könnten, ermöglichen würde, ihre individuelle Lebenszeit vorherzusagen. Da die beobachteten Lebensdauern einzelner Neutronen ein Kontinuum bilden, müßten auch die möglichen Werte dieser hypothetischen Eigenschaft ein Kontinuum bilden. Wenn aber die internen Zustände atomarer und subatomarer Objekte diskrete Mengen bilden, wäre dies unmöglich. Diskretheit ist also bei gewissen atomaren Ereignissen mit der Vorhersagbarkeit unverträglich.

## Diskretheit und Stetigkeit in der griechischen Mathematik

Schon die ersten griechischen Mathematiker erkannten, daß Diskretheit und Stetigkeit komplementäre und einander widersprechende Aspekte der mathematischen Welt sind (die ihrer Überzeugung nach der Welt der Erfahrung zugrundeliegt). Die Arithmetik gehört zum Bereich des Diskreten, die Geometrie zu dem des Stetigen. Wir können die ganzen Zahlen durch Strecken darstellen, deren Längen Vielfache einer beliebig gewählten Einheitslänge sind, aber wir können nicht allen Strecken ganze Zahlen zuordnen. Es ist zum Beispiel nicht möglich, Seite und Diagonale eines Quadrats gleichzeitig durch ganze Zahlen zu beschreiben. Pythagoras oder einer seiner Schüler entdeckte dies aufgrund der folgenden Überlegung:

Nehmen wir an, es wäre möglich, Seite und Diagonale eines Quadrats durch zwei ganze Zahlen $s$ und $d$ so darzustellen, so daß die Seite $s$ und die Diagonale $d$ geeignet gewählte Längeneinheiten messen. Wir nehmen an, $s$ und $d$ hätten keine gemeinsame Teiler; gäbe es einen gemeinsamen Teiler $c$, könnten wir eine neue Längeneinheit wählen, die das $c$-fache der urspünglichen beträgt, und dann würden die Seite und die Diagonale durch ganze Zahlen gemessen, die keinen gemeinsamen Teiler größer als Eins haben. Der Satz des Pythagoras sagt uns, daß $d^2 = 2s^2$. Also *ist d* eine gerade Zahl und deshalb $d^2$ durch 4 teilbar, und damit sind auch $s^2$ und deshalb auch $s$ gerade, $s$ und $d$ haben also entgegen unserer Annahme einen gemeinsamen Teiler. Deshalb muß unsere ursprüngliche Voraussetzung, daß es eine gemeinsame Maßeinheit für Seite und Diagonale eines Quadrats gibt, falsch sein.

Wir können in der Geometrie mit ihren stetig veränderlichen Formen und Größen ein Bild der Welt der alltäglichen Erfahrungen sehen und in der Arithmetik, der Wissenschaft von den ganzen Zahlen, ein Bild für die diskrete, unveränderliche Quantenwelt, die der Erfahrung zugrundeliegt. Aber die Beziehungen zwischen der Geometrie und der klassischen Physik einerseits und der Arithmetik und Quantenphysik sind mehr als nur Bilder. Die klassische Physik ist ein direkter Nachkomme der griechischen

Geometrie. Archimedes erweiterte das Netz der euklidischen Geometrie, indem er Axiome für das Gewicht, die Kraft und das Kräftegleichgewicht hinzufügte. Die archimedische Statik bildet die Grundlage des Lehrgebäudes des modernen Ingenieurwesens. Archimedes selbst erfand viele praktische Anwendungsmöglichkeiten seiner Theorien, darunter viele Geräte, zum Beispiel Flaschenzüge, Winden und Wasserschrauben, die es erlauben Kräfte umzulenken und zu verstärken. Galilei begann, wo Archimedes aufgehört hatte. Seine ersten Leistungen waren Lösungen von Problemen, die Archimedes einem fortgeschrittenen Schüler überlassen hätte, wenn er einen gehabt hätte. Galilei erweiterte jedoch die mathematische Physik der Griechen in eine Richtung, die keiner von ihnen, nicht einmal Archimedes, vorhergesehen hatte, nämlich auf die Beschreibung von Bewegungen – die Bewegung von Körpern, die ohne Reibung auf schiefen Ebenen und gekrümmten Flächen gleiten, von Türmen fallen, aus Kanonen geschossen werden. Schließlich bereitete Galileis neue Theorie der Bewegung zusammen mit der Theorie der Planetenbewegung von Johannes Kepler, die selbst eine direkte Fortsetzung der Arbeit einer langen Reihe von griechischen Mathematikern war, den Weg für die Hauptleistung der klassischen Physik: Newtons Theorie der Bewegung und der Schwerkraft.

Die Quantenphysik hat keine so direkte Verbindung zur griechischen Vergangenheit. Aber ihre Weltanschauung hat viel mit der des Pythagoras und seinen Nachfolgern gemeinsam, die glaubten, mathematische Objekte und Beziehungen seien die Bausteine der physikalischen Wirklichkeit. Aristoteles, der von dieser Weltanschauung nicht sehr viel hielt – seiner Meinung nach war die Mathematik eine idealisierte Darstellung der oberflächlichen Erscheinung der Dinge –, erzählt uns in seiner *Metaphysik*, daß die Pythagoräer »den ganzen Himmel für eine *Harmonia* und eine Zahl hielten«. Der pythagoräische Begriff der Harmonie lohnt eine genauere Betrachtung, weil er, wie wir sehen werden, auch in dem Bild eine Rolle spielt, das sich der Quantenphysiker von der physikalischen Wirklichkeit macht – nicht natürlich auf eine Weise, die die Pythagoräer vorhergesehen haben könnten, aber auf eine, die sie sicherlich zu schätzen gewußt hätten.

## Die pythagoräische Theorie der musikalischen Harmonie

Pythagoras entdeckte, daß konsonante musikalische Intervalle – zu seiner Zeit wären das Oktaven, Quinten und Quarten gewesen – entstehen, wenn Saiten ins Schwingen geraten, die gleich dick, gleich dicht und gleich gespannt sind und bei denen sich das Verhältnis ihrer Länge durch kleine ganze Zahlen beschreiben läßt. Das Halbieren der Länge einer schwingenden Saite erhöht den Ton um eine Oktave. Die Verkürzung um ein Drittel erhöht den Ton um eine Quinte. Oktaven entsprechen also dem Verhältnis 2/1, Quinten dem Verhältnis 3/2. Eine Quarte liegt eine Quinte unter der Oktave, entspricht also dem Verhältnis $2/1 \times 2/3 = 4/3$. Wenn man von einem beliebigen Ausgangspunkt (etwa dem mittleren C) aus in Quinten nach oben oder unten weitergeht und Noten, die sich um eine Oktave unterscheiden, mit dem gleichen Namen bezeichnet, ergibt sich eine Folge, zu der

... Es, B, F, C, G, D, A, E, H, Fis, Cis, Gis ...

gehören.

Jede Reihe von sieben aufeinanderfolgenden Tönen dieser Folge ergibt eine diatonische Skala, wie sie sieben benachbarten weißen Tasten auf dem Klavier entspricht. So enthält zum Beispiel die mit F beginnende Folge die sieben Töne der C-Dur-Tonleiter, die mit Es beginnende die sieben Töne der B-Dur-Tonleiter und so weiter. Jede Menge von fünf aufeinanderfolgenden Tönen ergibt eine pentatonische Tonleiter, wie sie durch fünf aufeinanderfolgende schwarze Tasten auf einem Klavier gegeben ist. Die pentatonische Tonleiter kommt in der Volksmusik häufig vor.

Die Tonleiter des Pythagoras stimmt nicht völlig mit der modernen überein. Eine Folge von reinen Quinten läßt sich in beiden Richtungen endlos weiterführen. Eis ist etwas höher als F, Ces etwas tiefer als H und so weiter. Aber die Theorie des Pythagoras zeigt eine Möglichkeit auf, wie sich die Folge zu einem *Kreis* schließen läßt, der genau zwölf verschiedene Töne im Quintabstand enthält. Die Theorie macht zwei Annahmen:

(1) Gleiche musikalische Intervalle entsprechen gleichen Längenverhältnissen auf schwingenden Saiten vorgegebener Dichte, Dicke und Spannung, und (2) *konsonante* Intervalle entsprechen Verhältnissen zwischen kleinen ganzen Zahlen. Um den Quintenzirkel zu schließen, müssen wir die Oktave in zwölf gleiche Intervalle teilen. Aus der ersten Behauptung des Pythagoras folgt, daß das Verhältnis, das dem Intervall zwischen zwei Nachbartönen einer Tonleiter mit zwölf gleichen Intervallen entspricht, die zwölfte Wurzel aus 2 sein muß. Da der fünfte Ton der diatonischen Tonleiter (in C-Dur ist es G) der siebte Ton der Zwölftonleiter ist, entspricht eine Quinte der 7/12ten Potenz von 2 oder 1,498 307. Dieser Wert unterscheidet sich um etwas mehr als ein Tausendstel von der vollkommenen pythagoräischen Quinte, die dem Verhältnis 1,5 entspricht.

In einer seiner Norton-Vorlesungen über die Musik des goldenen Zeitalters von Bach bis Beethoven bezieht sich Leonard Bernstein auf das Zusammenspiel zwischen »den Wirkungskräften der Chromatik und der Diatonik, Grundkräften, die sehr starke und (vermutlich von Natur aus) einander widerstrebende Kräfte sind. Und dieser delikate Balancepunkt ist das ruhende Auge im Wirbelsturm der Musikgeschichte.« Die vorstehende Rechnung zeigt, daß dieses empfindliche Gleichgewicht eine Folge der Tatsache ist, daß sich nahezu der Wert 3/2 ergibt, wenn die Zahl 2 in ihre 7/12te Potenz erhoben wird.

Heute erscheinen uns Musik und Physik als entgegengesetzte Pole des kulturellen Spektrums, für Pythagoras und seine Zeitgenossen jedoch waren die Eigenschaften des musikalischen Klangs nicht weniger ein Teil der Natur als die Eigenschaften von Festkörpern. Die Regel, daß jedes musikalische Intervall einem bestimmten Verhältnis der Längen schwingender Saiten mit gleicher Dichte, Dicke und Spannung entspricht, muß ihnen genauso objektiv vorgekommen sein wie die Regel, daß die Volumen ähnlicher Festkörper den dritten Potenzen der entsprechenden Seiten proportional sind: Beide wurden für Naturgesetze gehalten. Und die Beziehung zwischen *konsonanten* musikalischen Intervallen und ganzen Zahlen ließ sich sehr wohl als die Spitze eines Eisbergs sehen, von der aus ein erster Einblick in eine tiefe Entsprechung zwischen natürlicher und mathematischer Ordnung möglich ist.

Obwohl sich die meisten zeitgenössischen theoretischen Physiker dem pythagoräischen Glauben an eine zugrundeliegende mathematische Ordnung verpflichtet fühlen, wird er von manchen Historikern und Wissenschaftshistorikern und -theoretikern als eine der Numerologie und Astrologie verwandte Form der Mystik abgewertet. Der Unterschied zwischen den Pythagoräern und den modernen Physikern besteht nach ihrer Meinung darin, daß die modernen Physiker, obwohl sie vielleicht im Grunde Mystiker sind, die von ihnen ersonnenen Gesetze einer strengen Überprüfung unterwerfen, während die alten Griechen, wie doch jeder weiß, gut im Vermuten waren und schlecht im Überprüfen. Zur Stützung dieser Ansicht wird gewöhnlich die Tatsache angeführt, daß Platon immer wieder sagte, wie wenig die Erfahrung eine Quelle des Wissens sei.

Platon war jedoch kein praktizierender Naturwissenschaftler. Auch wenn uns alle Belege dafür fehlen, können wir doch mit Sicherheit annehmen, daß Experiment und Beobachtung bei der Entwicklung aller Zweige der griechischen mathematischen Wissenschaften, also Geometrie, Harmonielehre, Optik, Astronomie, Mechanik und Hydrostatik, eine wichtige Rolle spielten. Warum? Weil die griechische Wissenschaft nach Wahrheit suchte. Die Gesetze der euklidischen Geometrie machen Aussagen über überprüfbare Eigenschaften starrer Körper. Die Gesetze der griechischen Optik beschreiben zutreffend, wie Lichtstrahlen von ebenen und sphärischen Spiegeln reflektiert werden. Die Theorie des Pythagoras zur musikalischen Harmonie bewährt sich ebenso wie das heliozentrische Modell des Sonnensystems, das für Kepler ein Ausgangspunkt war, und wie die archimedische Theorie der Statik ein Ausgangspunkt für Galilei, Huygens und Newton. Wenn wir die griechischen Mathematiker nicht für Hellseher halten wollen, müssen wir annehmen, daß sie sich bei der Formulierung ihrer Theorien auf Versuche und Beobachtungen stützten, wenn auch natürlich ihre Versuche weniger systematisch waren als die der Wissenschaftler des siebzehnten Jahrhunderts.

# Obertöne

Um den Zusammenhang zwischen musikalischen Harmonien und der Quantenphysik zu erfassen, müssen wir etwas tiefer auf die Frage eingehen, warum gewisse Intervalle wie Oktaven und Quinten dem Ohr angenehm sind, während andere – etwa unsaubere Oktaven und Quinten – es nicht sind. Die Antwort (soweit sie in den Bereich der Physik fällt) hat mit *Obertönen* zu tun. Eine gute Stimmgabel oder ein elektronischer Oszillator erzeugen einen reinen Ton, der überhaupt keine Obertöne hat. Musikinstrumente jedoch erzeugen Töne, die Mischungen aus reinen Tönen sind, nämlich aus dem Grundton (der bestimmt, welche Tonhöhe wir hören) und seinen Obertönen. Die relativen Stärken dieser reinen Töne bestimmen die Qualität oder Klangfarbe des Tons. Der volle Ton einer guten Geige ist obertonreich, der Klang einer Blockflöte dagegen obertonarm.

Die stärksten Obertöne sind bei den meisten musikalischen Tönen die beiden ersten: die Oktave und die Quinte über der Oktave. Die Tonhöhe des nächststärksten Obertons liegt zwei Oktaven über dem Grundton und die des darauf folgenden zwei Oktaven und eine große Terz über dem Grundton.

Versuche zeigen, daß zwei gleichzeitig gespielte *reine* Töne nur dann eine Dissonanz ergeben, wenn sich ihre Tonhöhen gerade noch unterscheiden lassen. Zwei *musikalische* gleichzeitig gespielte Töne erzeugen immer dann eine Dissonanz, wenn ihre reinen Töne so nahe beieinander liegen, daß ihre Tonhöhen gerade noch unterscheidbar sind. Auf Musikinstrumenten rein gespielte Oktaven und Quinten sind konsonant, weil die Tonhöhen ihrer reinen Töne entweder übereinstimmen oder wohlgetrennt sind. Etwas unsauber gespielte gleiche Töne sind ebenso wie unsauber gespielte Quinten oder Oktaven besonders dissonant, weil die Tonhöhe ihrer stärksten reinen Bestandteile zwar eng benachbart, aber unterscheidbar sind.

Der Grundton und seine Obertöne entsprechen verschiedenen Möglichkeiten (Modi), in denen eine ideale Saite mit festen Endpunkten schwingen kann. Wenn eine ideale Saite in ihrem Grundzustand schwingt, entspricht ihre Wellenform einer halben Sinuswelle (Abbildung 4.1). Die Wellenform des ersten

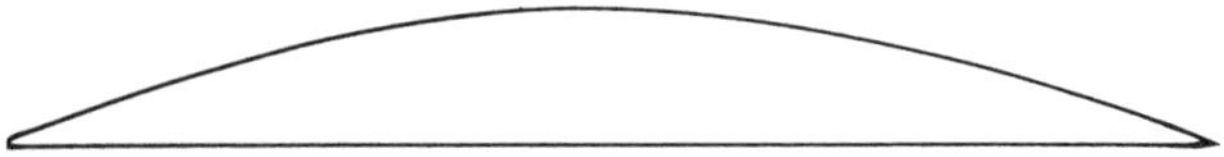

Abb. 4.1: Eine ideale Saite in ihrer Grundschwingung. Die Wellenform ist die einer halben Sinuswelle.

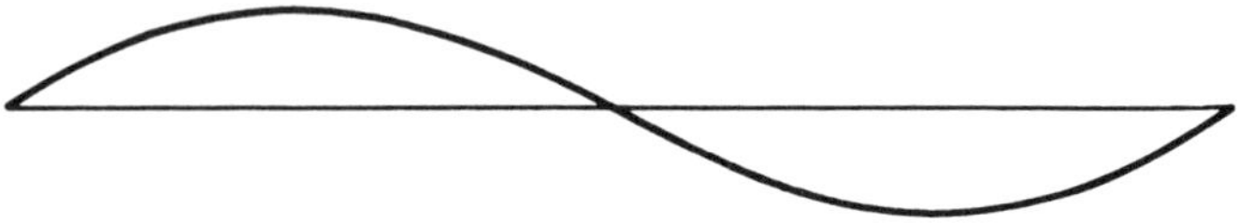

Abb. 4.2: Eine ideale Saite schwingt hier in ihrem ersten Oberton. Die Wellenform ist die einer vollen Sinuswelle.

Abb. 4.3: Eine ideale Saite, die in ihrem zweiten Oberton schwingt. Die Wellenform ist die von anderthalb Sinuswellen.

Obertons, der eine Oktave über dem Grundton liegt, ist eine ganze Sinuswelle (Abbildung 4. 2). Der Mittelpunkt der Saite ist ein Schwingungsknoten, das heißt, er bleibt in Ruhe. Man kann eine gestrichene Saite auf diese Weise schwingen lassen, indem man sie an diesem Punkt leicht berührt. Die Wellenform des nächsten Obertons hat zwei Knoten (Abbildung 4. 3).

In jedem dieser Modi bewegt sich jeder Punkt der Saite mit Ausnahme der Endpunkte und der Knoten (falls es welche gibt) periodisch auf und ab. Wenn wir die vertikale Verschiebung eines einzelnen Punkts auf der Saite in Abhängigkeit von der Zeit auftragen, erhalten wir wieder eine Sinuskurve (Abbildung 4. 4). Die Kurven, die die vertikale Bewegung an verschiedenen Punkten darstellen, unterscheiden sich nur in ihrer Amplitude. Diese Art Schwingung heißt *harmonisch*, weil eine Schallwelle, in der der Luftdruck auf diese Weise schwankt, einen reinen musikalischen Ton erzeugt.

Die Dauer eines einzelnen Schwingungszyklus heißt Periode oder Schwingungsdauer. Zwischen den Schwingungsdauern der

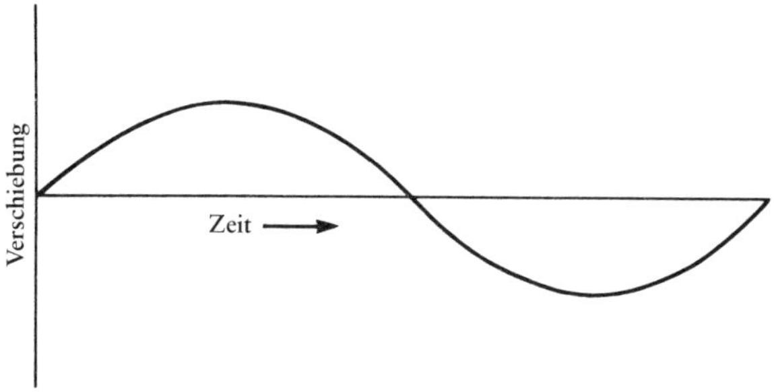


Abb. 4.4: Die vertikale Verschiebung eines einzelnen Punkts auf einer schwingenden Saite in Abhängigkeit von der Zeit. Die Punkte liegen auf einer Sinuskurve. Die Länge der Kurve stellt die Schwingungsdauer dar.

verschiedenen Modi besteht offensichtlich eine Beziehung. Die Schwingungsdauer des ersten Obertons beträgt ein Drittel von der des Grundtons, die des zweiten Obertons ein Drittel von der des Grundtons und so weiter. Die Schwingungsdauer eines Modus ist also proportional zu seiner Wellenlänge.

Bis jetzt haben wir *mögliche* Schwingungsmodi einer vollkommenen Geigensaite betrachtet. In der Praxis jedoch schwingt eine gezupfte oder gestrichene Geigensaite niemals in einem von diesen Modi. Zupfen oder Streichen regt einen *zusammengesetzten Modus* an – eine *Überlagerung* einfacher harmonischer Modi, jeder mit der eigenen Schwingungsdauer, als ob es die anderen gar nicht gäbe. Die Bedeutung dieser Aussage wird in Abbildung 4. 5 veranschaulicht. Um die Wellenform eines zusammengesetzten Modus zu konstruieren, fügen wir die Verschiebungen hinzu, die mit den einfachen harmonischen Modi zu tun haben, aus denen sie bestehen, wobei wir Verschiebungen aus der ungestörten Ausgangsposition nach oben als positiv und solche nach unten als negativ zählen, so daß gleiche und entgegengesetzte Verschiebungen einander aufheben.

Der Beitrag eines jeden einfachen harmonischen Modus zur Überlagerung ist proportional zur *Amplitude* des Modus. Die Amplitude eines Modus ist eine positive oder negative Zahl, deren Betrag gleich der maximalen Höhe des Wellenberges ist. Wenn die Amplitude positiv ist, wird der Beitrag des Modus zur

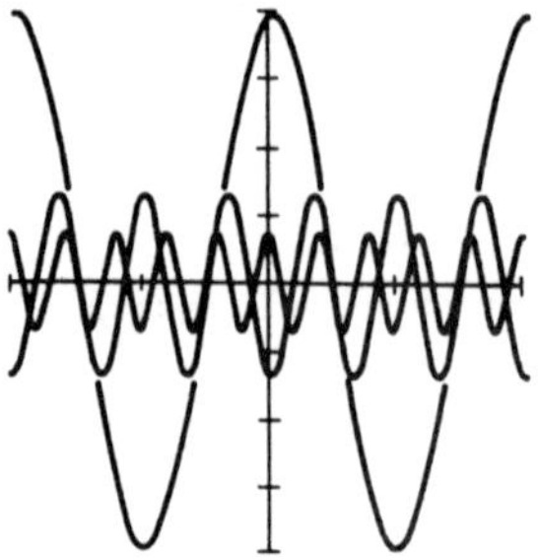

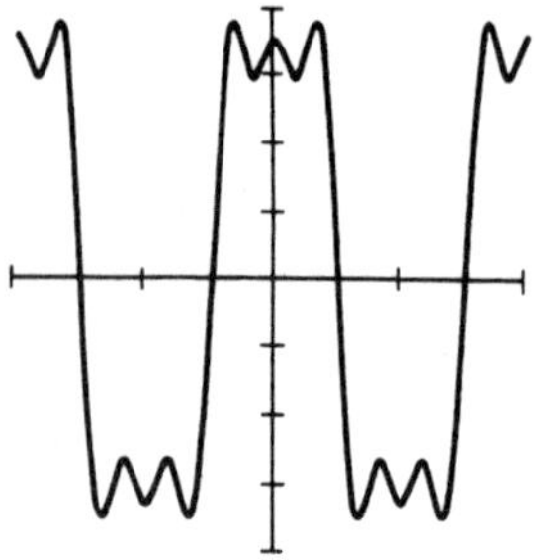

(a) (b)

Abb. 4.5: Die Konstruktion eines zusammengesetzten Modus durch Addition einfacher Modi. (a) Drei sinusförmige Wellen, deren Wellenlängen sich wie 1:3:5 verhalten. (b) Die aus diesen einfachen Kurven zusammengesetzte Kurve. Die drei Wellen interferieren im Mittelpunkt des gezeigten Bereichs konstruktiv und seitlich davon destruktiv (aus: *The Science of Musical Sound* von John Pierce. Copyright (c) 1983 Scientific American Books Inc. Nachdruck mit Erlaubnis).

Gesamtverschiebung in jedem Punkt zu den Beiträgen der übrigen Modi addiert; wenn er negativ ist, wird er subtrahiert. Deshalb sind die Amplituden von zwei Modi (Grundton und vierter Oberton) in Abbildung 4. 5 positiv und die Amplitude des dritten Modus (des zweiten Obertons) negativ. Um einen zusammengesetzten Modus zu kennzeichnen, müssen wir die Amplitude jedes der harmonischen Modi festlegen, aus denen er besteht.

Die schwingende Saite veranschaulicht zwei wichtige Eigenschaften, die allen schwingenden Systemen zukommt.

1. *Einfache harmonische Modi.* Jedes schwingende System hat einfache harmonische Modi, in denen die Verschiebung an jedem Punkt wie in Abbildung 4. 4 durch eine Sinuskurve mit fester Schwingungsdauer dargestellt wird. Im allgemeinen verhalten sich die Schwingungsdauern der einfachen harmonischen Modi nicht wie bei der schwingenden Saite wie kleine ganze Zahlen. Die Wellenformen der einfachen harmonischen Modi sind auch weniger einfach als die Modi einer schwingenden Saite. Abbildung 4. 6 zeigt die Wellenformen einiger harmoni-

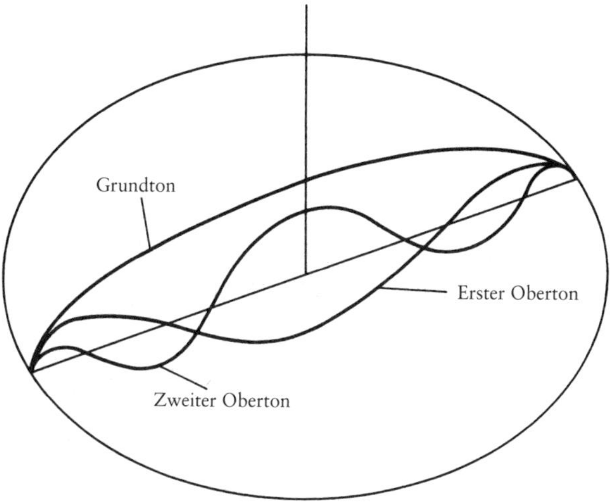


Abb. 4.6: Vertikaler Querschnitt durch ein gleichmäßig dickes Trommelfell, das in seinen drei niedrigsten asymmetrischen Modi schwingt (schematische Darstellung). Die Wellenformen sind *keine* Sinuskurven, und die Schwingungsdauer der ersten und zweiten Obertöne sind keine Submultiplen von der des Grundtons. Die Frequenz (das ist die reziproke Schwingungsdauer) des ersten Obertons beträgt das 2,3fache der Frequenz des Grundtons (und nicht, wie bei einer schwingenden Saite, das Doppelte der Frequenz des Grundtons). Die Frequenz des zweiten Obertons beträgt das 3,6fache (statt des 3fachen) der Frequenz des Grundtons.

scher Modi eines schwingenden Trommelfells gleichmäßiger Dicke. Die hier veranschaulichten Modi sind alle symmetrisch um die Achse des Trommelfells angeordnet, die Gerade also, die senkrecht zum Trommelfell durch seinen Mittelpunkt geht. Obwohl die Schwingungsdauern der Obertöne nicht, wie bei der schwingenden Saite, Submultiple (1/2, 1/3, 1/4 und so weiter) der Schwingungsdauer des Grundtons sind, werden sie doch kleiner, wenn die Anzahl der Knoten in der Wellenform größer wird.

2. *Überlagerung*. Ein schwingendes System kann auf mehrere Arten gleichzeitig schwingen, wobei jeder Modus schwingt, als ob es die anderen nicht gäbe. Die Verschiebung ist in jedem

Punkt die algebraische Summe der Verschiebungen, die sich aus den einzelnen Modi ergibt – Verschiebungen nach oben werden als positiv gezählt, solche nach unten als negativ.

## Physikalische Zustände des Wasserstoffatoms

Wir betrachten jetzt ein Wasserstoffatom; es besteht aus einem einzelnen Elektron, das durch elektrostatische Anziehung an ein Proton gebunden ist. (Ein Proton hat etwa 2000mal soviel Masse wie ein Elektron, das eine Einheit einer positiven elektrischen Ladung trägt). Weil das Proton so massereich ist, können wir es als einen festen Anziehungspunkt betrachten, genau wie wir die Sonne als festen Anziehungspunkt für die Planeten sehen. Wenn sich das Elektron wie ein die Sonne umlaufender Planet bewegen würde, ließen sich seine möglichen physikalischen Zustände durch Bahnen darstellen. Nach der Quantenphysik verhalten sich in Atomen gebundene Elektronen jedoch nicht wie Planeten.

*Die möglichen physikalischen Zustände eines Wasserstoffatoms sind analog zu den Modi eines schwingenden Systems.* Zustände, in denen die Energie des Wasserstoffatoms einen bestimmten Wert hat, entsprechen einfachen harmonischen Schwingungen (die eine bestimmte Periode haben). Der allgemeinste Zustand eines Wasserstoffatoms entspricht einer Überlagerung einfacher harmonischer Schwingungen.

Die Schwingungen, die die physikalischen Zustände eines Wasserstoffatoms darstellen, sind dreidimensional. Abbildung 4. 7 zeigt die Wellenformen einiger harmonischer Modi, in denen die Verschiebung an jedem Punkt auf jeder beliebigen um den Kern zentrierten Kugel denselben Wert hat. Diese Schwingungen entsprechen den Pulsationen eines Gummiballs, der zusammengepreßt und losgelassen wird. (Gewisse Sterne, deren Helligkeit periodisch schwankt, pulsieren auf dieselbe Art.)

Wie bei schwingenden Saiten und Trommeln hat die harmonische Schwingung mit der längsten Periode – die Grundschwingung – eine knotenfreie Wellenform, und wenn die Zahl der Knoten zunimmt, nimmt die Schwingungsperiode ab. Die Perio-

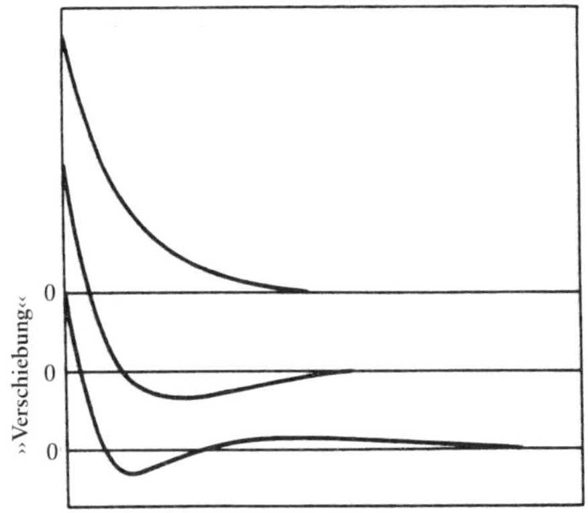


Abb. 4.7: Die Wellenformen dreier kugelsymmetrischer »Schwingungen«, die physikalische Zustände des Wasserstoffatoms darstellen. Die »Verschiebung« ist in Abhängigkeit von der Entfernung zum Kern aufgetragen.

den werden durch eine bemerkenswert einfache Regel beschrieben. $P_1$ bezeichne die Periode der Grundschwingung, $P_2$ die des ersten sphärisch symmetrischen Obertons und so weiter. Dann ist das Verhältnis zwischen zwei Schwingungsdauern gleich dem Verhältnis der Quadrate der entsprechenden ganzen Zahlen. So ist zum Beispiel die Schwingungsdauer des ersten Obertons $P_2$ gleich dem Produkt aus dem Quadrat von 2, also 4, und der Schwingungsdauer des Grundtons $P_1$, die Periode des zweiten Obertons $P_3$ ist das Produkt aus dem Quadrat von 3, also 9, und der Schwingungsdauer des Grundtons und so weiter. Dies ist die oben erwähnte Verbindung zwischen der Diskretheit der physikalischen Zustände eines Wasserstoffatoms und der pythagoräischen Harmonielehre. Ich denke, die Pythagoräer hätten es angemessen gefunden, daß die Arten von Schwingungen, die reine musikalische Töne erzeugen, auch der Struktur des Wasserstoffs, dem häufigsten Bestandteil des Universums, zugrundeliegen und daß die Tonhöhen dieser Schwingungen – die wie die Musik der Himmelssphären nur für das innere Ohr hörbar sind – nach einer einfachen Regel mit ganzen Zahlen zusammenhängen.

Wenn wir also eine Analogie zwischen den Zuständen eines

Wasserstoffatoms und den Schwingungen eines Systems sehen, können wir verstehen, warum die Struktur eines Wasserstoffatoms anders als die Struktur eines Planetensystems gegen Veränderungen immun ist. Wellenformen sind wie die Kugeln und Würfel der euklidischen Geometrie mathematische Objekte, die dauerhafte und unveränderliche Eigenschaften haben. Wir können ein Wasserstoffatom stören, aber wir können die Wellenformen und Tonhöhen der einfachen Schwingungen, die seine möglichen Zustände darstellen, nicht verändern. Und wenn das Proton und das Elektron des gestörten Atoms sich zu einem neuen Atom zusammenfinden, läßt sich dieses von allen anderen Wasserstoffatomen der Welt nicht unterscheiden. Aber was ist die Grundlage für die Analogie? Welche Ähnlichkeit besteht zwischen den Schwingungen und den physikalischen Zuständen eines Wasserstoffatoms? Wie hängen die Wellenformen und Perioden dieser Schwingungen mit Größen zusammen, die Physiker tatsächlich messen können?

Am besten versteht man das Bild, das sich Quantenphysiker von einem Wasserstoffatom machen, wenn man den Weg geht, der dorthin führte. Wir werden sehen, wie und warum Physiker gezwungen wurden, ihren liebgewordenen Glauben an die Möglichkeit einer Veranschaulichung atomarer und subatomarer Strukturen und Vorgänge aufzugeben. Die klassische Physik hatte die Welt mit zwei getrennten Klassen von energiegeladenen Dingen belebt, nämlich mit Teilchen und Wellen. Eine Welle ist gleichzeitig an vielen Orten, ein Teilchen ist immer an einem bestimmten Ort. Licht besteht aus Wellen, Materie aus Teilchen. Die Quantenphysik verschmolz diese beiden Begriffe und stattete Licht mit teilchenähnlichen Eigenschaften aus und materielle Teilchen mit wellenähnlichen. Das Quantenbild der physikalischen Wirklichkeit ist überhaupt kein Bild im gewöhnlichen Sinn. Wir können es erfassen, aber nicht veranschaulichen.

# 5. Sieben Stufen zur Quantenphysik

Das erste Viertel des zwanzigsten Jahrhunderts war für die theoretische Physik eine Übergangszeit. Die klassische Physik hatte versagt, aber noch gab es keine kohärente Theorie, die sie ersetzen konnte, sondern nur unzusammenhängende Bruchteile. Allmählich fügten sich diese Bruchteile in den Köpfen einiger weniger Menschen zu einer neuen und fremdartigen Gestalt zusammen. Wir können die Züge des neuen Bildes, das sich schließlich ergab, am besten verstehen, wenn wir dem Weg folgen, der dahin führte – nicht dem wirklichen historischen Weg mit all seinen Windungen, Kehren, Verzweigungen und Umwegen, sondern dem kürzeren und einfacheren Weg, der sich abzeichnet, wenn wir – auf eine von Historikern nicht unbedingt akzeptierte Weise – die Vergangenheit mit den Augen der Gegenwart sehen. Aber uns geht es hier nicht so sehr um die Geschichte als um die Entstehung – also um die Genealogie – der Gedanken.

## Stufe 1: Boltzmanns Theorie der Entropie

So, wie die Geschichte gewöhnlich erzählt wird, beginnt sie 1900, als Max Planck die Schwarzkörperstrahlung entdeckte. Sie sollte fast dreißig Jahre früher mit Ludwig Boltzmanns Theorie der Entropie beginnen. Ich habe diese Theorie in Kapitel 2 beschrieben, dabei jedoch eine Schwierigkeit stillschweigend übergangen. Boltzmanns Lösung für diese Schwierigkeit zeigte Planck den Weg, der schließlich zur Quantenphysik führte.

Boltzmann setzte die Entropie eines physikalischen Systems in einem vorgegebenen Makrozustand mit der Unordnung des Makrozustands gleich. Er definierte die Unordnung eines Makrozustands als den Logarithmus der Anzahl seiner Mikrozustände. Versuchen wir, diese Definition auf ein Gas anzuwenden. In Kapitel 3 stellten wir den Zustand eines einzelnen Moleküls durch einen Punkt in einem sechsdimensio-

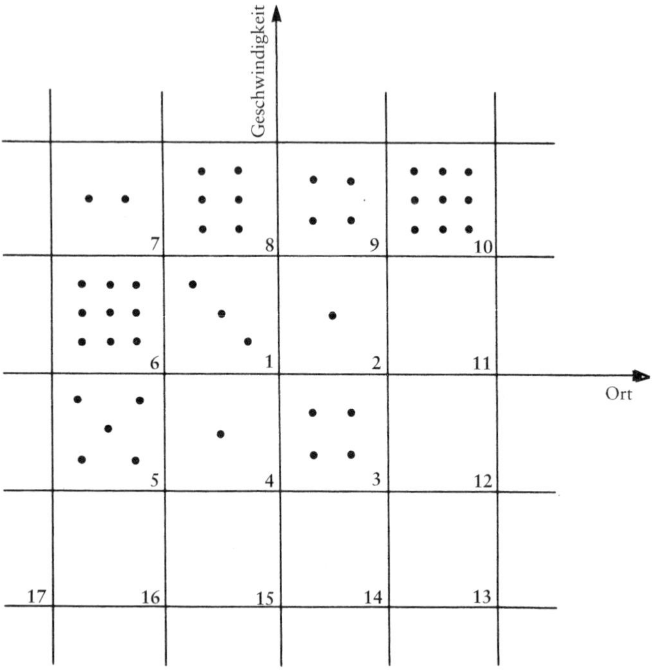


Abb. 5.1: Numerierte Makrozellen im zweidimensionalen Zustandsraum eines Teilchens, das sich entlang einer Geraden bewegt. Jede Makrozelle steht für eine mögliche Orts- und Geschwindigkeitsangabe. Wenn wir den Makrozustand eines aus solchen Teilchen bestehenden Gases festlegen wollen, müssen wir sagen, wieviele Teilchen in jeder Makrozelle sind. In Zelle 1 gibt es drei Teilchen, in Zelle 2 eins, in Zelle 3 vier. Der Makrozustand des Gases ist also durch eine Zahlenreihe festgelegt, die mit den Ziffern 3,1,4,1,5,9,2,6,4,9 beginnt.

nalen Raum dar. Drei der sechs Koordinaten des Punktes legen den Ort des Moleküls fest, die anderen drei seine Geschwindigkeit.

Um die *Makrozustände* eines einzelnen Moleküls zu beschreiben, teilen wir den sechsdimensionalen Raum in gleich große Teile, die ich *Makrozellen* nennen will (Abbildung 5. 1). Jede Makrozelle stellt einen möglichen Makrozustand eines einzel-

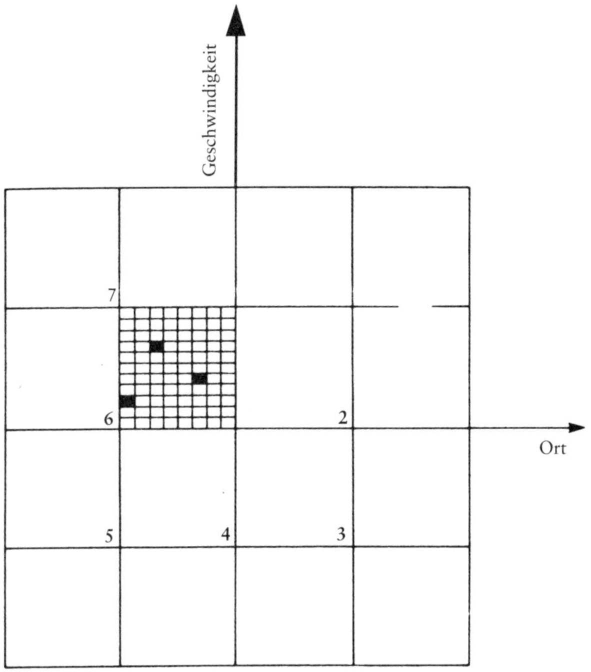


Abb. 5.2: Jede Makrozelle ist in eine große Anzahl gleicher Mikrozellen eingeteilt, die so klein sind, daß keine mehr als ein Teilchen enthält.

nen Moleküls dar. Die Punkte in einer Makrozelle stellen die Mikrozustände dar, die den Makrozustand ausmachen. Wir sagen, ein Molekül sei in einem bestimmten Makrozustand, wenn sein Ort und seine Geschwindigkeit innerhalb der Grenzen liegen, die die entsprechende Makrozelle definieren.

Der Makrozustand eines *Gases* ist durch die Art und Weise definiert, wie die Punkte, die molekulare Mikrozustände darstellen, auf die Makrozellen verteilt sind. Zur Festlegung des Makrozustands eines Gases müssen wir angeben, wie viele repräsentative Punkte (Punkte, die die Mikrozustände einzelner Moleküle darstellen) in jeder Makrozelle liegen.

So weit, so gut. Versuchen wir jetzt, die Unordnung eines Makrozustands zu berechnen. Dazu müssen wir zuerst die Mikrozustände zählen, die zu diesem Makrozustand gehören. Betrachten wir der Einfachheit halber ein Gas, das aus einem einzigen Molekül besteht. Wir legen seinen Makrozustand fest, indem wir auf eine bestimmte Makrozelle deuten. Die zu dieser Makrozelle gehörigen Punkte stellen ihre Mikrozustände dar. Aber die Anzahl der Punkte einer Makrozelle ist unendlich, deshalb versagt die Rechnung. (Tatsächlich ist die Schwierigkeit noch größer. Die Menge von Punkten in einer Makrozelle ist nicht nur unendlich, sondern *nicht abzählbar*. Siehe Kapitel 1, Fußnote 9.)

Boltzmann vermied diese Schwierigkeit, indem er annahm, die möglichen Mikrozustände eines Moleküls würden nicht durch Punkte im sechsdimensionalen Ort-Geschwindigkeitsraum, sondern wie in Abbildung 5. 2 durch identische, sehr kleine Zellen *(Mikrozellen)* dargestellt. Diese Zellen setzte er als so klein voraus, daß sie fast immer nur einen repräsentativen Punkt enthalten. Dann läßt sich relativ leicht herausfinden, wieviele Mikrozustände zu einem vorgegebenen Makrozustand gehören, und damit läßt sich auch die Unordnung dieses Makrozustands berechnen.

Aber hängt nicht das Ergebnis der Rechnung von der Größe der Mikrozellen ab? Ja, aber wie sich herausstellt, auf eine »harmlose« Weise. Die Veränderung der Größe der Mikrozellen führt dazu, daß die Anzahl der Mikrozustände in einem gegebenen Makrozustand mit einer bestimmten Zahl multipliziert wird – für jeden Makrozustand ist es dieselbe. Weil die Unordnung eines Makrozustands der Logarithmus der Anzahl seiner Mikrozustände ist und weil der Logarithmus Produkte in Summen verwandelt, nimmt die Unordnung eines jeden Makrozustands um den Betrag zu, um den sich die Größe der Mikrozellen verändert. Der *Unterschied* zwischen der Unordnung zweier Makrozustände ändert sich also nicht. Bei fast allen wissenschaftlichen Anwendungen sind wir nicht an dem absoluten Wert der Unordnung (oder der Entropie) interessiert, sondern daran, wie sich die Unordnung eines Systems verändert. So erzeugen zum Beispiel chemische Reaktionen in einer lebenden Zelle Entropie und vermindern dadurch den Vorrat potentiell nützlicher Energie. Die erzeugte Entropie ist der Unterschied zwischen den Entropien von End- und Anfangszustand, deshalb können wir sie berechnen, ohne die Größe der Mikrozellen festzulegen.

Boltzmanns Theorie war sensationell erfolgreich. Aus ihr ließen sich alle bekannten Gesetze der Thermodynamik herleiten, und damit war bewiesen, daß die Thermodynamik im Grunde eine statistische Theorie von Molekülen ist, deren Bewegung und Wechselwirkung den Gesetzen der Newtonschen Physik gehorcht. Sie stellte deshalb das letzte Teilstück einer Brücke dar, die Maxwell und Clausius einige Jahre zuvor zwischen der Insel der Thermodynamik und dem Festland der klassischen Mechanik zu bauen begonnen hatten. Aber Boltzmanns Theorie leistete noch mehr. Sie beschrieb einen großen Bereich wichtiger Phänome, die außerhalb des Bereichs der klassischen Thermodynamik liegen, darunter Wärmeleitung, Moleküldiffusion und das allmähliche Abklingen interner Bewegungen in einem Gas. Die Geschwindigkeiten all dieser Prozesse ließen sich mit ihrer Hilfe aus den Eigenschaften der Moleküle und ihrer Wechselwirkungen herleiten.

Aber Boltzmanns Theorie schien auf Sand gebaut, denn seine Verwendung von Mikrozellen zur Berechnung der Entropie widersprach offenkundig einem Grundgesetz der klassischen Physik, wonach ein frei bewegtes Teilchen einen stetigen Bereich möglicher Zustände haben kann, die nicht durch Zellen, sondern durch Punkte dargestellt werden. Boltzmann selbst scheint die Mikrozellen als ein harmloses Rechenhilfsmittel gesehen zu haben, und viele moderne Lehrbücher stellen es so dar. Aber Mikrozellen sind nicht wirklich ein Rechenhilfsmittel. Statt eine schwierige Rechnung zu vereinfachen, wie man es von Rechenhilfsmitteln erwartet, erlaubten sie Boltzmann eine legitime Rechnung, die zu einer sinnlosen Antwort führte, durch eine illegitime Rechnung zu ersetzen, die eine nachweislich richtige Antwort ergab.

Wäre Boltzmann mit einem siebten Sinn begabt und mit einem unnatürlichen Selbstvertrauen ausgestattet gewesen, hätte er wie folgt argumentieren können: »Meine Entropietheorie beruht auf einer Voraussetzung, die einem der Grundgesetze der klassischen Physik widerspricht. Meine Theorie ist offensichtlich richtig. Also muß ihre Voraussetzung richtig sein. Also stimmt die klassische Physik nicht.« Wie wir sehen werden, stellte Albert Einstein dreißig Jahre später in einem eng verwandten Zusammenhang eine solche Überlegung tatsächlich an. Aber Boltzmanns »Rechenhilfsmittel« wurde erst 1925 legitimiert – über ein halbes Jahrhundert nach seiner ersten Anwendung. Die Quantenphysik stellt die Mikrozustände eines Teilchens durch Zellen mit endlichem und festem Volumen in einem sechsdimensionalen Ort-Geschwindigkeitsraum dar.

## Stufe 2: Plancks Theorie der Schwarzkörperstrahlung

Ein luftleerer Kasten, dessen Wände bei einer festen Temperatur gehalten werden, enthält ein unfaßbares »Gas« – Licht, das von den erwärmten Wänden ausgeschickt wird. Wie ein gewöhnliches Gas kann auch Licht Energie übertragen und Druck ausüben; beide nehmen mit einer Erhöhung der Temperatur der Wände zu. Versuche zeigen, daß Licht genau wie Gas schließlich in einen Gleichgewichtszustand kommt, in dem all seine meßbaren Eigenschaften durch die Temperatur der Wände bestimmt werden. Licht in diesem Zustand heißt *Schwarzkörperstrahlung*.

Gegen Ende des neunzehnten Jahrhunderts begannen Physiker, das *Spektrum* der Schwarzkörperstrahlung in Abhängigkeit von der Temperatur zu untersuchen. (Mit Spektrum der Schwarzkörperstrahlung meine ich die Kurve, die festlegt, wie die Intensität der Strahlung mit ihrer Farbe oder Wellenlänge zusammenhängt.) Die Theoretiker machten Fortschritte. Sie zeigten, daß das Spektrum sich dann, wenn es für eine bestimmte Temperatur bekannt ist, nach einer einfachen Regel für jede andere Temperatur berechnen läßt. Aber trotz aller Anstrengungen gelang es ihnen nicht, das Spektrum vorherzusagen. Inzwischen versuchten die Experimentatoren, es zu messen. Sie hatten Anfang des Jahres 1900 Erfolg und erhielten die in Abbildung 5.3 gezeigte Kurve.

Max Planck hatte sich mehrere Jahre lang mit diesem theoretischen Problem beschäftigt. Er hatte auch die Experimente genau

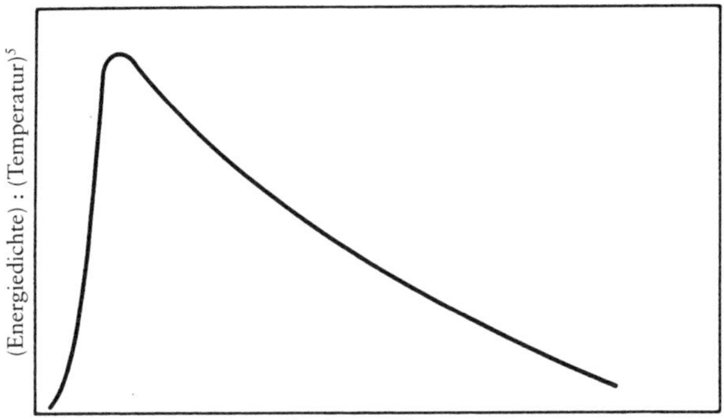


Abb. 5.3: Die Spektralverteilung der Schwarzkörperstrahlung. »Energiedichte« bedeutet Energie pro Raumeinheit und Wellenlängeneinheit und »Temperatur« absolute Temperatur. Wenn der Quotient aus der Energiedichte und der fünften Potenz der Temperatur als Funktion des Produkts von Wellenlänge und Temperatur aufgetragen wird, stellt diese Kurve die Spektralverteilung der Strahlungsenergie bei beliebiger Temperatur dar. Die Wellenlänge, bei der die Kurve ihr Maximum hat, ist also umgekehrt proportional zur absoluten Temperatur, und die Fläche unter der Kurve, die die Strahlungsenergie pro Einheitsvolumen angibt, ist proportional zur vierten Potenz der absoluten Temperatur.

verfolgt. Sobald er von den neuen Messungen hörte, begann er mit der Suche nach einer geeigneten Formel, die den Versuchen entsprechen und die bekannten theoretischen Bedingungen erfüllen würde. Er hatte sie bald gefunden. Aber selbst als er die seiner Überzeugung nach richtige Formel gefunden hatte, konnte er sie nicht theoretisch herleiten. An diesem Punkt griff er Boltzmanns Theorie der Entropie auf, der er zuvor wenig Aufmerksamkeit geschenkt hatte, und machte sich daran, Boltzmanns Berechnung der zufälligsten Verteilung der Molekulargeschwindigkeiten an das Problem der Vorhersage der zufälligsten Spektralverteilung des Lichts anzupassen.

Planck betrachtete einen Kasten, der mit Licht und einem Gas aus recht eigenartigen Molekülen gefüllt war. Jedes Molekül bestand aus einem Elektron, das in einer ausgedehnten kugelförmigen Wolke positiver elektrischer Ladung schwang. Nach

Maxwells elektromagnetischer Theorie absorbiert und emittiert ein solches System Licht einer einzigen Wellenlänge. Die *Frequenz* (das Reziproke der Schwingungsdauer) der absorbierten oder emittierten Lichtwellen ist gleich der Frequenz der Schwingungen des Elektrons. Planck folgerte daraus, daß die kombinierte Licht- und Gasenergie sich im Stadium größter Unordnung in drei Anteile spalten müsse. Ein Teil der Energie würde die Form von Licht haben, ein Teil die Form von kinetischer Energie, die mit den Bewegungen ganzer Moleküle verknüpft ist, und ein Teil die Form von Energie, die mit den Schwingungen von Elektronen in den einzelnen Molekülen verknüpft ist. Der dritte Anteil, die Schwingungsenergie, war der entscheidende. Wenn es gelänge, die Verteilung der Schwingungsenergie auf die Moleküle zu berechnen, ließe sich auch das Lichtspektrum herleiten, denn es war bekannt, daß im Gleichgewichtszustand die Emissions- und Absorptionsraten der Energie der Moleküle gleich sein müssen, und man wußte, wie sich diese Raten für ein schwingendes Elektron berechnen lassen. Alles hing also davon ab, ob sich die Verteilung der Schwingungsenergie auf die Moleküle berechnen ließe.

An diesem Punkt kam Planck auf Boltzmanns frühere Berechnung der zufälligsten Verteilung von Molekulargeschwindigkeiten zurück. Er fand, daß die zufälligste Verteilung der Schwingungsenergie wirklich zu seiner früheren Formel für das Spektrum der Schwarzkörperstrahlung führte, *falls* er annahm, daß *die Mikrozustände der Schwingungsenergie eine diskrete Menge bilden*. Genauer mußte Planck fordern, daß die Energie eines schwingenden Elektrons aus endlichen Energiepäckchen besteht, und daß die Größe eines Energiepakets (oder Quantums) ein festes Vielfaches der Schwingungsfrequenz ist:

$$\text{Energiequantum} = \text{Konstante} \times \text{Frequenz}$$

Physiker nennen diese Konstante die Plancksche Konstante und bezeichnen sie mit dem Buchstaben *h*.

Indem Planck das klassische Kontinuum der Schwingungsenergien durch eine diskrete Menge ersetzte, folgte er Boltzmanns Schritten. Bei Boltzmanns Berechnung der zufälligsten Geschwindigkeitsverteilung kam es nicht auf die genaue Größe der Mikrozellen an, bei Plancks Herleitung jedoch war die

Größe der Energiepakete – also der Wert der Konstanten *h* – entscheidend. Damit die vorhergesagte Schwarzkörperkurve mit dem Ergebnis des Experiments übereinstimmte, mußte Planck die Konstante *h* einer Zahl gleichsetzen, deren Wert sich aus der gemessenen Form der Kurve herleiten läßt.

Planck selbst fand dies sehr verwirrend, wie er uns in Erinnerungen mitteilt, die 43 Jahre später veröffentlicht wurden:

> Nun aber erhob sich das theoretisch allerschwierigste Problem, dieser sonderbaren Konstanten (*h*) einen physikalischen Sinn beizulegen. Denn ihre Einführung bedeutete einen Bruch mit der klassischen Theorie, der viel radikaler war, als ich anfangs vermutet hatte ... Durch mehrere Jahre hindurch machte ich immer wieder Versuche, das Wirkungsquantum irgendwie in das System der klassischen Physik einzubauen.[1]

## Stufe 3: Die Diskretheit des Lichts

Einstein, beim Erscheinen von Plancks Arbeit 22 Jahre alt, war davon überzeugt, daß die Plancksche Konstante und die Diskretheit, für die sie stand, niemals in den Rahmen der theoretischen Physik passen würde. In einer 1905 veröffentlichten Arbeit mit dem Titel »Über einen die Erzeugung und Umwandlung des Lichtes betreffenden heuristischen Standpunkt« stellte er die kühne Hypothese auf, daß monochromatisches Licht der Frequenz *f* in diskreten Paketen oder Quanten der Energie *hf* ausgeschickt wird. (Monochromatisches Licht ist Licht einer einzigen Farbe oder Frequenz. Newton hatte entdeckt, daß ein Prisma Licht in monochromatische Strahlen aufspaltet, die sich nicht weiter zerlegen lassen. Monochromatische Strahlen – oder vielmehr ihre Energiequanten – sind also die elementaren Bestandteile des Lichts, ähnlich wie Moleküle die elementaren Bestandteile eines Gases sind.)

Einsteins Hypothese spottete dem herkömmlichen Wissen. Planck glaubte wie fast jeder Physiker damals – und auch noch viele Jahre nach der Veröffentlichung der Arbeit Einsteins –, daß die klassische elektromagnetische Theorie jedenfalls das Licht selbst vollständig und richtig beschreibt, wenn auch vielleicht nicht die Wechselwirkung von Licht und Materie. Man vermutete den Ursprung der geheimnisvollen Diskretheit, die Planck in seine Ableitungen einzuführen gezwungen war, anderswo. Wie es für Einstein typisch ist, setzte er sich mit dieser plausiblen (aber unbegründeten) Überzeugung ganz direkt auseinander. Seine Arbeit beginnt mit der Bemerkung, daß Physiker Materie und Licht unterschiedlich behandeln; sie nehmen an, Materie sei fundamental diskret, Licht aber fundamental stetig. Vielleicht, behauptete er, sind sie *beide* diskret. Sicher, die Wellentheorie des Lichts bewährt sich ausgezeichnet und wird wohl von Dauer sein, aber

> es ist jedoch im Auge zu behalten, daß sich die optische Beobachtungen auf zeitliche Mittelwerte, nicht aber auf Momentanwerte beziehen, und es ist trotz der vollständigen Bestätigung der Theorie der Beugung, Reflexion, Brechung, Dispersion etc. durch das Experiment wohl denkbar, daß die mit kontinuierlichen Raumfunktionen operierende Theorie des Lichtes zum Widerspruch mit der Erfahrung führt, wenn man sie auf die Erscheinungen der Lichterzeugung und Lichtverwandlung anwendet.[2]

Einstein dachte dabei an einen Lichtstrahl, der wie ein Teilchenstrahl aus *räumlich* getrennten Einheiten bestehen könnte. Aber dies war nur ein Bild, das seine wirkliche Hypothese begleitete, daß nämlich monochromatisches Licht der Frequenz $f$ Energie nur in Päckchen der Größe $hf$ aus der Materie aufnehmen oder an sie abgeben kann.

Um diese Hypothese zu rechtfertigen, zeigte Einstein, daß die Entropie von monochromatischem Licht hinreichend hoher Frequenz durch eine Formel angegeben wird, die mit Boltzmanns Formel für die Entropie eines gewöhnlichen Gases übereinstimmt, wenn in dieser Formel die Teilchenzahl durch den Quotienten von Lichtenergie und Plancks Wirkungsquantum ersetzt wird. Die Entropie hochfrequenten Lichts ist, mit anderen Worten, dieselbe wie die Entropie eines Gases, dessen Moleküle Plancks Energiequanten sind.

Einstein schlug drei experimentelle Überprüfungen für diese Hypothese vor.

1. *Photolumineszenz.* Eine photolumineszente Substanz absorbiert das Licht einer Frequenz und emittiert das Licht einer

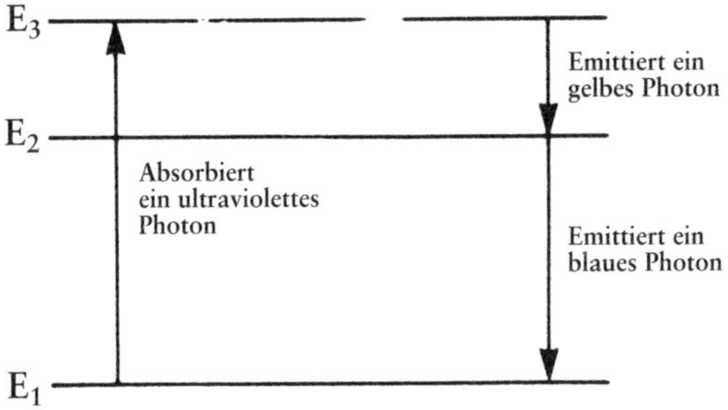


Abb. 5.4: Photolumineszenz. Die Moleküle einer photolumineszenten Substanz sind normalerweise in ihrem niedrigsten Energiezustand $E_1$. Wenn ein Molekül im angeregten Energiezustand $E3$ ist, kann es ein sichtbares Photon ausschicken, indem es in einen Zwischenzustand übergeht, dessen Energie $E2$ zwischen $E1$ und $E3$ liegt. – Ein zweiter Sprung zurück in den Grundzustand kann auch von der Aussendung eines sichtbaren Photons begleitet sein. Um in den Zustand $E3$ zu kommen, muß das Molekül jedoch ein ultraviolettes Photon absorbieren, dessen Energie mindestens so groß ist wie der Quotient aus der Energiedifferenz zwischen $E3$ und $E1$ und der Planckschen Konstanten.

anderen. Aus Einsteins Hypothese folgt, daß die Frequenz des emittierten Lichts immer kleiner sein sollte als die des absorbierten. So sollte eine photolumineszente Substanz zum Beispiel ultraviolettes Licht absorbieren und gelbes Licht ausschicken, nicht aber gelbes Licht absorbieren und violettes Licht ausschikken. Warum nicht? Wenn ich etwas mit einem Zehnmarkschein bezahle, beträgt das Wechselgeld immer weniger als zehn Mark. Eine photolumineszente Substanz, die ein Energiequantum absorbiert hat, emittiert ein Quantum geringerer Energie und deshalb niedrigerer Frequenz. Die übrige Energie kann, wie Abbildung 5.4 zeigt, bei einer anderen Frequenz emittiert werden.

2. *Photoionisation.* Physiker hatten bemerkt, daß ein elektrisch nichtleitendes Gas bei Bestrahlung mit ultraviolettem Licht leitend werden kann, nicht aber, wenn es mit sichtbarem oder infrarotem bestrahlt wird. Nach Einsteins Hypothese besteht ultraviolettes Licht aus energiereicheren Quanten als sichtbares Licht. Ein ultraviolettes Quantum kann einem in einem

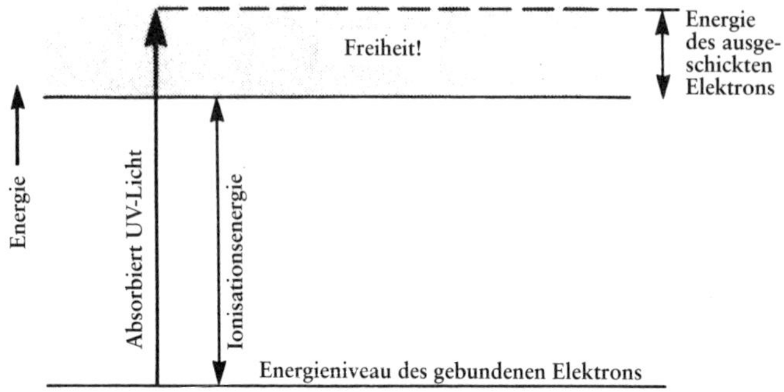


Abb. 5.5: Photoionisation. Ein ultraviolettes Quantum kann einem in einem Gasmolekül gebundenen Elektron soviel Energie vermitteln, daß es sich losreißen kann. Die Frequenz eines ionisierenden Photons muß größer sein als der Quotient aus Ionisationsenergie und Planckscher Konstante.

Gasmolekül gebundenen Elektron genug Energie übertragen, um das Elektron loszureißen (Abbildung 5.5). Ungebundene Elektronen (und positiv geladene Ionen) können sich in einem Gas, auf das ein elektrisches Feld einwirkt, frei bewegen, also leitet ein ionisiertes Gas den elektrischen Strom.

3. *Der photoelektrische Effekt.* Bei manchen Metallen führt einfallendes Licht zur Abstrahlung von Elektronen. Einsteins Erklärung dieses Phänomens ähnelt seiner Erklärung der Photoionisation. Ein in einem Metallgitter gebundenes Elektron (das wir uns als ein großes Molekül vorstellen können, bei dem sich die Struktur wiederholt) kann genug Energie aufnehmen, um sich aus dem Gitter zu lösen, wenn das Gitter ein hinreichend energiereiches Lichtquant absorbiert. Genau wie bei der Photoionisation kommt es auf die Qualität (also die Farbe) des Lichts an. Schwaches ultraviolettes Licht, das auf ein photosensitives Metall fällt, führt zur, wenn auch langsamen, Aussendung von Elektronen; rotes Licht jedoch ist selbst dann völlig unwirksam, wenn es sehr intensiv ist.

Alle drei Vorhersagen waren mit den damals zur Verfügung stehenden experimentellen Daten verträglich, aber die Experimente waren nicht gut genug, um eine entscheidende Überprüfung zuzulassen. Sowohl bei der Photoionisation wie beim photoelektrischen Effekt wird ein Teil des absorbierten Energiequantums dazu verwendet, ein Elektron aus einem Atom, einem Molekül oder einem Kristallgitter zu befreien. Die übrige Energie erscheint in Form der kinetischen Energie des ausgeschickten Elektrons. Deshalb sollten sich Elektronen, die durch Licht relativ hoher Frequenz ausgeschickt werden, schneller bewegen als solche, die von Licht relativ niedriger Frequenz ausgeschickt werden. Robert A. Millikan, der zuerst die elektrische Ladung eines einzelnen Elektrons genau bestimmte, machte sich daran, diese Vorhersage für den photoelektrischen Effekt zu überprüfen. Er faßte seine Ergebnisse und seine Schlußfolgerungen zu Einsteins Hypothese 1915 in diesen Worten zusammen:

> Einsteins photoelektrische Gleichung ... scheint in jedem Fall genau die beobachteten Ergebnisse vorherzusagen ... Aber die halbkorpuskulare Theorie, durch die Einstein zu seiner Gleichung kam, scheint mir gegenwärtig völlig unhaltbar zu sein.[3]

Nicht nur unhaltbar, sondern »völlig unhaltbar«. Abraham Pais bemerkt, Millikans Einstellung zur Hypothese, Licht tausche Energie mit der Materie nur in diskreten Paketen aus, sei nicht unrepräsentativ: »Vielmehr hat die Gemeinschaft der Physiker insgesamt ... die Hypothese mit Unglauben und mit Zweifel, der an Spott grenzte, aufgenommen.«[4]

## Stufe 4: Energieniveaus

Wie wir sahen, leitete Planck seine Strahlungsformel her, indem er die Wechselwirkung zwischen der Schwarzkörperstrahlung und winzigen Oszillatoren betrachtete, die auf genaue Frequenzen eingestellt waren. Einstein zeigte 1906, daß diese Oszillationen sich nach Plancks Theorie auf eine Weise verhalten, die der klassischen Theorie widerspricht. Die Schwingungsamplitude eines oszillierenden elektrisch geladenen Teilchens hat einen stetigen Bereich möglicher Werte. Je größer die Amplitude, um so größer ist die Schwingungsenergie. Darüber hinaus sagt die klassische elektromagnetische Theorie vorher, daß die Energie des Oszillators stetig ab- oder zunimmt, wenn er Licht emittiert oder absorbiert. Einstein zeigte, daß dieses Bild für die Oszillatoren, die in Plancks Theorie vorkommen, nicht gültig sein kann. Ein Planckscher Oszillator muß eine diskrete Menge möglicher Energien 0, $hf$, $2hf$, $3hf$ und so weiter haben, wobei wie zuvor $h$ die Plancksche Konstante bezeichnet und $f$ die Frequenz des Oszillators. Wenn zudem ein Planckscher Oszillator ein Energiequantum emittiert oder absorbiert, muß seine Energie *unstetig* um den Betrag $hf$ zu- oder abnehmen. Obwohl diese Schlußfolgerungen logisch durch Plancks Theorie, Einsteins Hypothese der Energiequanten und das Prinzip der Energieerhaltung nahegelegt wurden, widersprachen sie ganz offensichtlich der klassischen elektromagnetischen Theorie, die besagt, daß eine oszillierende elektrische Ladung stetig Energie ausschickt. Aber das Schlimmste sollte erst noch kommen.

Während des ersten Jahrzehnts des zwanzigsten Jahrhunderts bekannten sich die meisten Physiker zu einem von J. J. Thomson, dem Entdecker der Elektronen, postulierten Atommodell. In Thomsons Atom sind punktähnliche Elektronen in eine Kugel positiver Elektrizität eingebettet wie Rosinen in einen Kuchen. Plancks Oszillatoren sind die einfachsten Beispiele für dieses Modell. Nach der klassischen elektromagnetischen Theorie gibt es stabile Konfigurationen dieser Art wirklich, und ein Elektron, das um seinen Gleichgewichtszustand herum schwingt, schickt Licht einer bestimmten Frequenz aus, deshalb sprach vieles für Thomsons Modell. Sicher, das Elektron verhielt sich nicht so, wie sich ein Oszillator nach Einstein verhalten sollte, und es schickte Energie nicht in unstetigen Paketen aus, aber nur wenige Menschen nahmen Einsteins Argumente ernst.

Schließlich platzte 1911 der Knoten. Ernest Rutherford und zwei seiner Assistenten, Hans Geiger und E. Marsden, entdeckten experimentell, daß wirkliche Atome dem Modell Thomsons überhaupt nicht ähnelten. Vielmehr sind sie eher wie winzige Sonnensysteme aufgebaut, wobei der Kern die Rolle der Sonne spielt und die Elektronen die der Planeten. Wenn aber ein solches Atom den Gesetzen Newtons und Maxwells gehorchte, konnte es Strahlung unmöglich nur mit diskreten Frequenzen ausschikken oder absorbieren; es müßte vielmehr in einem stetigen Frequenzbereich emittieren und absorbieren.

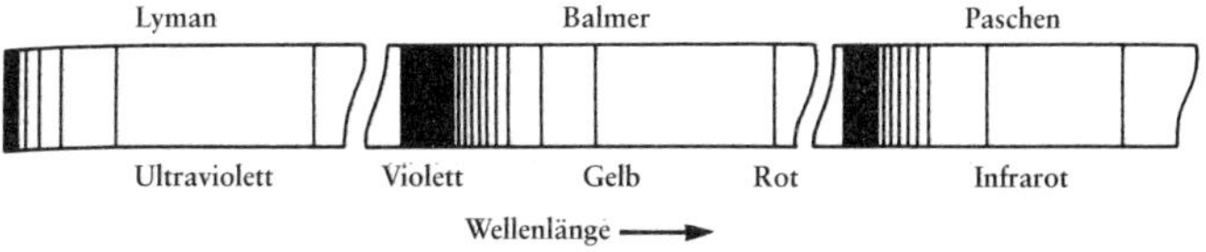


Abb. 5.6: Das Spektrum des atomaren Wasserstoffs ist eine Serie von Serien. Die erste Serie, die Lyman-Serie, entsteht durch Übergänge aus dem Grundzustand zu Zuständen höherer Energie. Die zweite Reihe, die Balmer-Serie, entsteht durch Übergänge vom ersten angeregten Zustand zu Zuständen höherer Energie und so weiter.

Angeregt durch Rutherfords Entdeckung und Einsteins Folgerungen für Energiequanten und die quantisierten Energiezustände der Planckschen Oszillatoren machte sich Niels Bohr daran, eine neue Atomtheorie zu entwickeln. Er begann, indem er zwei Postulate aufstellte:

1. Der Wertebereich für die Energie eines Atoms oder Moleküls ist diskret. Jedem Atom und jedem Molekül entsprechen bestimmte Energien oder *Energieniveaus*.

2. Veränderungen in der Energie eines Atoms oder Moleküls spielen sich unstetig, in Quantensprüngen, ab. Die Energie, die in einem Quantensprung gewonnen oder verloren geht, kann von einem anderen Objekt (zum Beispiel einem Elektron oder einem anderen Atom) oder von Licht abgegeben oder aufgenommen werden. In zweiten Fall wird ein einziges Energiequantum absorbiert oder emittiert.

Beide Regeln verallgemeinern Herleitungen, die Einstein in Spezialfällen früher gemacht hatte (Abbildungen 5. 4 und 5. 5). Ihre Bedeutung lag nicht nur darin, sondern auch in der Tatsache, daß sie einen neuen und fruchtbaren Ausgangspunkt für die Analyse atomarer und molekularer Spektren boten. Betrachten wir das Wasserstoffspektrum (Abbildung 5. 6). Es besteht aus mehreren unterschiedlichen Serien von Linien. Die erste Serie (die Lyman-Serie) liegt im ultravioletten Teil des Spektrums, die zweite (die Balmer-Serie) im sichtbaren Teil des Spektrums, die dritte (die Paschen-Serie) im Infraroten und so weiter. Mit Hilfe der zweiten Bohrschen Regel, die einen Zusammenhang zwischen den Frequenzen der Spektrallinien und unterschiedlichen

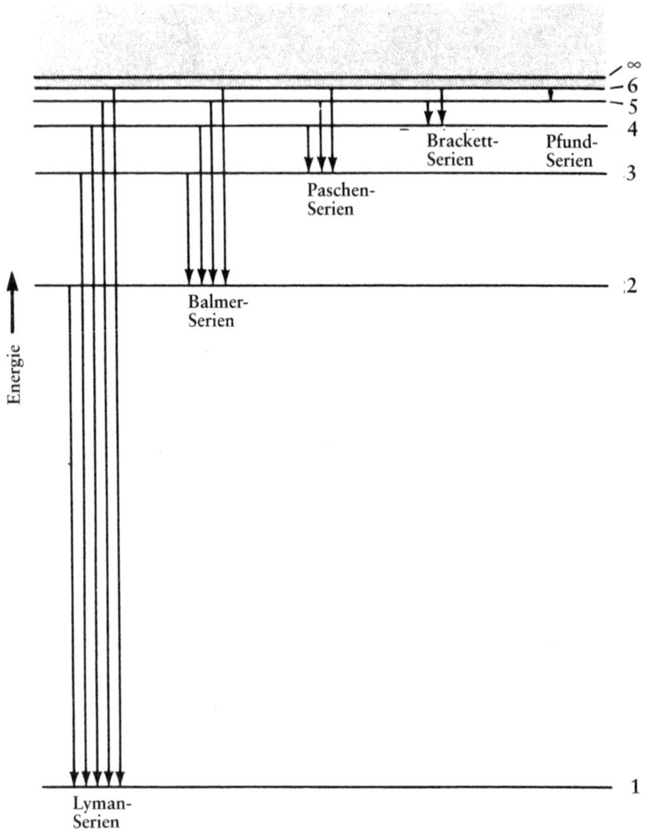


Abb. 5.7: Das Energieniveau-Diagramm atomaren Wasserstoffs. Die in Abbildung 5.6 gezeigten Serien werden durch die hier veranschaulichten Übergänge erzeugt. Eine einzige Folge von Energieniveaus erlaubt es, unendlich viele Spektralfolgen vorherzusagen.

Energieniveaus herstellt, können wir ein Energieniveau-Diagramm konstruieren (Abbildung 5.7), das all diese Serien darstellt und viele andere vorhersagt, deren Wellenlängen außerhalb des Bereichs liegen, der der Spektroskopie im Labor zugänglich ist. So führen zum Beispiel Quantensprünge zwischen benachbarten hochliegenden Ebenen zu Radiowellen. Astronomen haben diese Strahlung, die von Wasserstoffatomen im interstellaren Raum ausgestrahlt wird, bei Radiofrequenzen wirklich beobachtet.

Bohr gab sich nicht mit der Aufstellung dieser Regeln zufrieden. Er stellte sich vielmehr die Aufgabe, Rutherfords Planetenmodell des Wasserstoffatoms mit dem in Abbildung 5. 7 gezeigten Energieniveau-Diagramm in Einklang zu bringen. Wir betrachten zunächst, was die klassische Physik zu Rutherfords Modell zu sagen hatte. Die Anziehungskraft zwischen dem positiv geladenen Kern eines Wasserstoffatoms und dem negativ geladenen Elektron ist qualitativ gleich der Gravitationsanziehung zwischen der Sonne und einem Planeten. Beide sind proportional zum reziproken Quadrat des Abstands der anziehenden Körper. Weil die möglichen Planetenbahnen Ellipsen sind, in deren einem Brennpunkt die Sonne steht, sollten die möglichen Elektronenbahnen in einem Wasserstoffatom Ellipsen sein, in deren einem Brennpunkt der Kern ist. Nach Newtons Theorie hängt die Energie eines Teilchens, das auf einer solchen Bahn läuft, nur von der Länge des großen Halbmessers der Bahn ab und nicht vom Verhältnis des kleinen zum großen Halbmesser. Einem bestimmten Energiewert entsprechen also unendlich viele Bahnen (jene mit einem vorgegebenen großen Halbmesser und allen möglichen Werten des kleineren Halbmessers), und die Energie kann alle möglichen negativen Werte haben. (Positive Energiewerte entsprechen hyperbolischen Bahnen.)

Diese Vorhersagen widersprechen der Forderung, daß das Wasserstoffatom eine diskrete Menge möglicher Zustände und Energieniveaus hat. Aber Bohr war 1913 nicht bereit, Newtons Theorie einfach aufzugeben. Einstein hatte gezeigt, daß ein Planckscher Oszillator eine diskrete Menge von Energieniveaus haben muß. Bohr fragte sich: Gibt es eine analoge Regel, die die möglichen Bahnen eines Elektrons in einem Wasserstoffatom aus der stetigen unendlichen Menge der nach Newtons Theorie erlaubten Bahnen auswählt?[5]

Nach Newtons Theorie sind Größe und Form einer Bahn durch zwei »Bewegungskonstanten« bestimmt – Größen, deren Wert sich nicht ändert, wenn das Elektron auf der Bahn läuft. Eine von diesen ist die Energie; die andere (wurde sie von

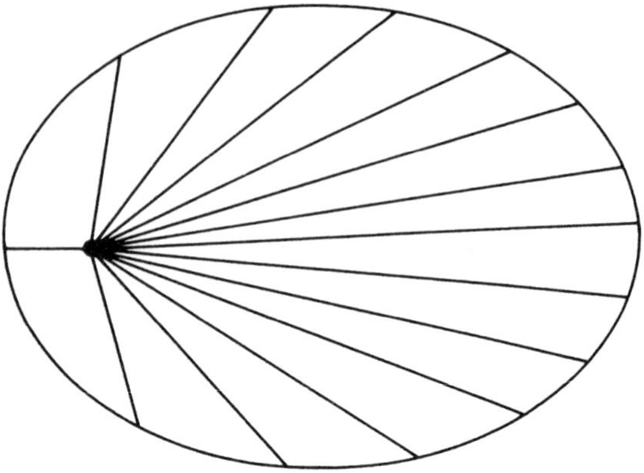

Abb. 5.8: Keplers Flächensatz (Drehimpulserhaltung).Die von der Bahn und den Radien von der Sonne zum Ort des Planeten nach jeweils gleichen Zeitabständen eingeschlossenen Flächen sind jeweils gleich.Daher bewegt sich der Planet in Sonnennähe am schnellsten.

Johannes Kepler entdeckt) heißt *Drehimpuls*. Der Drehimpuls eines Elektrons ist gleich dem Doppelten des Produkts aus seiner Masse und der Geschwindigkeit, mit der ein vom Kern zum Elektron gezogener Pfeil die Fläche überstreicht (Abbildung 5.8). Der Drehimpuls hat dieselbe Dimension (Energie × Zeit) wie die Plancksche Konstante $h$. Bohr hatte die glänzende Idee zu fordern, daß das Elektron in einem Wasserstoffatom auf einer Kreisbahn läuft und sein Drehimpuls ein ganzzahliges Vielfaches der Einheit des Drehimpulses sein müsse, wobei die Einheit des Drehimpulses ein geeignet gewähltes Vielfaches der Planckschen Konstanten ist (Abbildung 5. 9). Dieser Gedanke hatte gleichsam Zauberkraft. Zusammen mit Newtons Formel für die Energie eines Elektrons auf einer Kreisbahn ergibt sich eine Formel, die das in Abbildung 5. 7 dargestellte Energieniveau-Diagramm genau wiedergibt, falls die Einheit des Drehimpulses gleich dem Quotienten aus der Planckschen Konstanten und $2\pi$ gesetzt wird – also dem Verhältnis von Kreisumfang zu Radius. Faktoren wie $2\pi$ und $4\pi$ (das Verhältnis der Oberfläche einer Kugel zum Quadrat vom Radius) kommen in physikalischen Gesetzen immer wieder vor, vermutlich weil Kreise und Kugeln grundle-

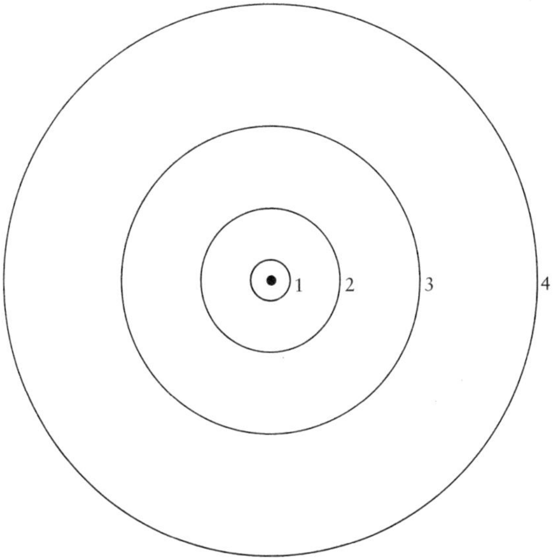


Abb. 5.9: Die ersten vier Bohrschen Bahnen. Die Bahnen sind Kreise, deren Radien proportional zu $n^2$ sind. Die vier Radien verhalten sich also wie 1:4:9:16. Der Drehimpuls eines Elektrons auf einer Bohrschen Bahn ist ein ganzzahliges Vielfaches der Planckschen Konstanten dividiert durch $2\pi$.

gende Elemente der mathematischen Sprache sind, in denen diese Gesetze ausgedrückt werden. Das Auftreten des Faktors $2\pi$ verleiht dem Ganzen also ähnliche Glaubwürdigkeit, wie wenn der Bürgermeister an einem Straßenfest teilnimmt.

Ein noch eindrucksvollerer Triumph folgte kurze Zeit später. Das Heliumatom hat zwei Elektronen, und sein Kern hat die doppelte elektrische Ladung und die vierfache Masse des Kerns eines Wasserstoffatoms. Bei sehr hohen Temperaturen (die sich für kurze Zeiten mit Hilfe von Lichtbögen und Funken erzeugen lassen) geben Heliumatome eines ihrer Elektronen ab. Ein einzelnes ionisiertes Heliumatom gleicht einem Wasserstoffatom – allerdings hat sein Kern die doppelte Ladung und die vierfache Masse des Wasserstoffkerns –, daher konnte Bohr mit Hilfe seiner Theorie die Energieniveaus von ionisiertem Helium vorhersagen. Die Vorhersagen unterschieden sich um weniger als ein Tausendstel von einem Prozent von den Meßwerten. In der Geschichte der Physik ist selten mit so einfachen Mitteln ein solch spektakulärer Erfolg erreicht worden.

Bohrs Bild des Wasserstoffatoms ähnelt Aristarchs Bild vom Sonnensystem. (Aristarch postulierte, daß die Erde und die fünf hellen Planeten mit konstanten Geschwindigkeiten auf Bahnen laufen, die um die Sonne zentriert sind und in einer Ebene liegen.) Die beiden Theorien ähneln sich auch in anderer Weise. Beide beruhen auf ad hoc-Annahmen, beide erklären komplexe Phänomene auf überraschend einfache und genaue Weise, und beide waren Ausgangspunkte für theoretische Entwicklungen, die schließlich zu viel grundlegenderen Theorien führten.

## Stufe 5: Photonen und Quantensprünge

Nachdem Einstein einige Jahre der Entwicklung der Allgemeinen Relativitätstheorie gewidmet hatte, wandte er seine Aufmerksamkeit nach ihrer Veröffentlichung 1915 wieder der Quantenphysik zu. Während die meisten seiner Kollegen damit beschäftigt waren, die Folgerungen aus den bahnbrechenden Untersuchungen Bohrs zum Wasserstoffatom zu erforschen, ging es Einstein in der für ihn typischen Weise um Grundlagenprobleme. Seine Arbeit »Quantentheorie der Strahlung« stärkte die Grundlagen der Quantenphysik und veränderte ein für allemal die Art, wie Physiker die Wechselwirkung zwischen Licht und Materie sehen.

Einstein hatte 1905 vermutet, Licht könnte sich verhalten, als ob es aus diskreten Teilchen bestünde, und überzeugende Argumente dafür angeführt – sie wurden durch spätere Untersuchungen deutlich bestätigt –, daß die *Energie* von monochromatischem Licht der Frequenz $f$ sich nur um ganze Energiequanten der Größe $hf$ vergrößern oder verkleinern kann. Ein klassisches Teilchen hat drei Kennzeichen: Wechselwirkungen mit ihm spielen sich an einem bestimmten Ort und zu einer bestimmten Zeit ab, es trägt eine bestimmte Energie, und es hat einen festen Impuls. (Der Impuls eines langsam bewegten klassischen Teilchens ist das Produkt aus seiner Masse und seiner Geschwindigkeit.) In der klassischen Physik ist die Beziehung zwischen Energie und Impuls eines freien Teilchens einfach. Die kinetische Energie eines langsam bewegten Teilchens ist gleich dem Quotient aus dem Quadrat seines Impulses und der doppelten Masse, während nach der speziellen Relativitätstheorie ein Teilchen der Energie $E$, das sich mit einer Geschwindigkeit bewegt, die der Lichtgeschwindigkeit $c$ gleich ist oder ihr nahe kommt, den Impuls $E/c$ hat. Maxwells Theorie zeigt, daß dieselbe Relation zwischen der Energie und dem Impuls besteht, die zu einem Strahl monochromatischen Lichts gehören. Es war deshalb 1905 offensichtlich, daß Energiequanten *in einem parallelen Lichtstrahl* ebenfalls einen Impuls haben müssen und daß die Energie eines Energiequantums das $c$-fache des Impulses ist, den der Strahl als Ganzes hat. Einstein formulierte dieses Gesetz jedoch erst 1917. In der Einleitung zu dieser Arbeit erklärt er, warum die vorstehende Überlegung nicht hieb- und stichfest ist:

> Betrachten wir vom Standpunkt der klassischen Elektrodynamik beispielsweise die Ausstrahlung. Wenn ein Körper die Energie $E$ ausstrahlt, so erhält er den Rückstoß (Impuls) $E/c$, wenn die ganze Strahlungsmenge $E$ nach der gleichen Richtung ausgestrahlt wird. Erfolgt aber die Ausstrahlung durch einen räumlich symmetrischen Vorgang, z. B. Kugelwellen, so kommt überhaupt kein Rückstoß zustande.

Einstein hatte 1905 die Möglichkeit nicht ausschließen können, daß Energiequanten isotrop ausgeschickt werden. Zwölf Jahre später führte er ein schönes Argument an, um zu zeigen, daß »wir nur dann zu einer widerspruchslosen Theorie gelangen, wenn wir jene Elementarprozesse als vollständig gerichtete Vorgänge auffassen.« Er betrachtete einen »Planckschen Resonator«, einen Kasten, der mit Strahlung und einem Gas gefüllt ist, das stark verdünnt ist und dessen Moleküle nur mit der Strahlung und nicht miteinander reagieren, und bewies, daß ein Rückstoß nötig ist, damit die Molekulargeschwindigkeiten in einer dem Gleichgewichtszustand entsprechenden Weise statistisch verteilt bleiben. Der Beweis beruht auf einem statistischen Argument, das Einstein in seiner berühmten Arbeit zur Brownschen Bewegung benutzt hatte; diese Arbeit hatte er 1905 veröffentlicht, dem Jahr, in dem auch seine Arbeiten zur speziellen Relativitätstheorie und über Lichtquanten erschienen.

Einstein hatte jetzt bewiesen, daß monochromatisches Licht sich so verhält, als ob es aus Teilchen bestünde (die später *Photonen* genannt wurden). Trotzdem nahmen die meisten Physiker seinen Schluß erst sechs Jahre später an, als Arthur H. Compton experimentell gezeigt hatte, daß bei Wechselwirkungen zwischen Licht und Elektronen genau wie bei einem Zusammenstoß zwischen zwei Materieteilchen sowohl Energie als auch Impuls ausgetauscht werden. Selbst dann noch, 1923, weigerten sich mehrere einflußreiche Physiker – am deutlichsten Niels Bohr –, die Photonenhypothese anzunehmen.[6]

Einsteins Arbeit von 1917 legte nicht nur eine sichere theoretische Grundlage für die Photonenhypothese, sondern sie enthält auch, was Einstein in einem Brief, den er im Sommer 1916 an Michele Besso schrieb, als »eine erstaunlich einfache Herleitung der Planckschen Formel, ich möchte fast sagen *die* Herleitung« bezeichnet. Wie wir früher sahen, hatte Planck seine berühmte Formel hergeleitet, indem er die Wechselwirkung zwischen Licht und Oszillatoren betrachtete. Diese Oszillatoren waren Zwitter mit widersprüchlichen Eigenschaften. Sie hatten diskrete Energieniveaus, verstrahlten und absorbierten Licht jedoch in Übereinstimmung mit Maxwells Theorie. Einstein vertrat eine neue Strahlungstheorie, die sich nicht auf Maxwells Theorie berief. Er akzeptierte Bohrs Postulat, daß ein Atom oder ein Molekül eine diskrete Menge von Energieniveaus hat und Licht nur dann ausschickt oder absorbiert, wenn es von einer Ebene auf eine andere springt. Er forderte dann, daß solche Sprünge *Zufallsprozesse sind, die von statistischen Gesetzen bestimmt werden.* Einstein hegte Zweifel an diesem Postulat, mit dem der Zufall die Bühne der Quantenphysik betrat:

> Die Schwäche der Theorie liegt einerseits darin, daß sie uns dem Anschluß an die Undulationstheorie nicht näher bringt, andererseits darin, daß sie Zeit und Richtung der Elementarprozesse dem »Zufall« überläßt; trotzdem hege ich das volle Vertrauen in die Zuverlässigkeit des eingeschlagenen Weges.[7]

Physiker brauchten weitere dreißig Jahre, bis sie den Zusammenhang zwischen der Quantenphysik und der Wellentheorie des Lichts vollständig erklären konnten, aber die zweite Schwäche, die Einstein in seiner Theorie wahrnahm – »daß sie Zeit und Richtung der Elementarprozesse dem ›Zufall überläßt‹« –, wurde ein wesentliches und dauerhaftes Kennzeichen der Quantenphysik; der Zufall verlor die Anführungszeichen. Bis zum Ende seines Lebens jedoch weigerte sich Einstein zu glauben, die Naturerscheinungen seien dem Zufall unterworfen. Wir werden den Grund dafür in Kapitel 6 kennenlernen.

## Stufe 6: Elektronen als Wellen

An diesem Punkt verzweigt sich unser Weg. Wir werden den Fußstapfen von Louis de Broglie und Erwin Schrödinger folgen. Der andere Pfad wurde von Werner Heisenberg, Max Born, Pascual Jordan, Paul A. M. Dirac und Wolfgang Pauli gebahnt. Sie erreichten den Gipfel einige Monate vor Schrödinger, aber ihr Weg ist steiler und weniger direkt als der, dem wir folgen werden. Ohne die Seile und Kletterhaken der abstrakten Mathematik ist er nur schwer zu begehen.

Die charakteristischste Eigenschaft einer Welle – die Eigenschaft, die sie von einem Teilchenstrom unterscheidet – ist ihre Fähigkeit zur *Interferenz*. Ein scharfkantiger Schirm, der im Weg eines parallelen Teilchenstrahls steht, wirft einen scharfen Schatten, im Weg einer parallelen monochromatischen Lichtwelle dagegen zeigen sich am Schattenrand Interferenzstreifen (Abbildung 5.10a). Abbildung 5.10b veranschaulicht, wie solche Streifen erzeugt werden, wenn verschiedene Teile derselben Welle, die auf etwas unterschiedlichen Wegen liefen, wiedervereinigt werden.

Kurz nachdem Comptons Experiment bestätigte, daß monochromatisches Licht sich verhält, als ob es aus Teilchen bestünde, vermutete Louis de Broglie, ein Strahl von *Teilchen* könne sich unter geeigneten Bedingungen wie eine *Welle* verhalten. Er sagte vorher, daß ein scharfkantiger Schirm im Pfad eines Elektronenstrahls einen Schatten werfen würde, an dessen Rand

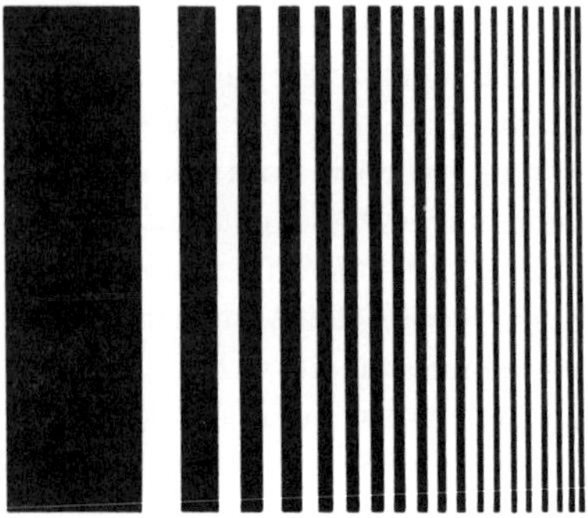
(a)

Abb. 5.10: (a) Ein undurchsichtiger Schirm vor einem parallelen Strahl monochromatischen Lichts wirft wegen der Interferenz keinen scharfen Schatten. Vielmehr tritt dort, wo man eine Kante erwarten würde, ein enges Muster von hellen und dunklen Streifen auf. (b) Jeder Punkt der Ebene, in der der Schirm steht, mit Ausnahme der Punkte auf dem Schirm selbst, ist eine Quelle »sekundärer« Kugelwellen. Diese Wellen kommen an einem bestimmten Punkt der photographischen Platte mit unterschiedlichen Phasen an, weil sie unterschiedliche Entfernungen zurückgelegt haben. Die Interferenz dieser Sekundärwellen erzeugt einen allmählichen Übergang von Schatten zu Licht und eine Folge alternierender heller und dunkler Streifen am Schattenrand.

Interferenzstreifen auftreten. Spätere Versuche bestätigten diese Vorhersage. Solche direkten Hinweise gab es jedoch 1924 noch nicht. Elektronenwellen mußten erst erfunden werden, bevor sie beobachtet werden konnten.

De Broglie behauptete, Frequenz und Wellenlänge eines Elektronenstrahls müßten mit seiner Energie und seinem Impuls durch dieselben Formeln verknüpft sein, die Frequenz und Wellenlänge einer Lichtwelle mit der Energie und dem Impuls ihrer Photonen verknüpfen. Insbesondere gilt

$$\text{Energie} = h \times \text{Frequenz} \qquad \text{Impuls} = h : \text{Wellenlänge}$$

wobei, wie üblich, $h$ die Plancksche Konstante bezeichnet. Dies mag als kein besonders großer Schritt erscheinen. Warum sollte sich ein Teilchenstrahl nicht in mancher Hinsicht wie eine Welle verhalten, wenn sich doch eine Lichtwelle in gewisser Hinsicht

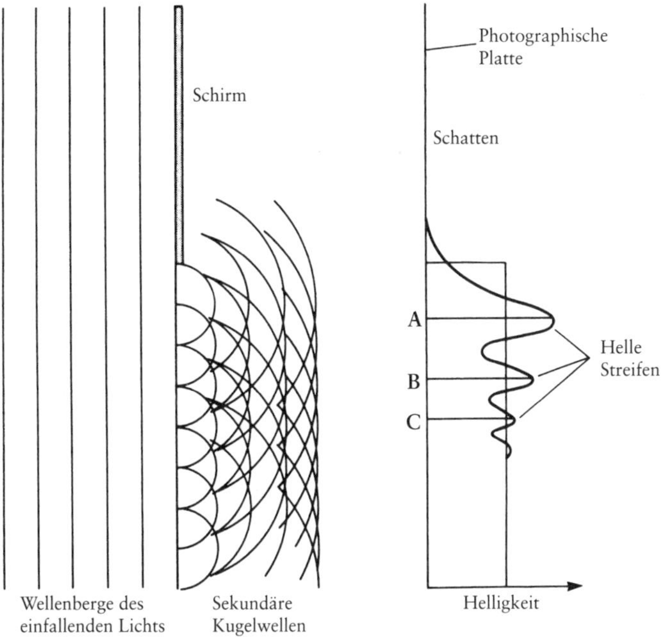


(b)

wie ein Teilchenstrahl verhält? Aber de Broglies Hypothese besagt mehr. In welcher Beziehung steht die Geschwindigkeit der Welle zur Geschwindigkeit der zugeordneten Teilchen? Vielleicht erinnern Sie sich, daß die Geschwindigkeit einer Welle gleich dem Produkt aus ihrer Wellenlänge und ihrer Frequenz ist. (Weil die Frequenz einer Schwingung das Reziproke ihrer Schwingungsdauer ist, ist die letzte Aussage nur ein anderer Ausdruck dafür, daß eine Welle in einem Zeitintervall, das gleich ihrer Schwingungsdauer ist, eine Entfernung zurücklegt, die gleich ihrer Wellenlänge ist.) Aus den obigen Gleichungen können wir herleiten, daß das Produkt aus der Frequenz und der Wellenlänge einer de Broglie-Welle und damit ihre Geschwindigkeit gleich dem Quotienten aus der Energie eines der Teilchen in dem Strahl und seinem Impuls ist. Dies ist jedoch *nicht* die

Geschwindigkeit eines Materieteilchens. Die de Broglie-Welle bewegt sich viel schneller als die Teilchen in dem Strahl. Damit die Hypothese sinnvoll ist, muß die Welle aber dieselbe Geschwindigkeit haben wie die Teilchen. Jedenfalls sieht es auf den ersten Blick so aus.

Um diesen Widerspruch aufzulösen, müssen wir uns die Beziehung zwischen Elektronen und de Broglie-Wellen genauer anschauen. Wir meinen mit »Geschwindigkeit eines Elektrons« den Quotienten aus der Entfernung, die es in einem kurzen Zeitintervall zurücklegt, und der Länge des Intervalls. Wir können also nur dann von der Geschwindigkeit eines Elektrons sprechen, wenn sein Ort zu jeder Zeit einen wohlbestimmten Wert hat. Aber eine monochromatische Welle, die in eine bestimmte Richtung läuft, erfüllt den ganzen Raum. Die Wellenberge einer solchen Welle sind unendlich ausgedehnte parallele Ebenen, die senkrecht zu der Richtung sind, in der sich die Welle bewegt. Eine monochromatische Welle kann deshalb nicht ein Teilchen darstellen, das ein winziges Raumvolumen einnimmt. Um ein solches Teilchen darzustellen, müssen wir Wellen mit etwas unterschiedlichen Wellenlängen überlagern, die sich in etwas unterschiedliche Richtungen bewegen. Wir können diese Wellen so wählen, daß sie einander in einem schmalen Bereich verstärken, außerhalb dieses Bereichs, wie Abbildung 5.11 zeigt, jedoch destruktiv interferieren. Eine solche Menge von Wellen heißt ein *Wellenpaket*. Die Geschwindigkeit eines Wellenpakets unterscheidet sich von der der Wellen, aus denen es besteht und die sich *durch* das Wellenpaket bewegen. Wenn die Beziehung zwischen der Geschwindigkeit einer Welle und ihrer Wellenlänge bekannt ist, wie es bei de Broglie-Wellen der Fall ist (weil Newtons und Einsteins Theorien uns sagen, wie Energie und Impuls eines Elektrons zusammenhängen), läßt sich leicht die Geschwindigkeit eines Wellenpakets berechnen. Mit dieser Rechnung zeigte de Broglie, daß die Geschwindigkeit eines Wellenpakets in der Tat mit der Geschwindigkeit des Teilchens zusammenfällt, das das Paket repräsentieren soll. De Broglies Hypothese, so phantastisch sie auf den ersten Blick aussehen mag, ist also widerspruchsfrei. Dieser Beweis überzeugte Einstein und einige andere, darunter Erwin Schödinger, sofort

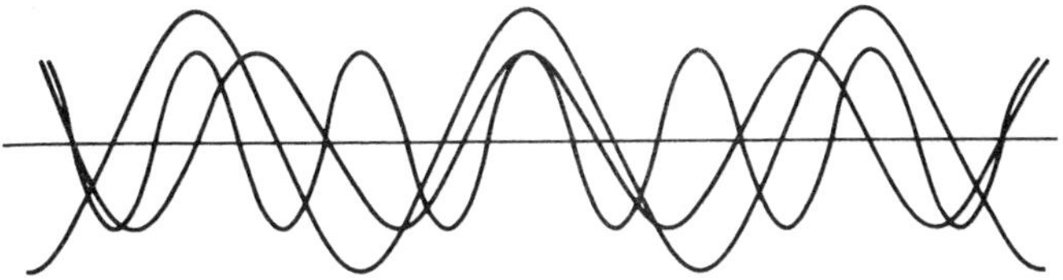

(a)

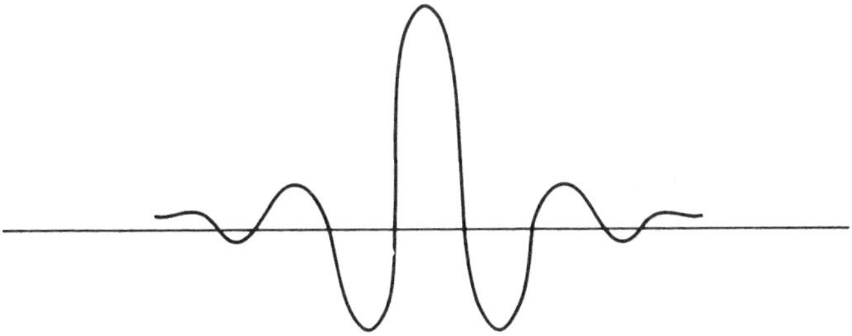

(b)

Abb. 5.11: (a) Repräsentative Wellen in einem Wellenpaket.(b) Profil des Wellenpakets, das durch konstruktive und destruktive Interferenz der Wellen gebildet wird, die das Paket ausmachen.

davon, daß de Broglie ein wichtiger begrifflicher Durchbruch gelungen war.

Die berühmteste Folgerung aus de Broglies Hypothese ist die als Heisenbergs Unschärferelation bekannte Aussage, die besagt, daß Ort und Impuls eines Teilchens nicht *gleichzeitig* mit beliebiger Genauigkeit bekannt sein können. Je genauer wir den Ort eines Teilchens kennen, um so weniger genau können wir seinen Impuls kennen und umgekehrt. Ein Wellenpaket, wie es Abbildung 5. 11 zeigt, besteht aus de Broglie-Wellen mit einem bestimmten Wellenlängenbereich. Diese Wellen verstärken einander im Inneren des Wellenpakets und zerstören einander außerhalb. Das Wellenpaket habe die »Länge« $W$. Dann enthält es $W/w$ de Broglie-Wellen der Wellenlänge $w$ und $W/w'$ Wellen einer anderen Wellenlänge $w'$. Wenn die beiden Wellen in der Mitte des Wellenpakets in Phase sind (einander verstärken) und an seinen Kanten entgegengesetzte Phasen haben (einander zerstören), müssen sich die beiden Zahlen $W/w$ und $W/w'$ um eine ganze Zahl unterscheiden. Sie müssen sich also mindestens um 1 unterscheiden. Das Produkt aus der »Breite« des Bereichs der reziproken Wellenlängen $1/w$ der de Broglie-Wellen, die ein Wellenpaket ausmachen, und der »Länge« des Wellenpakets kann also nicht kleiner sein als 1. Je kürzer ein Wellenpaket ist, um so größer ist die Streuung der reziproken Wellenlängen seiner Teilwellen, und je kleiner die Streuung der reziproken Wellenlängen, um so länger ist das Wellenpaket.

Wir erinnern uns jetzt, daß der Impuls des Teilchens, das mit einer de Broglie-Welle verknüpft ist, gleich dem Produkt aus der Planckschen Konstanten und dem Reziproken der Wellenlänge ist. Es folgt, daß die Länge eines Wellenpakets multipliziert mit der Schwankungsbreite der Impulse, die zu den Teilwellen gehören, nicht kleiner sein kann als die Plancksche Konstante. Wir schließen endlich, daß das Produkt der Unschärfen von Ort und Impuls des Teilchens, dessen physikalischen Zustand das Wellenpaket darstellt, nicht kleiner sein kann als die Plancksche Konstante. Das ist Heisenbergs Unschärferelation.

Wir sind jetzt endlich in der Lage, Boltzmanns Annahme zu rechtfertigen, daß die Mikrozustände von Teilchen durch endliche Bereiche (Mikrozellen) des sechsdimensionalen Ort-Geschwindigkeitsraums dargestellt werden und nicht durch Punkte. Zunächst können wir statt der Geschwindigkeit den Impuls benutzen, um den Bewegungszustand eines Teilchens zu definieren. Heisenbergs Unschärferelation sagt uns, daß der Impuls eines Teilchens und sein Ort nicht beide mit beliebiger Genauigkeit festgelegt werden können. Für eindimensionale Wellenpakete kann das Produkt der Unschärfen von Ort und Impuls nicht kleiner sein als die Plancksche Konstante. Im zweidimensionalen Ort-Impuls-Raum eines Teilchens, das auf eine Gerade beschränkt ist, werden die Mikrozustände des Teilchens durch Rechtecke dargestellt, deren Fläche (das Produkt der Unschärfen von Ort und Impuls) gleich der Planckschen Konstanten ist. Analog dazu werden die Mikrozustände des Teilchens im sechsdimensionalen Ort-Impuls-Raum eines Teilchens, das sich frei in drei Dimensionen bewegen kann, durch Zellen dargestellt, deren Volumen gleich der dritten Potenz der Planckschen Konstanten ist. Das Unschärfeprinzip bedeutet keine Einschränkung für die *Form* einer Mikrozelle, nur für ihr Volumen.

## Stufe 7: Stationäre Atomzustände und stehende Wellen

Schrödinger behauptete, daß der mögliche Zustand eines in einem Wasserstoffatom gebundenen Elektrons sich durch stehende de Broglie-Wellen mit bestimmten Frequenzen darstellen lassen sollte, die genau analog zu den harmonischen Modi einer vibrierenden Saite oder eines Trommelfells sind, wenn ein freies Elektron durch ein Paket von de Broglie-Wellen dargestellt wird. Zur Überprüfung dieses Gedankens brauchte er eine Möglichkeit, die Frequenzen solcher harmonischer Schwingungsmodi zu bestimmen.

Die meisten der Wellen, die Physiker untersucht hatten, waren Schwingungen eines stofflichen Mediums – einer Saite, eines Trommelfells, einer Luftsäule oder einer Wassermenge. Lichtwellen waren eine neuere Ausnahme von dieser Regel. Von Newtons Zeit bis 1905 hatten Physiker sie sich als Schwingungen in einem feinen, alles durchdringenden Stoff, dem »lichttragenden Äther«, vorgestellt. Einsteins Spezielle Relativitätstheorie schaffte den Äther ab, und schließlich glaubten die Physiker nicht mehr an ihn. Die stehenden Wellen, die Schrödinger zu beschreiben versuchte, waren mutmaßlich von dieser immateriellen Art – Schwingungen ohne ein schwingendes Medium.

Wasserwellen, Schallwellen und Lichtwellen sind verschiedene Arten aus derselben mathematischen Familie. Jede Art wird von einer »Wellengleichung« bestimmt, die sich ein wenig von den Wellengleichungen unterscheidet, die für andere Arten gelten. Die Wellengleichungen der klassischen Physik folgen selbst aus grundlegenderen Gesetzen. So ist zum Beispiel die Wellengleichung, die für das Licht gilt, eine Konsequenz aus Maxwells Gesetzen des Elektromagnetismus. Schrödinger jedoch konnte die Wellengleichung, nach der er suchte, nicht aus fundamentaleren Gesetzen ableiten, weil es sie noch nicht gab. Er gelangte auf einem anderen Weg dahin, den ich jetzt beschreiben möchte.

Alle Wellengleichungen ähneln sich, und jede hängt durch eine etwas komplizierte, aber gut verstandene mathematische Transformation mit einer Formel zusammen, die die Frequenz einer Welle in Beziehung zu ihrer Wellenlänge setzt:

Wellengleichung ↔ Beziehung zwischen Frequenz und Wellenlänge

Die Einstein-de-Broglie-Beziehungen ermöglichen es uns, Frequenz in Energie und Wellenlänge in Impuls umzusetzen, deshalb brauchen wir eine Formel, die die *Energie* eines in einem Wasserstoffatom gebundenen Elektrons mit seinem *Impuls* verknüpft. Schrödinger nahm, wie Bohr, diese Formel aus der klassischen Physik. Tatsächlich verwendeten Schrödinger und Bohr dieselbe klassische Formel, aber jeweils auf andere Weise. Bohr benutzte sie dazu, die Energie eines Elektrons auf einer Kreisbahn auszudrücken, Schrödinger, um eine Beziehung zwischen Frequenz und Wellenlänge für de Broglie-Wellen in einem Wasserstoffatom herzuleiten. Indem er die resultierende Gleichung der mathematischen Transformation unterwarf, die in der angegebenen Beziehung steckt, leitete er die berühmte Wellengleichung her, die seinen Namen trägt. Angemessen verallgemeinert bildet Schrödingers Wellengleichung immer noch die Grundlage der meisten Berechnungen in der atomaren, molekularen und Festkörperphysik.

Schrödinger selbst führte die erste solche Rechnung durch. Er zeigte, daß die ursprüngliche Gleichung nur für eine diskrete Menge von Frequenzen stehende Wellen als Lösungen hat. Diese Frequenzen stimmen, in Energien umgerechnet, genau mit denen überein, die sich aus der Bohrschen Theorie ergeben.

Schrödingers Theorie ermöglichte es ihm auch, Vorhersagen zu machen, die mit Bohrs Theorie nicht möglich waren. So hatte man mit spektroskopischen Mitteln entdeckt, daß sich einige der Energieniveaus von Wasserstoffatomen dann, wenn sie in ein elektrisches Feld gelangen, in Gruppen eng benachbarter Niveaus aufspalten. Die Gegenwart eines elektrischen Feldes fügt der Energie eines Elektrons einen zusätzlichen Term hinzu, der sich dann in der Wellengleichung als zusätzlicher Term zeigt. Schrödinger konnte die abgeänderte Wellenfunktion lösen und so die beobachtete Aufspaltung der Energieniveaus vorhersagen.

Der Aufstieg war langsam und mühsam. Selten konnten die Bergführer über den nächsten Handgriff oder das nächste Steigeisen hinausschauen. Dann aber eröffneten sich auf allen Seiten neue Ausblicke, und die Physiker beeilten sich, das neue Land in Besitz zu nehmen. Alte Wissenschaften wie die Chemie wurden von oben nach unten neu durchdacht. Neue Wissenschaften wie die Kernphysik faßten Wurzel und gediehen wie Unkraut. Gleichzeitig wurde die Sprache der Quantenphysik allmählich immer aussagekräftiger und abstrakter. Schrödingers stehende Wellen wurden als eine von vielen gleichberechtigten Beschreibungsweisen des physikalischen Zustands eines gebundenen Teilchens gesehen, die alle »Repräsentationen« eines abstrakteren mathematischen Objekts, des »Zustandsvektors«, sind. Schrödinger selbst bewies, daß die »Wellenmechanik« – die auf seiner Wellengleichung und ihren Verallgemeinerungen beruhende Theorie – mathematisch äquivalent ist zur »Matrizenmechanik« – der abstrakteren Theorie, die etwas früher von Heisenberg, Born, Jordan und Dirac entwickelt worden war. Physiker entdeckten, daß Elektronen und andere Teilchen innere Zustände haben, die sich wohl mathematisch beschreiben, aber nicht räumlich darstellen lassen und die deshalb auch nicht veranschaulicht werden können.

Als die abstrakte Sprache der Quantenphysik in Gebrauch kam und dadurch vertraut wurde, erhielt sie allmählich eine eigene intuitive Qualität. Aber jetzt ergab sich eine neue Schwierigkeit. Als die Physiker die neue Sprache besser zu sprechen lernten, wurden sie unsicherer über ihre Bedeutung. Welche Beziehung bestand zwischen Quantenphysik und Wirklichkeit? Die Quantenphysik war sicherlich kein *Abbild* der physikalischen Wirklichkeit. Was aber dann? Einstein, Bohr, Heisenberg und Schrödinger maßen dieser Frage große Bedeutung zu und beantworteten sie auf verschiedene Weise. Einsteins Ansichten wichen am stärksten von denen der anderen ab. Bis zu seinem Lebensende blieb er davon überzeugt, daß die Quantenmechanik keine *vollständige* Beschreibung der physikalischen Wirklichkeit sein könne. Zu seinen Lebzeiten teilten wenige seiner Kollegen seine Ansicht. In einem Brief an Schrödinger schrieb Einstein im Dezember 1950:

> Du bist (neben Laue) unter den zeitgenössischen Physikern der Einzige, der sieht, daß man um die Setzung der Wirklichkeit nicht herumkommen kann – wenn man nur ehrlich ist. Die meisten sehen gar nicht, was sie für ein gewagtes Spiel mit der Wirklichkeit treiben – Wirklichkeit als etwas von dem Konstatierten Unabhängiges. Sie glauben irgendwie, daß die Quantentheorie eine Beschreibung der Wirklichkeit leiste, und zwar eine vollständige Beschreibung.[8]

Viele von Einsteins Kollegen meinten, er sei ein Opfer philosophischer Vorurteile, die er aus der Zeit vor den Quanten beibehalten hätte – ein seltsames Urteil über den Menschen, der mehr als jeder andere dafür getan hat, die Physik von der Sicht der physikalischen Wirklichkeit zu befreien, die der klassischen Physik zugrundliegt, und der zu den ersten gehört hatte, die den begrifflichen Durchbruch de Broglies und Schrödingers erkannten und begrüßten. Seit Einsteins Tod jedoch sind viele Physiker zu der Erkenntnis gekommen, daß Einsteins Widerwillen dagegen, die Quantenphysik als eine vollständige Beschreibung der physikalischen Wirklichkeit zu sehen, nicht nur ein reines Vorurteil war. In Kapitel 6 werden wir den Grund dafür kennenlernen.

# 6. Alice im Quantenland

PERSONEN IM DIALOG

*Alice*: Eine Philosophiestudentin höheren Semesters
*Zeno* : Ein Quantenphysiker, der sich mit Quantenparadoxien beschäftigt

*Alice*: Was meinen Quantenphysiker eigentlich, wenn sie sagen, daß Schrödingers stehende Wellen die diskreten Zustände eines Wasserstoffatoms *repräsentieren*? Ich weiß, was eine stehende Welle auf einem straff gespannten Faden darstellt: Sie stellt die Auslenkung des Fadens aus seinem Ruhezustand dar. Ich glaube auch zu wissen, was eine Schallwelle repräsentiert: abwechselnde Verdichtungen und Verdünnungen der Luft, in der sich die Welle fortpflanzt. Ich habe sogar eine, wenn auch weniger klare, Vorstellung davon, was eine Lichtwelle darstellt: ein oszillierendes Muster elektrischer und magnetischer Kräfte. Aber was repräsentieren Schrödingers Wellen?

*Zeno*: Das ist nicht gerade die leichteste Frage, die sich stellen läßt. Sie machte Schrödinger Sorgen, und sie bereitet den Quantenphysikern bis heute Schwierigkeiten. Ich bin nicht sicher, daß ich sie zufriedenstellend beantworten kann, aber ich will es versuchen.

Zunächst ist zu beachten, wie die *Amplitude* der Welle mit ihrer *Intensität* zusammenhängt. Die Amplitude einer Schwingung ist proportional zu ihrer Auslenkung – der Entfernung, die die Hin-und Herbewegungen an einem bestimmten Punkt zurücklegen. Die Intensität ist die Größe, die mißt, wieviel Energie eine Welle trägt. Die Intensität einer Welle ist proportional zum *Quadrat* ihrer Amplitude.

Die Helligkeit an jedem Punkt in einem Interferenzmuster (Abbildung 5. 10) ist proportional zur Lichtintensität in diesem Punkt. Aber Licht besteht aus Photonen. Die Intensität des monochromatischen Lichts an irgendeinem Punkt des Interferenzmusters mißt also auch, wie schnell Photonen dort ankommen. Bedenken Sie jetzt, daß ein paralleler Strom von Elektronen dieselbe Art von Interferenzeffekten aufweist wie ein paralleler

Strahl monochromatischen Lichts. Deshalb muß die Intensität einer de Broglie-Welle – das Quadrat ihrer Amplitude – die räumliche Dichte von Elektronen messen.

*Alice*: Das macht es *etwas* klarer, aber ich fürchte, ich bin immer noch verwirrt. Denken wir doch an das Elektron in einem Wasserstoffatom. Stimmt es nicht, daß nach der Quantenphysik die stehenden Wellen des de Broglie-Wellenpakets, das das Elektron in seinem niedrigsten Energiezustand darstellt, über das ganze Atom verteilt sind? Ist also das Elektron selbst über das ganze Atom und darüber hinaus ausgebreitet? Anders gefragt, mißt die Intensität des Wellenpakets die Dichte der negativen elektrischen Ladung in dem Atom?

*Zeno*: Ich glaube, daß Schrödinger selbst seine Wellenpakete anfangs genau so interpretierte, aber diese Deutung kann nicht stimmen. Denken Sie an ein freies Elektron. Sein Wellenpaket besteht aus de Broglie-Wellen, die sich mit etwas unterschiedlicher Geschwindigkeit in etwas unterschiedliche Richtungen bewegen. Wegen dieser geringen Unterschiede in Richtung und Geschwindigkeit verteilt sich das Wellenpaket eines freien Elektrons allmählich – anders als das eines Elektrons, das in einem Atom oder Molekül gebunden ist – und nimmt ein immer größeres Raumvolumen ein. Aber Experimente zeigen, daß freie Elektronen Licht streuen, als ob sie winzige Kugeln negativer Elektrizität seien, die einen Radius von einem Millionstel Millionstel eines Zentimeters haben. Sie haben vielleicht eines dieser Experimente beobachtet, ohne es zu wissen. Bei einer totalen Sonnenfinsternis kann man um die dunkle Mondscheibe herum ein schwaches Glühen sehen. Das meiste davon ist Sonnenlicht, das von freien Elektronen in der äußeren Atmosphäre der Sonne in unsere Sehlinie gestreut wird, genau wie das blaue Himmelslicht, wenn die Sonne *nicht* verdunkelt ist, von Luftmolekülen in unsere Sehlinie gestreut wird. Vergleiche zwischen Messungen des Glühens und Berechnungen, die auf der elektromagnetischen Theorie beruhen, haben gezeigt, daß die Elektronen, die das Glühen bewirken, sich tatsächlich wie winzige Kugeln verhalten.

*Alice*: Dann sind also Elektronen wirklich punktförmige Objekte. Aber der Zustand eines Elektrons in einem Wasserstoffatom wird durch ein Wellenpaket dargestellt, das das ganze Atom ausfüllt und sogar etwas darüber hinausgeht. Ich war bereit, Bohrs Bild von Elektronen, die sich auf Kreisbahnen bewegen, zu akzeptieren, aber ich sehe nicht, wie sich ein Elektron – oder sein physikalischer Zustand (was immer *das* sein mag) – über einen dreidimensionalen Bereich ausbreiten und doch ein punktförmiges Objekt bleiben kann.

*Zeno*: Sie haben das Paradoxon sehr gut formuliert. Es wurde 1926 von Max Born gelöst, im selben Jahr, in dem Schrödinger seine Theorie veröffentlichte. Ich glaube, es wird helfen, Borns Lösung des Paradoxons zu verstehen, wenn ich die Umstände beschreibe. Als Schrödinger seine Theorie veröffentlichte, erkannte Born bald, daß er mit ihrer Hilfe den Zusammenstoß zwischen Atomen oder zwischen Atomen und Teilchen beschreiben konnte. Man betrachte zum Beispiel den Zusammenstoß zwischen einem Wasserstoffatom, das anfangs in Ruhe ist, und einem Elektron, das anfangs auf einer Geraden zu ihm hin läuft. Obwohl die Wechselwirkung zwischen dem Elektron und dem Atom sehr kompliziert sein kann, dauert sie doch nur die kurze Zeit, in der das Elektron nur wenige Atomradien von dem Atom entfernt ist. Vor und nach der Wechselwirkung ist das Elektron ein freies Teilchen und wird durch die de Broglie-Welle dargestellt. Born erkannte, daß das Problem, einen solchen Zusammenstoß zu beschreiben, im Rahmen von Schrödingers Theorie mathematisch einem Problem ähnelte, mit dem er schon vertraut war:

> Man hat ja nichts als ein »Beugungsproblem«, bei dem eine einfallende ebene Welle an dem Atom gebeugt oder zerstreut wird; an Stelle der Randbedingungen, die man in der Optik zur Beschreibung der Schirme verwendet, hat man hier die potentielle Energie der Wechselwirkung von Atom und Elektron.[1]

Die »gestreute« Welle besteht aus sphärischen de Broglie-Wellen, die radial vom streuenden Atom nach außen laufen (Abbildung 6. 1)

Nachdem Born eine Näherungsformel für die Amplituden dieser gestreuten de Broglie-Wellen erhalten hatte, sagte er: »Es kommt nun darauf an, wie diese Lösungsfunktion sich ›nach

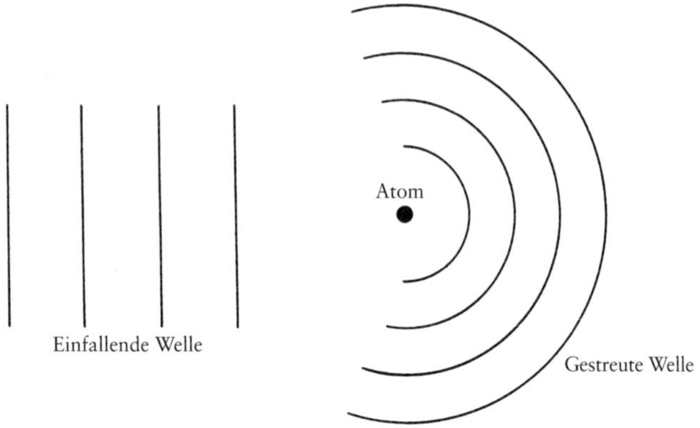


Abb. 6.1: Die Streuung einer de Broglie-Welle an einem Atom. Die einfallende Welle, die einen parallel ausgerichteten Elektronenstrahl darstellt, ist eine ebene Welle. Die gestreute Welle ist eine um das Atom konzentrierte Kugelwelle.

dem Stoß‹ verhält« und fand: »So ist nur eine Interpretation möglich: die quadrierte Amplitude einer gestreuten de Broglie-Welle muß die *Wahrscheinlichkeit* darstellen, daß ein Elektron in diese Richtung gestreut wird.«[2]!

*Alice*: Warum ist dies die einzige mögliche Erklärung?

*Zeno*: Born sagt es nicht, aber er hatte wohl die folgende Überlegung im Sinn. Nehmen wir an, wir hätten einen Strahl von Elektronen, die sich alle mit derselben Geschwindigkeit in dieselbe Richtung bewegen und auf eine kleine Wolke identischer Atome stoßen, die alle in Ruhe sind. (So werden solche Versuche übrigens immer gemacht – nicht mit einzelnen Elektronen und einzelnen Streuteilchen, sondern mit Elektronenstrahlen und Wolken von Streuteilchen.) Nehmen wir an, jedes Elektron werde von einem einzelnen Atom gestreut, so daß die mathematische Beschreibung des Vorgangs dieselbe ist wie vorher. Das Quadrat der Amplitude einer gestreuten de Broglie-Welle stellt dann den *Anteil* der gestreuten Elektronen dar, die in diese Richtung laufen. Nehmen wir nun an, wir reduzierten die Intensität des einfallenden Strahls, bis nur ein Streuereignis zur Zeit verzeichnet wird. Streuereignisse können auf Szintillationsschir-

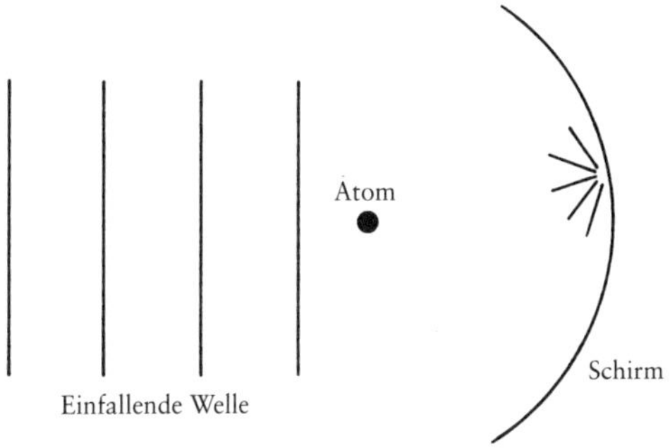


Abb. 6.2: Die Beobachtung einzelner Streuereignisse. Das Ergebnis eines einzelnen Streuereignisses läßt sich nicht vorhersagen, aber in einer langen Versuchsreihe ist der Bruchteil der Streuungen in einer bestimmten Richtung gleich dem Quadrat der Amplitude der entsprechenden de Broglie-Welle.

men aufgezeichnet werden (die einen Lichtblitz aussenden, wenn sie von einem sehr schnellen Elektron getroffen werden), die so aufgestellt werden wie in Abbildung 6. 2. Wir würden dann eine *Zufallsfolge* von Streuungen in vielen Richtungen beobachten. Wenn das Experiment aber lange genug dauert, wird der Bruchteil der Streuungen in jede bestimmte Richtung durch das Quadrat der Amplitude der entsprechenden de Broglie-Welle gegeben. Das meinte de Broglie, als er sagte, daß das Quadrat der Amplitude einer de Broglie-Welle die Wahrscheinlichkeit angibt, daß in die entsprechende Richtung gestreut wird.

Born erkannte, daß eine ausgedehnte Welle, wenn sie ein lokalisiertes Ergebnis, wie etwa den Aufprall eines Elektrons in einem Punkt eines Szintillationsschirms, darstellen soll, nur die *Wahrscheinlichkeit* dieses Ereignisses darstellen kann – also die Häufigkeit, mit der dieses Ergebnis in einer unendlichen Folge gleicher Experimente eintreten würde.

Born muß auch an Einsteins Arbeit von 1917 zur Quantentheorie der Strahlung gedacht haben. Sie erinnern sich sicher, wie Einstein forderte, es müsse eine bestimmte *Wahrscheinlichkeit* dafür geben, daß ein Atom, das von monochromatischem Licht der richtigen Frequenz ausgestrahlt wird, in einer vorgegebenen Zeitspanne ein Photon absorbiert oder emittiert; man kann jedoch nicht wissen, ob ein bestimmtes Atom das tut. Entsprechend ist die Wahrscheinlichkeit, daß ein Photon in einem gut ausgerichteten Strahl von einem Atom in seinem Pfad in eine bestimmte Richtung gestreut wird, proportional zur Intensität des in diese Richtung gestreuten Lichts.

*Alice*: Ich erinnere mich auch, daß Einstein sich in bezug auf die Rolle des Zufalls in seiner Theorie unbehaglich fühlte. Teilte Born diese Gefühle?

*Zeno*: Überhaupt nicht. Born erörtert diese Frage ausdrücklich in einer ersten kurzen Arbeit (sie ist kaum vier Seiten lang) über Stoßvorgänge bei Atomen. Er weist darauf hin, daß Schrödingers Theorie eine definitive Beschreibung atomarer Zusammenstöße liefert, aber keine deterministische. Sie sagt ja keine bestimmten Ergebnisse vorher, sondern nur die Wahrscheinlichkeiten möglicher Ergebnisse. Dann fährt er fort:

> Hier erhebt sich die ganze Problematik des Determinismus. Vom Standpunkt unserer Quantenmechanik gibt es keine Größe, die im *Einzelfalle* den Effekt eines Stoßes kausal festlegt, aber auch in der Erfahrung haben wir bisher keinen Anhaltspunkt dafür, daß es innere Eigenschaften der Atome gibt, die einen bestimmten Stoßerfolg bedingen. Sollen wir hoffen, später solche Eigenschaften ... zu entdecken? Oder sollen wir glauben, daß die Übereinstimmung von Theorie und Erfahrung in der Unfähigkeit, Bedingungen für den kausalen Ablauf anzugeben, eine prästabilierte Harmonie ist, die auf der Nichtexistenz solcher Bedingungen beruht? Ich selber neige dazu, die Determiniertheit in der atomaren Welt aufzugeben. Aber das ist eine philosophische Frage, für die physikalische Argumente nicht allein maßgebend sind.[3]

Die Geschichte hat Borns Gesichtspunkt gerechtfertigt. Mehr noch, Borns Deutung des Amplitudenquadrats einer de Broglie-Welle als Wahrscheinlichkeit stellte sich als ein Spezialfall einer viel allgemeineren Regel heraus, die uns sagt, was in der Quantenwelt vorhersagbar ist und was wir berechnen müssen, um eine Vorhersage machen zu können.

*Alice*: Könnten Sie das etwas genauer sagen?

*Zeno*: Ich will es versuchen. In der klassischen Physik stellen wir gewöhnlich Fragen der Art: Welchen Wert wird diese oder jene Größe zur Zeit $t$ haben, wenn sie oder andere Größen zur

Zeit $t_0$ diesen oder jenen Wert haben? Zum Beispiel: Wo werden die Planeten am 31. Dezember 1999 um Mitternacht sein, wenn wir ihre heutigen Positionen und Geschwindigkeiten kennen? In der Quantenphysik fragen wir stattdessen: Was sind die *Wahrscheinlichkeiten* dafür, daß diese und jene Größen zur Zeit $t$ diesen oder jenen Wert haben werden, wenn diese oder andere Größen zur Zeit $t_0$ diese oder jenen Wert haben? Wir könnten zum Beispiel fragen: Was ist die Wahrscheinlichkeit, daß das Elektron in einem Wasserstoffatom innerhalb einer bestimmten Entfernung von einem bestimmten Punkt gefunden wird, wenn das Atom in seinem Grundzustand ist? Oder wir könnten fragen: Was ist die Wahrscheinlichkeit, daß ein Atom, von dem wir wissen, daß es zur Zeit $t_0$ in einem angeregten Zustand ist, (einem anderen Zustand als dem Grundzustand) zu einer späteren Zeit $t$ im Grundzustand ist? Oder auch: Was ist die Wahrscheinlichkeit, daß ein Elektron, das sich aus einer bestimmten Richtung einem Atom nähert, in einem bestimmten Winkel gestreut wird?

Jede dieser Fragen bezieht sich auf zwei Quantenzustände, den *Anfangszustand* und den *Endzustand*. Der Anfangszustand ist der Zustand, über den Information gegeben wird, der Endzustand der Zustand, über den Information gesucht wird. Die Fragen sind alle von der Art: *Was ist die Wahrscheinlichkeit dafür, daß wir einen bestimmten Endzustand beobachten, wenn ein bestimmter Anfangszustand gegeben ist?* Und die Antworten werden alle durch die folgende Regel gegeben: *Die gewünschte Wahrscheinlichkeit ist das Quadrat der Amplitude des Endzustands relativ zum Anfangszustand.*

*Alice*: All das scheint mir sehr abstrakt zu sein. Könnten Sie mir bitte ein konkretes Beispiel geben?

*Zeno*: Schauen wir uns an, wie die Quantenphysik polarisiertes Licht beschreibt. Ich habe in meiner Tasche zufällig einige kleine Stücke eines Polarisators, dem Material, aus dem manche Sonnenbrillen gemacht sind. Licht, das durch einen Polarisator hindurch gegangen ist, wird polarisiert genannt. Sein *Polarisationszustand* wird durch einen Strich senkrecht zur Lichtrichtung markiert. Die Orientierung dieser Linie wird durch die Kristallstruktur des Polarisators festgelegt. Ich habe sie auf

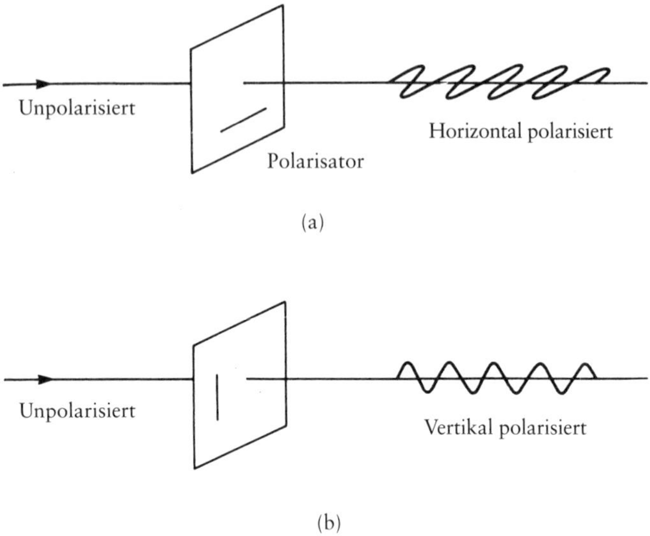


Abb. 6.3: (a) Ein mit einem horizontalen Strich markierter Polarisator läßt nur horizontal polarisiertes Licht durch.(b) Wenn der Polarisator um 90° gedreht wird, läßt er nur vertikal polarisiertes Licht durch.

jedem dieser Stücke markiert. Wenn ich den Polarisator drehe, verändert sich die Polarisation des durchgelassenen Lichts entsprechend (Abbildung 6. 3).

Wenn polarisiertes Licht – Licht, das durch einen Polarisator gegangen ist – durch einen zweiten Polarisator geht, wird es schwächer, falls nicht die Striche auf den beiden Polarisatoren zufällig parallel sind. Wenn sie zueinander senkrecht sind, gelangt nichts von dem Licht, das vom ersten Polarisator durchgelassen wurde, durch den zweiten. In den anderen Fällen gelangt ein Bruchteil des Lichts hindurch. Dies sind die Tatsachen, die wir brauchen (Abbildung 6. 4). Schauen wir nun an, wie sie sich in die Sprache der Quantenphysik übersetzen lassen.

Weil Licht aus Photonen besteht, müssen wir jedem Photon einen Polarisationszustand zuschreiben. Für Photonen, die durch einen Polarisator gelaufen sind, wird dieser Zustand durch die Gerade dargestellt, die die Polarisation des Lichts darstellt – also eine Parallele zu der auf dem Polarisator markier-

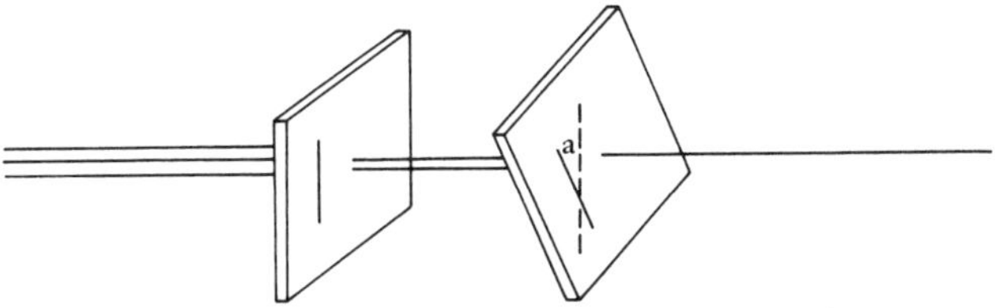


Abb. 6.4: Vertikal polarisiertes Licht wird teilweise von einem Polarisator durchgelassen, dessen Polarisationsachse einen Winkel von weniger als 90° mit der Vertikalen bildet. Der Anteil der durchgelassenen Photonen ist das Quadrat des Cosinus des Winkels α.

ten Strich. Wir haben gerade gesehen, daß nur ein Bruchteil der Photonen, die durch den ersten Polarisator gehen, auch den zweiten durchlaufen, wenn die Polarisatoren nicht so ausgerichtet sind, daß die Striche auf ihnen parallel sind. Ein einzelnes Photon, das durch den ersten Polarisator hindurchgeht, hat also eine gewisse *Wahrscheinlichkeit* (die gleich dem eben erwähnten Bruchteil ist), den zweiten Polarisator zu passieren. Nach der früher erwähnten Regel ist diese Wahrscheinlichkeit das Quadrat einer relativen Amplitude. Diese relative Amplitude läßt sich leicht berechnen. Sie ist einfach der Cosinus des Winkels zwischen den beiden Geraden. Die Wahrscheinlichkeit, daß ein Photon durch beide Polarisatoren geht, ist also das Quadrat des Cosinus des Winkels zwischen den auf ihnen markierten Strichen (Abbildung 6. 5).

*Alice*: Dieses Beispiel macht klar, warum Wahrscheinlichkeiten bei der Beschreibung der Vorgänge bei einzelnen Photonen wichtig sind. Aber etwas an der Beschreibung verwirrt mich. Habe ich richtig verstanden, daß der erste Polarisator Photonen einen Polarisationzustands durchläßt, der zweite Polarisator dagegen Photonen in einen anderen Polarisationszustand?

*Zeno*: Ja. Ein Polarisator ist ein Filter, der Licht einer bestimmten Polarisation durchläßt, ganz ähnlich wie ein Stück farbiges Glas nur das Licht einer bestimmten Farbe durchläßt.

*Alice*: Aber keines der Photonen, die den zweiten Polarisator erreichen, ist tatsächlich in dem diesem Filter entsprechenden Polarisationszustand; sie sind alle in dem Zustand, der dem ersten Filter entspricht. Warum kommt dann überhaupt eines hindurch?

*Zeno*: Gute Frage. Die Antwort ist, daß jedes Photon, das hindurchgeht, zwar ganz und gar im ersten Polarisationszustand ist, aber auch *teilweise* im zweiten Polarisationszustand.

*Alice*: Kuriöser und kuriöser.

*Zeno*: Vielleicht läßt es sich dennoch verstehen. Denken Sie an unsere alte Bekannte, die schwingende Geigensaite. Sie wissen ja, daß eine Geigensaite in mehreren Modi gleichzeitig schwingt – im Grundton und seinen Obertönen – und daß die Amplitude der Schwingung die algebraische Summe oder Resultante der Amplituden dieser einfachen Schwingungen ist. Wir könnten sagen, daß die schwingende Geigensaite zum Teil in jedem der Zustände ist, die durch die Grundschwingung und ihre Obertöne dargestellt werden. Analog können wir sagen, daß ein Photon dann, wenn es in einem bestimmten Polarisationszustand ist, teilweise auch in anderen Polarisationszuständen ist. Die Aussage wird in Abbildung 6. 6 veranschaulicht. Hier werden die Polarisationszustände als Pfeile dargestellt, die parallel zur Polarisationsrichtung verlaufen. Die Aussage: »Wenn ein Photon in einem Polarisationszustand *A* ist, ist es teilweise in jedem der Polarisationszustände *B* und *C*« wird in dem Diagramm durch die Tatsche dargestellt, daß der *A* darstellende Pfeil die »Summe« der Pfeile ist, die *B* und *C* darstellen. (Um die »Summe« zweier Pfeile zu bilden, verbindet man das Ende des einen mit der Spitze des anderen. Die »Summe« ist der Pfeil, der vom freien Ende zur freien Spitze reicht.) Die Länge eines Pfeils stellt die relative Amplitude des entsprechenden Polarisationszustands dar. Wenn der Pfeil *A* die Länge Eins hat, ist die Amplitude von *B* relativ zu *A* der Cosinus des Winkels zwischen den beiden Pfeilen.

*Alice*: Es kommt mir komisch vor, daß ein Photon gleichzeitig in zwei einander ausschließenden Zuständen sein sollte. Gibt es nicht eine weniger provozierende Möglichkeit, Mathematik in die Umgangssprache zu übersetzen?

*Zeno*: Es *ist* komisch, das gebe ich zu. Aber es ist nicht nur eine Eigenart der Sprache der Quantenphysiker. Es ist eine wesentliche Eigenschaft der Welt, die sie zu beschreiben versuchen.

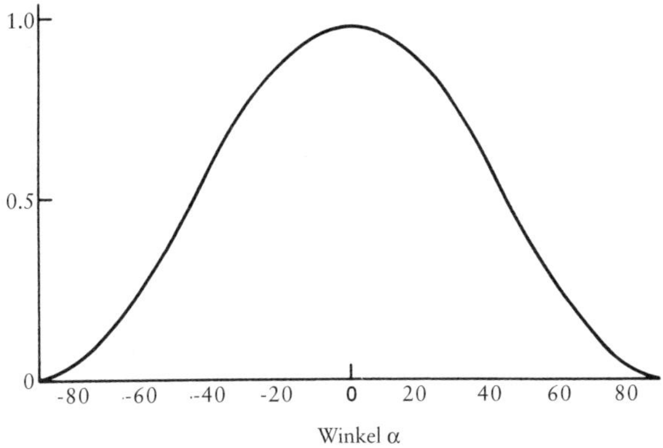


Abb. 6.5: Die Wahrscheinlichkeit, daß ein vertikal polarisiertes Photon (ein Photon, das den ersten Polarisator durchlaufen hat) durch den zweiten Polarisator hindurchgeht, dessen Achse mit der Vertikalen einen Winkel α bildet. Die Wahrscheinlichkeit ist 1, wenn die beiden Polarisatoren übereinstimmen, und 0, wenn sie senkrecht zueinander sind.

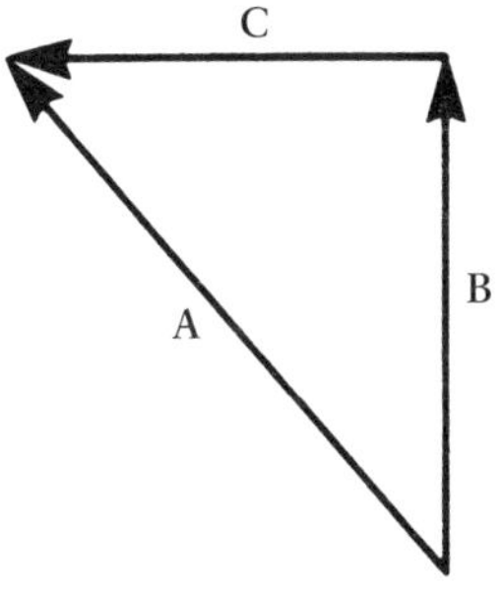


Abb. 6.6: Schematische Darstellung der Aussage: »Wenn ein Photon im Polarisationszustand *A* ist, ist es zum Teil in jedem der Polarisationszustände *B* und *C*.« Pfeil *A* hat die Länge Eins und ist parallel zur Polarisationsachse, die auf einem Polarisator markiert ist, durch den Photonen im Zustand *A* hindurchgehen. Die Pfeile *B* und *C* sind zwei beliebige Pfeile, deren Längen kürzer sind als die Länge des Pfeiles *A* und die sich wie oben gezeigt verbinden lassen. Die Polarisationsachsen der Zustände *B* und *C* sind jeweils parallel zu den Pfeilen *B* und *C*. Die Wahrscheinlichkeit, ein Photon im Zustand *B* (oder *C*) zu finden, von dem man weiß, daß es in einem Zustand *A* ist, ist das Quadrat der Länge des Pfeils *B* (oder *C*).

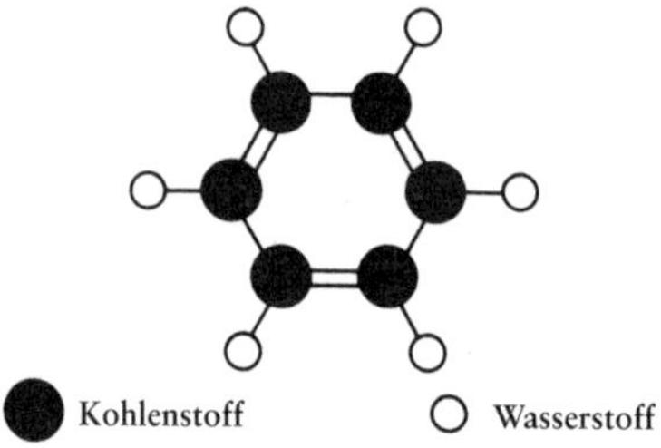


Abb. 6.7: Ein möglicher Zustand des Benzolmoleküls. Jede Strecke stellt eine *kovalente Bindung* dar, die durch ein Paar gemeinsamer Elektronen gebildet wird. Jedes Kohlenstoffatom in dem Ring hat mit seinem einen Kohlenstoffnachbarn zwei Elektronen gemeinsam, mit dem anderen Nachbarn vier und mit einem Wasserstoffatom zwei.

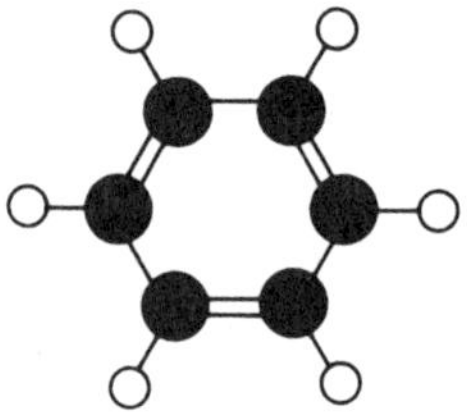

Abb. 6.8: Ein anderer möglicher Zustand des Benzolmoleküls. Dieser Ring ist mit dem in Abbildung 6.7 dargestellten Ring identisch, aber um 60° verdreht.

Denken wir an das Benzolmolekül. Sie haben vermutlich im Chemieunterricht gelernt, daß es ein Sechseck ist, an dessen Ecken Kohlenstoffatome sitzen, an denen wiederum je ein Wasserstoffatom hängt (Abbildung 6. 7). Die kurzen Verbindungslinien in dieser Zeichnung stellen Paare gemeinsamer Elektronen dar. Jedes Kohlenstoffatom teilt sich ein Elektronenpaar mit einem Wasserstoffatom, eines mit dem einen seiner benachbarten Kohlenstoffatome und zwei mit seinem anderen Nachbarn. Nun kann man dieses Molekül auch anders zeichnen (Abbildung 6. 8). Der einzige Unterschied besteht in der Anordnung der kurzen Verbindungslinien.

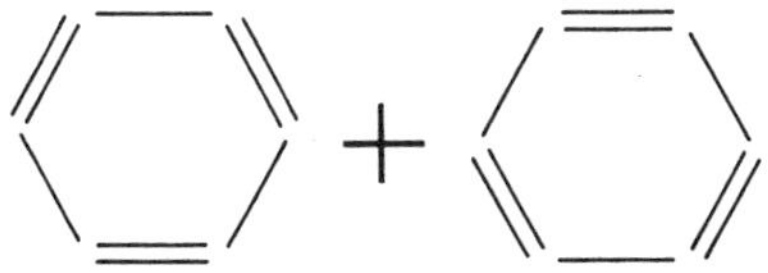

Abb. 6.9: Nach der Quantentheorie läßt sich der wirkliche Zustand eines Benzolmoleküls durch eine Überlagerung der in Abbildung 6.7 und 6.8 dargestellten Zustände annähern. (Die Symbole für die Kohlenstoff- und Wasserstoffatome wurden weggelassen.)

*Alice*: Welche Zeichnung ist die richtige?

*Zeno*: Keine. Die Quantentheorie und das Experiment stimmen darin überein, daß das Benzolmolekül gleichzeig in *beiden* Zuständen sein muß. Ein richtiges – oder richtigeres – Diagramm sieht dann aus wie in Abbildung 6. 9.

*Alice*: Wie seltsam es sein muß, ein Benzolmolekül zu sein! *Ich* jedenfalls möchte nicht gleichzeitig in zwei verschiedenen Zuständen sein.

*Zeno*: Genau. Makroskopische Dinge wie Sie und ich können nicht gleichzeitig in zwei einander ausschließenden Zuständen sein. Quantenobjekte können es und sind es oft. Das ist ein sehr wesentlicher Unterschied zwischen der Welt der Erfahrung und der Quantenwelt. Und dieser Unterschied liegt einem Paradoxon zugrunde, das die Quantenphysiker seit über einem halben Jahrhundert quält. Die Quantenphysik scheint die klassische Physik als einen Grenzfall zu enthalten ...

*Alice*: Warum sagen Sie: »scheint«? Sicherlich wissen die Physiker inzwischen, ob das zutrifft oder nicht.

*Zeno*: Streng mathematisch gesehen ist es fraglos so, daß die Gesetze der klassischen Physik Grenzfälle der Gesetze der Quantenphysik in genau der Weise sind, in der die Newtonsche Gravitationstheorie ein Grenzfall der Einsteinschen ist. Die meisten Lehrbücher der Quantenphysik vertreten diese direkte Sichtweise. Einige Physiker jedoch behaupten, daß die Quantenphysik die klassische Physik voraussetzt. Die Quantenphysik, sagen sie, ist eine Theorie über die möglichen Ergebnisse von Messungen. Jede Messung hat jedoch eine makroskopische Komponente – eine Ablesung an einem Zeiger oder etwas ähnliches –, die im Rahmen der klassischen Physik zu deuten ist.

*Alice*: Das scheint ein sehr starkes Argument zu sein. Aber ich habe Sie unterbrochen. Bitte, sprechen Sie weiter.

*Zeno*: Akzeptieren wir für den Moment die »naive« Sicht, daß die Quantenphysik im makroskopischen und im mikroskopischen Bereich gültig ist. Wenn das so ist, lassen sich Situationen ausdenken, in denen ein *makroskopisches* Objekt gleichzeitig in zwei einander ausschließenden Zuständen ist. Solche Situationen sind gar nicht selten. Sie treten immer dann auf, wenn Messungen ausgeführt werden, um den Quantenzustand eines Atoms oder eines anderen mikroskopischen Objekts zu bestimmen. Schrödinger erfand, wie er sagte, einen ganz »burlesken Fall«, um dies zu veranschaulichen:

> Eine Katze wird in eine Stahlkammer gesperrt, zusammen mit folgender Höllenmaschine ... In einem GEIGERschen Zählrohr befindet sich eine winzige Menge radioaktiver Substanz, *so* wenig, daß im Lauf einer Stunde *vielleicht* eines von den Atomen zerfällt, ebenso wahrscheinlich aber auch keines; geschieht es, so spricht das Zählrohr an und betätigt über ein Relais ein Hämmerchen, das ein Kölbchen mit Blausäure zertrümmert.[4]

Was ist der Zustand von Katze und Höllenmaschine am Ende einer Stunde? Nach der Quantenphysik ist das ganze System halb in dem Zustand »Katze lebt, Flasche heil« und halb in dem Zustand »Katze tot, Flasche kaputt«. Der Zustand der Katze ist genau analog zum Zustand unseres Benzolmoleküls (Abbildung 6. 10)

*Alice*: Aber der Schluß kann doch nicht richtig sein. Entweder ist die Flasche heil und die Katze lebt, oder die arme Katze ist tot.

*Zeno*: Ich stimme zu. Der Schluß, daß das ganze System halb in einem Zustand ist und halb in einem anderen, widerspricht der alltäglichen Erfahrung. Er widerspricht auch der klassischen Physik.

*Alice*: Aber Sie sagten doch vor einem Augenblick, die Quantenphysik enthalte die klassische Physik als einen Grenzfall. Ich sehe nicht, wie das wahr sein kann, wenn die Quantenphysik zu Schlüssen führt, die der klassischen Physik widersprechen. Wäre

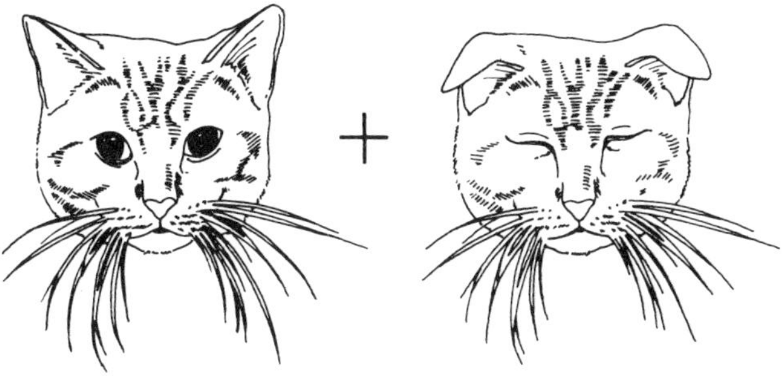

Abb. 6.10: Der Zustand der Katze in Schrödingers Gedankenexperiment, nach der Quantentheorie.

es nicht logischer, das Paradoxon – ich würde es einen Widerspruch nennen – als einen Hinweis darauf zu sehen, daß die klassische Physik *kein* Grenzfall der Quantenphysik ist?

*Zeno*: Das ist die »orthodoxe Sicht«. Nach dieser Sichtweise, die in den meisten Lehrbüchern und von den meisten meiner Kollegen vertreten wird, kann sich ein physikalisches System auf zwei Arten verändern. Die Veränderungen, die in isolierten Systemen ablaufen – Systemen, die nicht mit einem Meßapparat wechselwirken –, werden von den Gesetzen der Quantenphysik bestimmt. Sie sind *stetig* und *vorhersagbar*.

*Alice*: Halt, Zeno! Sie sagen, daß Systeme, die den Gesetzen der Quantenphysik gehorchen, sich stetig verändern. Ich dachte, die Quantenphysik sei grundlegend diskret.

*Zeno*: Das ist sie. Die Energieniveaus eines Atoms oder eines Moleküls stellen eine diskrete Menge dar, und wenn ein Atom oder ein Molekül in einem bestimmten Energiezustand ist, hat es eine bestimmte Struktur. Aber, wie wir erörterten, kann ein Atom oder ein Molekül – und sogar, so scheint es, Schrödingers Katze – gleichzeitig in zwei oder mehr diskreten Zuständen sein. Was sich stetig und vorhersagbar ändert, sind die relativen Beiträge dieser diskreten Zustände zu dem wirklichen Zustand des Systems. So ist ein radioaktiver Kern zunächst in einem Zustand, in dem er nicht zerfallen ist. Nach einer Weile ist er zum Teil in seinem Zerfallszustand. Nach langer Zeit – also nach einer Zeit, die viel länger ist als seine Halbwertzeit – ist der Kern fast, aber nicht ganz sicher in seinem Zerfallszustand. Der Übergang von dem anfänglichen Zustand, in dem er nicht zerfallen ist, zu dem Endzustand, in dem er fast völlig zerfallen ist, ist sowohl glatt als auch vorhersagbar. Man stelle sich eine Geigerin vor, die eine offene Saite streicht und mit dem Bogen immer näher an die Brücke kommt. Man hört, wie sich die Qualität des Klangs verändert: er wird dünner, weniger obertonreich. Die Obertöne selbst ändern sich nicht; sie verschwinden allmählich.

*Alice*: Wie die Cheshire-Katze. Und das Grinsen der Katze, das, was zurückbleibt, ist wie die Menge der Obertöne oder der reinen harmonischen Schwingungen. Aber ich habe Sie unterbrochen.

*Zeno*: Ich sagte gerade, daß nach der orthodoxen Sicht der Quantenphysik ein System sich auf zwei völlig verschiedene Arten verändern kann. Solange es nicht beobachtet wird, entwickelt es sich stetig und vorhersagbar. Wenn wir jedoch eine Messung ausführen, um herauszufinden, in welchem seiner diskreten Zustände das System wirklich ist, ändert sich sein Zustand *unstetig* und *unvorhersagbar*. Schrödingers Gedankenexperiment veranschaulicht die zweite Art der Veränderung. Am Ende des Experiments ist die Katze sicherlich in einem der beiden möglichen Zustände. In welchem, ist eine Sache des Zufalls.

*Alice*: Ich bin verwirrt. Sagen Sie, daß sich ein Quantensystem dann, wenn keine Messung stattfindet, glatt und vorhersagbar entwickelt? Und daß die Kopplung des Systems mit einem makroskopischen Meßapparat den Zustand des ganzen Systems unstetig und unvorhersagbar macht?

*Zeno*: Genau.

*Alice*: Aber sicherlich ist der Zerfall eines radioaktiven Atoms sowohl unstetig als auch unvorhersagbar, ob wir ihn nun beobachten oder nicht. Ist nicht das Verhalten des makroskopischen Meßgeräts gerade deshalb unstetig und unvorhersagbar, *weil* es mit einem mikroskopischen Vorgang mit diesen Eigenschaften gekoppelt ist? Ihren Bemerkungen zufolge scheint das Gegenteil wahr zu sein – die Unstetigkeit und Unvorhersagbarkeit rühre von dem makroskopischen Meßgerät her.

*Zeno*: Eine sehr scharfe Beobachtung! Ein orthodoxer Quantenphysiker würde die Gültigkeit der Voraussetzung bestreiten, daß der Zerfall eines radioaktiven Atoms unstetig und unvorhersagbar ist, ob wir ihn beobachten oder nicht. So lange wir ein radioaktives Atom nicht beobachten – oder genauer: solange das Atom nicht mit einem Gerät wechselwirkt, das einem Beobachter sagen könnte, ob ein Zerfall eingetreten ist –, können wir seine Geschichte nicht mit diesen Worten beschreiben. Wir können zum Beispiel nicht sagen, daß es zur Zeit $t$ noch nicht, zu einer späteren Zeit $t'$ jedoch sehr wohl zerfallen ist. Wir *können* aber sagen, daß ein radioaktives Atom teilweise in einem Zustand ist, in dem es zerfallen ist, und teilweise in einem, in dem es nicht zerfallen ist. Im Lauf der Zeit überwiegt die zerfallene Komponente dieses *zusammengesetzten Zustands* immer mehr.

*Alice*: Das kommt mir etwas mystisch vor.

*Zeno*: Vielleicht kann etwas mathematische Sprache es entmystifizieren helfen.

*Alice*: Sie erinnern mich an jemanden, dem ich einmal in einem Traum begegnete. Sie bot mir einen trockenen Keks an, um meinen Durst zu stillen. Aber ich sehe, Sie haben schon die Kappe Ihres Füllhalters losgeschraubt, also fangen Sie an.

*Zeno*: Ich verspreche, es wird nicht *sehr* trocken. Sei $S$ der Zustand eines radioaktiven Atoms zu einer beliebigen Zeit, $I$ bezeichne den unzerfallenen Anfangszustand, und $F$ den zerfallenen Endzustand. Dann wird $S$ durch die Formel

$$S = aI + bF$$

gegeben, wobei $a$ und $b$ Zahlen sind, deren Quadrate die Summe Eins haben:

$$a^2 + b^2 = 1$$

Anfangs ist $a = 1$, also $b = 0$. Im Lauf der Zeit nimmt $a$ allmählich bis auf Null ab (Abbildung 6. 11). Gleichzeitig nimmt $b$ allmählich bis auf 1 zu. Die Größe $b^2$ ist die Wahrscheinlichkeit, daß ein Atom zerfallen aufgefunden wird. Diese Wahrscheinlichkeit ist zu Beginn Null und wird allmählich zu Eins.

Wenn es nur diese beiden Prozesse in der Welt gäbe – wenn die Gesetze der Quantenphysik ganz allgemein und ohne Einschränkung gelten würden –, wären alle Vorgänge, auch makro-

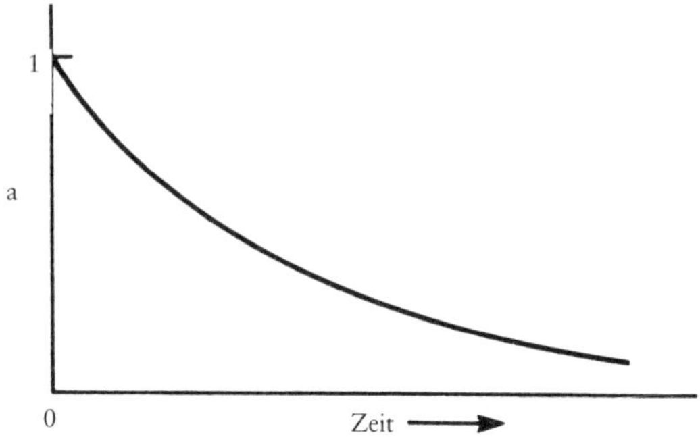


Abb. 6.11: Die Amplitude *a* des unzerfallenen Zustands eines radioaktiven Kerns nimmt im Lauf der Zeit stetig ab.

skopische, glatt und vorhersagbar. Aber die Welt ist nicht so. Radioaktive Atome zerfallen, und die von ihnen ausgeschickten Teilchen hinterlassen deutliche Spuren in Nebel- und Blasenkammern.

*Alice*: Ja, die Mathematik entmystifiziert tatsächlich etwas. Aber der »zweite Vorgang« scheint mir noch geheimnisvoll zu sein. Führen Messungen dazu, daß die Gesetze der Quantenphysik nicht mehr gelten? Und falls ja, warum? Und was tritt an ihre Stelle?

*Zeno*: Jetzt stellen Sie wirklich gewagte Fragen. Es hat viele Versuche gegeben, sie zu beantworten, aber meiner Meinung nach ist keine Antwort wirklich befriedigend. Eine der interessantesten – und auch der spekulativsten – versucht, die dualistische Sicht der Quantenprozesse, die ich beschrieben habe, mit einem grundlegenderen Dualismus, dem von Geist und Materie, in Verbindung zu bringen.

*Alice*: Aber dieser alte Hut kann doch nichts mit der Deutung der Quantenphysik zu tun haben?

*Zeno*: Seien Sie nicht so sicher, Alice. Nehmen Sie an, ich beobachtete ein radioaktives Atom mit einem Gerät, das es mir ermöglicht, einen Zerfall zu entdecken, wenn er eintritt, und nehmen wir an, daß am Ende einer Minute die Wahrscheinlichkeit, daß ich ein solches Ereignis beobachtet habe, 1/2 beträgt. Wenn die Quantenphysik den Zustand meines Gehirns richtig beschreibt, würde dieser Zustand durch eine ähnliche Formel beschrieben werden wie die, die ich soeben aufgeschrieben habe:

$$S = aJ + bN$$

Hier stellt $S$ den Zustand meines Gehirns dar, $J$ den Zustand JA (ein Zerfall hat stattgefunden), $N$ den Zustand NEIN, und die Zahlen $a$ und $b$ sind beide gleich $1/\sqrt{2}$. (Bedenken Sie, daß die Wahrscheinlichkeit dafür, daß das System – in diesem Fall mein Gehirn – in dem Zustand $J$ gefunden wird, $a^2$ beträgt – in diesem Fall also 1/2.). Aber mein Gehirn ist sicherlich nicht in einem solchen zusammengesetzten Zustand. Entweder habe ich einen Zerfall registriert oder nicht. Mein Gehirn ist *entweder* in dem Zustand $J$ *oder* im Zustand $N$, nicht in beiden gleichzeitig.

*Alice*: Das ist genau Schrödingers Gedankenexperiment, wobei das Gehirn die Rolle der Katze spielt. Ich sehe nicht, wieso das sehr viel ändern könnte.

*Zeno*: Noch nicht. Der nächste Punkt ist jedoch, daß es keinen *logischen* Grund gibt anzunehmen, daß das Aufzeichnungsgerät – das Gerät, an dem ich ablese, ob ein Zerfall stattgefunden hat – *nicht* in diesem seltsamen zusammengesetzten Zustand ist.

*Alice*: Sagen Sie also, daß Ihr Gehirn zwar sicherlich entweder in dem JA-Zustand oder in dem NEIN-Zustand, aber nicht in beiden gleichzeitig ist, ein Aufzeichnungsgerät dagegen in beiden gleichzeitig sein kann?

*Zeno*: Genau das. Jedenfalls behauptet das Eugene Wigner, der für die hier beschriebene Sichtweise verantwortlich ist.

*Alice*: Aber was ist das Besondere am Gehirn? Wenn die Gesetze der Quantenphysik für Meßapparate gelten, warum dann nicht für das Gehirn?

*Zeno*: Weil, so sagt Wigner, »die Quantenbeschreibung der Dinge durch Eindrücke beeinflußt wird, die in mein Bewußtsein gelangen«. Die Seele wirkt auf das Gehirn und löst die Mehrdeutigkeit, die den Zustand eines unbelebten Meßgeräts kennzeichnet, auf.

*Alice*: Sicherlich sprechen moderne Physiker nicht über Seelen, die auf Gehirne wirken?

*Zeno*: Lassen Sie mich aus einem Artikel von Professor Wigner zitieren, der 1962 veröffentlicht wurde:

> Bis vor wenigen Jahren würde die »Existenz« von Geist oder Seele von den meisten Physikern lebhaft bestritten worden sein. Der glänzende Erfolg der mechanistischen und allgemeiner der makroskopischen Physik und Chemie hat die offensichtliche Tatsache überschattet, daß Gedanken, Begierden und Gefühle nicht aus Materie bestehen, und es war unter Physikern fast allgemein anerkannt, daß es außer der Materie nichts gibt. Der Höhepunkt dieses Glaubens war die Überzeugung, wir könnten das Schicksal des Weltalls für alle Zukunft berechnen, wenn wir nur die Orte und Geschwindigkeiten aller Atome in einem einzigen Augenblick kennen würden ...
>
> Es gibt mehrere Gründe für die Rückkehr wohl der meisten Physiker zur Descartes'schen Einstellung des »*Cogito ergo sum*«, das dem Denken, also dem Geist, Vorrang gibt. Zunächst wurden die glänzenden Erfolge der Mechanik als Teilerfolge entlarvt, die sich auf einen engen Bereich von Erscheinungen bezogen, die alle im makroskopischen Bereich lagen. Als sich der Bereich der physikalischen Theorie durch die Erschaffung der Quantenmechanik erweitert hatte und auch mikroskopische Phänomene umfaßte, wurde der Begriff des Bewußtseins wieder wichtig. Es war nicht möglich, die Gesetze der Quantenmechanik völlig widerspruchsfrei zu formulieren, ohne auf das Bewußtsein zu verweisen.[5]

Hier zitiert Wigner dann Heisenberg:

> Die Naturgesetze, wie wir sie in der Quantentheorie mathematisch formulieren, haben nicht mehr mit den Teilchen selbst zu tun, sondern mit unserem Wissen von den Elementarteilchen.[6]

Natürlich teilen nicht alle Physiker diese Ansichten. Einige von uns vertreten immer noch die Überzeugung, es gebe eine objektive Wirklichkeit, und sie könne durch die Naturwissenschaften in Erfahrung gebracht werden.

Ich muß jedoch zugeben, daß Wigners Lösung des Paradoxons völlig logisch ist. Schließlich kommt der einzige direkte Hinweis darauf, daß die Quantenphysik nicht unbegrenzt gültig ist, aus der Introspektion. Wenn ich sage: »Dieses Gerät ist nicht in dem von der Quantenphysik vorhergesagten zusammengesetzten Zustand; es ist in einem bestimmten makroskopischen Zustand«, meine ich eigentlich: »Ich *nehme wahr*, daß dieses Gerät in einem bestimmten makroskopischen Zustand ist.«

*Alice*: Sicherlich, aber wenn wir beide das Gerät ansehen, haben wir denselben Eindruck. Wie erklärt Wigner das? Ich kann nicht glauben, daß der erstbeste Beobachter die Mehrdeutigkeit für alle folgenden Beobachter behebt. Und wie ist es mit Schrödingers armer Katze? Bleibt sie in dem Zwischenstadium, bis jemand zufällig nachschaut?

*Zeno*: Ich weiß nicht, wie Professor Wigner diese Fragen beantworten würde, aber ich möchte eine mögliche Antwort vorschlagen, auf die ich kürzlich in einer Reihe von Vorlesungen stieß, die Erwin Schrödinger 1956 gehalten hat.[7] Darin behauptet er, »die Vielheit [von Geist sei] bloßer Schein, in Wahrheit gibt es nur ein Bewußtsein«. Schrödinger weist darauf hin, daß diese Auffassung im religiösen Denken des Ostens weitverbreitet ist und sich in mystischen Schriften an vielen Orten und zu vielen Zeiten findet, obwohl »diese Lehre unser westliches Denken wenig anspricht, ihm wenig schmackhaft ist und von ihm als phantastisch und unwissenschaftlich abgelehnt wird.« Wenn man annimmt, daß es nur einen Geist gibt, kann man die widerspruchsfreie Auflösung zusammengesetzter Quantenzustände der Wechselwirkung mit diesem Geist zuschreiben.

*Alice*: Ich fürchte, das klingt mir sehr mystisch.

*Zeno*: Das ist es natürlich auch, aber nur um weniges mehr als der Glaube an den Geist als etwas, das auf die Materie wirkt, aber gleichzeitig etwas anderes ist als Materie. Es scheint mir, daß man dann, wenn man willens ist, *diese* Überzeugung zu vertreten – die übrigens von modernen wissenschaftlichen Untersuchungen der Beziehung zwischen Geist und Gehirn nicht bestätigt wird – man auch Schrödinger folgen und den ganzen Weg gehen kann.

*Alice*: Gibt es keine andere Möglichkeit?

*Zeno*: Es gibt eine, aber sie hat ihren Preis. Sie fordert, daß wir den ehrwürdigen Gedanken aufgeben, es sei die Aufgabe der Physik, die »physikalische Wirklichkeit« zu beschreiben. Die Hauptaufgabe einer jeden physikalischen Theorie ist es, die Ergebnisse möglicher Experimente und Beobachtungen vorherzusagen. Vielleicht müssen wir zugeben, daß die Quantenphysik das tut und nicht mehr – daß sie lediglich ein Rechenhilfsmittel für die Vorhersage von Ergebnissen möglicher Messungen ist. Inbesondere hilft sie uns, Fragen der folgenden Form zu beantworten: Was ist, unter der Annahme, daß gewisse Messungen bestimmte Ergebnisse haben, die Wahrscheinlichkeit dafür, daß gewisse andere Messungen gewisse andere Ergebnisse haben?

Wenn wir uns zu dieser nüchternen Sicht der Quantenphysik bekennen, stellen sich Fragen nach den Zuständen physikalischer Systeme und ihrer Veränderung gar nicht, weil keine der in der Theorie vorkommenden mathematischen Größen wirklich den Zustand eines physikalischen Systems darstellt. Die Gleichung

$$S = aJ + bN,$$

die ich oben aufschrieb, gilt weiterhin, aber $S$ stellt nicht mehr den Zustand eines physikalischen Systems dar. Es ist einfach ein Teil eines Verfahrens zur Berechnung der Wahrscheinlichkeiten der Ergebnisse von Experimenten.

Ich gebe zu, daß das eine revolutionäre Sicht der Physik ist.

*Alice*: Sie ist ganz buchstäblich revolutionär. Das Rad scheint sich für die Quantenphysiker zurück zu Gedanken gedreht zu haben, die es vor Copernicus gab.

*Zeno*: Wie das?

*Alice*: Hören Sie zu:

> Denn es ist des Astronomen eigentlicher Beruf, die Geschichte der Himmelsbewegungen nach gewissenhaften und scharfen Beobachtungen zusammenzutragen und hierauf die Ursachen derselben, oder Hypothesen darüber, wenn er die wahren Ursachen nicht finden kann, zu ersinnen und zusammenzustellen, aus deren Grundlagen eben jene Bewegungen nach den Lehrsätzen der Geometrie, wie für die Zukunft, so auch für die Vergangenheit richtig berechnet werden können ... Und wenn [diese Lehre die Ursachen] in der Vorstellung erdenkt, wie sie denn sicherlich sehr viele erdenkt: so erdenkt sie dieselben keineswegs zu dem Zwecke, um irgend jemanden zu überreden, daß es so sei, sondern nur dazu, damit sie die Rechnung richtig begründen.[8]

Das stammt aus der berüchtigten Einleitung des Osiander zu *Sechs Bücher über die Umläufe der Himmelskörper*, die ich zufällig gerade hier habe. Man braucht nur einige Worte hier und da zu verändern und hat schon die Ansicht der Quantenphysik, die Sie gerade beschrieben. Einige Philosophen nennen es Instrumentalismus.

*Zeno*: Ich zum Beispiel finde den Instrumentalismus nicht besonders sympathisch, und ich vermute, daß viele meiner Kollegen, die die Ansicht vertreten, die Quantenphysik sei nicht mehr als ein Rechenhilfsmittel, diese Sicht nur sonntags vertreten. Sie gehen zur Kirche der Instrumentalisten, aber im Grunde sind sie unrekonstruierte Realisten. Sie legen das Lippenbekenntnis ab, es sei nicht die Aufgabe der Quantenmechanik, eine »Wirklichkeit« zu beschreiben, was immer das auch bedeuten mag, sondern nur statistische Beziehungen zwischen aufeinanderfolgenden Beobachtungen herzustellen«[9], aber ich bezweifle, ob nicht viele von ihnen ihre Aufgabe lediglich im Berechnen statistischer Korrelationen sehen. Weit davon entfernt, anzunehmen, Theorien seien für Experimente gemacht, glauben die mir bekannten theoretischen Physiker, es sei die Hauptaufgabe der Experimente, bei der Formulierung von Theorien zu helfen; diese Theorien liefern dann eine immer wahrere Beschreibung einer zugrundeliegenden physikalischen Wirklichkeit.

Aber ich habe noch nicht von der wohl größten Schwierigkeit gesprochen, die mit dieser Ansicht verknüpft ist. Das Problem tauchte in einer Arbeit auf, die 1935 von Einstein, Boris Podolsky und Nathan Rosen veröffentlicht wurde. (Diese Arbeit motivierte übrigens den Aufsatz, in dem Schrödinger sein gräßliches Experiment beschreibt.) Einstein, Podolski und Rosen wollten beweisen, daß die Quantenphysik keine vollständige Beschreibung der physikalischen Wirklichkeit liefert. Dazu dachten sie sich ein Gedankenexperiment aus. Lassen Sie mich auf schematische und übermäßig vereinfachte Weise ein ähnliches Experiment beschreiben, das etwa 35 Jahre später tatsächlich von mehreren Gruppen durchgeführt wurde (Abbildung 6. 12). Eine Lichtwelle schickt ein Photonenpaar in verschiedene Richtungen aus. Mit Hilfe von Polarisatoren, die in einiger Entfernung von der Quelle angebracht sind, messen wir die Polarisation der Photonen. Die Quantentheorie macht die folgenden Vorhersagen:

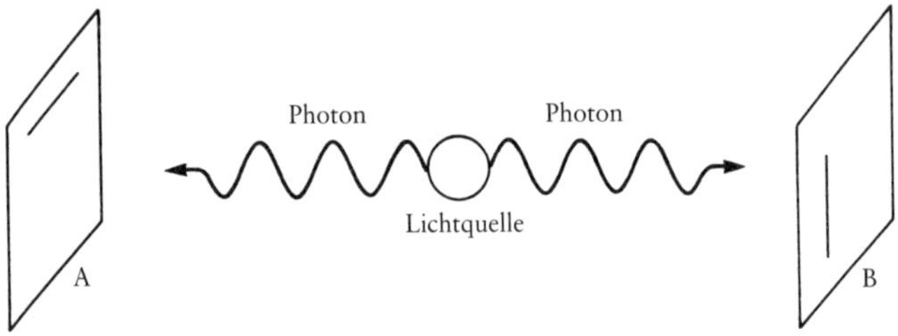


Abb. 6.12: Schematische Darstellung des Zweiphotonen-Experiments. Eine Lichtquelle schickt ein Photonenpaar in entgegengesetzte Richtungen aus. Die Quantentheorie sagt nicht die Polarisationszustände der Photonen vorher, wohl aber, daß dann, wenn das Ergebnis einer Polarisationsmessung an einem Photon sich als *H* erweist, das Ergebnis einer gleichzeitigen Polarisationsmessung am anderen Photon *V* ist und umgekehrt. Eine Polarisationsmessung von *A* bestimmt also das Ergebnis einer gleichzeitigen Polarisationsmessung bei *B*, obwohl das Ergebnis bei *B* unbestimmt war, bevor die Messung bei *A* gemacht wurde, und obwohl die Nachricht von dem Ergebnis dieser Messung *B* nicht rechtzeitig erreicht haben könnte, um die Messung dort zu beeinflussen.

1. Kein Photon ist in einem bestimmten Polarisationszustand, *bevor* seine Polarisation gemessen wird. Das Ergebnis einer einzigen Polarisationsmessung an jedem Photon ist also unvorhersagbar. (Die Theorie sagt uns jedoch, welche Wahrscheinlichkeiten die möglichen Ergebnisse haben.)

2. Obwohl die Polarisationszustände der beiden Photonen im einzelnen unvorhersagbar sind, sind sie *korreliert*. Sobald wir die Polarisation eines Photons gemessen haben, können wir die des anderen Photons vorhersagen. Die Theorie könnte zum Beispiel vorhersagen, daß die beiden Korrelationszustände senkrecht zueinander stehen. Wenn wir dann die Polarisation des ersten Photons messen und finden, daß sie horizontal ist, können wir sicher sein, daß eine Messung der Polarisation des zweiten Photons zeigt, daß sie vertikal ist.

Die Experimente haben diese Vorhersagen voll bestätigt.

*Alice*: Die erste Vorhersage scheint mit der orthodoxen Sicht verträglich zu sein. Vor einer wirklichen Messung ist ein Photon nicht in einem bestimmten Polarisationszustand. Erst jene veranlaßt einen der möglichen Polarisationszustände.

*Zeno*: Richtig. Die Schwierigkeit ergibt sich aus der zweiten Vorhersage. Nehmen wir an, ich würde die Polarisation des ersten Photons messen und es veranlassen, in den Zustand zu springen, der dem Ergebnis meiner Messung entspricht. Bis dahin war das Ergebnis einer Polarisationsmessung am zweiten Photon ebenfalls unvorhersagbar. Das zweite Photon war nicht in einem bestimmten Polarisationszustand. Wenn aber das erste Photon seinen Sprung macht, dann, in dem Augenblick, springt auch das zweite Photon in einen bestimmten Polarisationszustand.

*Alice*: Ich glaube, ich habe nicht alles verstanden. Sie sagten doch, daß die Polarisation der zwei Photonen an zwei wohlgetrennten Orten gemessen werden?

*Zeno*: Ja.

*Alice*: Dann gibt es keine Möglichkeit, daß die erste Polarisationsmessung das zweite Photon oder das Ergebnis einer Messung am zweiten Photon physikalisch beeinflussen könnte?

*Zeno*: Das stimmt.

*Alice*: Dann kann ich mir Ihre Darstellung des Experiments nicht erklären. Wenn die am ersten Photon ausgeführte Messung das zweite Photon oder seine Messung nicht beeinflußt, wie kann es dann eine Veränderung im physikalischen Zustand des zweiten Photons bewirken? Wenn an das zweite Photon kein Signal vermittelt werden kann, wie kann es dann wissen, daß am ersten Photon eine Messung durchgeführt wurde?

*Zeno*: Einstein hatte eine boshafte Antwort auf diese Frage: durch Hellsehen. Es schien ihm, daß die orthodoxe Sicht der Messung logisch einen Glauben an die sofortige, nichtphysikalische Verständigung zwischen fernen Objekten voraussetzt – also Telepathie.[10]

*Alice*: Ich habe noch eine Schwierigkeit mit Ihrer Darstellung, Zeno. Sie sagten, daß der Zustand des zweiten Photons sich *in dem Augenblick* ändert, in dem die Polarisation des ersten Photons gemessen wird. Aber nach Einsteins Spezieller Relativitätstheorie muß es dann, wenn Beobachtern zwei Ereignisse gleichzeitig erscheinen, andere Beobachter geben, für die das zweite Ereignis *vor* dem ersten eintritt. Für solche Beobachter läge das Ergebnis der zweiten Messung schon fest, bevor sie die erste Messung gemacht haben. Das ist selbst dann sinnlos, wenn man an Hellseherei glaubt.

*Zeno*: Eine guter Punkt. Es betont, daß die Beziehung zwischen den beiden Messungen keine kausale Beziehung sein kann.

*Alice*: Was schloß Einstein aus dem Gedankenexperiment?

*Zeno*: Einstein hielt die Annahme für unvernünftig, daß der physikalische Zustand eines Photons sich durch ein Ereignis beeinflussen lassen könnte, mit dem es keinen kausalen Zusammenhang hat. Wenn das Experiment in der Weise abläuft, wie ich es beschrieben habe – und das tut es –, bleibt als einzige logische Alternative die Annahme, das zweite Photon sei nicht plötzlich in seinen gemessenen Polarisationszustand gesprungen, sondern *schon immer darin gewesen*. Da die Lage für die beiden Photonen ganz symmetrisch ist, würde dasselbe auch für das erste Photon gelten müssen. Kurz, die Polarisation eines Photons vor einer Polarisationsmessung ist nach Einstein nicht *unbestimmt*, sondern nur *unbekannt*.

*Alice*: Würde Einsteins Sichtweise uns nicht auch aus unserer ungemütlichen Lage angesichts Schrödingers Katze befreien?

*Zeno*: In der Tat. Eine Katze in einem Zustand, den wir nicht vorhersagen können, ist ein ganz anderes Tier als eine Katze in einem unbestimmten Zustand.

*Alice*: Ich vermute jedoch, daß die Quantenphysiker Einsteins bescheidenen Vorschlag nicht mit offenen Armen begrüßten.

*Zeno*: Keineswegs. Obwohl sich Schrödinger und einige wenige andere weiter an den eben erörterten Paradoxa stießen, stand Einstein praktisch allein mit seiner Überzeugung, daß sich die Photonen in dem Zwei-Photonen Experiment und die Katze in dem Versuch mit der Katze im Kasten in bestimmten, aber unbekannten Zuständen befinden.

*Alice*: Warum war Einsteins Sicht so unbeliebt? Mir kommt sein Vorschlag ganz vernünftig vor.

*Zeno*: Jeder, dem die Sprache der Quantenmechanik von Grund auf vertraut ist – was für Einstein nicht galt, er half nur, sie zu entwickeln –, würde große Schwierigkeiten haben, sich vorzustellen, wie diese Sprache in eine klassische deterministische Sprache eingebettet werden kann. Die Quantensprache ist allgemeiner als die klassische Sprache, die sie als eine Art lokalen

Dialekt enthält, etwa so, wie die Sprache der Brüche die Sprache der ganzen Zahlen enthält. Das war es, denke ich, was die theoretischen Physiker davon abhielt, Einsteins Sicht der Quantenphysik ernster zu nehmen: Sie sahen nicht, wie sie durch eine angemessene mathematische Theorie beschrieben werden könnte. Einstein selbst versuchte, eine solche Theorie zu konstruieren, aber er veröffentlichte niemals einen Bericht über seine Bemühungen. Wir wissen heute, daß es die Theorie, die Einstein konstruieren wollte, gar nicht geben kann.

*Alice*: Wie kann man das wissen?

*Zeno*: Durch eine einfache, aber höchst geniale Überlegung, die John S. Bell 1964 veröffentlichte. Sie lautet etwa so:

Nehmen wir an, Einstein hätte recht gehabt und der Polarisationszustand der Photonen sei in dem eben geschilderten Versuch nicht unbestimmt, bevor eine Messung vorgenommen wurde, wie es die Quantenmechanik behauptet, sondern lediglich unbekannt. Nehmen wir auch an, wie es durch experimentelle Hinweise nahegelegt wird, daß die statistischen Vorhersagen der Quantenmechanik zutreffen. Dann muß die Quantenmechanik eine unvollständige Fassung einer vollständigeren Theorie sein, in der der Zustand eines Photons durch zusätzliche Variablen (sogenannte *verborgene Variablen*) festgelegt wird, deren Werte das genaue Ergebnis jeder Polarisationsmessung bestimmen. Nach dieser Hypothese können wir das Ergebnis der ersten Polarisationsmessung nicht vorhersagen, weil wir die Werte der verborgenen Variablen nicht kennen, die dieses Ergebnis festlegen.

Einsteins Hypothese impliziert, daß die verborgenen Variablen mit den in der Quantentheorie vorkommenden Variablen wie der Polarisation auf ähnliche Weise verknüpft sind, wie Ort und Geschwindigkeit von Molekülen mit solchen makroskopischen Eigenschaften wie Temperatur und Dichte eines Gases. (Einstein selbst gebrauchte diese Analogie.) Und genau wie Maxwell und Boltzmann annahmen, die Geschwindigkeiten der (damals noch nicht beobachteten) Moleküle eines Gases hätten eine bestimmte Wahrscheinlichkeitsverteilung, so können wir den Werten der verborgenen Variablen eine bestimmte Wahrscheinlichkeitsverteilung zuschreiben. Diese Annahme – die nur in der Rückschau offensichtlich ist –, ist in Bells Überlegung der entscheidende Schritt.

*Alice*: Ich habe eine vage Vorstellung davon, was Sie mit »Wahrscheinlichkeitsverteilung« meinen, aber Ihr Vergleich macht mir Schwierigkeiten. Wir können sagen, daß ein bestimmter Bruchteil der Gasmoleküle Geschwindigkeiten zwischen diesen und jenen Werten haben. Dieser Bruchteil ist die Wahrscheinlichkeit, daß die Geschwindigkeit eines *einzelnen* Moleküls zwischen diesen Grenzen gefunden wird, und die Menge aller solcher Wahrscheinlichkeiten definiert die »Wahrscheinlichkeitsverteilung«. Hat die Wahrscheinlichkeitsverteilung verborgener Variablen diese Art konkreter Deutung?

*Zeno*: Ja. Stellen wir uns vor, das von uns untersuchte Experiment wäre sehr oft wiederholt worden. Die verborgenen Variablen, die das Ergebnis der ersten Polarisationsmessung bestimmen, haben dann bei den Wiederholungen des Experiments unterschiedliche Werte, aber jede Wertemenge tritt nur in einem bestimmten Bruchteil der Wiederholungen auf. Dieser Bruchteil ist nach Definition die Wahrscheinlichkeit, daß die verborgenen Variablen diese Werte annehmen. Er ist auch die Wahrscheinlichkeit des durch diese Werte festgelegten Ergebnisses.

*Alice*: Die Wahrscheinlichkeitsverteilungen der verborgenen Variablen bestimmen also die statistischen Eigenschaften der Ergebnisse der Polarisationsmessungen.

*Zeno*: Genau. Bell fragte jetzt: Kann man sich Wahrscheinlichkeitsverteilungen für die verborgenen Variablen ausdenken, die sicherstellen, daß das Ergebnis von Polarisationsmessungen die von der Quantentheorie vorhergesagten statistischen Eigenschaften hat?

*Alice*: Sicherlich muß das möglich sein. Schließlich hat man ja keine Einschränkungen, wieviele oder welche verborgenen Variablen es geben könnte.

*Zeno*: Bell bewies, daß es *nicht* möglich ist. Denken wir nämlich an eine Theorie, die verborgene Variable braucht, um die ungewissen Ergebnisse von Polarisationsmessungen zu erklären, und die annehmen muß, die Orientierung eines Polarisators sei nicht vom Ergebnis einer mit Hilfe eines zweiten Polarisators gemachten fernen Messung beeinflußt. Diese Theorie muß, wie Bell zeigte, notwendigerweise einige statistische Vorhersagen machen, die sich von denen der Quantenmechanik unterscheiden. Er bewies nicht nur, daß es solche Vorhersagen geben muß, sondern er fand auch einige. Die einfachsten Vorhersagen dieser Art haben mit Messungen in drei verschiedenen Polarisationsrichtungen zu tun. Die von Bell erdachten Experimente ermöglichen es, Einsteins Vermutung zu überprüfen, daß die Quantenmechanik mit einer tieferen deterministischen Theorie in ähnlicher Weise verknüpft ist wie makroskopische Beschreibungen mit molekularen Beschreibungen.

*Alice*: Das rief vermutlich die Experimentatoren auf den Plan?

*Zeno*: In der Tat. Aber die Durchführung der entscheidenden Experimente stellte sich als außerordentlich schwierig heraus. Das erste solche Experiment wurde erst 1972 durchgeführt. Seine Ergebnisse bestätigten die Quantenmechanik und widerlegten Einsteins Vermutung. Spätere Experimente haben diesen Schluß erhärtet. Wir können jetzt darauf vertrauen, daß quantale Unbestimmtheit ihre Wurzeln in etwas Tieferem hat als in menschlichem Unwissen.

*Alice*: Aber in was, Zeno? Erinnern Sie sich an das Dilemma, aus dem die verborgenen Variablen einen Ausweg zu bieten schienen: Wenn wir die orthodoxe Sicht der Quantenmechanik bejahen, müssen wir annehmen, daß die Messung der Polarisation eines Photons eine gleichzeitige Veränderung im Polarisationszustand eines zweiten, fernen Photons »verursacht«. (Aber die Art dieser »Verursachung« ist der Physik unbekannt.) Die andere Sicht, der Instrumentalismus, behauptet, die Quantenmechanik beschreibe nicht die »physikalische Wirklichkeit« (für die Vertreter dieser Sicht ist das eine leere Phrase), sondern liefere lediglich eine Grundlage zur Berechnung der Wahrscheinlichkeiten von Versuchsergebnissen.

*Zeno*: Niemand hat über diese Frage mehr nachgedacht als Niels Bohr. Bohr behauptete, daß wir ganz allgemein Phänomene nicht unabhängig von den Mitteln sehen sollten, mit denen wir sie aufzeichnen. In der *klassischen* Physik können wir so tun, als ob die Phänomene etwas anderes sind als die Beobachtungen an ihnen, weil wir Information über ein klassisches System erhalten können, ohne seinen physikalischen Zustand zu ändern. Das ist bei atomaren oder subatomaren Systemen anders. Wenn wir zum Beispiel den Ort eines Elektrons in einem Wasserstoffatom messen wollten, müßten wir das Elektron mit einem Photon wechselwirken lassen, dessen Wellenlänge im Vergleich mit dem Atomradius klein ist. Eine solche Wechselwirkung würde jedoch das Elektron aus dem Atom herausstoßen. Aus diesem Grund muß, so behauptete Bohr, die »objektive Art« der Beschreibung, die einen scharfen Unterschied zwischen dem Objekt und dem Beobachter plus Meßgerät macht, zu Paradoxien führen. Bohrs Rezept zur Vermeidung dieser Paradoxa bestand darin,

> das Wort *Phänomen* nur auf Beobachtungen zu beziehen, die unter Umständen gemacht wurden, zu deren Beschreibung eine Darstellung der gesamten experimentellen Anordnung gehört ... Jedes atomare Phänomen ist in dem Sinn abgeschlossen, daß seine Beobachtung auf Ablesungen beruht, die mit Hilfe irreversibler Vorgänge in geeigneten Verstärkern gewonnen werden, wie es zum Beispiel dauerhafte Zeichen auf einer photographischen Platte sind, die durch das Eindringen von Elektronen in die Emulsion verursacht wurde ... Der quantenmechanische Formalismus erlaubt wohldefinierte Anwendungen nur in bezug auf solche geschlossenen Phänomene.[11]

Bohrs Philosophie der Messung bietet der instrumentalistischen Auffassung eine Begründung; aber viele Physiker, die diese Ansicht bejahen, bekennen sich nicht zu Bohrs Philosophie. Deshalb habe ich sie getrennt von ihr erörtert. Außerdem – ich gebe es zu – konnte ich mich niemals davon überzeugen, daß ich sie wirklich verstehe. Das konnte übrigens auch Einstein nicht, der einmal bemerkte, daß er es »trotz vieler Mühen« niemals geschafft habe, eine »scharfe Formulierung« des Hauptbegriffs der Bohrschen Philosophie, des Komplementaritätsprinzips, zu erhalten.

Gelegentlich konnte Einstein noch viel vernichtender sein. In einem Brief an Schrödinger vom 9. August 1939 sagt er über Bohr:

> Es gibt auch noch den Mystiker, der Fragen nach etwas unabhängig vom Beobachter Existierenden, d. h. die Frage, ob die Katze

> zur betrachteten Zeit vor einer Beobachtung lebendig ist oder nicht, überhaupt als unwissenschaftlich verbietet.[12]

Und in einem früheren Brief an Schrödinger (31. Mai 1928) schreibt er:

> Die Heisenberg-Bohr'sche Beruhigungsphilosophie – oder Religion? – ist so fein ausgeheckt, daß sie dem Gläubigen einstweilen ein sanftes Ruhekissen liefert, von dem er nicht so leicht sich aufscheuchen läßt. Also lasse man ihn liegen.[14]

Natürlich brachten Einsteins Kollegen – mit Ausnahme von Schrödinger – *seinen* philosophischen Sichtweisen genauso wenig Wohlwollen entgegen.

*Alice*: Sicherlich sind all die Probleme, über die wir gesprochen haben, jetzt zufriedenstellend beigelegt. Das ist doch wohl der Unterschied zwischen der Philosophie und der Physik, oder nicht? Wir Philosophen debattieren heute noch Fragen, die von Demokrit und Sokrates aufgeworfen wurden; Sie Physiker lösen Ihre Probleme und wenden sich neuen zu.

*Zeno*: Die Quantenphysik hat in der Tat in den letzten fünfzig Jahren große Fortschritte gemacht. Aber seltsamerweise sind die Probleme, über die wir hier gesprochen haben, nicht gelöst. Sicher, Einsteins Vermutung, das Ergebnis jeder Messung sei im Prinzip vorhersagbar, ist widerlegt worden. Ich denke, jeder stimmt jetzt zu, daß die Quantentheorie nicht in der Weise unvollständig ist, wie er es sich vorstellte. Aber das macht die beiden Rätsel, mit denen wir uns beschäftigten, nur noch rätselhafter. Keine der von uns erörterten Antworten scheint mir völlig überzeugend. Ich finde die orthodoxe Sicht, daß Messungen unvorhersagbare Veränderungen im physikalischen Zustand eines Systems bewirken, aus demselben Grund unbefriedigend wie Einstein. Ich bin weder bereit, an Hellseherei zu glauben, noch, was das betrifft, an den Geist als eine eigene Art Wirklichkeit, die auf die physikalische Wirklichkeit wirkt. Ich kann aber auch nicht die Sicht der Instrumentalisten bejahen, die dem Begriff der physikalischen Wirklichkeit jede Bedeutung abstreitet.

*Alice*: Sie haben meine ursprüngliche Frage nicht beantwortet,

Zeno. Ich weiß immer noch nicht genau, was Physiker meinen, wenn sie sagen, die Zustände eines Wasserstoffatoms würden durch Pakete stehender Wellen *dargestellt*, aber ich freue mich zu wissen, daß ich in so guter Gesellschaft bin.

# 7. Das Starke Kosmologische Prinzip und die Quantenphysik

Auf den ersten Blick mag die Behauptung absurd erscheinen, es könne einen direkten Zusammenhang zwischen Quantentheorie und Kosmologie geben. Aber es gibt zwei Hinweise in diese Richtung.

Der erste hat mit dem Zufall zu tun. Nach der Quantenphysik haben einige Experimente und Beobachtungen grundsätzlich unvorhersagbare Ergebnisse. Beobachtungen des radioaktiven Zerfalls einzelner radioaktiver Kerne und Messungen des Polarisationszustands einzelner Photonen sind die Beispiele, über die wir am meisten gesprochen haben. Wie wir in Kapitel 6 sahen, schließen neuere Experimente praktisch die Möglichkeit aus, daß diese Art der Unvorhersagbarkeit (die ich *quantale Unbestimmtheit* nennen werde) von unserer Unkenntnis grundlegender, voll deterministischer Gesetze herstammt. In Kapitel 3 erörterten wir eine andere Art der Unbestimmtheit, die ich *kosmologische Unbestimmtheit* nennen will. Das Starke Kosmologische Prinzip bedingt, daß eine vollständige Beschreibung des Universums eine ungeheure Menge mikroskopischer Information ausläßt. Sind diese beiden Arten objektiver Unbestimmtheit wirklich verschieden? Oder hängen quantale und kosmologische Unbestimmtheit irgendwie zusammen?

Der zweite Hinweis ergibt sich aus den Paradoxien der Quantentheorie. Diese haben mit den Ergebnissen von Messungen zu tun, die an Quantensystemen durchgeführt werden. (In Schrödingers Gedankenexperiment spielt die Katze die unglückliche Rolle eines Meßgeräts.) Der Messung kommt auch bei der Deutung der Quantentheorie eine wichtige Rolle zu. In der orthodoxen Deutung führen Messungen zu unstetigen und unvorhersagbaren Veränderungen in den physikalischen Zuständen von Quantensystemen; die instrumentelle Interpretation sieht die Quantenphysik als ein Rechenhilfsmittel, das Vorhersagen über Meßergebnisse zu machen erlaubt. Wir werden sehen, daß die entscheidende Eigenschaft für Messungen die *Irreversibilität* oder *Unumkehrbarkeit* ist. Jede Messung führt notwendigerweise zu einem Ergebnis, also zu einer unumkehrbaren Veränderung der makroskopischen Welt. Nach den in Kapitel 3 angedeuteten Überlegungen ist die Unumkehrbarkeit jedoch mit dem Starken Kosmologischen Prinzip verknüpft. Wieder also besteht anscheinend ein Zusammenhang zwischen quantaler und kosmologischer Unbestimmtheit.

In diesem Kapitel will ich eine Deutung der Quantentheorie entwickeln, die quantale und kosmologische Unbestimmtheit vereint und die Paradoxien der Quantentheorie aufhebt. Diese Deutung verbindet drei Elemente: Einsteins Gedanke, daß die Quantentheorie Aggregate von Dingen beschreibt und nicht Einzelsysteme, das Starke Kosmologische Prinzip und die in Kapitel 3 skizzierte Theorie irreversibler Prozesse.

## Einsteins Deutung der Quantenphysik

Einstein meinte, die Quantenphysik beschreibe die statistischen Eigenschaften von Ansammlungen physikalischer Systeme, nicht jedoch die physikalischen Zustände einzelner Systeme. Er meinte auch, es gebe eine klassische, deterministische Beschreibung der mikroskopischen Welt. Wir wissen jetzt, daß die zweite Meinung fast sicherlich falsch ist. Der Satz von Bell zeigt, daß sich einige der Vorhersagen einer klassischen Beschreibung einer mikroskopischen Wirklichkeit, wenn es sie denn gibt, meßbar von denen der Quantenphysik unterscheiden müssen; entsprechende Messungen bestätigen die Quantenphysik. Aber wie ist es mit der Meinung, daß die Quantentheorie eher Aggregate von Systemen beschreibt als einzelne Systeme?

Wenn sich diese Meinung rechtfertigen ließe, würde das beide Paradoxa lösen, die wir in Kapitel 6 behandelten. Nehmen wir zum Beispiel Schrödingers Gedankenexperiment. Unter der Annahme, daß die Gesetze der Quantenphysik für einzelne Dinge, große wie kleine, gelten, ist der Kasten, der die Katze und die höllische Todesfalle enthält, schließlich in einem gemischten Zustand, die Katze also zum Teil tot und zum Teil lebendig ist. Wenn wir jedoch mit Einstein die Quantenphysik als eine Theorie betrachten, die unendliche Aggregate von Systemen beschreibt, kommen wir zu dem vernünftigen Schluß, daß ein Aggregat von anfangs gleichen Kästen, die völlig gleiche lebende Katzen und nicht zerfallende radioaktive Kerne enthalten, zu einer wird, in der ein Teil der Kästen tote Katzen und zerfallende Kerne enthält, der andere Teil jedoch lebende Katzen und nicht zerfallende Kerne. Wieder vermeidet Einsteins Deutung des Zwei-Photonen-Experiments den widerwärtigen Schluß, die Messung der Polarisation eines Photons am Detektor *A* veranlasse irgendwie das Photon am Detektor *B*, in einen korrelierten Polarisationszustand zu springen. Sie führt statt dessen zu dem vernünftigen Schluß, daß in einem bestimmten Bruchteil der Elemente einer Menge von Zwei-Photonen-Sendern das Photon bei *A* horizontal und das Photon bei *B* vertikal polarisiert ist, während im übrigen Teil das Photon bei *A* vertikal polarisiert ist und das Photon bei *B* horizontal.

Man hat behauptet, Einstein habe die Quantentheorie nicht gemocht, weil er davon überzeugt war, daß »Gott nicht würfelt«. Sicherlich hegte Einstein Zweifel an der Rolle des Zufalls. Aber, wie wir sahen, war es Einstein, der die erste Quantentheorie der Wechselwirkung zwischen Materie und Strahlung erfand, eine Theorie, in der der Zufall eine zentrale Rolle spielt. Ich denke, Einsteins Unbehagen an der Quantentheorie hatte mehr mit den schon besprochenen Paradoxa zu tun, als mit seiner Abneigung gegen den Zufall. Der Aspekt der Quantentheorie, den Einstein am häufigsten und am detailliertesten kritisierte, war nicht die Rolle, die sie dem Zufall zuschrieb, sondern die Behauptung, sie beschreibe einzelne physikalische Systeme.

Das Starke Kosmologische Prinzip besagt, daß einzelne Systeme in einer vollständigen Beschreibung der physikalischen Wirklichkeit nicht vorkommen. Deshalb ist es unverträglich mit der Behauptung, die Quantentheorie beschreibe einzelne Systeme. Aber die Quantentheorie macht richtige statistische Vorhersagen. Können wir eine Deutung der Quantentheorie finden, die die statistischen Vorhersagen der Theorie nicht verändert, aber verträglich ist mit dem Starken Kosmologischen Prinzip?

## Ein Aggregat von Polarisationsmessungen

Wir erörterten die Polarisationszustände von Photonen in Kapitel 6. Man erinnere sich, daß ein Polarisator, der mit einer waagerechten Linie markiert ist, für horizontal polarisierte Photonen durchlässig ist (Photonen im Zustand *H*) und undurchlässig für vertikal polarisierte Photonen (Photonen im Zustand *V*), während ein mit einer vertikalen Linie markierter Polarisator für Photonen im Zustand *V* durchlässig und für solche im Zustand *H* undurchlässig ist. Beide Polarisatoren sind für Photonen, deren Polarisationszustand weder *H* noch *V* ist, teilweise durchlässig. Ein einzelnes Photon, dessen Polarisationszustand weder *H* noch *V* ist, hat eine Wahrscheinlichkeit *p* zwischen Null und Eins, den Polarisator zu durchdringen, der mit einer horizontalen Linie markiert ist. Es gelangt mit der Wahrscheinlichkeit $1-p$ durch den mit einer vertikalen Linie markierten Polarisator. Ein solches Photon ist vor dem Durchgang durch den Polarisator in einem Polarisationszustand *S*, der durch die Formel

$$S = aH + bV \tag{1}$$

dargestellt wird, wobei $a^2 = p$ und $b^2 = 1-p$.

Wir betrachten jetzt ein unendliches und unbeschränktes Aggregat von Photonen, die alle im selben Polarisationszustand *S* sind. Wir können den physikalischen Zustand des Aggregats durch eine Folge von *S* darstellen

$$\dots SSSS \dots \tag{2}$$

wobei *S* durch die Folge (1) gegeben ist. Jedes *S* in der Folge (2) bezieht sich auf eines der Photonen in dem Aggregat. Statt zu sagen: »Dieses Photon (also das Photon, dessen Polarisationszustand durch einen bestimmten Detektor gemessen wird) ist in einem Polarisationszustand *S*«, können wir auch sagen: »Dieses Photon gehört zu einem unendlichen Aggregat von Photonen, die alle im Zustand *S* sind.« Die beiden Aussagen bedeuten das gleiche, aber die zweite drückt es auf eine Weise aus, die deutlicher mit dem Starken Kosmologischen Prinzip verträglich ist.

Nehmen wir jetzt an, der Polarisationszustand eines jeden Photons sei gemessen worden. Im Prinzip können wir eine solche

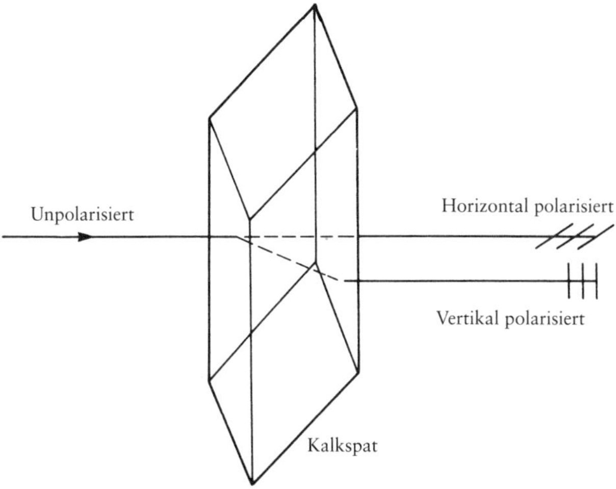


Abb. 7.1: Ein geeignet orientierter Kalkspat spaltet einen Strahl unpolarisierten Lichts in zwei Strahlen, von denen der eine horizontal und der andere vertikal polarisiert ist.

Messung mit einem Kalkspat durchführen. Wenn man durch einen Kalkspat hindurch ein Objekt betrachtet, sieht man zwei Bilder. Wie Abbildung 7. 1 zeigt, spaltet der Kristall einen Strahl unpolarisierten Lichts in zwei linear polarisierte Strahlen mit zueinander senkrechten Polarisationsachsen, die wir mit $H$ und $V$ identifizieren können. Was passiert mit einem einzelnen Photon? Wenn es anfangs parallel zu $H$ polarisiert ist, läuft es im oberen, wenn es parallel zu $V$ ist, im unteren Strahl. Wenn die Polarisation des einfallenden Photons weder horizontal noch vertikal ist, kann es im einen oder anderen Strahl sein, aber wir können nicht vorhersagen, ob es den oberen oder den unteren Weg geht.

Die Polarisationszustände von aus dem Kristall austretenden Photonen werden durch eine endlose Folge von $H$ und $V$ dargestellt

$$\ldots HHVHVVVH \ldots \qquad (3)$$

in denen an einem Bruchteil $p$ der Stellen $H$ steht und im übrigen Bruchteil der $1$-$p$ Stellen $V$. In jeder anderen Hinsicht ist die

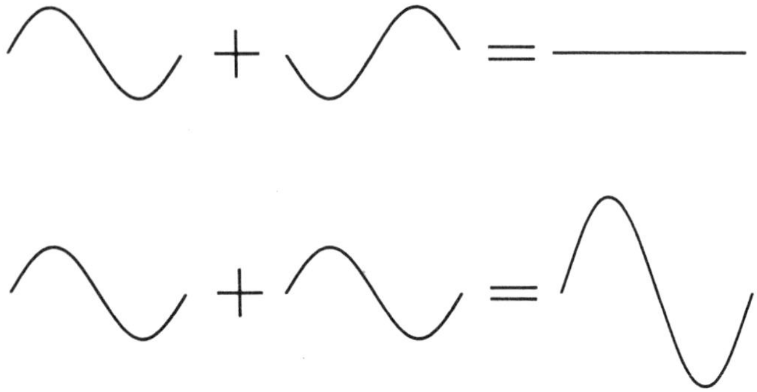

Abb. 7.2: Destruktive und konstruktive Interferenz. Zwei identische Wellen mit entgegengesetzten Phasen heben sich auf, wenn sie addiert werden. Zwei Wellen mit derselben Phase kombinieren sich zu einer Welle mit der doppelten der ursprünglichen Amplitude.

Verteilung der *H* und *V* zufällig. Einige der Photonen in diesem Aggregat haben die Polarisation *H*, andere *V*, aber wir können nicht vorhersagen, welche Polarisation bei einem einzelnen Photon gemessen wird.

Folge (2) stellt den physikalischen Zustand eines Aggregats von Photonen in identischen Polarisationszuständen dar, *bevor* eine Polarisationsmessung stattgefunden hat. Folge (3) stellt den physikalischen Zustand des Aggregats dar, *nachdem* eine Messung stattgefunden hat. Sind diese beiden Zustände identisch?

Um diese Frage zu beantworten, betrachten wir die Arten von Information, die nötig ist, um diese beiden Zustände festzulegen. Jeder Eintrag in Folge (3) stellt das Ergebnis eines Experiments dar, dessen zwei mögliche Ergebnisse, *H* und *V*, jeweils die Wahrscheinlichkeiten *p* und 1-*p* haben. Im übrigen sind *H* und *V* zufällig verteilt. Die Struktur der Folge ist deshalb vollständig durch die eine Zahl *p* bestimmt, deren Wert wir abschätzen können, indem wir zählen, wieviel *H* in einem langen Abschnitt der Folge vorkommen. Um Folge (2) zu beschreiben, müssen wir die Koeffizienten *a* und *b* festlegen. Aber *a* ist die Quadratwurzel von *p*, und *b* ist die Quadratwurzel von 1-*p*. Auf den ersten Blick sieht es also so aus, als ob die Zahl *p* die Struktur der Folge (3) und auch die der Folge (2) festlegt.

Wir haben dabei jedoch einen scheinbar trivialen Punkt übersehen. Die Quadratwurzel von p kann sowohl negativ als auch positiv sein, und die Quadratwurzel aus 1-*p* ebenfalls. Wenn *a* eine Quadratwurzel von *p* ist, dann ist es auch -*a*, und wenn *b* eine Quadratwurzel von 1-*p* ist, dann auch -*b*. Wir brauchen also mehr Information, wenn wir Folge (2), die den Zustand des Aggregats vor der Messung darstellt, konstruieren wollen, als wenn wir (3), den Zustand nach der Messung, konstruieren. Was bedeutet die zusätzliche Information?

Erinnern wir uns, daß physikalische Zustände in der Quantenphysik durch Schwingungen dargestellt werden. Wenn wir zwei identische Schwingungen addieren, können sie, wie Abbildung 7. 2 zeigt, einander aufheben oder auch verstärken. Die Schwingungen verstärken einander, wenn sie *in Phase* sind – wenn also ihre Wellenberge übereinstimmen, sie heben einander auf, wenn sie *nicht in Phase* sind – wenn also die Berge der einen mit den Tälern der anderen zusammenfallen. Wenn wir identische Schwingungen, die *in* Phase sind, mit demselben Pfeil bezeichnen, so daß ihre »Summe« ein Pfeil doppelter Länge ist, sollten wir identische Schwingungen, die *nicht* in Phase sind, durch Pfeile veranschaulichen, die in entgegengesetzte Richtungen zeigen. Wir können den Pfeil, der den Pfeil *H* aufhebt mit -*H* bezeichnen. Die Regel für die »Addition« von Pfeilen sagt uns, daß die Summe dieser Pfeile in der Tat ein Pfeil der Länge Null ist, und wir bezeichnen ihn mit 0.

Ein Polarisator unterscheidet nicht zwischen Schwingungen entlang derselben Achse, also nicht zwischen *H* und -*H* oder *V* und -*V*. (Deswegen verwendeten wir Strecken und nicht Pfeile, um die Polarisationszustände von Photonen anzugeben, die durch einen Polarisator hindurchgehen.) Aber, wie Abbildung 7.3 zeigt, definieren die Terme $aH + bV$ und $aH - bV$ verschiedene Achsen der linearen Polarisation. Wenn wir nur die Quadrate von *a* und *b* kennen, können wir nicht sagen, in welchem dieser Polarisationszustände die Photonen vor der Messung waren.

Wir fassen die bisherigen Überlegungen zusammen:

1. Folge (2) stellt den Zustand eines Aggregats von Photonen, die alle in dem Polarisationszustand *S* sind, vor der Messung dar.

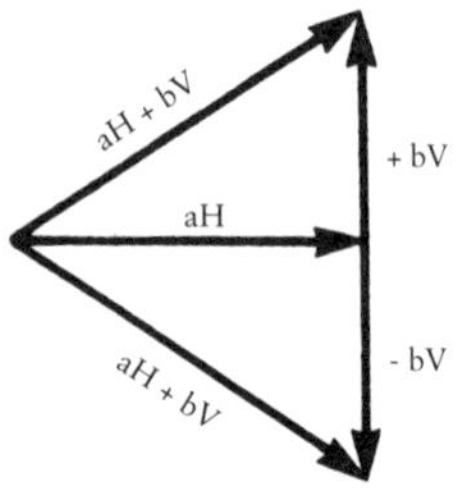


Abb. 7.3: Die Polarisationszustände *aH + bV* und *aH – bV* definieren verschiedene Polarisationsachsen. Es kommt nur auf das *relative* Vorzeichen der beiden Koeffizienten an. Wenn die Vorzeichen beider Koeffizienten vertauscht werden, wird die Richtung des Pfeils vertauscht, aber nicht die der Polarisationsachse.

2. Folge (3) stellt den Zustand dieses Aggregats nach der Messung dar.

3. Ein Teil der Information, die nötig ist, um den Zustand des Aggregats vor der Messung festzulegen, steht nach der Messung nicht mehr zur Verfügung.

Irgendwie verwandelt der Meßvorgang ein Aggregat von Photonen im Zustand (2) in ein Aggregat von Photonen in Zustand (3). Unsere nächste Aufgabe ist es, zu verstehen, wie das geschieht. Dazu müssen wir uns den Meßvorgang selbst genauer anschauen.

## Was ist eine Messung?

Alle Messungen haben zwei wichtige Eigenschaften. Erstens führt jede Messung zu einer Beziehung zwischen den Zuständen zweier physikalischer Systeme, nämlich dem Objekt und dem des Geräts, das das Meßergebnis registriert – und das ein Zeiger, ein Magnetband, eine photographische Platte oder etwas ähnliches sein kann. Ein Thermometer mißt die Lufttemperatur in einem Raum, weil die Höhe der Quecksilbersäule von der mittleren kinetischen Energie der Luftmoleküle abhängt.

Die zweite wichtige Eigenschaft jeder Messung ist ihre *Unumkehrbarkeit.* Wenn wir die Lufttemperatur messen, wird Wärme zwischen dem Thermometer und seiner Umgebung ausgetauscht, bis ihre Temperaturen gleich sind. Der umgekehrte Vorgang – ein spontaner Wärmestrom, der dazu führt, daß das Thermometer und die umgebende Luft verschiedene Temperatur haben, kommt nie vor. Er würde den zweiten Hauptsatz der Thermodynamik verletzen. Auch chemische Reaktionen erzeugen Entropie und kehren sich deshalb niemals spontan um.

Messungen an klassischen Systemen und Messungen an Quantensystemen haben beide diese Eigenschaften, aber sie unterscheiden sich auch wesentlich. Messungen, die an makroskopischen Systemen durchgeführt werden, können in dem Sinn »unaufdringlich« sein, daß sie das zu messende System kaum stören. Wir verändern die Lufttemperatur in einem Raum nicht wesentlich, wenn wir sie messen, selbst wenn das Thermometer eben aus dem Kühlschrank kommt, weil die Wärmekapazität der Luft so viel größer ist als die Wärmekapazität des Thermometers. Im Gegensatz dazu sind Messungen an Quantensystemen oft »aufdringlich«. Um zum Beispiel den Ort eines Elektrons in einem Wasserstoffatom zu messen, müssen wir mindestens ein Photon verwenden, und die Wellenlänge dieses Photons muß kleiner sein als der Durchmesser des Wasserstoffatoms. Die Energie eines solchen Photons ist mindestens 1000mal größer als die Energie, die nötig ist, um das Atom zu ionisieren.

Es gibt einen weiteren wichtigen Unterschied zwischen klassischen und quantalen Messungen. Die Tatsache, daß klassische Messungen unumkehrbar sind, unterscheidet sie nicht von anderen makroskopischen Prozessen. *Alle* realen makroskopischen Veränderungen sind unumkehrbar; umkehrbare makroskopische Veränderung ist ein unerreichbares Ideal. Aber alle rein quantalen Vorgänge sind umkehrbar, weil die Gesetze, die sie bestimmen, nicht zwischen den beiden Zeitrichtungen unterscheiden. Man denke zum Beispiel an die Aussendung eines Photons durch ein Atom in einem angeregten Zustand. Wenn die Richtung des Photons umgekehrt würde, würde es wieder absorbiert werden und das Atom in seinem ursprünglichen angeregten Zustand lassen (Abbildung 7. 4). Es ist wahr, daß einige quantale Vorgänge leichter umzukehren sind als andere. Die Umkehrung des Zerfalls eines freien Neutrons (das spontan in drei

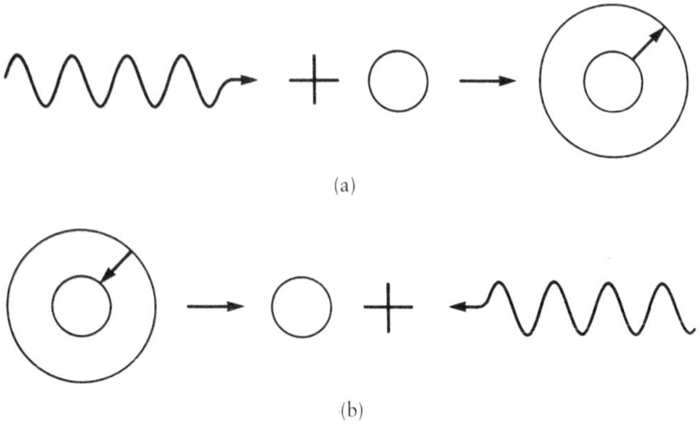


Abb. 7.4: Die Absorption eines Photons durch ein Atom ist ein umkehrbarer Vorgang. (a) Ein einfallendes Photon wird absorbiert, und das absorbierende Photon springt dadurch in einen angeregten Zustand. (b) Ein Photon im angeregten Zustand fällt in einen weniger energiereichen Zustand, wobei es ein Photon abgibt.

Teilchen zerfällt, nämlich ein Proton, ein Elektron und ein Antineutrino) läßt sich nicht im Labor durchführen. Trotzdem verletzt der Umkehrprozeß nicht die Gesetze der Quantenphysik. Es gibt sogar physikalische Bedingungen – zum Beispiel jene, die im frühen Weltall vorherrschten –, bei denen der direkte Prozeß und seine Umkehrung etwa gleich häufig passieren. Quanten*messungen* jedoch sind unumkehrbare Vorgänge. Das Meßgerät ist ein makroskopisches System, und seine Wechselwirkung mit dem Zielsystem macht den Meßvorgang unumkehrbar.

## Ein Aggregat von Quantensystemen, die mit Meßgeräten gekoppelt sind

Wenn wir verstehen wollen, was bei einer Messung passiert, müssen wir den Zustand des Meßgeräts und auch den Zustand des zu messenden Quantensystems berücksichtigen. Eine ideale Messung stellt eine Beziehung zwischen Zuständen des Meßgeräts und Zuständen des zu messenden Systems her. Wir bezeichnen mit *h* und *v* die *Mikrozustände* des Geräts, mit dem wir die Polarisation messen, die mit den Polarisationszuständen *H* und *V* verknüpft sind, und mit *hH* und *vV* gemeinsame Zustände von Photon und Polarisationsmeßgerät. Wenn nun ein Photon im Polarisationszustand $S = (aH+bV)$ ist, bevor eine Messung stattfindet, dann ist nach der Quantentheorie der gemeinsame Zustand des Photons und seines Polarisationsmessungsgeräts nach der Messung $ahH+bvV$. Die Struktur des gemeinsamen Zustands von Photon und Meßgerät zeigt also, in welchem Zustand das Photon war, bevor eine Messung stattgefunden hatte.

Wir haben noch nicht berücksichtigt, daß eine Messung ein unumkehrbarer Vorgang ist. In Kapitel 3 habe ich behauptet, daß Systeme, deren Verhalten unumkehrbar ist, in wohlbestimmten *Makrozuständen*, nicht aber in wohlbestimmten *Mikrozuständen* sind. Genauer gesagt, ist Information, die den Mikrozustand eines solchen Systems festlegen würde, nicht nur menschlichen Beobachtern unbekannt, sondern (wegen des Starken Kosmologischen Prinzips) auch objektiv gar nicht vorhanden. Im letzten Absatz bezeichneten *h* und *v* *Mikrozustände* des Polarisationsmeßgeräts. Diese Mikrozustände können wir jedoch nicht festlegen, sondern nur die zugehörigen Makrozustände. Wir bezeichnen jetzt mit *h'*, *h''*, und so weiter, andere Mikrozustände, die zu demselben Makrozustand gehören wie der Mikrozustand *h*, und mit *v'*, *v''* und so weiter andere Mikrozustände, die zu demselben Makrozustand gehören wie der Mikrozustand *v*. Nach einer Polarisationsmessung wird der Zustand der Aggregate von Photonen und damit gekoppelter Polaritationsmessungsgeräte durch die Folge

$$\ldots (ahH+bvV)(ah'H+bv'V)(ah''H+bv''V) \qquad (4)$$

dargestellt, deren Glieder sich willkürlich aus einer riesigen Menge gemeinsamer Mikrozustände herausgreifen lassen.

Wir kommen jetzt zu dem entscheidenden Teil der Überlegung. Die anfänglichen Mikrozustände des Meßgeräts stellen eine zufällige Auswahl dar, und jede Beziehung zwischen den Mikrozuständen *h* und *v*, *h'* und *v'* und so weiter, die sich im

Lauf einer Messung ergeben könnte, wird, wie wir in Kapitel 3 erörterten, durch zufällige äußere Störungen zerstört. Es folgt, daß Ausdrücke wie $ahH+b(-v)V$ in Folge (4) genau so häufig vorkommen wie $aH+bV$. Folglich stellt Folge (4) denselben physikalischen Zustand dar wie die Folge

$$\ldots (ahH-bvV)(ah'H-bv'V)(ah''H-bv''V). \qquad (5)$$

Wir können nun Folge (5) konstruieren, indem wir in jedem Term der Folge (4) $b$ durch $-b$ ersetzen. Die beiden Folgen beschreiben jedoch, wie wir gerade sahen, denselben physikalischen Zustand, weil die Vorzeichen der Mikrozustände $h$ und $v$ zufällig sind.[1] Weil die Folgen (4) und (5) dem Anschein zuwider keinerlei Information über die relativen Vorzeichen der Koeffizienten $a$ und $b$ enthalten, stellen sie denselben physikalischen Zustand dar wie die Folge

$$\ldots (hH)(h'H)(v''H)(v'V), \qquad (6)$$

in der ein Bruchteil $a^2$ der Einträge $H$ enthält und der verbleibende Bruchteil $b^2$ der Einträge $V$. Polarisationsmessungen, die an einem Aggregat von Photonen angestellt werden, von denen jedes anfangs in dem zusammengesetzten Zustand $aH+bV$ ist, führen also dazu, daß das Aggregat von Photonen und gekoppelten Polarisationsmessungen sich zu einem Aggregat entwickelt, in dem ein Bruchteil $a^2$ der Photonen im Zustand $H$ ist (mit Meßgeräten in Mikrozuständen des Typs $h$) und der übrige Bruchteil $b^2$ in einem Zustand $V$ (mit Meßgeräten in Mikrozuständen vom Typ $v$).

Dies ist die Schlußfolgerung, auf die wir hinauswollten. Wie bei der orthodoxen und instrumentellen Deutung der Quantentheorie haben Messungen bestimmte, aber unvorhersagbare Ergebnisse. Aber wir mußten nicht fordern, daß Messungen unstetige und unvorhersagbare Veränderungen in den physikalischen Zuständen des Meßgeräts und des zu messenden Systems verursachen. Vielmehr haben wir gesehen, daß sich ein Aggregat, das das darstellt, was (grundsätzlich) vor der Messung über den Zustand eines Quantensystems und eines makroskopischen Meßgeräts bekannt sein kann, während der Messung zu einem Aggregat quantaler Systeme mit gekoppelten Meßgeräten entwickelt, die jedes in einem Mikrozustand sind, der einem der möglichen Meßergebnisse entspricht.

Die orthodoxe und die instrumentelle Deutung *fordern* beide, daß die Wahrscheinlichkeit, ein Photon in dem Polarisationszustand $H$ zu finden, $a^2$ ist, wenn das Photon vor der Messung in einem Zustand $aH+bV$ war. In der jetzigen Deutung folgt diese Regel aus grundlegenderen Postulaten, darunter dem Starken Kosmologischen Prinzip.[2]

Die jetzige Deutung der Quantentheorie löst genau wie die Einsteins mühelos die beiden Paradoxien der Quantentheorie, die wir in Kapitel 6 erörterten. Wir können deshalb die beiden möglichen Zustände der Katze in Schrödingers Gedankenexperiment mit $H$ und $V$ bezeichnen und mit $h$ und $v$ die entsprechenden Mikrozustände des »Meßgeräts«, mit dem die Katze gekoppelt ist. Im Endzustand (oder in einem beliebigen Zwischenzustand) ist eine gewisse Anzahl von Katzen in dem Aggregat lebendig, und die Flaschen mit Blausäure sind heil, im übrigen Bruchteil sind die Flaschen zerbrochen und die Katzen tot.

In dem Zwei-Photonen-Experiment können wir mit $H$ und $V$ die beiden möglichen Ergebnisse eines *Paars* von Polarisationsmessungen bezeichnen, die in wohlgetrennten Zuständen $A$ und $B$ durchgeführt werden. Für jedes Element des Aggregats haben die an den beiden Zuständen durchgeführten Messungen bestimmte und korrelierte Ergebnisse. Eine Polarisationsmessung bei $A$ läßt den Polarisationszustand des gemessenen Photons nicht in einen bestimmten Polarisationszustand springen, wie es nach der orthodoxen Deutung der Fall ist; er sagt uns nur, ob das Photon zu einem Element des Aggregats gehört, für das die Polarisationsmessung das Ergebnis $V$ bringt. Und wenn wir wissen, daß das Ergebnis bei $A$ zum Beispiel $H$ ist, wissen wir auch, daß bei $B$ das Ergebnis $V$ eintreten muß.

Diese Deutung der Quantentheorie unterscheidet sich jedoch wesentlich von der Einsteins. Einstein meinte, die Quantentheorie gelte für Aggregate und nicht für einzelne Systeme, weil einzelne Systeme von bis jetzt noch unentdeckten deterministischen Gesetzen bestimmt sind. Ich behaupte, die Quantentheorie gelte für Aggregate und nicht für einzelne Systeme, weil eine vollständige Beschreibung der physikalischen Wirklichkeit sich nicht auf einzelne Systeme, sondern nur auf Aggregate bezieht. Der kleinste Bruchteil des Universums, den wir sinnvoll beschreiben können, ist ein Aggregat. Wenn die Elemente des Aggregats in identischen Mikrozuständen sind, schadet es nicht, wenn sie als Individuen behandelt werden. Wenn sie aber Quantensystem sind, die mit (makroskopischen) Meßgeräten gekoppelt sind, stoßen wir auf Paradoxien wie jene, die wir erörterten, als wir annahmen, daß die Quantentheorie für sie direkt als Individuen gilt.

## Gibt es uns mehrfach?

Sind die von uns behandelten Aggregate »wirklich«? Folgt aus dem Starken Kosmologischen Prinzip, daß es irgendwo im Weltall einen Stern gibt, der ganz ähnlich ist wie die Sonne, und, auf einer Umlaufbahn um diesen Stern, einen Planeten, der große Ähnlichkeit mit der Erde hat, und auf diesem Planeten einen Menschen, der Ihnen, der sie jetzt diesen Satz lesen, ähnelt und der ein Buch liest, das diesem Buch sehr ähnlich ist? Natürlich würden solche Beinahe-Doppelgänger der Erde und ihrer Bewohner nur sehr dünn im Raum verteilt sein. Obwohl ich keine ernsthafte Schätzung gemacht habe, bin ich doch sehr zuversichtlich, daß der nächste Doppelgänger der Erde weit jenseits der entferntesten Galaxie liegen würde, die wir selbst mit unendlich empfindlichen Instrumenten beobachten könnten. Auch so ist der Gedanke, wie vertraut er den Lesern von Science-fiction auch sein mag, beunruhigend. Müssen wir ihn akzeptieren, wenn wir das Starke Kosmologische Prinzip bejahen?

Ich meine nicht. Das Starke Kosmologische Prinzip schreibt den Inhalt des Weltalls nicht vor. Im Gegenteil schränkt es das Vorhersagevermögen physikalischer Gesetze drastisch ein. Im Weltall von Laplace und Einstein gibt es keine Lücke zwischen dem, was es gibt, und dem, was vorhergesagt werden kann. Eine Laplacesche Intelligenz kann den Zustand des Universums zu jedem Zeitpunkt kennen. Mit Hilfe dieses Wissens kann sie alle vergangenen und zukünftigen Zustände vorhersagen. Das Starke Kosmologische Prinzip besagt, daß es eine solche Intelligenz nicht gibt. Was gewußt und vorhergesagt werden kann, sind allein statistische Eigenschaften. Statistische Vorhersagen jedoch schreiben nicht alle Eigenschaften unendlicher Mengen vor. Nehmen wir zum Beispiel an, daß ein bestimmtes Ergebnis nur mit der Wahrscheinlichkeit Null verwirklicht wird. Kann es das dann nicht geben? Keineswegs. Die Wahrscheinlichkeit, mit der ein Ergebnis eintritt, ist der Bruchteil der Male, in dem es in einer unendlichen Menge von »Versuchen« eintritt. Jedes Ergebnis, das endlich oft eintritt, hat die Wahrscheinlichkeit Null.

Gibt es mögliche Ergebnisse – Ergebnisse, die die physikalischen Gesetze zulassen – mit der Wahrscheinlichkeit Null? Ich weiß es nicht; dies ist eine Frage, die weiteres Nachdenken erfordert. Wenn es sie, wie ich jedoch vermute, gibt, könnte es eine beträchtliche Lücke geben zwischen dem, was wirklich ist, und dem, was vorhersagbar ist.

## Die Viele-Welten-Interpretation der Quantentheorie

Die in diesem Kapitel erörterte Deutung der Quantentheorie ähnelt in mancher Hinsicht der »Viele-Welten«-Deutung, die Hugh Everett 1957 vorschlug.[3] Everett behauptete in einer von John Wheeler betreuten Doktorarbeit, jeder Meßvorgang oder jeder einer Messung ähnliche Vorgang spalte das Weltall in eine ungeheure Menge »paralleler Welten« auf, in denen je ein mögliches Ergebnis der Messung verwirklicht wird. In der einen Menge von Welten lebt Schrödingers Katze, in einer anderen stirbt sie. Die Quantentheorie beschreibt nach dieser Deutung keine einzelnen physikalischen Systeme, wie sie es nach der orthodoxen und instrumentellen Deutung tut, und sie beschreibt auch nicht, wie in der Deutung, die auf dem Starken Kosmologischen Prinzip beruht, Aggregate physikalischer Systeme. Sie beschreibt eine Vielzahl von Welten, von denen sich jede in jedem Augenblick in eine Vielzahl paralleler Welten aufspaltet. Alle diese Welten sind gleich wirklich, aber nur die eine, in der wir zufällig leben, ist für uns wirklich. Alle anderen sind uns völlig unzugänglich.

Nach der Viele-Welten-Deutung ist die Wahrscheinlichkeit

dafür, daß eine Messung ein bestimmtes Ergebnis hat, gleich dem Bruchteil der parallelen Welten, in denen dieses Ergebnis auftritt. Da Wahrscheinlichkeiten reelle Zahlen sind, die jeden Wert zwischen Null und Eins annehmen können, muß die Menge paralleler Welten unendlich sein. Jeder Meßvorgang oder jeder einem Meßvorgang ähnliche Prozeß erschafft deshalb in jedem Universum unendlich viele neue parallele Universen.

Die Viele-Welten-Deutung hat zwei Vorzüge mit der Deutung gemeinsam, die auf dem Starken Kosmologischen Prinzip beruht. Sie vermeidet die Paradoxien, die sich aus der herkömmlichen Annahme ergeben, die Quantentheorie beschreibe einzelne Systeme. Und sie sagt die Grundregel vorher, statt sie lediglich zu fordern, die wir früher zur Berechnung der Wahrscheinlichkeiten experimenteller Ergebnisse verwendet haben. Sie sagt zum Beispiel vorher, daß dann, wenn jemand (in irgendeinem Universum) die Polarisation eines Photons mißt, das anfangs in einem Zustand $aH+bV$ ist, sich dieses Universum in eine unendliche Menge paralleler Welten spaltet, von denen ein Bruchteil $a^2$ in einem Zustand $H$ und ein Bruchteil $b^2$ in dem Zustand $V$ ist.

Aber die Viele-Welten-Deutung hat (abgesehen von ihrer metaphysischen Extravaganz) einen ernsthaften Nachteil. Wie die orthodoxe Deutung nimmt sie den Unterschied zwischen umkehrbaren Quantenvorgängen und unumkehrbaren messungs-ähnlichen Vorgängen als gegeben hin. Nach der orthodoxen Deutung verursachen Messungen und messungsähnliche Vorgänge unvorhersagbare und unstetige Veränderungen im Zustand eines physikalischen Systems. Nach der Viele-Welten-Deutung veranlassen sie das Universum, in dem sie vorkommen, dazu, sich in unendlich viele parallele Welten aufzuspalten. Nun haben wir gesehen, daß Messungen unumkehrbare Vorgänge sind, die zwischen dem Meßgerät und dem System, an dem die Messung vorgenommen wird, korrelierte Zustände schaffen. Die Viele-Welten-Deutung macht die Unumkehrbarkeit zu einer primitiven und darum unerklärbaren Eigenschaft der Welt (oder vielmehr unendlich vieler Unendlichkeiten paralleler Welten). Die orthodoxe Deutung steht vor demselben Problem, und in der Tat ist mehrfach versucht worden, eine Theorie zu konstruieren, die erklären könnte, *warum* Messungen unvorhersagbare und unstetige Veränderungen der Zustände von Quantensystemen verursachen. Bis heute hatte noch keiner dieser Versuche Erfolg, aber eine Erklärung ist zumindest vorstellbar. Im Gegensatz dazu läßt sich das Aufspalten eines Universums in parallele Universen nicht wissenschaftlich erklären. Wenn wir die Viele-Welten-Deutung bejahen, müssen wir jeden Versuch aufgeben, die Rolle der Unumkehrbarkeit zu *verstehen*. Das scheint mir eine fatale Schwäche zu sein.

In diesem Kapitel habe ich behauptet, Einstein sei zu Recht davon überzeugt gewesen, daß es nur in der Welt eine Art Zufall gibt. Nach der von mir beschriebenen Theorie ist der Zufall, wie er in einer Beschreibung des radioaktiven Zerfalls vorkommt, und der Zufall, wie er in einer vollständigen statistischen Beschreibung des Universums vorkommt, derselbe Schauspieler, nur in anderem Kostüm. Aber diese Art von Zufall ist, im Gegensatz zu Einsteins Meinung, *unreduzierbar*. Anders gesagt ist er keine Folge menschlichen Unwissens oder unserer dürftigen Fähigkeit zum Speichern und Verarbeiten von Information, sondern er folgt aus einer grundlegenden Symmetrie des Universums, der Gleichwertigkeit aller Orte im Raum und aller Richtungen in jedem Punkt im Raum. Wenn wir diese Symmetrie fordern, kann es eine Intelligenz der Form, wie Laplace und Einstein sie sich dachten, nicht geben – denn es gibt nicht zu viel Information in der Welt, sondern zu wenig, und außerdem ist, wie wir in den folgenden Kapiteln sehen werden, die Zukunft nicht völlig vorhersehbar.

Die Deutung der Quantenphysik, wie sie in diesem Kapitel umrissen wurde, paßt ebenso zu Einsteins Glauben an die Objektivität der Physik. Seit etwa 1925, als die Grundgesetze der Quantenphysik formuliert wurden, haben Quantenphysiker, Wissenschaftsphilosophen und (besonders) jene, die die Naturwissenschaft allgemeinverständlich darstellen, wiederholt behauptet, die Quantenphysik zerstöre den alten wissenschaftlichen Glauben an eine physikalische Wirklichkeit, die es unabhängig von menschlichen Beobachtern gibt. Die Quantenphysik hat uns gelehrt (so meinen sie), daß die Wirklichkeit jedenfalls zum Teil durch Wechselwirkungen mit Beobachtungs- und Meßgeräten erschaffen wird – oder vielleicht sogar in Wechselwirkung mit dem menschlichen Geist. John Wheeler sagt das sehr deutlich:

> Die Natur ist auf der Quantenebene keine Maschine, die unbeirrbar ihren Weg geht. Vielmehr hängt die Antwort, die wir erhalten, von der Frage ab, die wir stellen, von dem Experiment, das wir aufbauen, dem Meßgerät, das wir wählen. Wir sind unausweichlich darin verwickelt, das zu erzeugen, was zu geschehen scheint.[4]

Einige Physiker, unter ihnen Werner Heisenberg, sind noch weiter gegangen und haben behauptet, die Quantenphysik beschreibe gar nicht die äußere Wirklichkeit, sondern nur das, was wir von ihr wissen. Der Grad, bis zu dem Physiker den subjektiven oder »teilnehmenden« Aspekt des quantenphysikalischen Weltbildes betonen (und begrüßen), ist sehr unterschiedlich, aber solange Messung ein Grundbegriff der Theorie bleibt, ist ein gewisser Grad an Subjektivität unvermeidlich. Und Messung muß solange ein Grundbegriff bleiben, wie wir an der herkömmlichen Ansicht festhalten, daß die Quantenphysik einzelne Systeme beschreibt.

Wenn jedoch die Quantenphysik Aggregate identischer Systeme beschreibt, die dem Starken Kosmologischen Prinzip gehorchen, wie ich es in diesem Kapitel vorschlage, braucht sie nicht durch ad hoc-Forderungen über Meßvorgänge ergänzt zu werden. Wenn die Theorie so formuliert wird, *sagt sie vorher*, daß Messungen bestimmte, aber unvorhersagbare Ergebnisse haben, und daß die Wahrscheinlichkeit, mit der ein bestimmtes Ergebnis eintritt, durch die übliche Vorschrift gegeben wird.

Anders als frühere Deutungen der Quantentheorie setzt die von mir vorgeschlagene Deutung keine klassische Physik voraus. Vielmehr tritt die klassische Physik als Grenzfall der Quantentheorie auf. Obwohl die Beschreibung, die die Quantentheorie von der physikalischen Wirklichkeit gibt, einigen unserer intuitiven physikalischen Ideen widerspricht, ist ihre Darstellung der physikalischen Wirklichkeit nach der jetzigen Deutung nicht weniger objektiv als die der klassischen Theorie. Nichtsdestoweniger behält die jetzige Deutung den neuartigsten Aspekt der quantalen Weltanschauung bei – und erklärt ihn sogar bis zu einem gewissen Grad: der Zufall ist seinem Wesen nach irreduzierbar. Auf Einsteins Einwand, Gott würfele nicht, legt sie die Antwort nahe: »Gott muß würfeln, weil er unparteiisch ist«.

# II. Aspekte der zeitgebundenen Ordnung

## 8. Kosmische Evolution: Das Standardmodell

### Boltzmanns Hypothese über den Ursprung der Ordnung

Der Zweite Hauptsatz der Thermodynamik besagt, daß alle natürlichen Prozesse Entropie erzeugen. Die Entropie ist ein Maß der Unordnung. Für Rudolf Clausius, den Entdecker des Zweiten Hauptsatzes, und Ludwig Boltzmann, den Erfinder der statistischen Deutung der Entropie, waren die kosmologischen Folgerungen aus diesen Aussagen offensichtlich: Das Universum »wirtschaftet ab«, denn sein Vorrat an Ordnung nimmt stetig ab.

Wenn das Weltall unendlich alt wäre, wie fast alle Naturwissenschaftler nach Newton angenommen hatten, müßte es sogar schon längst abgewirtschaftet haben – also in einem Zustand maximaler Entropie sein. Warum sehen wir dann um uns herum so viel Ordnung? Boltzmann fand eine geniale Antwort, die sich in einem einzigen Wort zusammenfassen läßt: *Fluktuationen.*

Fluktuationen und Zufälligkeit sind zwei Aspekte ein und derselben Sache. Denken wir an den Wurf einer Münze. Wenn sie oft genug geworfen wird, zeigt sie irgendwann zehnmal nacheinander die Zahl. In einer unendlichen Zufallsfolge von Würfen finden wir, wenn wir nur lange genug suchen, *mit Sicherheit* Teilfolgen, in denen die Zahl zehnmal – oder hundertmal oder hunderttausendmal – hintereinander gefallen ist. Oder man denke sich eine unendlich lange, zusammengewürfelte Reihe von Groß- und Kleinbuchstaben unseres Alphabets mit Satzzeichen und Zwischenräumen. Weil jede Zeichenfolge mit einer endlichen Wahrscheinlichkeit vorkommt, *muß* sie in einer solchen Folge – sogar unendlich oft – vorkommen. Die Folge enthält also jedes Prosawerk und jedes Gedicht, das je geschrieben wurde oder je geschrieben werden wird, sogar in ungeheuer vielen etwas unterschiedlichen Fassungen. Es enthält auch alle unterschiedlich verdienstvollen Übersetzungen in Fremdsprachen und die Entwürfe all dieser Übersetzungen.[1] Natürlich kommen in dieser Folge nur sehr selten Buchstabenfolgen vor, die, gleich in welcher Sprache, einen Sinn ergeben. Sinnvolle Sätze sind Oasen der Ordnung in einer Wüste der Unordnung. Für Wahrscheinlichkeitstheoriker sind sie *statistische Schwankungen*. Boltzmann vermutete, daß unser Winkel des Weltalls eine solche Fluktuation ist und die Ordnung dort eine Folge unseres begrenzten Blickwinkels. Aus kosmischer Perspektive ist unsere Welt dann nur ein phantastisch unwahrscheinlicher Bruchteil eines vollkommenen Chaos.

Nach der Wahrscheinlichkeitstheorie bilden sich Fluktuationen fortwährend, und sie lösen sich wieder auf. Und weil es in einem Universum, in dem es keine Ordnung gibt, keine ausgezeichnete Zeitrichtung gibt, kann eine vorgegebene Fluktuation mit gleicher Wahrscheinlichkeit zunehmen oder abnehmen. Der Zweite Hauptsatz der Thermodynamik sagt uns, daß die Fluktuation, die wir bewohnen, abnimmt. Boltzmann vermutete, Bewohner einer Welt, die *wir* als zunehmende Fluktuation beschreiben würden, sähen ihre Welt ebenfalls als eine, die im Chaos versinkt und nicht aus ihm entsteht. Ihre Zeit würde also der unseren entgegenlaufen.

> Diese Methode scheint mir die einzige, wonach man den Zweiten Hauptsatz, den Wärmetod jeder Einzelwelt, ohne eine einseitige Änderung des ganzen Universums von einem bestimmten Anfangs- gegen einen schließlichen Endzustand denken kann.[2]

## Astronomische Tatsachen

Boltzmanns Hypothese wurde zu seiner Zeit weithin akzeptiert; Fortschritte in unserem Verständnis des astronomischen Universums machen sie jedoch für uns unhaltbar. Dieser Fortschritt begann in den zwanziger und dreißiger Jahren dieses Jahrhunderts mit Edwin P. Hubble aufgrund seiner Beobachtungen an den 1,5 m- und 2,5 m-Teleskopen des Mount Wilson Observatoriums in Südkalifornien. Hubble zog zwei wichtige Schlüsse über das astronomische Universum, die beide durch spätere Untersuchungen bestätigt wurden.

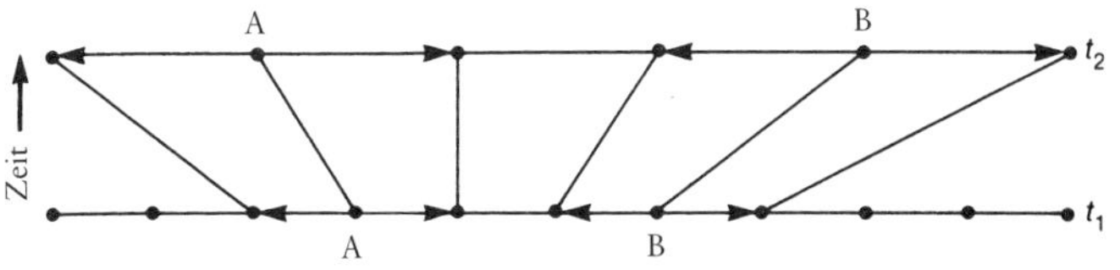


Abb. 8.1: Gleichförmige Ausdehnung einer unendlichen Reihe von Punkten, die gleiche Abstände voneinander haben. Zur Zeit $t_2$ ist der Abstand zwischen benachbarten Punkten doppelt so groß wie zur Zeit $t_1$. Man beachte, daß jeder Punkt (zum Beispiel *A* oder *B*) im Zentrum einer gleichförmigen Ausdehnung ist. In jedem Augenblick ist die Relativgeschwindigkeit zweier Punkte ein festes Vielfache ihres Abstands.

Zunächst schloß er, daß die Galaxien, von lokalen Unregelmäßigkeiten abgesehen, statistisch homogen verteilt sind.[3] Wie wir in Kapitel 3 sahen, stützen moderne astronomische Beobachtungen diese Hypothese. Unser Winkel des Weltalls ist keine höchst unwahrscheinliche Fluktuation, sondern, wie Hubble sagte, ganz typisch. Inzwischen wissen wir freilich, daß die Galaxien im Universum in Form von Haufen unregelmäßig verteilt sind.

Hubbles zweites Ergebnis war noch spektakulärer. Untersuchungen systematischer Verschiebungen in den Wellenlängen der Spektrallinien ferner Galaxien und seine Abstandsmessungen hatten ihn zu dem Schluß geführt, daß das astronomische Weltall nicht statisch ist, sondern sich gleichförmig ausdehnt. Ferne Galaxien fliehen mit einer Geschwindigkeit von uns, die proportional zu ihrer Entfernung von uns ist. Es läßt sich leicht sehen, daß diese Beziehung zwischen Fluchtgeschwindigkeit und Entfernung dann, wenn sie für einen Beobachter gilt, für jeden gilt (Abbildung 8.1). Die kosmische Ausdehnung sieht also für alle Beobachter gleich aus.

Weil sich die Galaxien voneinander entfernen, müssen sie in der Vergangenheit näher beisammen gewesen sein. Aus Einsteins Gravitationstheorie folgt, daß eine gleichförmige, unbeschränkte Massenverteilung sich in Übereinstimmung mit Hubbles Gesetz entweder zusammenziehen oder ausdehnen muß (die Fluchtgeschwindigkeit ist proportional zur Entfernung) und sagt vorher, daß die Ausdehnungs- (oder Kontraktions-) Geschwindigkeit mit abnehmender Massendichte abnimmt. Nach heutigen Schätzungen begann die kosmische Expansion vor etwa 15 Milliarden Jahren.

Der Beginn der kosmischen Expansion war auch der Beginn der Geschichte des Weltalls; nach Einsteins Theorie kann es keinen früheren Moment gegeben haben. Das klingt vielleicht seltsam. Es ist schwer, sich die Zeit als etwas vorzustellen, das einen Anfang hat. Wir sind versucht zu fragen: Was geschah, *bevor* sich das Weltall ausdehnte? Einsteins Theorien haben uns jedoch gelehrt, daß unseren intuitiven Vorstellungen von Raum und Zeit nicht zu trauen ist, wenn sie über den begrenzten Zusammenhang hinausgehen, in dem sie entwickelt wurden. Wir sollten Raum und Zeit als theoretische Begriffe sehen, die letztlich durch ihre Fähigkeit, die Erfahrung zu beschreiben, gerechtfertigt werden. Einsteins Gravitationstheorie sagt uns, daß der Raum sich ausdehnt und die Zeit einen Anfang hat. Dies sind seltsame Gedanken, aber sie sind widerspruchsfrei und stimmen mit der Erfahrung überein.

Die Folgerung, daß das Weltall 15 Milliarden Jahre alt ist, stützt sich auf zwei voneinander unabhängige Methoden der astronomischen Altersbestimmung, nämlich die radioaktive Datierung und Schätzungen des Sternalters aufgrund der Theorie der Sternentwicklung.

## Radioaktive Altersbestimmung

Manches Gestein – Meteoriten, irdische Felsen, Mondgestein – enthält neben seinen Zerfallsprodukten auch radioaktive Elemente, die nicht zerfallen sind. Alle radioaktiven Elemente zerfallen nach demselben Gesetz: Die Hälfte einer jeden Menge eines radioaktiven Elements ist nach einer für dieses Element charakteristischen Zeit, der sogenannten Halbwertszeit, zerfallen. Verschiedene Elemente haben verschiedene Halbwertszeiten, aber die Halbwertszeit hängt nicht von der Größe der Stichprobe ab. Daraus folgt, daß der *Logarithmus* des nicht zerfallenen Anteils einer Probe in einem festen Verhältnis abnimmt, wie Abbildung 8.2 zeigt. Aufgrund dieses Gesetzes

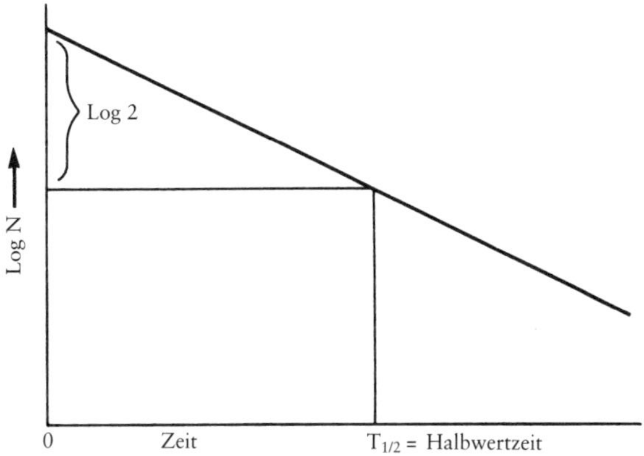


Abb. 8.2: Das Gesetz des radioaktiven Zerfalls. Der Logarithmus der Zahl *N* der radioaktiven Kerne nimmt proportional zur Zeit ab. Der Bruchteil nicht zerfallener Kerne, die in einer bestimmten Zeitspanne zerfallen, hängt also nicht von der zu Beginn vorhandenen Anzahl ab. Wenn der Logarithmus der Anzahl der nicht zerfallenen Kerne um log 2 (etwa 0,3) kleiner wird, halbiert sich die Zahl selbst. Das entsprechende Zeitintervall heißt Halbwertszeit.

waren Geologen in der Lage, das Alter von Gestein aus Messungen der relativen Häufigkeiten radioaktiver Elemente und ihrer in dem Gestein gefangenen Zerfallsprodukte abzuleiten. Das älteste irdische Gestein stellte sich als 3,8 Milliarden Jahre alt heraus. Mondgestein und Meteoriten sind etwa 4,6 Milliarden Jahre alt. Diese Zahl wird gewöhnlich als Alter des Sonnensystems angenommen.

## Sternalter

»Sieh mal! Die Reste eines Feuers. Und es ist noch warm! Sie können noch nicht weit gekommen sein.« Astrophysiker schätzen das Alter von Sternen mit Hilfe dieser Überlegung ab, die Lesern von Westernliteratur und Kinderbüchern vertraut ist. Wärme und Licht sind Formen der Energie, deshalb hat ein Körper, der Wärme und Licht abgibt, nur eine endliche Lebensdauer. Wenn wir die Quelle der Sonnenenergie kennen und die

Größe des Energievorrats abschätzen können, können wir das Alter der Sonne abschätzen, weil wir wissen, wie schnell sie Energie in Form von Sonnenlicht verliert.

Die Sonne besteht wie die meisten Sterne überwiegend aus Wasserstoff. Bei den Temperaturen und Dichten, die tief im Sterninneren vorherrschen, verbrennt Wasserstoff zu Helium. Das ist die Hauptquelle der Sternenergie. Es ist ein sehr effizienter Vorgang, der sieben Zehntel eines Prozents der Masse des Brennstoffs, der Wasserstoffkerne, in Energie umwandelt. (Öl- und Gasheizungen sind etwa eine Million mal weniger effizient.) Selbst so hatte die Sonne, als sie entstand, nur genug Brennstoff für etwa 10 Milliarden Jahre; danach muß sie zu einem roten Riesen werden. Wie wir gerade sahen, deuten Altersschätzungen aufgrund von Messungen der Radioaktivität auf ein Sonnenalter von weniger als 5 Milliarden Jahren hin, so daß die Sonne als normaler Stern jetzt jenseits ihrer Lebensmitte ist. Viele anderen Sterne – vielleicht die meisten – sind schon ausgebrannt. Die ältesten Sterne, die wir noch sehen, haben sich wahrscheinlich bald nach Beginn der kosmischen Ausdehnung gebildet. Ihr Alter wird gegenwärtig auf zwischen 12 bis 18 Milliarden Jahre geschätzt.

## Ist das Universum dabei, abzuwirtschaften?

Die modernen wohlbestätigten astronomischen Beobachtungen lassen also auf ein Weltalter von etwa 15 Milliarden Jahren und eine sehr komplexe und geordnete Struktur schließen. Was können wir daraus schließen? Der Zweite Hauptsatz scheint uns eindeutig zu sagen, daß das Weltall abwirtschaftet. Der Schluß scheint unausweichlich, wonach es zu Beginn des Weltalls in der einen oder anderen Form mehr Ordnung gab. Eddington schrieb 1929:

> Es unterliegt keinem Zweifel, daß das System der Physik, wie es seit der Mitte des vorigen Jahrhunderts besteht, das Vorhandensein eines Zeitpunkts fordert, an dem entweder die Schöpfung der Welt in einem Zustande äußerst hoher Organisation stattgefunden hat, oder eine schon vorhandene Welt mit jener Organisation

> begabt worden ist, die sie seitdem unaufhörlich vergeudet. Da ferner Organisation offensichtlich das Gegenteil von Zufall ist, so ist es unmöglich, daß dieser Zustand vollkommener Organisation durch Zufall entstanden sein könnte.[4]

Ganz ähnlich schrieb Richard Feynman 1967:

> Da besagte [auf dem Zweiten Hauptsatz beruhenden] Wissenschaften samt und sonders sehr erfolgreich sind, dürfte die Welt wohl mitnichten von einer Fluktuation herrühren, sondern von einem Zustand, der in der Vergangenheit getrennter, organisierter war, als er es heute ist.[5]

Dieser Sicht der kosmischen Evolution pflichten auch heute noch fast alle bei, die Physik oder eine ihrer Nachbarswissenschaften betreiben. Obwohl der Gedanke auf einer wissenschaftlichen Überlegung beruht, ist er oft in den Dienst der Theologie gestellt worden. Das Zitat von Eddington geht weiter:

> Diese Tatsachen sind lange Zeit als Argument gegen den überhandnehmenden Materialismus benutzt worden. Sie wurden als wissenschaftlicher Beweis für das Eingreifen eines Schöpfers in einem nicht unendlich weit zurückliegenden Zeitpunkt angesehen.

Aber, fügt Eddington hinzu, wir sollten keine voreiligen Schlüsse ziehen:

> Naturwissenschaftler sowohl wie Theologen müßten übereinstimmend die naive theologische Lehre, die gegenwärtig (in geeigneter Verkleidung) in jedem Lehrbuch der Thermodynamik gefunden werden kann, als gar zu kindlich zurückweisen, nämlich, daß Gott vor einigen Trillionen Jahren das Weltall einmalig in Bewegung gesetzt und seitdem dem Spiel des Zufalls überlassen habe. Man sollte diese Behauptung für das ansehen, was sie ist: für eine Arbeitshypothese der Thermodynamik, nicht aber für ein Glaubensbekenntnis. Sie gehört zu den Schlußfolgerungen, denen man auf Grund der Logik nicht ausweichen kann – nur leidet sie an dem Nachteil, daß man sie nicht zu glauben vermag. Es ist mir als Wissenschaftler einfach unmöglich, anzunehmen, daß die gegenwärtige Ordnung der Dinge mit einem plötzlichen Ruck entstanden sein soll; und als Mensch fühle ich einen ebenso

> großen inneren Widerstand gegen die Annahme, göttliches Walten könne unbeständig sein. Doch kann ich auch keine bessere Lösung des Problems vorschlagen.

Eddingtons wissenschaftliche Intuition, daß »die gegenwärtige Ordnung der Dinge« nicht »mit einem plötzlichen Ruck entstand«, war gut begründet. Die vorhergehende Überlegung scheint zu beweisen, daß die Welt sich aus »einem Zustand, der in der Vergangenheit getrennter, organisierter war, als er es heute ist« entwickelt habe, aber sie ist trügerisch. Bevor wir den Trugschluß aufdecken, möchte ich jedoch ein ebenso trügerisches Gegenargument vorstellen, das sich unter Philosophen einiger Beliebtheit erfreut. Schlicht gesagt lautet es so: Das Weltall ist kein abgeschlossenes System. Der Zweite Hauptsatz wurde für abgeschlossene Systeme formuliert und geprüft. Deshalb gilt der Zweite Hauptsatz für das Weltall nicht.

Der Zweite Hauptsatz ist jedoch nicht nur ein Gesetz über abgeschlossene Systeme. Sonst wäre er nicht zu viel nütze, denn man findet in der Natur keine abgeschlossenen Systeme. Er ist auch nicht lediglich ein Gesetz, das für »ideale« abgeschlossene Systeme gilt, wie zum Beispiel die mathematische Theorie reibungsloser Flüssigkeiten nur für ideale Flüssigkeiten gilt. Der Zweite Hauptsatz macht eine Aussage über *Prozesse*. Er besagt, daß alle natürlichen makroskopischen Prozesse Entropie erzeugen. Natürlich läßt sich das nicht für alle vorstellbaren Prozesse bestätigen, und wie wir in Kapitel 3 sahen, *gibt* es Situationen – meistens recht künstliche –, in denen die Entropie, wie sie normalerweise definiert wird, jedenfalls eine Weile lang nicht zunimmt. Trotz dieser Warnungen können wir darauf vertrauen, daß die gesamte Entropieerzeugung innerhalb eines jeden Bereichs, der groß genug ist, um für das Universum repräsentativ zu sein, in der Tat positiv ist und auch immer positiv war. So also sollte die Behauptung von Clausius, daß »die Entropie des Weltalls nach einem Maximum strebt«, verstanden werden – und so war sie vermutlich auch gemeint.

## Unordnung und Ordnung

Es folgt jedoch nicht, daß das Weltall anfangs geordneter war als heute. Weiter oben haben wir Ordnung als das Fehlen von Unordnung definiert. Ordnung liegt also immer dann vor, wenn die größte mögliche Unordnung, die mit gegebenen Grenzbedingungen verträglich ist, die tatsächliche Unordnung übertrifft. Die vorhandene Ordnung wird durch die Größe des Unterschieds wiedergegeben. In Symbolen gilt, wenn $U$ die Unordnung bezeichnet (die durch die Boltzmannsche Regel gegeben ist: Die Unordnung eines Makrozustands ist der Logarithmus der Zahl seiner mikroskopischen Realisierungen oder Komplexionen) und $U_{max}$ den unter bestimmten Bedingungen größten möglichen Wert von $U$, dann ist die Differenz $U_{max} - U$, die ich $I$ (für *Information*) nennen will, ein Maß der Ordnung:

$$I = U_{max} - U.$$

In thermodynamischen Zusammenhängen können wir die Unordnung geeignet definierter makroskopischer Zustände mit der Entropie gleichsetzen; die Begriffe Unordnung und Information gelten jedoch, wie wir in Kapitel 2 sahen, in umfassenderen Zusammenhängen. Nach dem Zweiten Hauptsatz *erzeugen* makroskopische Prozesse Entropie und vergrößern damit den Wert von $U$. Deshalb zerstören makroskopische Vorgänge die in $I$ enthaltene makroskopische Information. Information wird jedoch durch jeden Vorgang erzeugt, der die Größe $U_{max}$ anwachsen läßt, die größtmögliche Unordnung, die ein vorgegebenes System unter bestimmten Bedingungen haben kann. Gibt es solche Prozesse?

Betrachten wir das in Abbildung 8.3 dargestellte System: Eine große Kugel ist bis auf einen viel kleineren gasgefüllten Ballon in ihrer Mitte leer. Anfangs ist die Luft im Ballon im Gleichgewicht. Ihre Entropie ist infolgedessen so groß, wie es unter den Umständen nur möglich ist, und das System ist ungeordnet. Man stelle sich jetzt vor, das Gas, mit dem der Ballon gefüllt ist, sei ein ideales Gas, dessen Moleküle nicht miteinander wechselwirken. Plötzlich platzt der Ballon, und die Moleküle stieben in alle Richtungen auseinander, ohne jedoch miteinander wechselzu-

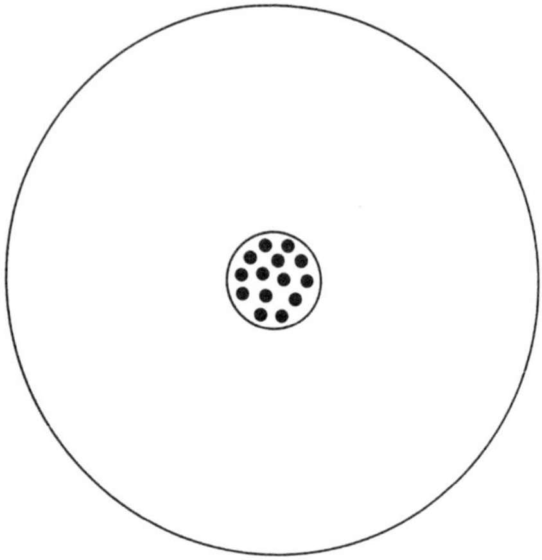

Abb. 8.3: Ein gasgefüllter Ballon in der Mitte einer sonst leeren Kugel.

wirken. Jedes Molekül bewegt sich mit der Geschwindigkeit, die es in dem Augenblick hatte, in dem der Ballon platzte – jedenfalls, bis es von innen an die große Kugel stößt. Gerade bevor das erste Molekül ankommt, sind die Geschwindigkeiten der Moleküle so verteilt, wie Abbildung 8.4 es zeigt. Mit Ausnahme der langsamsten Moleküle entfernen sich fast alle radial von der Mitte und ordnen sich entsprechend ihrer Anfangsgeschwindigkeiten von selbst in konzentrischen Schalen an, wobei die schnellsten Moleküle am weitesten vom Zentrum entfernt sind. Dies ist offensichtlich ein geordneter Stand der Dinge. Die Bewegungen der Moleküle sind weit davon entfernt, ungeordneter zu sein, und ihre räumliche Verteilung ist weit davon entfernt, homogen zu sein (die mittlere Dichte der Moleküle ist in der Kugelmitte am größten und an der Oberfläche am kleinsten). Was ist passiert?

Der Grad der Unordnung des Gases ist unverändert, aber die größtmögliche Unordnung hat zugenommen, weil jedem Molekül ein viel größeres Volumen zugänglich ist als zuvor. (Die mittlere Energie der Moleküle bleibt während der Ausdehnung des Gases gleich, deshalb ändert sich das zugängliche Volumen des »Geschwindigkeitsraums« nicht.) Wenn sich das Gas in dem

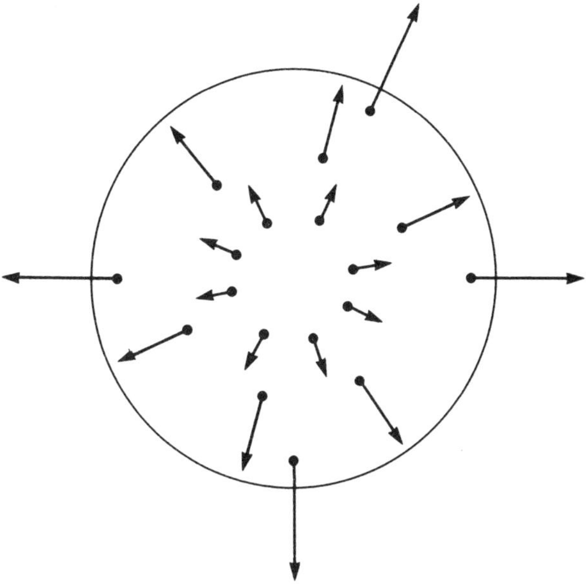

Abb. 8.4: Eine geordnete Verteilung von Molekülgeschwindigkeiten entwickelt sich aus einer anfänglich zufälligen Verteilung heraus. Mit Ausnahme der langsamsten Moleküle laufen alle radial nach außen. Die am weitesten vom Zentrum entfernten Moleküle sind am schnellsten.

neu zugänglichen Bereich jenseits der ursprünglichen Grenze ausdehnt, öffnet sich eine Kluft zwischen der größten zugelassenen und der tatsächlichen Unordnung. Dieser Unterschied repräsentiert Ordnung, die sich in der nicht homogenen räumlichen Verteilung der Moleküle und der geordneten Verteilung ihrer Geschwindigkeiten zeigt.

Wenn die Moleküle an der inneren Grenze ihres kugeligen Behälters abprallen, werden ihre Raumverteilung und ihre Geschwindigkeit allmählich ungeordneter. Die Unordnung des Gases nimmt bis zu einem zulässigen Höchstwert zu; schließlich stellt sich ein neues Gleichgewicht ein, in dem die beiden überall gleich sind. Abbildung 8.5 veranschaulicht die Veränderungen von $U$, $U_{max}$ und $I$.

Nehmen wir an, daß der Ballon nicht platzt, sondern sich

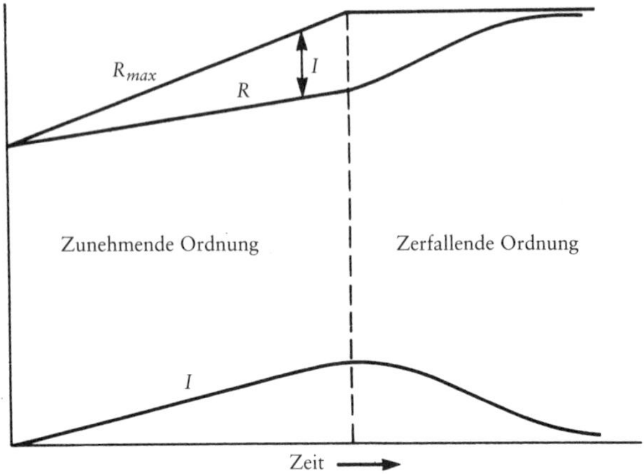


Abb. 8.5: Zunahme und Zerfall der Ordnung in der Verteilung der Molekülgeschwindigkeiten. Wenn die Moleküle im leeren Bereich zwischen dem Ballon und der Kugelfläche sind, wird ihre Verteilung geordneter. Der Grad der Unordnung $U$ der molekularen Verteilung wächst langsamer als $U_{max}$, der größtmögliche Wert. Nachdem die ersten Moleküle die Kugelschale erreicht haben, (gestrichelte Linie) bleibt $U_{max}$ konstant, während $Z$ rascher zunimmt. Deshalb nimmt die Information $I$, der Unterschied zwischen $U_{max}$ und $U$, auf Null ab. Man beachte, daß die Unordnung weiter zunimmt, solange sie unter ihrem Maximalwert bleibt.

allmählich ausdehnt, bis er die große Kugel ausfüllt. Dann würden $U_{max}$ und $U$ mit derselben Geschwindigkeit zunehmen; zwischen ihnen würde kein Unterschied sein, und es würde keine Ordnung erzeugt. Wir können uns auch Situationen vorstellen, die zwischen den beiden Extremen liegen, in denen Unordnung und Ordnung gleichzeitig erzeugt werden, wenn das Volumen des Zustandsraums, der dem Gas zugänglich ist, zunimmt. All diese Möglichkeiten werden in Abbildung 8.5 veranschaulicht; aus ihr können wir die beiden Bedingungen ablesen, die erfüllt sein müssen, damit Ordnung entstehen kann. Die maximale Unordnung $U_{max}$ muß zunehmen, und sie muß rascher zunehmen als die Unordnung $U$ selbst.

Der letzte Grund für die Ordnung im Weltall ist die kosmische Ausdehnung. (Boltzmann hatte recht mit seinem Schluß, daß in einem statischen Universum – zu seinen Lebzeiten hätte sich niemand einen expandierenden oder kontrahierenden Raum denken können – Ordnung nur zerfallen kann.) Die Vorgänge, durch die die kosmische Expansion Ordnung erzeugt, sind subtiler als jene, die wir eben betrachtet haben, beruhen aber auf ähnlichen Grundlagen. Die kosmische Expansion führt zu chemischer Ordnung und zu struktureller Ordnung, und diese beiden Arten von Ordnung unterscheiden sich deutlich. Chemische Ordnung manifestiert sich im Übergewicht des Wasserstoffs im Weltall, strukturelle Ordnung in der höchst ungleichförmigen räumlichen Materieverteilung.[6] Heute verstehen wir die Vorgänge recht gut, die chemische Ordnung schaffen, wenn auch manche Einzelheiten noch umstritten sind, jene jedoch, die strukturelle Ordnung schaffen, verstehen wir nur schlecht, und an ihnen entdecken wir viele Widersprüche. Wir beginnen deshalb mit der chemischen Ordnung.

## Chemische Ordnung

Warum ist die Tatsache, daß das Weltall vor allem aus Wasserstoff besteht, ein Anzeichen für Ordnung? Wir erinnern uns, daß Ordnung die Abwesenheit von Unordnung ist. Wir haben schon mehrere Arten von Unordnungen erörtert, nämlich in der räumlichen Verteilung der Moleküle, in der Verteilung der Molekulargeschwindigkeiten und in der Verteilung der Photonenergie. Chemische Ordnung besteht im Fehlen chemischer Unordnung.

Um diesen Gedanken zu erfassen, denken wir uns eine Mischung aus Wasserstoff und Sauerstoff in einem isolierten Behälter. Unter gewöhnlichen Bedingungen bestehen Wasserstoff und Sauerstoff aus Molekülen, die je zwei identische Atome enthalten, und unter gewöhnlichen Bedingungen vermischen sich die beiden Arten von Molekülen nur, ohne chemisch miteinander zu reagieren. Aber es gibt natürlich noch andere Möglichkeiten der Anordnung der atomaren Bausteine. Es könnte zum Beispiel ein Teil des Wasserstoffs und des Sauerstoffs in atomarer Form vorliegen, oder ein Teil könnte in Wassermolekülen gebunden sein, und die Verhältnisse könnten noch komplizierter sein. Der

Einfachheit zuliebe nehmen wir an, daß es nur Wasserstoff-, Sauerstoff- und Wassermoleküle gibt und daß es doppelt so viele Wasserstoffmoleküle gibt wie Sauerstoffmoleküle. Wir können jetzt annehmen, die Anzahl der Wasserstoff- und Sauerstoffatome, die Größe des Gefäßes und die Temperatur des Gases, wenn (sagen wir) keine Wassermoleküle vorhanden sind, sei vorgegeben; dann fragen wir: Bei welchem Verhältnis von Wassermolekülen zu Wasserstoffmolekülen ist die Unordnung der Mischung am größten?

Man könnte zunächst vermuten, daß der Zustand, in dem die Gesamtmenge der Moleküle am größten ist, auch der ungeordnetste ist. Es trifft zu, daß eine Vermehrung der Anzahl der Teilchen die Anzahl der Möglichkeiten vergrößert, wie eine Ansammlung von Teilchen auf die Mikrozellen eines Kastens verteilt sein kann, weil jedes Teilchen einen Faktor beiträgt, der gleich der Anzahl der Mikrozellen ist. Wenn aber zwei Wasserstoffmoleküle und ein Sauerstoffmolekül sich zu zwei Wassermolekülen verbinden (wobei sich die Anzahl der Moleküle von drei auf zwei verringert), wird eine bestimmte Energiemenge freigesetzt, und die Gastemperatur nimmt entsprechend zu. *Dies wiederum vergrößert den Bereich der Molekülgeschwindigkeiten.* Die Bildung von Wassermolekülen läßt also den räumlichen Beitrag zur Unordnung abnehmen, erhöht aber den »kinetischen« (also den Beitrag, der mit der Verteilung von Molekülen im Geschwindigkeitsraum verknüpft ist). Weil Unordnung und Ordnung komplementäre Größen sind, folgt, daß die Bildung von Wasserstoffmolekülen die räumliche Ordnung der Molekülmenge vermehrt, ihre kinetische Ordnung jedoch verringert.

Welche Wirkung eintritt, hängt von der Temperatur und der Konzentration der verschiedenen Moleküle ab. Niedrige Temperaturen und hohe Dichten fördern die Ansammlung, hohe Temperaturen und niedrige Dichten die Trennung. Bei hohen Temperaturen haben die zufälligsten Zustände der Wasserstoff- und Sauerstoffatome einen geringen Anteil an Wassermolekülen, bei niedrigen Temperaturen einen hohen. Bei noch niedrigeren Temperaturen ist der zufälligste Zustand einer, in dem die Moleküle selbst in einem Kristall (Eis) gebunden sind. Wenn eine unterkühlte Flüssigkeit kristallisiert, *nimmt die Ordnung insge-*

*samt ab*. Die größere kinetische Unordnung der Moleküle, die im Kristallgitter um ihre mittleren Positionen herum schwanken, macht die größere räumliche Ordnung mehr als wett.

Chemische Reaktionen neigen wie alle anderen spontanen Prozesse dazu, die Unordnung zu vergrößern. Wenn ein isoliertes System in seinem Zustand größter Unordnung ist, kann sich weder seine chemische Zusammensetzung noch irgend eine andere statistische Eigenschaft spontan verändern, weil jeder spontane Prozeß Unordnung erzeugen würde, und das ist unmöglich. Zustände mit maximaler Unordnung sind also Gleichgewichtszustände.

Im Prinzip gilt auch die Umkehrung. Gleichgewichtszustände sind maximal ungeordnet. Praktisch kann jedoch ein System, das weit vom *chemischen* Gleichgewicht entfernt ist, auf unbestimmte Zeit in diesem Zustand bleiben. So reagieren zum Beispiel Wasserstoff und Sauerstoff bei gewöhnlichen Temperatur- und Druckverhältnissen nicht chemisch, obwohl die Bildung von Wassermolekülen die Unordnung einer Mischung der beiden Gase vergrößern würde. Analog ist ein Stück trockenes Holz nicht im chemischen Gleichgewicht mit der umgebenden Luft, aber es beginnt erst zu brennen, wenn seine Temperatur über einen bestimmten kritischen Wert hinausgeht.

Wir sind jetzt in der Lage, den Ursprung der chemischen Ordnung zu verstehen. Das frühe Universum war nicht mit Atomen und Molekülen bevölkert, sondern mit Neutronen, Protonen, Elektronen, Neutrinos, Photonen und exotischeren Teilchen. Aber die Grundsätze, die die Kombinationen und Umordnungen dieser Bausteine bei Reaktionen von Elementarteilchen bestimmen, sind dieselben wie jene, die für die Kombinationen und Umordnungen von Atomen bei heutigen chemischen Reaktionen gelten. Eine typische Reaktion wird durch die Formel

$$p + e \leftrightarrow n + v$$

beschrieben. Hier steht $p$ für ein Proton, $e$ für ein Elektron, $n$ für ein Neutron und $\pi$ für ein Neutrino. Der Doppelpfeil zeigt an, daß die Reaktion in beide Richtungen verlaufen kann: Ein Proton und ein Elektron können zusammenkommen und ein

Neutron und ein Neutrino bilden, oder ein Neutron und ein Neutrino können zusammenkommen und ein Proton und ein Elektron bilden.

Im Gleichgewicht laufen diese beiden Reaktionen gleich häufig ab, so daß sich das Verhältnis zwischen der Anzahldichte der Protonen und der Neutronen nicht verändert. Nehmen wir an, dieses Verhältnis habe zu einem bestimmten Augenblick den Wert, der bei der vorherrschenden Temperatur und Dichte des kosmischen Mediums einem Gleichgewicht entspricht. Wenn sich das Weltall weiter ausdehnt, nehmen seine Dichte und Temperatur ab, und der Wert des Verhältnisses von Protonen zu Neutronen, der dem Gleichgewicht entspricht, verändert sich. Auch sein *tatsächlicher* Wert ändert sich, weil die Reaktionsraten der Abläufe in den beiden Richtungen nicht länger gleich sind, und zwar verändert er sich in Richtung auf das Gleichgewicht (die Bedingung der größten Unordnung) hin. Ob jedoch das Gleichgewicht wirklich wiederhergestellt wird, hängt davon ab, ob die Reaktionen rasch genug ablaufen und mit den veränderten Bedingungen Schritt halten können. Wenn sie das nicht tun, klafft eine Lücke zwischen der größten Unordnung (die dem chemischen Gleichgewicht entspricht) und der wirklichen Unordnung; so entsteht chemische Ordnung.

Die Durchschnittsrate, mit der ein Proton mit Elektronen kollidiert, ist proportional zur Anzahl der Elektronen pro Einheitsvolumen, und diese wiederum ist proportional zur Massendichte des kosmischen Mediums. Entsprechend ist die Durchschnittsrate, mit der ein Neutron mit Neutrinos kollidiert, proportional zur Massendichte. Es folgt jedoch aus Einsteins Gravitationstheorie, daß das kosmische Medium sich mit einer Geschwindigkeit ausbreitet, die proportional ist zur Quadratwurzel der Massendichte. Die Ablaufgeschwindigkeiten der Reaktionen, die ein Gleichgewicht zu wahren suchen, sind also für Veränderungen in der Massendichte anfälliger als die der kosmischen Ausdehnung, die das Gleichgewicht eher zerstört.

Die Reaktionsraten hängen von der Temperatur und von der Dichte ab. Im allgemeinen nehmen sie mit zunehmender Temperatur zu. Weil die Temperatur des kosmischen Mediums abnimmt, wenn sich das Weltall ausdehnt, verstärken die beiden

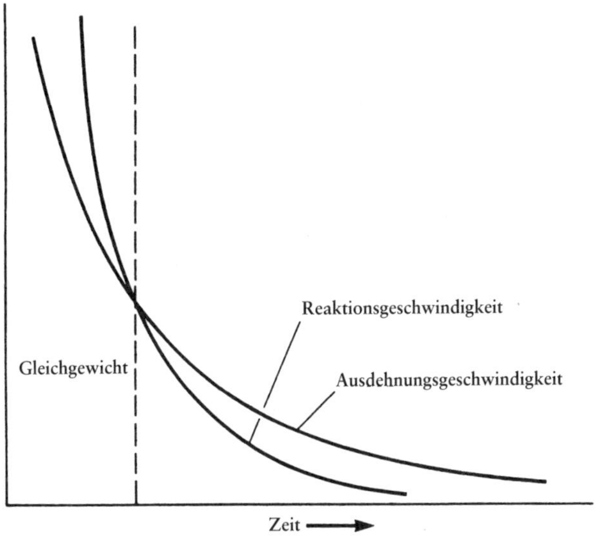


Abb. 8.6: Wenn wir in die Vergangenheit blicken, sehen wir, wie die Ablaufgeschwindigkeiten der das Gleichgewicht erhaltenden Reaktionen schneller zunehmen als die kosmische Expansion. Bei jeder Reaktion gibt es eine kritische Epoche (gestrichelte Linie). Zu früheren Zeiten ist die Reaktion schnell genug, um ein Gleichgewicht der an der Reaktion beteiligten Teilchen zu wahren, später jedoch nicht. Chemische Ordnung entsteht, wenn die Ablaufgeschwindigkeit einer das Gleichgewicht bewahrenden Reaktion unter die der kosmischen Ausdehnung fällt.

Auswirkungen der kosmischen Ausdehnung – abnehmende Temperatur und abnehmende Dichte – einander.

Folglich müssen also die Ablaufgeschwindigkeiten der das Gleichgewicht bewahrenden Reaktionen zu Beginn der kosmischen Ausdehnung die der kosmischen Ausdehnung übertroffen haben. Schließlich jedoch muß die Geschwindigkeit einer vorgegebenen, das Gleichgewicht erhaltenden Reaktion kleiner werden als die der kosmischen Ausdehnung, wie Abbildung 8.6 zeigt. Die Kurve, die die Reaktionsgeschwindigkeit darstellt, ist steiler als die Kurve für die Expansionsgeschwindigkeit. Die beiden Kurven schneiden sich irgendwann. Vor diesem

Zeitpunkt liefen die Reaktionen in beiden Richtungen schnell genug ab, um das Verhältnis von Protonen und Neutronen bei der vorherrschenden Temperatur und Dichte in der Nähe des Gleichgewichts zu halten; nach dieser Zeit spielten diese Reaktionen für den Chemiehaushalt keine wesentliche Rolle mehr.

Eine ähnliche Überlegung gilt für jede Reaktion, an der zwei oder mehr Teilchen beteiligt sind. Jede solche Reaktion enthält Gleichgewichtskonzentrationen der Teilchen, die durch die Reaktion erschaffen oder zerstört werden, bis ihre Geschwindigkeit mit der der kosmischen Expansion vergleichbar ist, und hört dann auf, wirksam zu sein. *In den Frühstadien der kosmischen Ausdehnung, und auch nur dann, herrschte also ein chemisches Gleichgewicht. Die chemische Ordnung war nicht zu Beginn vorhanden; sie wurde durch die kosmische Ausdehnung erschaffen.*

Diese Überlegungen zeigen übrigens, daß der Beginn der kosmischen Expansion kein »Urknall« war, sondern ein außerordentlich sanfter – wenn auch außerordentlich schneller – Druckabfall. Ein Knall, also eine Explosion, führt zu großen und plötzlichen Abweichungen vom chemischen, thermischen und Druckgleichgewicht; das kosmische Medium begann seine Ausdehnung in einem Zustand, in dem es in bezug auf die chemischen, thermischen und die Druckverhältnisse in einem Gleichgewicht war; es kam erst dann allmählich aus dem chemischen Gleichgewicht, als sich die Ausdehnung verlangsamte.

Chemische Ordnung steckt in den Abweichungen vom chemischen Gleichgewicht. Diese trockene und technische Definition könnte den Eindruck vermitteln, daß die chemische Ordnung wenig mit den Formen natürlicher Ordnung zu tun hat, die wir um uns herum sehen – die Ordnung eines lebenden Planeten mit seinen Meeren und Flüssen, seinen Bergen und Ebenen, seiner Vielfalt der Lebensformen. Aber dieser Eindruck trügt. Die Erde ist genau deshalb ein lebender Planet, weil vor etwa 15 Milliarden Jahren, als das Weltall noch sehr jung war, chemische Ordnung entstand. Ohne Sonnenlicht könnte es weder Leben geben noch eine der Veränderungen, die das Leben in der Natur bewirkt hat. Das Sonnenlicht ist ein Nebenprodukt des Wasserstoffbrennens im Kern der Sonne. Und es gibt im heutigen Weltall in solcher Fülle Wasserstoff, weil die Kernreaktionen, die im frühen Universum Wasserstoff in Helium und in schwerere Elemente umgewandelt haben, nicht mit der kosmischen Expansion Schritt halten konnten.

Das heutige Übergewicht des Wasserstoffs gibt einen Hinweis auf die physikalischen Bedingungen, die im frühen Universum vorherrschten – aber einen Hinweis, dessen Bedeutung nicht klar ist. Bevor wir uns damit beschäftigen, betrachten wir den zweiten wichtigen Typ von Ordnung, der durch die kosmische Ausdehnung erschaffen wurde.

## Strukturelle Ordnung

Warum ist die Materie im Weltall so außerordentlich klumpig verteilt? Zu Beginn war das kosmische Medium sicherlich gasförmig und fast – wenn nicht vollkommen – gleichmäßig verteilt. Warum ist es nicht so homogen geblieben?

Offensichtlich muß der heutige Mangel an Gleichförmigkeit mit der Schwerkraft zu tun haben. Das kosmische Medium ist in einem enormen Größenbereich, von den kleinen Festkörpern des Sonnensystems bis zu den großen Superhaufen von Galaxien, klumpig, und in all diesen Größenordnungen ist die Schwerkraft die Kraft, die alles zusammenhält, der Klebstoff, der astronomische Systeme am Auseinanderfliegen hindert. Das läßt vermuten, eine Neigung zur Klumpenbildung sei eine »natürliche« Eigenschaft eines sich ausdehnenden, anfangs homogenen Gases, das den ganzen Raum ausfüllt, etwa so, wie das Gerinnen eine natürliche Eigenschaft des Blutes ist.

Newton glaubte, ein gleichförmiges *statisches* Medium würde Klumpen bilden:

> [Es] kommt mir so vor, daß dann, wenn die Materie unserer Sonne und Planeten und all die Materie des Universums gleichmäßig über den ganzen Himmel verteilt wäre und der ganze Raum, durch den diese Materie verteilt ist, nur endlich wäre, die Materie auf der Außenseite dieses Raums aufgrund ihrer Schwerkraft zur Materie im Inneren hingezogen werden und folglich in die Mitte des

> ganzen Raums fallen und dort eine große kugelförmige Masse bilden müßte. Wenn aber die Materie gleichmäßig durch einen unendlichen Raum verteilt ist, könnte sie niemals zu einer einzigen Masse werden, sondern ein Teil würde eine Masse bilden und ein anderer Teil eine andere, so daß sich unendlich viele große Massen bilden, die in großen Entfernungen voneinander durch den ganzen unendlichen Raum verteilt sind. Und so könnten die Sonne und die Fixsterne gebildet worden sein, wenn wir annehmen, daß die Materie von leuchtender Art ist.[7]

Newton unterwarf diese Idee niemals einer strengen Analyse, was vielleicht daran lag, daß es im Rahmen seiner Gravitationstheorie keine eindeutige und widerspruchsfreie Beschreibung eines gleichförmigen, unbegrenzten Mediums gibt. Einsteins Theorie macht jedoch eine solche Beschreibung möglich und sagt vorher, daß ein gleichförmiges unbeschränktes Medium nicht statisch sein kann; es muß sich entweder ausdehnen oder zusammenziehen. Es stellt sich daher die Frage, ob ein anfänglich homogenes, sich unbeschränkt ausdehnendes Gas je Klumpen bilden würde.

Wenn das Gas zu Beginn *völlig* homogen gewesen wäre, würde es homogen bleiben. Vollkommene Homogenität ist jedoch ein unerreichbares Ideal. In jedem Zimmer schwankt die Anzahl der Luftmoleküle pro Kubikzentimeter von einem Ort und von einem Augenblick zum anderen. Diese Zufallsschwankungen gehorchen statistischen Gesetzen, die wir gut verstehen; zu ihnen gehört das Gesetz von der »Quadratwurzel aus *N*«, wonach die Zufallsschwankungen der Zahl *N* der mittleren Anzahl von Molekülen in einer Stichprobe wahrscheinlich in der Nähe der Quadratwurzel von *N* liegen. Wenn also die mittlere Anzahl von Molekülen in einer Stichprobe neun beträgt, liegt diese Anzahl höchstwahrscheinlich zwischen sechs und zwölf. Ein Kubikzentimeter Luft bei Zimmertemperatur und -druck enthält etwa $10^{19}$ Moleküle, so daß die tatsächliche Zahl sich wahrscheinlich um die Quadratwurzel von $10^{19}$, also etwa $3 \times 10^{9}$ vom Mittelwert unterscheidet. Die entsprechenden anteiligen Schwankungen – der Quotient aus der Fluktuation und ihrem Mittelwert – sind also sehr klein, etwa $3 \times 10^{-10}$. Betrachten wie als ein weiteres Beispiel die Sonne mit ihren etwa $10^{57}$ Wasserstoffatomen. Zufallsschwankungen, die diese Menge von Atomen enthalten, wären nur im Verhältnis von drei zu $10^{29}$ überdicht gewesen. Und sie würden viel zu langsam gewachsen sein, als daß sie in der zur Verfügung stehenden Zeit eine meßbare Ungleichförmigkeit hätten erzeugen können. *Deshalb kann die Gravitationsanziehung allein die Klumpenstruktur des astronomischen Weltalls nicht erklären.*

Und doch muß die Gravitation bei der Hierarchisierung selbstgravitierender Systeme eine Hauptrolle gespielt haben. Keine andere Kraft hätte in solch großem Maßstab oder in so vielen Größenordnungen zu solchen Strukturen führen können.

Die Struktur von Kristallen, Molekülen, Atomen und Atomkernen ist in gewisser Weise durch die Gesetze der Quantenphysik festgelegt. Wir können die Struktur von Eis oder molekularem oder atomarem Wasserstoff *vorhersagen*, ohne irgendetwas über die Art und Weise zu wissen, wie sich diese Substanzen in der Natur wirklich bilden. Die Gesetze der Quantenphysik ermöglichen es uns vorherzusagen, bei welchen Temperatur- und Druckverhältnissen Wasser kristallisiert und molekularer Wasserstoff in seine Atome zerfällt. Die vorangehende Überlegung sagt uns, daß die astronomische Struktur nicht in den Gesetzen der Schwerkraft steckt. Die Bildung astronomischer Strukturen ist ein *historischer Vorgang*: Wir können sie erst hoffen zu verstehen, wenn wir verstanden haben, unter welchen Umständen es dazu kommen konnte. Es genügt nicht zu wissen, daß die Gravitation dabei die Hauptrolle spielte. Wir müssen auch den Schauplatz kennen und wissen, wer die Nebenrollen spielt.

## Der kosmische Mikrowellenhintergrund

Für die Evolution des Kosmos gibt es zwei völlig verschiedene Bühnenbilder. Wir beginnen mit dem »heißen« Szenario, das von den meisten Kosmologen bevorzugt wird. Es wird oft das »Standardmodell« genannt, obwohl es, wir wir sehen werden, viele Fassungen davon gibt, von denen jede auf ernsthafte Schwierigkeiten gestoßen ist.

Alle Fassungen des Standardmodells gehen von einer Hypothese aus, die die *kosmische Hintergrundstrahlung* zu erklären versucht, ein 1965 entdecktes Kennzeichen des astronomischen Universums. Diese Hintergrundstrahlung erscheint uns in allen Richtungen gleich hell. Sie ist ein wie eine dünne Schicht über den ganzen Himmel verteilter, fast vollkommen gleichförmiger Hintergrund. Die einzigen uns bekannten Abweichungen von der Gleichförmigkeit lassen sich durch die Bewegung der Erde relativ zu diesem Strahlungsmeer erklären: Der Hintergrund ist in Richtung der Erdbahn heller (um etwa ein Zehntel Prozent) und in der entgegengesetzten Richtung um den gleichen Betrag schwächer. (Eine Lichtquelle erscheint heller, wenn wir uns auf sie zu bewegen, weil die Relativbewegung sowohl die Geschwindigkeit, mit der wir Photonen empfangen, als auch die Frequenz jedes Photons vergrößert.)

Weil weder Beobachtung noch Theorie einen Grund für die Annahme liefern, daß die Erde oder irgendeines der größeren Systeme, zu denen sie gehört, im Weltall eine Sonderstellung einnehmen, können wir mit gutem Grund annehmen, daß dieses Strahlungsmeer in allen Richtungen auch für jeden anderen Beobachter gleich hell erscheint, wenn wir von den kleinen Verzerrungen absehen, die durch die Bewegung dieses Beobachters relativ zu diesem Strahlungsmeer verursacht werden. Es folgt, daß das Meer auch vollkommen *homogen* sein muß: Die Photonendichte oder die Dichte der strahlenden Energie muß in jedem Punkt gleich sein. Denn wenn sie von einem Punkt zum anderen schwankte, würden einige Beobachter im Widerspruch zu unserer Annahme in der Lage sein, *Richtungs*schwankungen der Helligkeit zu entdecken.

Die Hintergrundstrahlung hat eine zweite bemerkenswerte Eigenschaft. Ihr Spektrum ist innerhalb der jetzt sehr kleinen Meßunsicherheiten nicht zu unterscheiden von demjenigen der Schwarzkörperstrahlung mit einer Temperatur von 2,7 Kelvin – also 2,7 Grad über dem absoluten Nullpunkt. Messungen des Cosmic Background Explorer (COBE) Satelliten zeigten 1990, daß das Spektrum bei allen wesentlichen Wellenlängen um weniger als ein Hundertstel vom Spektrum der kosmischen Mikrowellen-Hintergrundstrahlung von 2,726 K abweichen. Bei dieser Temperatur hat die Schwarzkörperstrahlung (Kapitel 5) bei einer Wellenlänge von etwa 1 Millimeter ihr Maximum.

Die Homogenität, die Isotropie und das Hintergrundspektrum lassen insgesamt darauf schließen, daß die Strahlung einer Schwarzkörperstrahlung sehr nahe kommt. Dieser Schluß ist gewichtiger, als es auf den ersten Blick scheinen mag, weil Schwarzkörperstrahlung nur unter ganz bestimmten Bedingungen zustande kommt – zum Beispiel in lichtundurchlässigen Kästen, deren Wände eine gleichbleibende Temperatur haben, oder tief im Sterninneren, wo die physikalischen Bedingungen jenen in einem Schwarzen Kasten ähneln. Die Sonnenstrahlung hat nur näherungsweise das Spektrum einer Schwarzkörperstrahlung. Ihr Spektrum ähnelt (wenn auch nicht sehr) dem eines Schwarzen Körpers bei einer Temperatur von 6 000 Kelvin, der Temperatur der sichtbaren Sonnenoberfläche. Aber die Energiedichte des Sonnenlichts an der Erdoberfläche ist weitaus geringer, als sie es in einem Kasten wäre, dessen Wände die konstante Temperatur von 6000 K hätten. Nun ist das heutige Weltall für die Hintergrundstrahlung genau so durchlässig wie für gewöhnliches Licht. Wir leben nicht in etwas, das einem Schwarzen Kasten oder einem undurchsichtigen Gas entspricht. Die Hintergrundstrahlung kann ihre deutlichen Schwarzkörpereigenschaften nicht unter heutigen Bedingungen angenommen haben. *Die Hintergrundstrahlung muß ein Überbleibsel aus einer früheren Periode der kosmischen Geschichte sein, in der das Weltall viel dichter und undurchsichtiger war.*

Wir erörterten weiter oben den Wettbewerb zwischen chemischen Reaktionen, die dazu neigen, die Kombinationen atomarer und subatomarer Bausteine so zufällig wie möglich zu machen, und der kosmischen Ausdehnung, die fortwährend die Bedingungen (Temperatur und Dichte) verändert, die die ungeordnetste Anordnung der Bausteine darstellt. Wir sahen, daß ein chemisches Gleichgewicht (in dem diese Anordnung so zufällig ist wie möglich) so lange besteht, wie die Reaktionsgeschwindigkeiten, die es aufrechterhalten, die Geschwindigkeit der kosmischen Ausdehnung übertreffen. Analoge Überlegungen gelten für die Prozesse, durch die Strahlung möglichst ungeordnet wird. Strahlung wird durch ihre Wechselwirkung mit Materie ungeordnet. Sonnenlicht zum Beispiel wird vom Land und den Meeren absorbiert und als Infrarotstrahlung wieder ausgeschickt, deren Photonen im Mittel nur ein Zwanzigstel der Energie der Sonnenlichtphotonen haben. Schwarzkörperstrahlung ist Strahlung, die durch die Wechselwirkung mit Materie völlig zufällig wurde. Absorptions- und Emissionsprozesse machen die Häufigkeitsverteilung der Photonen, die zum kosmischen Hintergrund gehören, vollkommen ungeordnet und passen die Energiedichte der Strahlung an die vorherrschende Temperatur an. Eine vollkommen ungeordnete Verteilung kann nur dann eintreten, wenn die Geschwindigkeiten dieser Vorgänge die der kosmischen Ausdehnung übertreffen; das durchschnittliche »Alter« eines Photons ist also kurz im Vergleich damit, wie lange ein kosmisches Medium eine Temperatur haben muß, um sich einen meßbaren Bruchteil zu ändern.

Wenn die chemische Reaktionsgeschwindigkeit unter die Ausdehnungsgeschwindigkeit fällt, werden die relativen Häufigkeiten der Reaktionsteilnehmer »eingefroren«. Hier endet die Ähnlichkeit zwischen chemischen Reaktionen und den Absorptions- und Emissionsprozessen, die den Strahlungshintergrund ungeordnet machten. Wenn die kosmische Strahlung aufhört, mit der Materie wechselzuwirken, wird ihr Spektrum nicht eingefroren. Wenn sich der Raum ausdehnt, dehnt sich mit ihm die Wellenlänge eines jeden Photons aus, als ob die Welle auf die Oberfläche eines sich ausdehnenden Ballons geschrieben wäre (Abbildung 8.7). (Dies ist der Grund für die kosmologische Rotverschiebung. Wenn wir eine ferne Galaxie beobachten, fangen wir Photonen ein, die schon lange unterwegs sind und deren Wellenlängen sich immerzu ausgedehnt haben.) Wie verändert die kosmische Ausdehnung das Spektrum des Strahlungshintergrunds, wenn die Strahlung nicht länger mit Materie in Wechselwirkung ist?

Merkwürdig genug bleibt Schwarzkörperstahlung auch dann Schwarzkörperstrahlung, wenn sich das Weltall ausdehnt, aber ihre *Temperatur* nimmt nach einem einfachen Gesetz fortwäh-

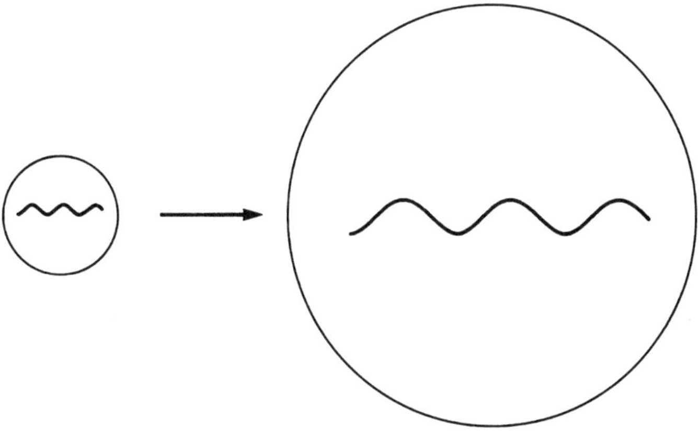

Abb. 8.7: Die Wellenlängen von Photonen in einem expandierenden Raum dehnen sich im selben Verhältnis aus wie der Raum selbst; es ist, als ob sie auf die Oberfläche eines Ballons aufgemalt wären, der aufgeblasen wird.

rend ab: Wenn der Radius einer Kugel, die eine bestimmte Menge Materie enthält, um einen bestimmten Faktor zunimmt, nimmt die Strahlungstemperatur um eben diesen Faktor ab. Als das Weltall tausendmal so dicht war wie heute, so daß eine Kugel mit einer festen Masse ein Zehntel ihres heutigen Radius hatte, betrug die Temperatur der Hintergrundstrahlung das Zehnfache ihres heutigen Werts – statt 2,7 K also 27 K. Wenn wir nun weit genug zurückschauen, müssen wir zu einer Zeit kommen, in der das Weltall sehr dicht war; die Hintergrundstrahlung konnte dann völlig zufällig verteilt sein, genau wie die Strahlung tief im Sterninneren völlig zufällig verteilt ist. Später wurde das Weltall durchsichtig, aber die Hintergrundstrahlung behielt ihr Schwarzkörperspektrum, während ihre Temperatur mit der Ausdehnung des Weltalls immer weiter abnahm. Der kosmische Strahlungshintergrund läßt sich deshalb als ein Überrest aus einer früheren, viel heißeren und dichteren Zeit in der Geschichte des Universums verstehen. Wieviel früher?

## Die Feuerball-Hypothese und der Ursprung der Struktur

Das Standardmodell geht von der Annahme aus, daß es schon in den frühesten Zeiten, in denen unsere heutigen physikalischen Gesetze galten, kosmische Hintergrundstrahlung gab. Wie sah das frühe Weltall nach dem Standardmodell aus?[8] Denken wir an eine Zeit, zu der die Materiedichte das $10^{39}$fache ihres heutigen Wertes hatte. Von damals bis heute hat sich der Radius einer Kugel, die eine feste Anzahl von Protonen enthält, um einen Faktor $10^{13}$ (die dritte Wurzel aus $10^{39}$) ausgedehnt. Entsprechend unserer vorhergehenden Überlegungen muß die Temperatur der Hintergrundstrahlung um denselben Faktor abgenommen und deshalb etwa $3 \times 10^{13}$ K betragen haben. Bei dieser Temperatur ist die Energie eines durchschnittlichen Photons auch dann etwas größer als die Energie eines durchschnittlichen Protons, wenn man den Energieanteil berücksichtigt, der in der Masse steckt. Aber es gibt mindestens 100 Millionen mal so viele Photonen wie Protonen, und dieses Verhältnis hat sich nicht geändert, weil weder Photonen noch Protonen neu erschaffen wurden. Es folgt, daß zu der Zeit, die wir betrachten, nur ein winziger Bruchteil der Massendichte im Weltall die Form von Materie hatte; der Rest war Strahlung. Zu noch früheren Zeiten machte die Materie einen noch kleineren Teil der Massendichte aus. Nach dem Standardmodell wurde das frühe Universum also von Strahlung beherrscht, und die Materie war eine vom Energiestandpunkt aus gesehen vernachlässigbare Unreinheit. Wie können wir aus dieser Sicht die Klumpenstruktur des heutigen Weltalls erklären?

Das ist nicht einfach. Ein homogenes Meer von Strahlung ist für das Wachstum von zufälligen Dichteschwankungen noch weniger günstig als ein Gas. Der Schluß ist unausweichlich, daß es Dichteschwankungen, die groß genug waren, um zur heutigen Klumpenbildung geführt zu haben, schon gegeben haben muß, bevor unsere heutigen physikalischen Gesetze galten. Wie sahen diese Dichteschwankungen aus?

Es gibt zwei extreme Möglichkeiten. Wir können eine *ungleichförmige* Verteilung von Materieteilchen fordern, die, wie

Rosinen in einem Hefeteig, in ein *gleichförmiges* Strahlungsmeer eingebettet waren. Oder wir können fordern, daß das Verhältnis von Materie zu Strahlung überall denselben Wert hatte, die Dichte der Strahlungsenergie jedoch nicht gleichförmig war. Die erste logische Möglichkeit scheint in eine theoretische Sackgasse zu führen. Bis heute hat noch niemand eine Hypothese aufstellen können, die jene Schwankungen in der Materiedichte plausibel erklärt, die nicht von Schwankungen der Strahlung begleitet sind, in die die Materie eingebettet ist. Die zweite Möglichkeit ist theoretisch vielversprechender, hat aber unangenehme Folgen.

Genau wie Luftmoleküle dazu neigen, aus einem überdichten Bereich von Luft hinaus zu diffundieren und damit Gleichförmigkeit wiederherzustellen, so neigen auch Photonen dazu, aus überdichten Bereichen in das kosmische Strahlungsmeer zu diffundieren. Wenn diese überdichten Bereiche weniger dicht werden, nehmen auch die zugehörigen Schwankungen in der Dichte der Masseteilchen ab.

Dieser Vorgang geht weiter, bis die Temperatur des kosmischen Mediums unter etwa 4000 K gefallen ist. Dann vereinen sich Protonen und Elektronen, die den größten Teil der Materie ausmachen, zu Wasserstoffatomen. Weil Wasserstoffatome insgesamt keine elektrische Ladung haben, können sie sich im Photonenmeer frei bewegen. (Zu früheren Zeiten wurden Elektronen und Protonen durch eine Art elektromagnetische Reibung an einer Bewegung relativ zur Strahlung gehindert.) Nachdem die Temperatur des kosmischen Mediums auf 4000 Kelvin gefallen ist, können sich überdichte Bereiche in der kosmischen Gasverteilung schließlich unter der größeren Schwerkraft, die sie auf sich selbst ausüben, zusammenziehen.

Dann jedoch hat die Diffusion der Photonen alle überdichten Bereiche unter eine gewisse Größe geglättet. Rechnungen zeigen, daß überdichte Bereiche, deren Massen weniger als das $10^{14}$- oder $10^{15}$fache der Sonnenmasse betragen, nicht überleben können. Die kleinsten Klumpen, die sich nach dem Standardmodell bilden können, sind also so massereich wie die größten bekannten selbst-gravitierenden astronomischen Systeme – reiche Galaxienhaufen und Superhaufen.

Aber jetzt ergibt sich eine neue Schwierigkeit. Wenn Dichte-

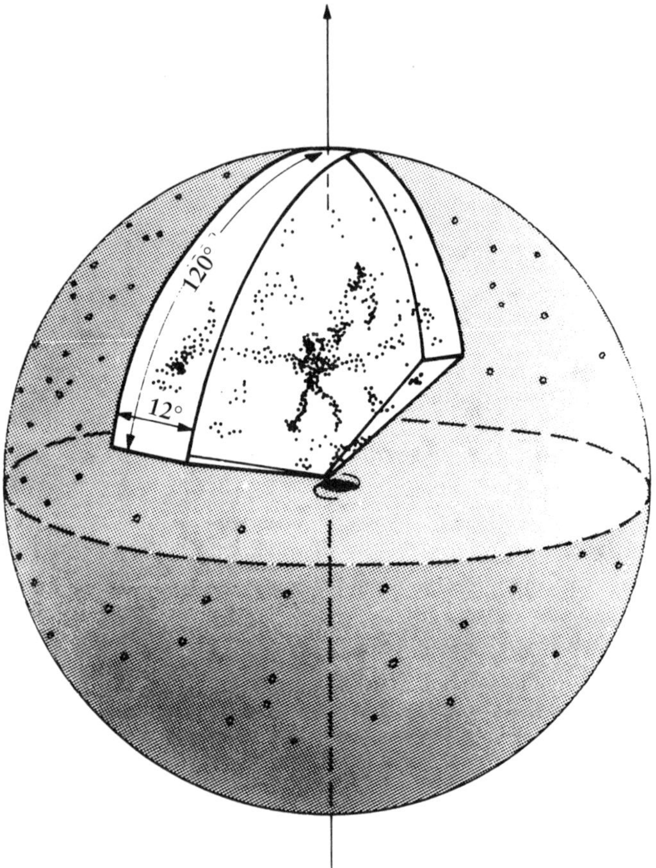


Abb. 8.8: In diesem Diagramm stellen die Punkte Galaxien dar. Unsere eigene Galaxis, die Milchstraße, ist im Zentrum der Kugel. Die geschätzten Entfernungen zu den Galaxien sind proportional zu ihren Rotverschiebungen (den Verschiebungen ihrer Spektrallinien zu längeren Wellenlinien hin). Die Abbildung zeigt die räumliche Verteilung von Galaxien in einer »Scheibe« von 120° mit einem Öffnungswinkel von 12°. Die fernsten Galaxien liegen in einer Entfernung von etwa 500 Millionen Lichtjahren. In einem Maßstab von etwa zehn Millionen Lichtjahren scheinen Galaxien und Galaxienhaufen zwischen gewaltigen »Blasen« konzentriert zu sein – nahezu kugelförmige Bereiche, die deutlich unterdurchschnittliche Dichte

schwankungen im Photonenmeer auf diesen sehr großen Skalen *nicht* durch Diffusion (falls es sie überhaupt gab) geglättet wurden, hätten sie zu kleinen Schwankungen in der Helligkeit des Strahlungshintergrunds geführt. Teile des Himmels, in denen das Photonenmeer überdicht war, würden etwas heller sein als der Durchschnitt. Nach 1980 veröffentlichten theoretischen Schätzungen sollte die Temperatur der überdichten Bereiche die Hintergrundtemperatur um ein Zehntausendstel übertreffen. Solche Schwankungen in der Hintergrundtemperatur sind aber nicht aufgetreten. Ein Jahrzehnt später waren die Beobachtungsverfahren soweit verbessert worden, daß Temperaturzunahmen von zwei bis drei Hunderttausendstel aufgespürt werden konnten. Bis jetzt sind jedoch keine gefunden worden. Allerdings erfordern die Meßergebnisse des COBE neue Überlegungen.

Nehmen wir jedoch an, es ließe sich eine Lösung finden. Dann ergeben sich zwei neue Schwierigkeiten. Die erste betrifft die Art der vorhergesagten Klumpenbildung im großen Maßstab. Theoretische Überlegungen deuten darauf hin, daß die überdichten Bereiche sich trennen und in Form großer flacher Gaswolken – »Pfannkuchen« – kollabieren würden. Aber diese Vorhersage ist schlecht mit der großräumigen Struktur des Weltalls zu vereinbaren, wie sie durch neuere Beobachtungen nahegelegt wird. Anscheinend sind Galaxien und Galaxienhaufen im ganz Großen nicht zu Pfannkuchen gruppiert, sondern sie konzentrieren sich in den Wänden riesiger »Blasen« – näherungsweise kugelförmige Bereiche, die deutlich unterdicht sind (Abbildung 8.8)

Die zweite Schwierigkeit betrifft den Ursprung der Struktur in Größenordnungen, die von Galaxien und Galaxienhaufen zu Sternen reichen. Das Standardmodell sagt vorher, daß die ersten selbstgravitierenden Systeme strukturlose Gaswolken von $10^{14}$ bis $10^{15}$ Sonnenmassen waren. Kann man erwarten, daß solche Wolken sich hierarchisch in Galaxien, Sternhaufen und Sterne aufteilen? Dies ist eine umstrittene Frage. Reiche Galaxienhau-

---

haben. Man bemerke die erstaunlich scharfen Kanten einiger der größeren Blasen. (Smithsonian Astrophysical Observatory Illustration, gezeichnet von John Hamwey, Cambridge, Mass. 1988. Nachdruck mit Genehmigung).

fen, elliptische Galaxien, die massereichen Hüllen von Spiralgalaxien und Kugelhaufen sind alle kugelförmige Systeme. Theoretische Überlegungen weisen darauf hin, daß eine anfänglich strukturlose kugelförmige Gaswolke sich nicht in kleinere selbstgravitierende Einheiten aufspalten kann, und dieser Schluß wird durch numerische Simulationen gestützt. Die Fachliteratur ist jedoch voll mit Gedanken über die Fragmentierung, und viele Astrophysiker meinen, es müsse eine Möglichkeit geben, wie es dazu kommen könnte.

## Die Feuerballhypothese und astronomische Beobachtungen

Um diese Sicht mit astronomischen Beobachtungen vereinbaren zu können, sind Vertreter des Standardmodells gezwungen gewesen, immer seltsamere Hypothesen zu erfinden. Betrachten wir zum Beispiel diese Frage: Woraus besteht die Welt? oder, formeller ausgedrückt: Welche Teilchenart macht den größten Teil der Materie im Weltall aus?

Es gibt indirekte, aber höchst überzeugende Hinweise, daß zwischen 90 und 99 Prozent der Masse des Weltalls äußerst wenig Licht aussenden und deshalb praktisch unsichtbar ist. Die Hinweise stammen hauptsächlich aus Messungen der Bewegung leuchtender Wolken atomaren Wasserstoffs in Spiralgalaxien und der Bewegungen von Galaxien in Galaxienhaufen. Genau wie wir die Masse der Erde aus der Bahngeschwindigkeit des Mondes und dem Durchmesser seiner Bahn ableiten können und die Masse der Sonne aus der Bahngeschwindigkeit der Erde und dem Durchmesser ihrer Bahn, so können wir die Masse einer Spiralgalaxie aus der Geschwindigkeit herleiten, mit der Wolken atomaren Wasserstoffs sie umlaufen, und die Masse eines Galaxienhaufens aus den gemessenen Geschwindigkeiten seiner Galaxien. Solche auf Newtons Gravitationstheorie beruhenden Schätzungen der Masse zeigen in der Regel, daß nur zehn Prozent der Masse einer Spiralgalaxie wie unserem eigenen Milchstraßensystem und nur zwischen ein und zehn Prozent der Masse eines großen Galaxienhaufens genug Licht aussenden, um von unseren Teleskopen entdeckt zu werden. Sollten wir von diesem Befund überrascht sein?

Vielleicht nicht. Es wäre überraschender, wenn sichtbare Sterne den größten Teil der Masse des Weltalls enthielten. Wenn eine von ihrer eigenen Schwerkraft zusammengehaltene Wasserstoffwolke zu einem Stern zusammenfallen soll, muß ihre Masse mindestens ein Zehntel der Sonnenmasse betragen. Wenn sie zu einem Stern zusammenfallen soll, dessen Lebenszeit vergleichbar ist mit dem Alter des Weltalls oder es sogar übertrifft – zu einem Stern also, den wir mit einiger Wahrscheinlichkeit beobachten können, bevor er ausgebrannt ist – kann ihre Masse nicht viel größer sein als die Masse der Sonne. Es gibt keinen Grund, warum der größte Teil der Masse des Weltalls sich in selbstgravitierenden Wolken versammelt haben sollte, die diesen Einschränkungen genügen. Sicherlich wäre es nicht überraschend, wenn ein großer Teil der Masse nicht kondensiert wäre oder sich zu substellaren Materiestücken wie Planeten und ihren Satelliten oder zu längst ausgebrannten massereichen Sternen zusammengefunden hätte. Kurz, es ist plausibel, daß 99 Prozent der Masse des Weltalls entweder niemals Gelegenheit hatte zu leuchten oder diese Gelegenheit schon vorüber ist.

Dieser Schluß stützt sich auf Beobachtungen und theoretische Überlegungen, auf die ich hier nicht eingehen möchte. Er steht jedoch im Widerspruch zu einer wichtigen Vorhersage des kosmologischen Standardmodells. In der Frühgeschichte des Weltalls gab es, so folgt aus dem Standardmodell, eine kurze Zeit, in der sich durch Kernreaktionen Deuterium, Helium und andere leichte Elemente bildeten. Diese Reaktionen sind wohlbekannt.

Physiker können aus Computersimulationen zuverlässig vorhersagen, welcher Bruchteil der Materie dabei in Form von Wasserstoff, welcher in Form von Deuterium und welcher in Form von Helium übrigbleibt. Die vorhergesagten »prästellaren Häufigkeiten« hängen vom Verhältnis zwischen der Dichte der Photonen im Photonenmeer und der Dichte der Nukleonen (freien oder in Atomkernen gebundenen Protonen und Neutronen) ab. Dieses Verhältnis hat jetzt denselben Wert wie zur Zeit der Kernsynthese. Wenn wir also wüßten, wie häufig Helium ursprünglich war, könnten wir das Verhältnis zwischen den Dichten der Photonen und Nukleonen vorhersagen.

Die Astronomen schätzen die prästellare Häufigkeit von Helium zur Zeit auf etwa 23 Prozent der Masse, obwohl es Hinweise darauf gibt, daß es auch 20 Prozent oder noch weniger sein könnten. Der Wert von 23 Prozent führt zu der Vorhersage, daß sich die Anzahl der Photonen zu der der Nukleonen wie 1 zu $10^{10}$ verhält. Niedrigere Werte der prästellaren Heliumhäufigkeit führen zu höheren Werten des Photon-Nukleon-Verhältnisses. Die kosmische »Anzahldichte« von Photonen im Photonenmeer beträgt etwa 300. Damit beträgt die vorhergesagte Dichte von Nukleonen etwa $3 \times 10^{-8}$. Die entsprechende Massendichte gewöhnlicher Materie beträgt etwa $5 \times 10^{-32}$ Gramm pro Kubikzentimeter. *Dies kommt der Dichte der leuchtenden Materie – der Materie in noch leuchtenden Sternen – sehr nahe.* (Wenn die prästellare Häufigkeit des Heliums nur 20 Prozent betragen hätte, wäre die vorhergesagte Dichte gewöhnlicher Materie wesentlich *kleiner* als die gegenwärtig geschätzte Dichte leuchtender Materie.) Das Standardmodell impliziert also, so weit es gewöhnliche Materie betrifft, daß wir das sehen, was es gibt: Fast die gesamte Materie, die Sterne bilden konnte, kondensierte in der Tat zu Sternen, die nicht viel massereicher sind als die Sonne.

Dies ist die eine Seite der Münze, und sie ist verwunderlich genug. Die andere Seite der Münze ist noch verwunderlicher: Die Bausteine der gewöhnlichen Materie tragen weniger als ein Prozent zur Masse des Weltalls bei. Was macht die restlichen 99 Prozent aus?

Bis 1983 bevorzugten die meisten Theoretiker den Gedanken, es seien massereiche Neutrinos. Neutrinos sind keine Bausteine der gewöhnlichen Materie, aber doch in einem wesentlichen Sinn gewöhnliche Teilchen. So zerfällt ein freies Neutron in ein Proton, ein Elektron und ein Antineutrino (das Antiteilchen des Neutrinos). Neutrinos gehören zur selben »Familie« wie Elektronen und die *u*- und *d*-Quarks, aus denen Protonen und Neutronen bestehen. Die »Ruhe«masse des Neutrinos ist nicht bekannt. Die Theoretiker nahmen gewöhnlich an, sie sei genau Null, wie die Masse eines Photons, jetzt aber meinen viele

Physiker, sie könne einen positiven Wert haben. Solange es keine starken theoretischen oder experimentellen Einschränkungen gibt, nahmen sich Kosmologen die Freiheit, massereiche Neutrinos in das kosmologische Standardmodell aufzunehmen: Läßt sich dem Neutrino eine Masse *zuschreiben*, die es ihm ermöglicht, die ihm zugewiesene Rolle zu spielen?

Die Antwort schien zunächst Ja zu sein. Mehrere Jahre lang waren die meisten Kosmologen zuversichtlich, daß die Welt fast ausschließlich aus schweren Neutrinos besteht. Wie computergestützte Untersuchungen jedoch 1983 nachgewiesen haben, können sich in einem von massereichen Neutrinos beherrschten Modell-Universum Galaxien und Galaxienhaufen nicht früh genug bilden. Neutrinos können sehr wohl eine endliche Masse haben, aber sie sind nicht die Bausteine des Universums.

Welche Alternativen gibt es? Vertreter des Standardmodells sind zu dem Schluß gezwungen, daß 99 Prozent oder mehr der Masse des Weltalls in Teilchen steckt, die nicht in eine der bewährten physikalischen Theorien passen und über deren Eigenschaften wir nur Vermutungen anstellen können. Ich freue mich, sagen zu können, daß meine Kollegen sich der Aufforderung, die implizit in dieser Situation liegt, gestellt haben. Sie haben eine lange und von Einfallsreichtum zeugende Liste möglicher Teilchen aufgestellt und eindrucksvolle Facharbeiten geschrieben, in der die Verdienste der Kandidaten erkundet und verglichen werden.

Kosmologen fanden schließlich eine Lösung dieses Rätsels: *kalte dunkle Materie*. Kalte dunkle Materie ist eine noch nicht identifizierte Materieform, der nach Definition zwei nützliche Eigenschaften zukommen. Sie kann sich früher als massereiche Neutrinos zu Galaxien kondensieren (die eine Form *heißer* dunkler Materie sind), und wenn sie mit Strahlung wechselwirkt, dann höchstens schwach. Die erste Eigenschaft ermöglicht die rechtzeitige Bildung von Galaxien in einem von kalter dunkler Materie beherrschten Weltall. Die zweite Eigenschaft kann erklären, warum die ursprünglichen Dichteschwankungen, die sich zu Galaxien entwickelten, keine für uns nachweisbaren Spuren in der kosmischen Hintergrundstrahlung hinterließen.

Zwischen 1982 und 1984 gingen die Kosmologen dazu über, kalte dunkle Materie für den Hauptbestandteil des Universums zu halten, und nicht mehr die massereichen Neutrinos. Inzwischen wurden auch die theoretischen Grundlagen des kosmologischen Standardmodells vollständig umgeformt.

## Die Feuerball-Hypothese und die Teilchenphysik

Gewöhnliche Materieteilchen haben alle Antiteilchen. Das Antiteilchen des Protons, das Antiproton, hat dieselbe Masse und denselben Spin wie das Proton, trägt aber statt einer positiven Ladungseinheit eine negative. Ähnlich stimmen Masse und Spin des Positrons, Antiteilchen des Elektrons, mit der Masse und dem Spin des Elektrons überein, aber es trägt statt einer negativen Ladungseinheit eine positive. Auch Neutronen und Neutrinos, beide ohne elektrische Ladung, haben Antiteilchen. Die jetzigen Gesetze der Physik bleiben unverändert, wenn Teilchen und Antiteilchen vertauscht werden. Antimaterie jedoch ist jetzt äußerst selten. Einige radioaktive Kerne stoßen Positronen aus, und im Labor sind Antiprotonen erzeugt worden, aber sie leben nur sehr kurz, obwohl sie eigentlich stabil sind. Ein von einem instabilen Kern ausgeschicktes Positron trifft rasch auf ein Elektron aus gewöhnlicher Materie. Die beiden Teilchen vernichten einander und werden ein Paar hochenergetischer Photonen (Gammastrahlen). Antiprotonen haben dasselbe Ende.

In den ersten Stadien des Feuerballs müßte es ungefähr gleichviele Teilchen und Antiteilchen gegeben haben. Bei Temperaturen oberhalb von $10^{10}$ K würde eine Paarerzeugung (bei der zwei Gammastrahlen verschwinden und ein Elektron-Positron-Paar erzeugt wird) genau so häufig gewesen sein wie die Vernichtung. Bei noch 2000mal höheren Temperaturen wären genau so viele Proton-Antiproton-Paare erschaffen wie zerstört worden. Nun lassen alle bekannten physikalischen Prozesse die *Baryonenzahl* der beteiligten Teilchen insgesamt unverändert (siehe Fußnote 6 zu Kapitel 2). Die Baryonenzahl ist der *Unterschied* zwischen der Anzahl der Baryonen (Protonen oder Neutronen) und der Anzahl der Antibaryonen (Antiprotonen oder Antineutronen). Wir betrachten jetzt eine Kugel, deren Radius sich mit einer Geschwindigkeit vergrößert, die dem Verhältnis der Hubble-Geschwindigkeit und der Entfernung entspricht. Weil die Baryonenzahl erhalten bleibt, war der Unterschied zwischen der Anzahl der Baryonen und Antibaryonen in dieser Kugel immer derselbe wie heute. Die Zahl der kosmischen Mikrowellen-Hintergrund-Photonen in der Kugel ist also fast immer gleich. Deshalb ist das Verhältnis zwischen den beiden Zahlen – *das Verhältnis von Baryonen und Photonen* – unabhängig von der Zeit und der Größe der Kugel. Wir können ihren heutigen Wert aus der gemessenen Temperatur der kosmischen Mikrowellen-Hintergrundstrahlung und Schätzungen der kosmischen Massendichte herleiten: Sie liegt zwischen $10^{-10}$ und $10^{-9}$.

Wenn wir diese Zahl vorhersagen könnten, könnten wir die Temperatur des kosmischen Mikrowellenhintergrunds berechnen und umgekehrt. Die Frage: Warum liegt das Verhältnis von Baryonen zu Protonen zwischen $10^{-10}$ und $10^{-9}$? ist also gleichbedeutend mit der Frage: Warum beträgt die Temperatur der kosmischen Hintergrundstrahlung gerade 2,7 K?

Es ist natürlich vorstellbar, daß die Frage sich in beiden Formen – jedenfalls so, wie wir heute die Physik verstehen – so wenig beantworten läßt wie die Frage: Warum hat der Raum drei Dimensionen und die Zeit nur eine? Dieser Gedanke hat jedoch wenig Reiz. Es ist schwer zu glauben, daß die Anzahl der Baryonen und Antibaryonen im Feuerball zufällig bis auf ein Milliardstel oder weniger gleich war. Der »natürliche« Wert für dieses Verhältnis ist in einem heißen Universum Null. Aber dann blieben keine Baryonen übrig, wenn die Temperatur des kosmischen Mediums unter $10^{13}$ K fällt.

Nach der (im Rahmen der Feuerball-Hypothese) reizvollsten Möglichkeit war das Verhältnis zwischen den Baryonen und Photonen zu Beginn wirklich Null und wuchs später auf seinen heutigen sehr kleinen Wert an. André Sacharow hat 1967 eine Vermutung darüber angestellt, wonach instabile, sehr schwere Teilchen, die zu sehr früher Zeit erzeugt wurden, bei ihrem Zerfall während der Ausdehnung und Abkühlung des Weltalls etwas mehr Baryonen als Antibaryonen erzeugten. Sacharows

Gedanke setzt voraus, daß die Gesetze für den Zerfall instabiler Teilchen zwischen (a) Teilchen und Antiteilchen (b) links und rechts und (c) den beiden Zeitrichtungen unterscheiden. Die ersten beiden »gebrochenen Symmetrien« wurden 1957 experimentell bestätigt, die dritte 1964.

Sacharows Gedanke setzt auch voraus, daß die Baryonenzahl nicht streng erhalten bleibt. Die Nichterhaltung der Baryonenzahl ist ein Kennzeichen der *Großen Vereinheitlichten Theorien* der Teilchenphysik. In diesen Theorien sind die starken, schwachen und elektromagnetischen Wechselwirkungen durch gewisse abstrakte Symmetrien vereint. Die schwachen und elektromagnetischen Wechselwirkungen waren Anfang der siebziger Jahre erfolgreich von Steven Weinberg und Abdus Salam vereinheitlicht worden. Die meisten Teilchenphysiker vertrauten damals darauf, daß bald eine erfolgreiche Große Vereinheitlichte Theorie entwickelt werden würde. Obwohl also der von Sacharow vorgeschlagene Vorgang (Zerfall überschwerer Teilchen) sich als unrealistisch herausstellte, wurden die Grundgedanken seines Vorschlags bald und weithin akzeptiert.

Große Vereinheitlichte Theorien hatten für die Kosmologen auch aus anderem Grund ihren Reiz. Wir sahen, daß nach dem kosmologischen Standardmodell etwa 90 Prozent der Masse des Weltalls in Form nicht-baryonischer Materie vorliegt. Die Große Vereinheitlichung läßt für die Neutrinos eine endliche Masse zu. Die Übereinstimmung zwischen den Bedürfnissen des Standardmodells und dem, was die Große Vereinheitlichung leistet, war so gut, daß sie nicht nur Zufall sein könnte. Leider war sie, wie wir gesehen haben, doch ein Zufall: Wir wissen heute, daß die dunkle Materie nicht vor allem in massereichen Neutrinos stecken kann.

Es ist immer noch unklar, ob Neutrinos eine Masse haben. Aber die Großen Vereinheitlichten Theorien machen eine andere, besser überprüfbare Vorhersage. Der Zerfall eines Protons ist ausgeschlossen, wenn die Baryonenzahl streng erhalten bleibt, andernfalls aber nicht. Leider sagen die einfachsten Großen Vereinheitlichten Theorien eine Lebensdauer des Protons voraus, die etwas kürzer ist als die gegenwärtige experimentelle Grenze von etwa $10^{31}$ Jahren. Trotzdem gibt es deutliche indirekte Hinweise darauf, daß die Grundgedanken der Großen Vereinheitlichung richtig sind.

## Inflation

Die Verbindung zwischen dem kosmologischen Standardmodell und der Teilchenphysik sollte zwei Fragen klären, nämlich woraus die dunkle Materie besteht und warum es im Verhältnis zu den Baryonen soviele Photonen gibt. Bis jetzt sind beide offen. Und wie es bei Vernunftehen manchmal so ist, wurden neue geschaffen. Diese betreffen einen Vorgang, der spontane Symmetriebrechung heißt und eine entscheidende Rolle sowohl bei der vereinheitlichten Theorie der elektromagnetischen und schwachen Wechselwirkungen als auch bei den Großen Vereinheitlichten Theorien spielt.

Spontane Symmetriebrechung ist analog zur spontanen Magnetisierung eines Stücks Eisen. Wenn ein Stück Eisen stark genug erwärmt wird, verliert es den ganzen Magnetismus, den es zu Beginn gehabt haben könnte. Wenn man dieses Eisenstück dann abkühlen läßt, tritt spontan ein Magnetfeld auf, wenn die Temperatur unter einen kritischen Wert, den sogenannten Curie-Punkt, fällt. Dieses Feld ist in kleinen Bereichen (»Domänen«) gleichförmig, verändert aber seine Richtung abrupt und zufällig, wenn man die Grenze zwischen einer Domäne und der nächsten überquert. Nun gibt es in den Gesetzen, die für den Magnetismus gelten, nichts, was eine Raumrichtung von der anderen unterscheidet. Die Gesetze behandeln alle Richtungen gleich (oder »symmetrisch«). Bei Temperaturen über dem Curie-Punkt haben die Phänomene dieselbe Symmetrie wie die Gesetze: sie zeigen keine bevorzugte Richtung. Unter dem Curie-Punkt tritt innerhalb einer jeden magnetischen »Domäne« zufällig eine neue bevorzugte Richtung auf. Die Gesetze unterscheiden immer noch nicht zwischen verschiedenen Richtungen, aber von einem Punkt innerhalb einer Domäne aus betrachtet weisen die Erscheinungen weniger Symmetrie auf als die Gesetze. Die Symmetrie ist spontan gebrochen oder eigentlich versteckt worden.

Was hat spontane Magnetisierung mit den vereinheitlichten

Theorien der fundamentalen Wechselwirkungen zu tun? In diesen Theorien ist das Vakuum nicht nur ein leerer Raum, sondern ein physikalisches Medium. Der Zustand des Vakuums ist analog zum magnetischen Zustand eines Stückes Eisen. Es ist durch eine Größe, das Analogon des Magnetfelds, charakterisiert, die bei hinreichend hohen Temperaturen verschwindet. Wenn die Temperatur unter einem bestimmten kritischen Wert liegt (etwa $10^{27}$ K), nimmt diese Größe spontan einen endlichen Wert an, aber ihre Richtung (in einem gewissen abstrakten Raum *S*) schwankt beliebig von einer Domäne zur anderen. Das Vakuum ist in Wechselwirkung mit dem elektromagnetischen Feld und mit den Feldern, die die schwachen und starken Wechselwirkungen vermitteln. Die Gesetze, die das ganze physikalische System bestimmen, zu dem das Vakuum gehört, unterscheiden nicht zwischen Richtungen in dem abstrakten Raum *S*, genau wie die Gesetze für den Magnetismus nicht zwischen Richtungen im gewöhnlichen Raum unterscheiden. Wenn der Zustand des Vakuums diese Symmetrie aufweist (wie es bei Temperaturen über dem kritischen Wert der Fall ist), haben die grundlegenden Wechselwirkungen dieselbe Symmetrie. Aber bei niedrigen Temperaturen ist das Vakuum nicht symmetrisch; die Symmetrie der fundamentalen Wechselwirkungen, die durch Felder vermittelt werden, die mit dem Vakuum in Wechselwirkung sind, ist verborgen. Die zugrundeliegende Einheit der elektromagnetischen, schwachen und starken Wechselwirkungen, die die Großen Vereinheitlichten Theorien fordern, macht sich also nur bei außerordentlich hohen Temperaturen bemerkbar, bei denen das physikalische Vakuum in einem symmetrischen Zustand ist. Bei niedrigen Temperaturen wie jenen, die im heutigen Universum herrschen, ist das physikalische Vakuum in einem unsymmetrischen Zustand, und die zugrundeliegende Einheit der elektromagnetischen, schwachen und starken Wechselwirkungen ist – wenn auch nicht völlig – verborgen.

Wie jedes Quantenfeld tauscht auch das physikalische Vakuum mit anderen Feldern Energie, Impuls und Spin nur in diskreten Paketen oder Quanten aus. Die Quanten des elektromagnetischen Feldes heißen Photonen; die Quanten des Feldes, das die starke Wechselwirkung vermittelt – die Wechselwirkung, die Quarks in Nukleonen und Mesonen bindet – heißen Gluonen; die Quanten des Feldes, das den Zerfall eines freien Neutrons in ein Proton und ein Antineutron vermittelt, heißen W-Bosonen. Die Quanten des physikalischen Vakuums heißen Higgs-Teilchen, und der im vorangehenden Paragraph sizzierte symmetriebrechende Mechanismus heißt Higgs-Mechanismus. Obwohl die Hinweise, die für den Higgs-Mechanismus sprechen, stark sind, sind sie nur indirekt. Das Higgs-Teilchen ist noch nicht gefunden worden; zur Erzeugung von Higgs-Teilchen im Labor sind Teilchenbeschleuniger nötig, die leistungsfähiger sind als alle, die es heute gibt.

Aber die Theorie läßt sich auf andere Weise überprüfen. Wenn die Feuerball-Hypothese richtig ist, gab es im frühen Weltall wirklich Temperaturen, die über der Temperatur der Großen Vereinheitlichung von $10^{27}$ K lagen. Zu jenen frühen Zeiten wären die Gesetze für die elektromagnetische, schwache und starke Wechselwirkung bestimmt, völlig andere gewesen als heute. Und die symmetriebrechenden Übergänge, bei denen die elektromagnetischen, schwachen und starken Wechselwirkungen ihre heutigen Kennzeichen annahmen, wären nicht nur mathematische Abstraktionen, sondern geschichtliche Ereignisse. Würden die Folgen dieser Ereignisse heute beobachtbar sein?

In der Tat. Wir sahen, daß dann, wenn die Temperatur eines Stücks Eisen unter den Curie-Punkt fällt, magnetische Domänen entstehen. In jeder Domäne ist das Magnetfeld gleichförmig, aber die Richtung des Feldes verändert sich zufällig von einem Bereich zum nächsten. Analog dazu nimmt das Analogon zum Magnetfeld dann, wenn die Temperatur des physikalischen Vakuums unter $10^{27}$ K fällt, in benachbarten Domänen verschiedene Werte an. Die vorhergesagte Energiedichte ist in den Trennwänden zwischen den Medien sehr groß. Wenn diese Energie freigesetzt wird, ist ihr Beitrag zur kosmischen Energiedichte mehrere Zehnerpotenzen höher als die aus astronomischen Beobachtungen hergeleitete kosmische Energiedichte![9]

Die Brechung der Symmetrie der Großen Vereinigung hat eine noch verheerendere Folge. Sie schafft äußerst energiereiche Strukturen, sogenannte magnetische Monopole (oder große Monopole). Die geschätzten Beiträge, die diese Strukturen zur kosmischen Massendichte machen, ist viele Zehnerpotenzen höher als die durch die Beobachtung gesetzten Grenzen.

Ein Ausweg aus diesen Schwierigkeiten wurde 1981 von Alan Guth vorgeschlagen. Er meinte, wenn die kosmische Temperatur unter ihren kritischen Wert fällt, würde das Vakuum nicht sofort den oben beschriebenen symmetriebrechenden Übergang machen. Vielmehr bleibt es in einem unterkühlten Zustand, wie Wasser, dessen Temperatur langsam und sorgfältig unter den Gefrierpunkt abgekühlt wurde. Wie unterkühltes Wasser ist das Vakuum jetzt in einem »metastabilen« Zustand: seine Energiedichte ist größer als die des stabilen Zustands oder des »wirklichen« Vakuums. Wenn sich das Weltall weiter ausdehnt, wird die Energiedichte des unterkühlten oder »falschen« Vakuums größer als die abnehmende Energiedichte der Strahlung und Materie und übertrifft sie bald deutlich. (Die Energiedichte des Vakuums bleibt konstant, während die Energiedichte der Strahlung und Materie mit der Ausdehnung des Universums abnimmt.) Die relativistische Kosmologie sagt vorher, daß sich das Universum dann exponentiell ausdehnt. Diese Ausdehnung wird Inflation genannt. Sie reduziert sowohl die mittlere Raumkrümmung als auch die Amplituden aller lokalen Unregelmäßigkeiten der Massendichte, die es gegeben haben könnte. Sie schafft ein kosmisches Medium, dessen mittlere Massendichte sich nicht von dem mittleren Wert unterscheidet, der der Raumkrümmung Null entspricht.[10]

Dies führt zu einer neuen und noch ungelösten Schwierigkeit. Schätzungen der kosmischen Massendichte, die auf astronomischen Daten beruhen, zeigen recht überzeugend, daß ihr Wert zwischen der Hälfte und einem Fünftel des Wertes liegt, der der Raumkrümmung Null entspricht.

Der Übergang zum stabilen Vakuumzustand geschieht durch die Bildung von Blasen des stabilen Vakuums. Zusammenstöße zwischen den Wänden dieser Blasen setzen Energie frei, die im anfänglichen, metastabilen Vakuumzustand gespeichert wurde und das Universum wieder erwärmt. Sie erzeugen auch magnetische Monopole, aber wegen der Inflation ist die Raumdichte dieser Monopole jetzt annehmbar klein. Leider würden Zusammenstöße zwischen Blasen des stabilen Vakuums in der kosmischen Hintergrundstrahlung zu einem Grad an Ungleichförmigkeit führen, der den beobachteten weit übertrifft.

Um diese Schwierigkeit zu beheben, schlugen Andrei Linde und unabhängig von ihm A. Albrecht und P. J. Steinhardt 1982 eine veränderte Fassung der Gedanken von Guth vor. Das »neue« inflationäre Szenario, wie es genannt wurde, stellt sich einen allmählichen Übergang vom Anfangszustand des Vakuums zu seinem Endzustand vor und eine gleichförmige Freisetzung der im anfänglichen Vakuumzustand gespeicherten Energie. Aber wie sich herausstellte, ist auch dieses Bild mit einem grundlegenden Mangel behaftet: Es hängt ganz entscheidend von den Parametern ab, die das Higgs-Feld definieren, und erfordert deshalb – falls das überhaupt möglich ist – eine unglaublich gute Feinabstimmung dieser Parameter. Außerdem muß, wie wir im nächsten Kapitel erörtern werden, einer von diesen Parametern einen Wert bekommen, der sich von seinem »natürlichen« Wert um einen Faktor $10^{12}$ unterscheidet.

Diese Schwierigkeiten brachten Linde dazu, das »neue« inflationäre Szenario zugunsten einer noch spekulativeren »chaotischen Inflation« aufzugeben, in dem Quantenfluktuationen für die Energie des Higgs-Feldes eine Schlüsselrolle spielen. Solche Fluktuationen werden wichtig, wenn wir (in der Zeit zurück) zur sogenannten Planck-Zeit etwa $10^{-43}$ Sekunden nach dem nominalen Anfang der kosmischen Ausdehnung übergehen, in der Quantenfluktuationen Einsteins Gravitationstheorie zusammenbrechen ließen.[11] Linde vermutet, daß diese Schwankungen in der Energie des Higgs-Feldes zu unendlich vielen verschiedenen »Miniwelten« mit einem weiten Bereich von Anfangsbedingungen und deshalb auch grundlegenden Eigenschaften führen, wozu vielleicht auch die Dimension der Raumzeit und die Werte der physikalischen Grundkonstanten gehören. Linde meint, wir könnten zufällig in einer Miniwelt leben, deren Anfangsbedingungen zu einer Menge physikalischer Konstanten und kosmischen Entwicklungsvorgängen führte, die die Entstehung von Leben zuließen.

Obwohl die Inflation einige der Probleme gelöst hat, die durch die Ehe von Teilchenphysik und Feuerballhypothese gestellt wurden (und, wie wir sahen, durch neue ersetzt wurden), kann sie doch nichts zur Lösung des einfachsten, tiefsten und schwierigsten der alten Probleme beitragen. Wenn die Feuerballhypothese richtig ist, hat das Vakuum zwei symmetriebrechende Übergänge durchgemacht: Der erste brach die Symmetrie, die starke und elektroschwache Wechselwirkungen vereinheitlicht, der zweite die Symmetrie zwischen elektromagnetischen und schwachen Wechselwirkungen. Jeder dieser Übergänge ließ die Massendichte des Vakuums abnehmen. Die geschätzten Veränderungen betragen $10^{80}$ beziehungsweise $10^{25}$ Gramm pro Kubikzentimeter. Die heutige Massendichte des Vakuums kann nicht größer sein als die gesamte kosmische Massendichte von $10^{-29}$ Gramm pro Kubikzentimeter, und sie könnte auch genau Null sein. Wenn also die Feuerballhypothese, die relativistische Kosmologie und die gängigen Theorien der Teilchenphysik alle zutreffen, ist die Massendichte des Vakuums von einem Anfangswert von etwa $10^{80}$ Gramm pro Kubikzentimeter auf weniger als $10^{-29}$ Gramm pro Kubikzentimeter gesunken. Niemand glaubt, daß der Anfangswert der Massendichte des Vakuums bis auf 109 (= 80 + 29) oder auch nur 54 Stellen genau abgestimmt gewesen sein könnte. Es gibt anscheinend nur zwei Möglichkeiten. Entweder müssen unsere grundlegenden Theorien (Gravitations- und Teilchenphysik) in einer Weise radikal verändert werden, die die heutige Massendichte des Vakuums als genau (oder fast) Null zu sein zwingt. Oder die Feuerballhypothese ist falsch. Der »Hochenergiehaushalt« der ersten Möglichkeit wird schon seit mehreren Jahren erforscht; bis jetzt zeichnet sich keine Lösung ab, die die meisten Physiker überzeugt. Das nächste Kapitel beschäftigt sich mit der zweiten Möglichkeit.

# 9. Die kosmologische Evolution: das kalte Modell

In der heutigen Physik und Kosmologie bezieht sich der Ausdruck *Standardmodell* einerseits auf das Standardmodell der Kosmologie und andererseits auf gut bestätigte grundlegende Theorien der Teilchenphysik – oder genauer gewisse entscheidende Gedanken dieser Theorien. Am Ende des letzten Kapitels sahen wir, daß diese beiden Standardmodelle jetzt im Konflikt sind. Wenn das Standardmodell der Teilchenphysik richtig ist, kann das kosmologische Standardmodell nicht zutreffen. Manche Wissenschaftler meinen, die Übereinstimmung ließe sich wiederherstellen, wenn man analog zu der Verbindung, die Maxwells Theorie zwischen Elektrizität, Magnetismus und Optik herstellt, eine Verknüpfung von Einsteins Gravitationstheorie mit den gängigen Theorien der Teilchenphysik finden könnte. Aber es gibt eine viel einfachere Möglichkeit. Das kosmologische Standardmodell hat drei Hauptbestandteile: Einsteins Gravitationstheorie, das kosmologische Prinzip (die Annahme, daß keine gemittelte Eigenschaft des Universums im Raum einen Ort oder eine Richtung auszeichnet) und die Feuerballhypothese (die Annahme, daß der kosmische Mikrowellenhintergrund ein Überbleibsel der allerersten Strahlung ist). Dabei ist der letzte Bestandteil am wenigsten gesichert. Diese Hypothese erklärt glänzend das Schwarzkörperspektrum der kosmischen Hintergrundstrahlung, führt aber auch zu dem bizarren und durch nichts gestützten Schluß, daß mindestens 90 Prozent der Materie des Weltalls Formen hat, die der heutigen Physik unbekannt sind; aus ihr folgt eine kosmische Massendichte von etwa $10^{25}$ Gramm pro Kubikzentimeter, was mit dem beobachteten Wert von etwa $10^{-29}$ Gramm pro Kubikzentimeter unverträglich ist. Wir kennen heute keine Möglichkeit, diese Folgerungen aus der Feuerballhypothese zu umgehen.

Wenn das Weltall jedoch anfangs kalt und nicht heiß war, wären beide Schwierigkeiten behoben. Es gäbe dann keine Notwendigkeit, bis heute unentdeckte Materieformen anzunehmen, und weil das physikalische Vakuum schon zu Beginn in seinem jetzigen Zustand gewesen wäre, hätte es im Lauf der kosmischen Evolution keine verheerenden symmetriebrechenden Übergänge gemacht haben müssen. (Die gängigen Theorien der Fundamentalteilchen und ihrer Wechselwirkungen fordern nicht, daß ein solcher Übergang ein wirkliches Ereignis sei, sondern nur eine theoretische Möglichkeit.)

Die Feuerballhypothese hat einen weiteren Nachteil. Versuche, im Rahmen des heißen Modells den Ursprung der im Kosmos beobachteten Strukturen zu verstehen, hatten bis jetzt nur sehr begrenzten Erfolg. Außerdem haben die immer niedrigeren Beobachtungsgrenzen für geringe Temperaturschwankungen im kosmischen Mikrowellenhintergrund viele der Szenarien ausgeschlossen, die einmal für vielversprechend gehalten wurden.

In diesem Kapitel skizziere ich ein anderes Modell. Wie das heiße Standardmodell beruht es auf Einsteins Gravitationstheorie und dem kosmologischen Prinzip. Zusätzlich fordert es, daß das Weltall zu Beginn seiner Ausdehnung in einem äußerst gleichförmigen Zustand mit der Temperatur Null Kelvin war. Die Parameter des kalten Modells lassen nicht viel Spielraum (es enthält jedoch zur Zeit gewisse Größen, deren Werte noch nicht sorgfältig geschätzt wurden), deshalb könnte es leicht durch Beobachtungen widerlegt werden.

## Die Hierarchie astronomischer Systeme

In Größenordnungen, die von Planeten und ihren Satelliten zu riesigen Galaxienhaufen reichen, hat sich Materie zu Gebilden formiert, die von ihrer eigenen Schwerkraft zusammengehalten werden und hierarchisch organisiert sind. Viele Theoretiker glauben, daß diese Klumpigkeit nicht ein Phänomen ist, sondern mehrere. Der Prozeß, der zum Beispiel zu Galaxien führte, könne, so meinen sie, ein ganz anderer gewesen sein als alle Prozesse, die zur Bildung von Sternen führten. Wenn die Feuerballhypothese richtig ist, *muß* das natürlich so sein: Sterne müssen sich (irgendwie) innerhalb kollabierender Gaswolken kondensiert haben, während Galaxien aus dem expandierenden

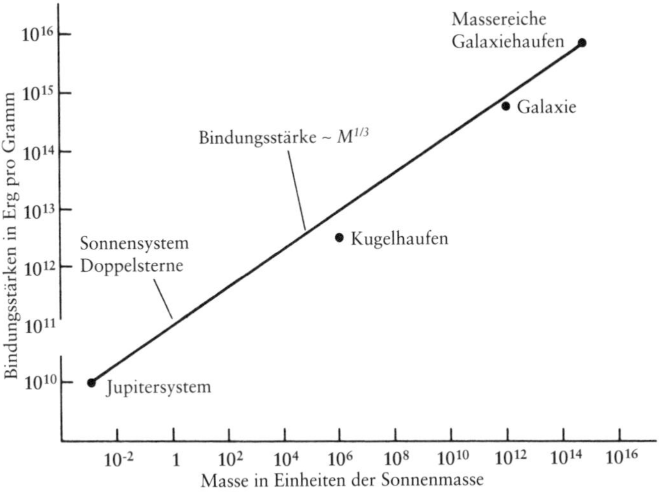


Abb. 9.1: Die Bindungsstärken (Bindungsenergien pro Masseneinheit) selbstgravitierender Systeme sind näherungsweise proportional zur Kubikwurzel aus ihren Massen. Diese Beziehung gilt für über achtzehn Zehnerpotenzen, von solchen Systemen wie Jupiter und Saturn bis zu großen Galaxienhaufen.

kosmischen Medium kondensierten. Aber betrachten wir doch das Beweismaterial.

Bei der Schwerkraft gibt es, anders als bei den Kräften, die Atome und Atomkerne zusammenhalten, keine bevorzugte »Wechselwirkungsentfernung«. Ein Wasserstoffatom und das Proton in seiner Mitte haben einen bestimmten Abstand, aber ein isoliertes Planetensystem, ein Sternhaufen oder eine Galaxie könnte im Prinzip jede beliebige Größe haben. Ein Planetensystem könnte so groß sein wie ein Sternhaufen; ein Sternhaufen könnte so klein sein wie das Sonnensystem.

Es liegt am Fehlen einer festen Wechselwirkungsentfernung, daß es für die Schwerkraft, anders als für chemische und nukleare Bindungen, keine bevorzugte »Bindungsstärke« gibt. (Als Maß für die Stärke der Bindung können wir die Energie pro Einheitsmasse nehmen, die nötig ist, um die Komponenten eines gebundenen Systems zu zerstreuen.) Das Gravitationsgesetz fordert für ein System mit einer bestimmten Masse keine bestimmte Bindungsstärke. Aber astronomische Systeme mit vergleichbarer Masse haben vergleichbare Größen und Bindungsstärken. Und wenn wir die Bindungsstärken astronomischer Systeme mit verschiedenen Massen vergleichen, fällt eine Regelmäßigkeit auf (Abbildung 9.1). Die Bindungsstärke nimmt nämlich nach einer einfachen Regel mit der Masse zu: Sie ist proportional zur Kubikwurzel der Masse. Die Massen von Doppelsternen, Kugelhaufen und Galaxien stehen im Verhältnis $1:10^6:10^9$ und ihre Bindungsstärken im Verhältnis $1:10^2:10^4$. Diese Regel gilt über einen Massenbereich von über achtzehn Zehnerpotenzen.

Dieser Befund verträgt sich mit der Sicht, daß selbst-gravitierende Systeme verschiedener Größen durch einen einzigen Prozeß geformt wurden – daß die strukturelle Ordnung des astronomischen Weltalls eine einzige einheitliche Erklärung hat.

Die Bindungsstärken selbstgravitierender Systeme haben eine weitere bemerkenswerte Eigenschaft. *Ihre Größenordnung gleicht der chemischer Bindungsstärken.* Das läßt vermuten, daß die chemische Bindung irgendwie mit dem Entstehen astronomischer Systeme zusammenhängt. Natürlich ist dieser Vorschlag im Rahmen des Standardmodells nicht sinnvoll, weil die nach diesem Modell das Weltall beherrschenden ungewöhnlichen Teilchen der Chemie fremd sind.

## Die Frühgeschichte des kalten Weltalls

Es ist nicht schwer einzusehen, warum das Standardmodell solche Schwierigkeiten hat, die Klumpenstruktur des astronomischen Weltalls zu erklären. Die hohen Temperaturen, die im Feuerball des Anfangs vorherrschten, waren für die Bildung und Erhaltung selbstgravitierender Systeme äußerst ungünstig. Schauen wir uns also die Hypothese an, die der Feuerballhypothese diametral entgegensteht, und nehmen wir an, das Weltall sei von einem makroskopisch homogenen Zustand aus expandiert, dessen Temperatur in der Nähe des absoluten Nullpunkts lag. Unabhängig davon, welche Prozesse es waren, die im ersten Bruchteil einer Mikrosekunde abliefen, bevor also die jetzt gültigen Gesetze in Kraft traten, konnten sie, so diese Hypothese, jedenfalls nicht zu makroskopischen Dichteschwankungen geführt oder große Energiemengen freigesetzt haben.

Bei Dichten, die weit über der Dichte von Wasser liegen, müßte das kosmische Medium trotz seiner niedrigen Temperatur gasförmig gewesen sein. Dies folgt aus Heisenbergs Unschärferelationen (Kapitel 5), wonach bei der Temperatur Null Kelvin der mittlere Impuls eines Elektrons oder Protons näherungsweise gleich der Planckschen Konstante dividiert durch die durchschnittliche Entfernung zwischen Teilchen ist. Die Energie pro Masseneinheit eines gleichförmigen Mediums besteht aus zwei Beiträgen, von denen einer von den Bewegungen der Teilchen und der andere von ihren Wechselwirkungen stammt. Der erste Beitrag, die kinetische Energie, ist positiv, der zweite, die Wechselwirkungsenergie, ist negativ. In Festkörpern und Flüssigkeiten herrscht der negative Beitrag vor, und die Summe der beiden Beiträge ist negativ. Es braucht Energie, um die Wechselwirkungsenergie eines Festkörpers oder einer Flüssigkeit zu überwinden. In Gasen übertrifft die kinetische Energie die Wechselwirkungsenergie, und die gesamte innere Energie, die Summe der kinetischen Energie und der Wechselwirkungsenergie ist positiv. Chemische Bindung hat ihren Ursprung in der elektrostatischen Anziehung zwischen gegensätzlich geladenen Teilchen, und die elektrostatische Energie ist umgekehrt proportional zur mittleren Entfernung zwischen den Teilchen. Die kinetische Energie jedoch ist proportional zum Quadrat des Impulses und also wegen der Heisenbergschen Beziehungen umgekehrt proportional zum *Quadrat* der mittleren Entfernung zwischen den Teilchen. Bei hohen Dichten herrscht also der kinetische Beitrag vor, und das Medium ist gasförmig, obwohl die Temperatur so niedrig ist wie möglich.

Abbildung 9.2 zeigt, wie sich die kinetische Energie, die Wechselwirkungsenergie und ihre Summe verändern, wenn sich das Gas mit einer Temperatur von Null Kelvin ausdehnt und die durchschnittliche Entfernung zwischen den Teilchen zunimmt. An dem mit *A* bezeichneten Punkt wird die Energie negativ. An dem mit *B* bezeichneten Punkt hat die Energie ihren größten negativen Wert. Zwischen *A* und B verflüssigt sich der Stoff und

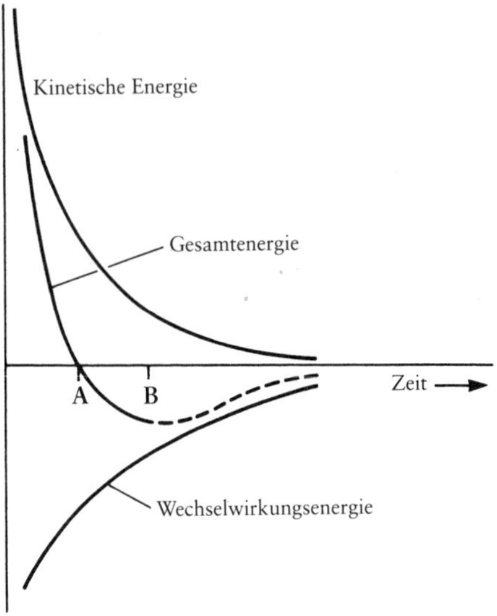


Abb. 9.2: Die Frühgeschichte des kalten Weltalls. Zu frühen Zeiten (vor *A*) ist das kosmische Medium ein dichtes Gas mit positiver innerer Energie. Wenn sich das Weltall ausdehnt, nehmen der kinetische Beitrag zur inneren Energie und der Beitrag der elektrostatischen Wechselwirkungen zwischen geladenen Teilchen ab. Der kinetische Beitrag nimmt jedoch rascher ab als der (negative) Wechselwirkungsbeitrag. Zwischen den Punkten *A* und *B* wird der Stoff flüssig und gefriert. Bei *B* ist der Stoff fest, und der Druck ist Null. Jenseits von *B* steht der Stoff unter Druck. Kurz nach *B* beginnt er, in Bruchstücke zu zerbrechen.

gefriert. Bei *B* ist der Stoff fest und der Druck Null. Bei etwas höheren Dichten, die Punkten links von *B* entsprechen, ist der feste Stoff unter Druck. Bei etwas niedrigeren Dichten, die Punkten rechts von *B* entsprechen, ist er unter Spannung.

Die Kurve jenseits von *B* ist punktiert, weil sie nicht dem entspricht, was wirklich passiert, wenn sich der Stoff über *B* hinaus ausdehnt. Statt sich weiter gleichförmig auszudehnen, würde ein fester Stoff unter Spannung in Bruchstücke zerfallen. Was bei *B* passiert, ist eine Art *Phasenübergang*, analog zu dem Übergang zwischen einem Gas und einer Flüssigkeit oder zwischen einer Flüssigkeit und einem Festkörper. Hier geht es um den Übergang zwischen einem homogenen Festkörper und einem aus festen Bruchstücken bestehenden »Gas«.

Der Festkörper zerfällt auf die energiesparendste Weise. Dazu müssen die Bruchstücke so groß sein wie möglich. Denn je größer ein Bruchstück ist, um so kleiner ist das Verhältnis zwischen seiner Oberfläche und seinem Volumen, und es braucht um so weniger Arbeit pro Einheitsmasse an seiner Oberfläche, um es von dem umgebenden Medium zu trennen. Ist ein Teil jedoch zu groß, reicht sein innerer Zusammenhalt nicht aus, um seine Ausdehnung aufzuhalten, und es zerbricht in kleinere Teile. Die größtmöglichen Bruchstücke sind jene, deren Kohäsion zusammen mit ihrer Selbstgravitation gerade ausreicht, um ein Auseinanderzufliegen zu verhindern. Solche Bruchteile werden gleichermaßen von der Schwerkraft und der chemischen Bindung zusammengehalten. Wenn, was nicht unwahrscheinlich ist, die Teilchen des frühen Universums aus metallischem Wasserstoff bestanden, würden die Massen etwa das Zehnfache der Erdmasse betragen haben.

## Gravitative Haufenbildung

Das kosmische Medium ist jetzt in einem interessanten Zustand. Es ist ein expandierendes Gas, das aus Brocken festen Wasserstoffs von der Größe eines Planeten besteht. Die Temperatur dieses Gases ist wie die des festen Stoffs, aus dem es entstand, unmittelbar nach seiner Bildung nahe am absoluten Nullpunkt. Am Wichtigsten an all dem ist, daß die vorherrschende Wechselwirkung zwischen den Gasteilchen die Schwerkraft ist.

In gewöhnlichen Gasen ist die gravitative Wechselwirkung zwischen den Molekülen vernachlässigbar, weil die Gravitation an sich eine schwache Kraft ist. Die elektrostatische Anziehung zwischen einem Elektron und einem Proton überwiegt die Gravitationsanziehung um einen Faktor von $10^{39}$, und diese Zahl ist mit dem Massenverhältnis zwischen der Sonne und einem Sandkorn vergleichbar. Aber die Gravitation ist im Gegensatz zu den anderen drei Kräften kumulativ. Ein Elektron in einem ionisierten Gas fühlt sich nur von benachbarten positiv geladenen Ionen

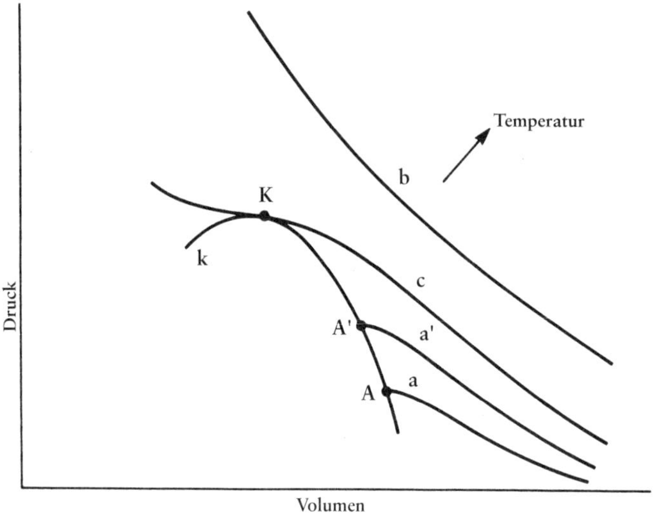


Abb. 9.3: Die Kurven *a, a'*, *b* und *c* zeigen, wie sich der Druck bei einem Volumen konstanter Temperatur in einem gewöhnlichen Gas in Abhängigkeit von der Temperatur verändert. Die Kurven *a* beziehungsweise *a'* hören an den Punkten *A* beziehungsweise *A'* auf; ihre Tangenten sind dort waagerecht. Diese Punkte liegen auf einer Kurve *k*, deren höchster Punkt *K* ist. Wenn das Gas bei der (konstanten) Temperatur komprimiert wird, die der Kurve *a* entspricht, wird es an dem Punkt *A* absolut instabil, an dem sich ein Bruchteil des Gases verflüssigt. Wenn das Gas bei der zur Kurve *b* gehörigen höheren Temperatur zusammengepreßt wird, bleibt es bei allen Druckverhältnissen gasförmig. Der Punkt *K* ist ein kritischer Punkt, bei dem das Gas makroskopische Dichteschwankungen in vielen Größenordnungen aufweist.

elektrisch angezogen; Ionen haben, soweit es ihre Wirkung auf das Elektron betrifft, gar keine Wirkung, wenn sie außerhalb eines sehr kleinen Bereichs liegen. Ein Proton und ein Neutron ziehen einander noch stärker an als ein Proton und ein Elektron, aber nur, wenn ihr Abstand weniger als $10^{-12}$ Zentimeter beträgt. Ein Teilchen auf der Erdoberfläche jedoch wird von der ganzen Erde angezogen, nicht nur von den Teilchen in seiner Nähe. Es ist wahr, daß die Gravitationsanziehung mit zunehmender Entfernung von ihrer Quelle abnimmt, aber die fernen Teilchen –

sagen wir jene, die über 100 Kilometer weit entfernt sind – machen ihre geringere Anziehung im einzelnen durch ihre größere Anzahl mehr als wett. In einem Gas, dessen »Teilchen« Planetenmasse haben, überwiegt die Schwerkraft alle anderen Kräfte.

Wir können den Vorgang der gravitativen Klumpenbildung in einem kalten expandierenden Gas gravitierender Teilchen besser verstehen, wenn wir den ähnlichen Vorgang der Verflüssigung eines gewöhnlichen Gases betrachten. Man stelle sich einen Zylinder vor, der mit einem beweglichen Kolben ausgestattet und zum Beispiel mit Stickstoffgas gefüllt ist. In einem thermisch isolierten Zylinder erwärmt sich das Gas, wenn es zusammengepreßt wird. Nehmen wir jedoch an, der Zylinder sei in thermischem Kontakt mit einem Wärmebad, das bei einer konstanten Temperatur gehalten wird, so daß die Temperatur des Gases konstant bleibt, wenn sein Volumen allmählich abnimmt, und stellen wir uns vor, das Gas werde sehr langsam und sanft zusammengepreßt. Wenn die Anfangstemperatur niedrig genug ist, kommt es zu einem Punkt, über den hinaus jeder weitere Druck, und wenn er noch so sorgfältig ausgeführt wird, zur Verflüssigung eines Teils des Gases führt.

Der eben beschriebene Gang der Ereignisse wird durch die in Abbildung 9.3 mit *a* bezeichnete Kurve veranschaulicht. Diese Kurve gibt den Druck in dem Zylinder im Verhältnis zum Gasvolumen an, wenn es bei einer konstanten Temperatur zusammengepreßt wird. Die Kurve hört an dem Punkt *A* auf, bei dem das Gas instabil wird. Stellen wir uns jetzt vor, dasselbe Experiment würde wiederholt, wenn der Thermostat das Wärmebad auf einer anderen Temperatur hält. Für Temperaturen, die in der Nähe solcher Temperaturen liegen, die einer Kurve *a* entsprechen, erhalten wir qualitativ ähnliche Kurven, etwa *a'*. Die Punkte, bei denen diese Kurven aufhören, liegen auf der mit *k* bezeichneten Kurve.

Wenn die Anfangstemperatur zu hoch ist, wie es bei der mit *b* bezeichneten Kurve der Fall ist, bleibt das Gas stabil, ganz unabhängig davon, wie stark es komprimiert wird. Die mit *c* bezeichnete Kurve stellt eine Trennlinie dar. Niedrigere Einstellungen des Thermostats ergeben Kurven, die *a* ähneln, und höhere solche, die *b* gleichen. Kurve *c* selbst gehört zu keiner dieser Kategorien. Ihre Haupteigenschaft ist, daß sie den mit *K* bezeichneten *kritischen Punkt* enthält. Dieser Punkt stellt einen physikalischen Zustand dar, der weder gasförmig noch flüssig ist, aber in gewisser Weise beides. Wenn Stickstoff oder irgendein anderer Stoff diesen Zustand annimmt, verändert sich seine Erscheinungsform dramatisch. Er wird milchig und schillert wie ein Opal.

Diese sogenannte kritische Opaleszenz ist ein Anzeichen einer Art Identitätskrise. Die Substanz weiß nicht, ob sie ein Dampf ist oder eine Flüssigkeit. Makroskopische Dichteschwankungen, die groß genug sind, um Lichtstrahlen reflektieren zu können, und deshalb zum milchigen Aussehen des Gases führen, bilden sich und lösen sich wieder auf, solange sie kleiner sind als der Behälter, als ob der Dampf nicht wüßte, ob er eine Flüssigkeit werden oder ein Gas bleiben soll. Aber die überdichten Bereiche werden niemals wirklich zu Flüssigkeitstropfen.

Sowohl in den gasförmigen als auch in den flüssigen Phasen ist die räumliche Verteilung der Moleküle völlig ungeordnet. Die beiden Phasen unterscheiden sich nur in der Wahrscheinlichkeit, mit der sich die Moleküle verbinden. Weil die intermolekularen Kräfte einen endlichen und festgelegten Wirkungsspielraum haben, kann die Flüssigkeitsphase nicht existieren, wenn die mittlere Entfernung zwischen den Molekülen einen bestimmten Wert übersteigt (den Wert, der der Dichte am kritischen Punkt entspricht). Was ist das Analogon der flüssigen Phase bei einem gravitierenden Gas, einem Gas also, in dem die Schwerkraft alle anderen Wechselwirkungen überwiegt?

Wie wir früher erörterten, hat die Gravitationsanziehung keine feste Größenordnung. Deshalb muß es in einem gravitierenden Gas bei allen Dichten das Analogon zur Flüssigkeitsphase geben (wenn es sie überhaupt gibt). Außerdem kommt die Bindung durch die Gravitation anders als die chemische Bindung nicht durch die Anziehung zwischen benachbarten Teilchen zustande, sondern sie nimmt mit der Anzahl der beteiligten Teilchen zu. Schließlich setzt die gravitative Bindung anders als die chemische großräumige Dichteschwankungen voraus. In einem gleichförmigen gravitierenden Gas heben die auf ein bestimmtes Teilchen von weit entfernten Teilchen ausgeübten Anziehungskräfte einander auf. Die von nahen Teilchen ausgeübten Kräfte schwanken in Größe und Richtung und führen nicht zum inneren Zusammenhalt. Umgekehrt verlangsamt die gegenseitige Gravitationsanziehung der Teilchen, die zu einer überdichten Region mit sehr vielen Teilchen gehören, deren Expansionsgeschwindigkeit. Die innere Kohäsion eines solchen Bereichs nimmt mit der Differenz zwischen seiner Dichte und der durchschnittlichen Gasdichte zu. Wenn wir in der inneren Kohäsion das entscheidende Kennzeichen der Flüssigkeitsphase sehen, können wir schließen, daß die Flüssigkeitsphase in einem gravitierenden Gas klumpig ist und der gasförmige und der flüssige Zustand nicht scharf getrennt sind.

Wir sahen früher, daß in einem anfangs heißen, homogenen Gas spontan keine wesentlichen Dichteschwankungen vorkommen. Dieser Schluß gilt genauso für ein Gas gravitierender Teilchen wie für ein gewöhnliches Gas. Sehen wir nun, was für das kalte, expandierende »Gas« gilt, dessen »Teilchen« neugebildete Stücke festen Wasserstoffs von der Größe eines Planeten sind.

Jedes »Teilchen« ist nach seiner Entstehung in Ruhe (relativ zu dem lokalen Ruhesystem des expandierenden Raums). Wenn die »Teilchen« identische Kugeln wären, die an den Gitterpunkten eines vollkommenen Würfelgitters haften, blieben sie in Ruhe, weil die Gravitationsanziehungen, die jedes »Teilchen« von seinen Nachbarn erfährt, sich genau aufheben würden. In Wirklichkeit müssen die »Teilchen« etwas unterschiedliche Massen haben und etwas unregelmäßig verteilt sein. Im Ergebnis heben sich die Gravitationsanziehungen, die von einem bestimmten »Teilchen« auf seine Nachbarn ausgeübt werden, nicht genau auf, und deshalb muß sich das Teilchen bewegen.

Um die dann folgende Entwicklung unseres kalten, expandierenden »Gases« zu verstehen, müssen wir unsere Aufmerksamkeit auf seine *innere Energie* richten. Die innere Energie eines Gases ist der Teil seiner Energie, der mit den *Zufallsbewegungen* der Teilchen und ihren Wechselwirkungen zu tun hat. Der erste Beitrag, die kinetische Energie zufälliger Teilchenbewegungen, ist positiv. Der zweite Beitrag ergibt sich aus der Wechselwirkung der Teilchen untereinander. Er ist negativ und stellt die Energie pro Masseneinheit dar, die nötig wäre, um die Teilchen auf einen repräsentativen Teil des Gases zu verteilen, wenn alle Teilchen in Ruhe wären. In einem idealen Gas gibt es keine Wechselwirkungen zwischen den Teilchen, und die innere Energie ist gleich der kinetischen Energie der Zufallsbewegungen der Teilchen. In einem wirklichen Gas ist der Beitrag der Anziehungswechselwirkungen zur inneren Energie relativ klein und negativ. In der Nähe des kritischen Punkts jedoch sind die kinetischen und die von der Wechselwirkung stammenden Beiträge zur inneren Energie ihrer Größe nach vergleichbar. In unserem kalten expandierenden »Gas« ist die innere Energie zu Beginn *negativ*, und darin liegt – wie wir jetzt sehen werden – der ganze Unterschied.

Solange der mittlere Druck im kosmischen Medium positiv ist, muß seine innere Energie abnehmen, wenn sich das Medium ausdehnt, genau wie die innere Energie des Gases in einem isolierten Kolbenzylinder abnimmt, wenn der Kolben herausgezogen wird. (Im Fall des Zylinders taucht die durch das Gas verlorene Energie als an dem Kolben zu leistende Arbeit wieder auf. In dem sich expandierenden kosmischen Medium verschwindet die Energie allmählich. Weder Energie noch Impuls bleiben in einem expandierenden Raum erhalten. Frei bewegte Teilchen werden langsamer; Photonen verlieren Energie und Impuls, wenn ihre Frequenz abnimmt.) Wenn die innere Energie des kosmischen Mediums wie in dem Feuerballmodell, das wir in Kapitel 8 betrachteten, zu Beginn positiv ist, fällt sie bis auf Null. Wenn aber die innere Energie zu Beginn wie in dem jetzigen Bild Null ist und der mittlere Druck sich wie hier als positiv erweist, dann *muß die innere Energie immer größere negative Werte annehmen, wenn sich das Universum ausdehnt.* Dies wird in Abbildung 9.4 illustriert.

Wir sahen, daß negative Beiträge zur inneren Energie von Gravitationswechselwirkungen herrühren, deren Größe durch die Größenordnung und den Betrag der makroskopischen Dichteschwankungen bestimmt ist – also die der gravitativen Klumpenbildung. Die Klumpenbildung in einem expandierenden Universum, dessen innere Energie anfangs negativ und dessen

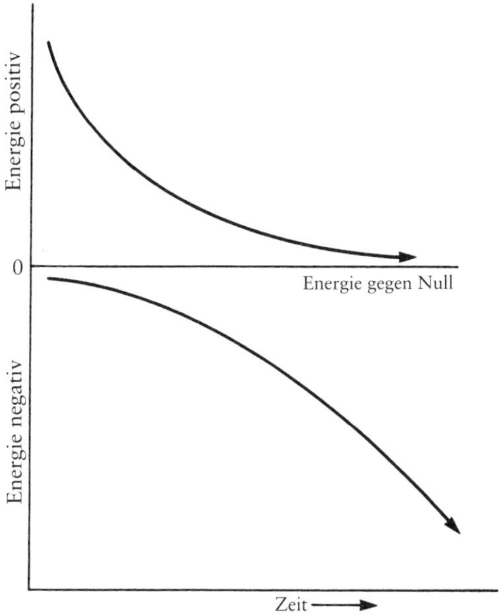


Abb. 9.4: Wenn die innere Energie des kosmischen Gases anfangs positiv ist, nimmt sie bis auf Null ab, wenn sich das Weltall ausdehnt (obere Kurve). Wenn sie anfangs negativ ist, wird sie mit der Ausdehnung des Weltalls immer negativer (untere Kurve).

mittlerer Druck positiv ist, muß folglich stetig zunehmen. Umgekehrt könnte die innere Energie des kosmischen Mediums niemals negativ werden, wenn sie zu Beginn positiv gewesen wäre.

Versuchen wir jetzt, etwas genauer zu sehen, wie und warum diese gravitative Klumpenbildung in dem kalten expandierenden »Gas« vorkommt, dessen »Teilchen« Stücke festen Wasserstoffs von der Größe eines Planeten sind. Es laufen gleichzeitig drei Prozesse ab.

Erstens werden »Teilchen« durch Gravitationskräfte beschleunigt, die von makroskopischen Dichteschwankungen im Medium herrühren. Wenn der Raum nicht expandierte, würden die resultierenden Bewegungen innere Energie weder erschaffen noch zerstören, sondern sie nur zwischen den kinetischen und den wechselwirkenden Komponenten umverteilen.

Zweitens führt die Ausdehnung des Raums zu einer Verlangsamung der »Teilchen«. (Ein Schlittschuhläufer würde auf einer expandierenden und reibungslosen Eisbahn relativ zum Eis unmittelbar unter seinen Schuhen immer langsamer werden.) Deshalb führt die Expansion des Raums zu einer Reduktion der kinetischen Komponente der inneren Energie.

Schließlich führt die Expansion des Raums dazu, die Größe der (negativen) gravitativen Komponente der inneren Energie zu verringern, weil die mittlere Entfernung zwischen den »Teilchen« immer größer wird.

Die kombinierte Wirkung dieser drei Prozesse hängt von dem Verhältnis zwischen kinetischer Energie und den Wechselwirkungskomponenten der inneren Energie ab. Insbesondere nimmt, wie Abbildung 9.4 zeigt, die Größe der inneren Energie ständig zu, wenn der erste dieser drei Prozesse das Verhältnis zwischen diesen Größenordnungen bei einem festen Wert halten soll, der größer ist als 1/2, aber kleiner als 1. Wenn die Bewegungsenergie größer sein soll als die halbe Gravitationsenergie, muß der mittlere Druck positiv sein; wenn die Bewegungsenergie kleiner sein soll als die Gravitationsenergie, muß die innere Energie negativ sein.

Wie wir sahen, führt die Ausdehnung des Raums zu einer Abnahme sowohl der Bewegungs- als auch der Gravitationsenergie, aber sie vermindert die kinetische Energie rascher als die Gravitationsenergie (doppelt so schnell sogar). Deshalb führt sie zu einem kleineren *Verhältnis* zwischen den kinetischen und gravitativen Komponenten. Die Rechnung zeigt jedoch, daß das »Gas« dann, wenn dieses Verhältnis unter 2/3 fällt, äußerst instabil wird, wenn die Dichteschwankungen auf allen Skalen zunehmen. Die Bewegungen, die sich aus dieser Instabilität ergeben, führen dazu, daß sich das Verhältnis vergrößert. Wenn es über 2/3 hinauswüchse, würde die Instabilität geringer, aber dann würde die Ausdehnung des Raums das Verhältnis wieder unter 2/3 drücken und die Instabilität wiederherstellen. Das Verhältnis bleibt also etwas unterhalb von 2/3, denn dann sind die einander entgegengesetzten Tendenzen der Ausdehnung und der Instabilität im Gleichgewicht. Dieser etwas instabile Zustand ist analog zu dem Zustand eines gewöhnlichen Gases an einem Punkt wie *A* oder *A'* in Abbildung 9.3, an dem ein bestimmter Bruchteil des Gases zu einer Flüssigkeit wird.

Weil ihr Verhältnis einen festen Wert zwischen 1/2 und 1 hat, nehmen sowohl die kinetische Energie als auch die Gravitationsenergie stetig zu, wenn sich das kosmische Medium ausdehnt. Die Größe der (negativen) inneren Energie nimmt, wie Abbildung 9.4 zeigt, in demselben Verhältnis zu. Das kosmische Medium muß also immer klumpiger werden, wenn es sich ausdehnt. Wie geht das vor sich?

Kurz nachdem sich das kalte gravitierende »Gas« gebildet hat, bildet es Klumpen, die etwas größer sind als der mittlere Abstand der »Teilchen« (planetengroße Stücke festen Wasserstoffs). Die überdichten Klumpen dehnen sich langsamer aus als das Medium insgesamt. Weil ihre Energie negativ ist, lösen sie sich bald als eigene selbstgravitierende *Haufen* ab. Wir nehmen der Einfachheit halber an, daß sich all diese Haufen gleichzeitig bilden. Der Zustand des kosmischen Mediums ist jetzt qualitativ ähnlich zu seinem Anfangszustand: Es ist ein kaltes, expandierendes, gravitierendes Gas, dessen Teilchen jetzt Haufen der ursprünglichen »Teilchen« sind. Wenn sich das Medium weiter ausdehnt, wiederholt sich der Vorgang. Bereiche, in denen die Haufen überdicht sind, dehnen sich langsamer aus als das Medium als Ganzes und lösen sich schließlich als selbstgravitierede *Superhaufen* ab. Diese wiederum sind auf der nächsten Stufe des Vorgangs (den ich *gravitative Haufenbildung* nenne) die Teilchen. Auf diese Weise entsteht allmählich eine Hierarchie selbstgravitierender Haufen (Abbildung 9.5).

Diese Darstellung ist übermäßig vereinfacht. Haufen einer bestimmten Ordnung (oder auf einer gegebenen Ebene der Hierarchie) bilden sich nicht gleichzeitig, sondern in einem endlichen Zeitabschnitt, und die Intervalle, denen Haufen angehören, die auf benachbarten Stufen der Hierarchie sind, überlappen sich vermutlich ganz beträchtlich. Es bleibt jedoch wahr, daß es auf immer größeren Maßstab zur Haufenbildung kommt, wenn sich das Weltall ausdehnt, und daß kleinere selbstgravitierende Systeme sich früher bilden als größere. So bildeten sich zum Beispiel die ältesten Sterne vor den ältesten Galaxien, und diese wiederum entstanden, bevor sich Galaxien-

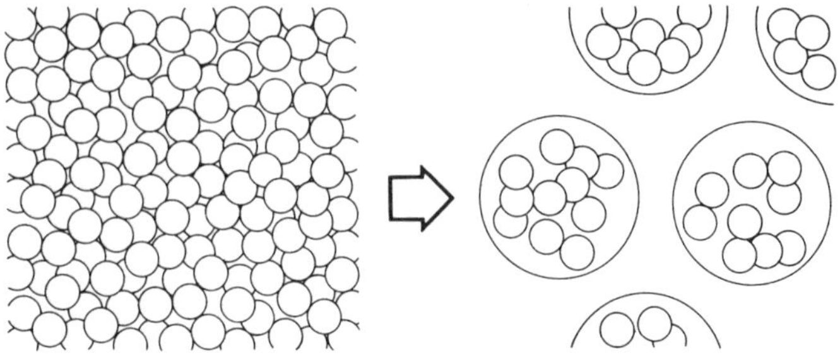

Abb. 9.5: Gravitative Haufenbildung. Mit der Ausdehnung des Universums bilden selbstgravitierende Haufen größere selbstgravitierende Haufen. Weil die Schwerkraft keine Größenordnung bevorzugt, kann sich der Vorgang wiederholen. So wird eine Hierarchie selbstgravitierender Systeme von unten her aufgebaut.

haufen bildeten. Dies ist zumindest die Vorhersage der gängigen Theorie.

Die Bildung von Haufen unter dem Einfluß der Schwerkraft ist ein historischer Prozeß. Die Hierarchie der selbstgravitierenden Systeme steckt wieder implizit im Gravitationsgesetz (wie die Strukturen von Molekülen, Atomen und subatomaren Teilchen implizit in den Gesetzen der Quantenphysik stecken), noch wird sie durch die Struktur des frühen Universums vorgegeben. Jede Entwicklungsstufe ist das Ergebnis früherer Stufen und legte den Boden für spätere. Die Haufen, die sich auf einer Stufe des haufenbildenden Prozesses bildeten, spielen also auf der nächsten Stufe die Rolle von »Teilchen«. Anders als alle anderen Kräfte hat die Gravitation keinen eingebauten *Maßstab*. Der Bereich der Gravitationskräfte, die in Gravitationshaufen wirken, wird durch die Größenordnung der vorherrschenden Dichteschwankungen bestimmt, die stetig zunehmen, wenn sich immer größere Haufen bilden.

Wenn man die vorstehende Darstellung der Evolution eines kalten gravitierenden Gases in die Sprache der Mathematik übersetzt, findet man, daß die Größe der Haufen wie das Quadrat des Radius einer Kugel konstanter Masse zunimmt. Dieses Ergebnis bestimmt zusammen mit der bekannten Beziehung für die Zunahme der inneren Energie das Spektrum der Haufenbildung – die Beziehung zwischen innerer Energie und der Größenordnung der Haufenbildung. Die Beziehung hat eine einfache Form. Die mittlere innere Energie von Haufen einer bestimmten Masse ist proportional zur Kubikwurzel dieser Masse. Nun ist die innere Energie gerade das Negative der Größe, die wir früher Bindungsstärke nannten und in Abbildung 9.1 graphisch darstellten. Die vorhergesagte Form des Haufenspektrums stimmt also in einem Bereich von mehr als zwölf Zehnerpotenzen für die Masse und vier Zehnerpotenzen für die Energie mit der beobachteten Form überein.

Der Proportionalitätsfaktor in der Beziehung zwischen innerer Energie und Masse wird durch die innere Energie der ersten Haufen bestimmt, deren »Teilchen« Stücke festen Wasserstoffs von der Größe von Planeten sind. Die Theorie sagt vorher, daß die innere Energie dieser Haufen vergleichbar ist mit derjenigen der Stücke festen Wasserstoffs, aus denen sie bestehen, aber etwas kleiner. Abbildung 9.1 zeigt, daß auch diese Vorhersagen mit der Beobachtung übereinstimmen.

## Die großräumige Struktur des Weltalls

Gravitierende Teilchen mit negativer Gesamtenergie und verschwindendem Drehimpuls gruppieren sich dann, wenn sie sich selbst überlassen bleiben, zu einer Kugel. Wenn die Menge einen endlichen Drehimpuls hat, wird sie zu einer abgeflachten Kugel oder einem Sphäroid. Die meisten kompakten selbstgravitierenden Systeme – Planeten, Sterne, massereiche Sternhaufen, Galaxien und massereiche Galaxienhaufen – sind in der Tat Kugeln oder etwas abgeflachte Sphäroide. Früher hielt man Spiralgalaxien für eine Ausnahme von dieser Regel, aber wir wissen jetzt, daß der größte Teil der Masse in einer Spiralgalaxie wie unserem Milchstraßensystem deswegen nicht auf Fotos zu sehen ist, weil er sehr wenig Licht abgibt. Obwohl wir nicht wissen, welche Form diese dunkle Materie hat, können wir ihre Gravitationswirkung beobachten und aus solchen Beobachtungen herleiten, daß ihre Verteilung etwa kugelförmig ist.

In unserem eigenen Planetensystem ist der größte Teil der

Masse in einer dünnen Scheibe konzentriert, die die Sonne, die Planeten und ihre Satelliten enthält. Dies legt die Vermutung nahe, das Sonnensystem habe als eine Kugel begonnen und seine heutige Form sei das Ergebnis von *dissipativer Reibung* – der Umwandlung organisierter Bewegung in Wärme und letztlich in Strahlung –, was im ursprünglichen Sonnensystem selektiv andere Bewegungen als reine Drehbewegungen um die ursprüngliche Drehachse des Systems gedämpft hätte.

Obwohl kugelförmige und fast kugelförmige Systeme praktisch auf allen Stufen der astronomischen Hierarchie die Regel sind, versagt die Regel plötzlich und dramatisch, wenn wir die obere Ebene erreichen – die größten Strukturen im astronomischen Weltall. Galaxienhaufen, die selbst sphärisch sind, sind nicht zu Kugeln oder irgendetwas Kugelähnlichem geordnet, sondern gleichen eher Bändern auf der Oberfläche riesiger blasenähnlicher Bereiche, in denen es keine Haufen und wenig oder keine hellen Galaxien gibt (Abbildung 8.8). Es ist, als ob Gestalt und Grund vertauscht seien: Wir finden nicht, wie erwartet, Galaxienhaufen, zwischen denen der Raum leer (oder unterdicht) ist, sondern leere (oder unterdichte) Bereiche in Form riesiger Blasen, und Galaxienhaufen und helle Galaxien sind in die Zwischenräume verbannt. Warum?

## Der Ursprung der großräumigen Struktur

Die Umkehr von Gestalt und Hintergrund spielt sich in einem interessanten Maßstab ab. Wie wir sahen, sagt die Theorie der Gravitationshaufenbildung in einem anfangs kalten Weltall vorher, daß sich in späteren Zeiten immer größere Haufen bilden. Sie sagt auch vorher, daß sich solche Haufen aussondern, die wesentlich größer sind als die größten Galaxienhaufen. Strukturen, die so groß sind wie die Blasen, Scheiben und Filamente in Abbildung 8.8, hatten noch keine Zeit, sich auszubilden. Wie wir später sehen werden, gibt es überzeugende Hinweise auf Strukturen mit immer geringeren Dichteunterschieden, deren Maßstab noch größer ist.

Beide Arten von Hinweisen – die Umkehr von Gestalt und

Grund und der linearen Skala, auf der sie eintritt – verweisen auf den Schluß, daß die großräumige Struktur nicht durch Gravitationshaufenbildung entstand. Schon eine einfache Rechnung zeigt, daß so große Strukturen wie die Blasen und Scheiben in Abbildung 8.8 nie entstanden sein könnten, wenn sich das Universum aus einem völlig gleichförmigen Anfangszustand heraus entwickelt hätte. Das zwingt uns zu dem Schluß, daß *die großräumige Struktur ihren Ursprung in Dichteschwankungen haben muß, die schon im Anfangszustand vorhanden waren.*

Im heißen Standardmodell muß es schon ursprünglich Dichteschwankungen gegeben haben, damit sich überhaupt Strukturen entwickeln können. Im kalten Modell dagegen entwickelt sich eine Hierarchie selbstgravitierender Systeme auch dann, wenn der Anfangszustand völlig gleichförmig ist. Warum aber beruft man sich zur Erklärung von Galaxien und Galaxienhaufen nicht auf anfängliche Dichteschwankungen, wenn sie doch zur Erklärung der großräumigen Struktur nötig sind?

Das hat zwei Gründe. Zum ersten sind die beiden Strukturen qualitativ verschieden. Die Erwartung, ursprüngliche Dichteschwankungen könnten sich sowohl zu einer Hierarchie überdichter Haufen als auch zu einem System unterdichter Blasen entwickeln, die durch überdichte Schichten und Filamente getrennt sind, erscheint deshalb als unvernünftig.

Der zweite Grund ist quantitativ. In den letzten zehn Jahren haben viele Wissenschaftler untersucht, wie sich kosmische Dichteschwankungen ausgewirkt hätten, wenn es zunächst im Universum kalte dunkle Materie gegeben hätte. Mit geringen Veränderungen beschreiben solche Berechnungen auch die Evolution primordialer Dichteschwankungen in einem kalten Weltall. (Eines der Kennzeichen kalter Materie ist ja, daß sie schwach oder gar nicht mit Strahlung wechselwirkt.) Aus gleich zu betrachtenden Gründen unterliegen die ursprünglichen Dichteschwankungen starken Beschränkungen, die im heißen und im kalten Modell gleich sind. Die Rechnungen zeigen eindeutig, daß *Galaxien und großräumige Strukturen in kalter dunkler Materie nicht aus denselben ursprünglichen Dichteschwankungen entstehen können.*[1] Im heißen Modell müssen sich Galaxien und großräumige Strukturen aus denselben ursprünglichen Dichteschwankungen entwickeln. Im Gegensatz dazu sagt das kalte Modell voraus, daß Galaxien durch Gravitationshaufenbildung entstehen, während sich großräumige Strukturen aus ursprünglichen Dichteschwankungen ergeben.

Woher kommen diese ursprünglichen Dichteschwankungen und die eben erwähnten Einschränkungen? Die relativistische Kosmologie sagt vorher, daß die Massendichte zur Zeit Null unendlich war. Aber sowohl Einsteins Gravitationstheorie als auch die Annahme einer gleichförmigen Massendichte müssen bei sehr hohen, aber noch endlichen Werten der mittleren Massendichte versagen. Bei dieser Dichte werden *Quantenfluktuationen* – Fluktuationen, die ihren Ursprung in für die Quantenphysik so wesentlichen Grundsätzen wie Heisenbergs Unschärfeprinzip haben – zu groß, als daß sie vernachlässigt werden können; ihr Maßstab ist dann vergleichbar mit dem Durchmesser des beobachtbaren Weltalls.[2] Es gibt noch keine angemessene vereinheitlichte Theorie der Gravitation und Quantenphysik; eine einfache Dimensionsbetrachtung, die als erster Max Planck durchführte, zeigt jedoch, daß die kritische Dichte, $c^5/G^2\hbar$, heute Planck-Dichte genannt, eine Kombination physikalischer Konstanten ist: $G$ bezeichnet Newtons Gravitationskonstante, $\hbar$ Plancks Konstante und $c$ die Lichtgeschwindigkeit. Der in Gramm pro Kubikzentimeter gemessene numerische Wert der Planck-Dichte ist $5 \times 10^{93}$.

Ursprüngliche Dichteschwankungen sind durch ihre *Amplitude* und ihr *Spektrum* gekennzeichnet. Die Amplitude ist ein Maß für den Dichteunterschied; das Spektrum sagt uns, wie sich der Dichteunterschied mit dem Maßstab verändert. Vor 1982 wählten Wissenschaftler, die die Zunahme ursprünglicher Dichteschwankungen im heißen Modell untersuchten, die Anfangsamplitude und das Spektrum so, daß sie den durch astronomische Beobachtungen gegebenen Endpunkten des Evolutionsvorgangs entsprach. Das 1982 aufgestellte »neue« Szenario sagte die Form des Spektrums vorher. Diese Form ist so einfach, daß sie der Erwähnung wert ist: Wenn nämlich $N$ die Anzahl der Teilchen in einer Kugel bezeichnet, deren Radius viel größer ist als der Radius des beobachtbaren Universums, dann ist die

Größe einer typischen Fluktuation proportional zur dritten Wurzel aus *N*.

Wenige Monate später wies P.J.E. Peebles darauf hin, daß ursprüngliche Dichteschwankungen mit einem solchen Spektrum sich sowohl im Großen als auch im Kleinen auf die Temperaturschwankungen des kosmischen Hintergrunds auswirken. Peebles sagte die Amplitude und das Spektrum dieser Schwankungen vorher.

Dieses Gesetz war aus völlig anderen theoretischen Gründen schon zehn Jahre zuvor von Edward T. Harrison aufgestellt worden. Bis 1982 jedoch wurde es nur von wenigen ernst genommen, weil es den Beobachtungsdaten nicht besonders gut entsprach.

Im Juni 1992 habe ich (aus wieder anderen Gründen) vorgeschlagen, dasselbe Gesetz könne auch Dichteschwankungen im kalten Modell beweisen. Ursprüngliche Dichteschwankungen sollten, so habe ich behauptet, im beobachtbaren Weltall auf viel größerem Maßstab zu einem solchen Spektrum führen.

Wenige Wochen später gab George Smoot bekannt, daß die Instrumente an Bord des Cosmic Background Explorer (COBE) die zehn Jahre zuvor von Peebles vorhergesagten Schwankungen entdeckt hatten. Diese Beobachtungen entsprachen genau den Vorhersagen Peebles. Eine einfache, auf Peebles Arbeit beruhende Rechnung zeigte, daß die Daten auch mit Vorhersagen verträglich sind, die auf dem kalten Modell beruhen. Nach beiden Modellen entstanden die jetzt beobachteten Dichteunterschiede schon früh in der Geschichte des Weltalls, als die Größen der sie prägenden Strukturen den Radius des beobachtbaren Universums noch weit übertrafen. In beiden Modellen könnten sie durch ursprüngliche Dichteschwankungen verursacht sein, die proportional zur Kubikwurzel aus *N* sind.

Wie ist es nun mit der Amplitude der ursprünglichen Dichteschwankungen? Diese Frage können beide Modelle nicht befriedigend beantworten. Das kalte Modell macht keine klaren Vorhersagen. Das »neue« inflationäre Modell macht eine einigermaßen sichere Vorhersage, aber sie ist um einen Faktor $10^{12}$ zu hoch.

## Der Ursprung der kosmischen Schwarzkörperstrahlung

Läßt sich nun die Hypothese eines kalten Anfangszustands mit der Existenz kosmischer Schwarzkörperstrahlung vereinbaren? Nach dem Standardmodell ist dieses gleichförmige Photonenmeer der Überrest eines ursprünglichen Feuerballs, der unter physikalischen Bedingungen entstand, die weit außerhalb des Geltungsbereichs heutiger physikalischer Gesetze lagen. Wenn aber das Weltall sich aus einem kalten Anfangszustand heraus ausdehnte, muß dieses Meer von Photonen durch Vorgänge erzeugt worden sein, die durch bestehende physikalische Gesetze unter Bedingungen beschrieben werden, die viel weniger exotisch sind als jene, die dem Standardmodell des frühen heißen Universums zugeschrieben werden.

Ray Hively und ich haben 1974 die Hypothese aufgestellt, daß der kosmische Strahlungshintergrund als Sternenlicht entstand, das von einer frühen Generation massereicher Sterne ausgestrahlt wurde, die sich bildeten und verloschen, als das Weltall etwa 10 Millionen Jahre alt war. Wenn diese Sterne 90 Prozent der Masse des Universums enthalten hätten, würde die von ihr erzeugte Strahlung die Energiedichte des heutigen Hintergrunds erklären können. Dieselben Sterne hätten schwere Elemente hergestellt und ausgestoßen, die dann zu festen Körpern kondensiert wären, deren Wechselwirkung mit dem Sternenlicht es in Schwarzkörperstrahlung oder ihr sehr ähnliche Strahlung verwandelt hätte. Edward L. Wright und Mitarbeiter veröffentlichten 1992 Rechnungen, wonach plausible Mengen plausibel geformter Eisennadeln Sternenlicht durch Absorption und Wiederausstrahlung im Rahmen der von den COBE-Beobachtern geforderten Genauigkeit in Schwarzkörperstrahlung verwandeln können.

Die Folgerungen aus dieser Theorie passen gut zu astronomischen Beobachtungen. Wir wir früher sahen, leuchtet in der Tat 90 Prozent der Masse des heutigen Universums nicht. Und es gibt deutliche Hinweise darauf, daß sich Sterne, die jetzt leuchten, aus wiederverwerteter Materie bildeten – aus Materie, die in massereicheren Sternen »erarbeitet« worden war.

In ihrem heutigen Entwicklungsstadium scheint die Hypothese eines kalten Beginns vielversprechend zu sein. Sie erklärt mehr und stößt auf weniger große Schwierigkeiten als ihr beliebterer Konkurrent, das Standardmodell. Aber es ist noch zu früh, mit rein wissenschaftlichen Überlegungen zwischen den Hypothesen entscheiden zu wollen. Neue Hinweise und neue theoretische Überlegungen könnten leicht eine – oder beide – von ihnen über den Haufen werfen.

Die Theorie der Haufenbildung zeigt, wie im expandierenden Weltall Ordnung entstanden sein könnte. Wir brauchen nicht, wie Clausius und Boltzmann im neunzehnten Jahrhundert und auch viele Astronomen und Physiker im zwanzigsten Jahrhundert, anzunehmen, daß das Weltall mit einem riesigen Vorrat an Ordnung entstanden ist, den es seitdem allmählich abbaut. Wenn die in diesem Kapitel umrissene Hypothese zutrifft, fehlte dem Anfangsstadium des Weltalls jegliche Ordnung. Strukturen bildeten sich erst heraus, als das kosmische Medium gefror und in planetengroße Fragmente festen Wasserstoffs zerbrach. Das resultierende kalte Gas wechselseitig gravitierender »Teilchen« wurde instabil; Dichteschwankungen wuchsen und entwickelten sich zu selbstgravitierenden Haufen. Diese wurden bei einer Wiederholung dieses Vorgang selbst zu »Teilchen«. Auf diese Weise wurde allmählich eine Hierarchie ineinandergeschachtelter selbstgravitierender Systeme aufgebaut.

Die Ausdehnung des Raums hat sowohl zur chemischen als auch zur strukturellen Ordnung geführt, aber sie hat diese beiden Arten von Ordnung auf ganz unterschiedliche Weisen erzeugt. Chemische Ordnung wurde (sowohl im kalten Universum als auch in dem des Standardmodells) erschaffen, als die das Gleichgewicht bewahrenden Kernreaktionen langsamer abliefen als die kosmische Ausdehnung. Strukturelle Ordnung ergab sich nach der in diesem Kapitel skizzierten Hypothese aus der Instabilität eines gravitierenden »Gases« mit negativer innerer Energie, einer Instabilität, die von der kosmischen Expansion aufrechterhalten und angetrieben wurde.

Wir kommen jetzt zur wichtigsten Konsequenz der chemischen und strukturellen Ordnung im Weltall: zum Leben.

# 10. Moleküle, Gene und die Evolution

## Vier Sichtweisen des Lebens

Für den unbefangenen Beobachter gibt es wohl keinen deutlicheren Unterschied als den zwischen Belebtem und Unbelebtem, zwischen Wesen, die etwas in Gang setzen und Dinge verändern, und Dingen, die passiv auf äußere Einflüsse reagieren. Das Bemühen, die tiefere Bedeutung dieses offensichtlichen Unterschieds zu verstehen, war seit seinem Beginn im antiken Griechenland eine der Hauptaufgaben der Wissenschaft und Philosophie des Abendlandes. Dabei gab es vier wichtige Denkrichtungen.

Die erste Denkweise wurzelt im vorwissenschaftlichen und vorphilosophischen Denken. Sie wird Thales, dem ersten griechischen Philosoph und Wissenschaftler, zugeschrieben, der glaubte, alles sei »voll von Göttern«. Danach unterscheiden sich also das Belebte und das Unbelebte eher quantitativ als qualitativ; selbst »unbelebte« Dinge können ein inneres Sein haben.

Diese Lehre wird allgemein leichter bejaht, als es auf den ersten Blick erscheinen mag.

Kinder und viele Erwachsene meinen, Hunde, Katzen und andere Tiere müßten die Welt mehr oder weniger genau so erleben wie wir. Kinder halten manchmal auch Bäume und Blumen für fühlende Wesen. In Lewis Carrolls *Durch den Spiegel* erklärt eine Tigerlilie Alice, daß Blumen den größten Teil ihrer Zeit verschlafen, weil ihre Betten zu weich sind. Von dort aus ist es ein kleiner Schritt zu der Überzeugung, daß auch Flüsse und Steine ein Innenleben haben. Diese Überzeugung wurde von Philosophen wie Gottfried Wilhelm Leibniz, Arthur Schopenhauer, Alfred North Whitehead, Pierre Teilhard de Chardin und auch einigen modernen Biologen, insbesondere dem Embryologen C.H. Waddington und dem Evolutionsbiologen Bernhard Rensch vertreten. In neuester Zeit wurde sie aus logischen Gründen von dem Philosophen Thomas Nagel propagiert.

Der große Reiz des Panpsychismus liegt in seiner einheitlichen Sicht der Wirklichkeit. Sein großer Nachteil – der heute offensichtlicher ist als in früheren Zeiten – ist das völlige Fehlen allen

Beweismaterials. Während es wahr ist, daß Physiker die Grundstruktur der Materie nicht voll und ganz verstehen, sind ihre Theorien sicherlich nicht in der Weise unvollständig, daß ihnen die Annahme helfen könnte, subatomare Teilchen hätten ein Seelenleben.

Die zweite Denkweise ist das Spiegelbild der ersten. Ihre Vertreter behaupten im wesentlichen, das Weltbild des Physikers (wie immer es auch gerade aussehen mag) sei vollständig. Alles, was nicht dazu paßt, ist nicht in der selben Weise wirklich, wie zum Beispiel Atome und Moleküle wirklich sind. Insbesondere muß der Unterschied zwischen dem Belebten und dem Unbelebten eine Täuschung sein, weil jedes Ding, ob belebt oder unbelebt, nichts anderes ist als —-. Die Worte, die den Satz vervollständigen, ändern sich, wenn das Wissen zunimmt. Demokrit hätte vielleicht gesagt: »eine Menge von Atomen, deren Bewegungen von der Notwendigkeit bestimmt sind«, Laplace dagegen: »eine Menge von Teilchen, deren Bewegung von Newtons Gesetzen bestimmt ist«. Einige zeitgenössische Molekularbiologen sagen, das Leben sei nichts als Chemie. Die meisten Menschen stellen sich jedoch lieber vor, Flüsse und Steine hätten eine rudimentäre Form eines Innenlebens, als zuzugeben, daß unser eigenes Innenleben nicht realer ist als das eines Steins.

Die beiden ersten Denkweisen behaupten also, daß der auf dem gesunden Menschenverstand beruhende Unterschied zwischen dem Belebten und dem Unbelebten oder zwischen Geist und Materie eine Täuschung ist. Der dritte Ansatz fordert, daß er real und nicht reduzierbar ist: Materie und Energie werden von der Naturwissenschaft beschrieben; sie sind das, was die physikalische Wirklichkeit ausmacht. Geist (oder Seele oder Bewußtsein oder Lebenskraft) ist der Stoff einer zweiten Art der Wirklichkeit, die dem Phänomen Leben zugrundeliegt. Sie läßt sich niemals voll und ganz von der Naturwissenschaft erfassen.

Dies war die Ansicht von Sokrates, einem erbitterten Gegner der Weltanschauung von Philosophen wie Thales (der in allem Götter sah) und Demokrit (der sie in nichts sah). Sokrates, sein Schüler Platon und Platons Schüler Aristoteles behaupteten alle, daß es einen Unterschied zwischen Seele und Materie gibt und alle mechanischen Erklärungen unvollständig sind. Materie, behaupteten sie, ist passiv. Sie reagiert, wenn sie gestoßen und gezogen wird, aber sie kann keine Bewegung auslösen. Für Platon und Aristoteles wird die Seele durch die Fähigkeit definiert, etwas in Bewegung versetzen zu können. Da Bewegung gewöhnlich zum Stillstand kommt, wenn sie sich selbst überlassen bleibt, muß sie ständig von einer nichtmateriellen Instanz angestoßen werden. Mechanische Erklärungen von Naturerscheinungen können also vielleicht erklären, *wie* etwas passiert, aber nicht, *warum* es passiert.

In Platons Dialog *Phaidon* macht sich Sokrates am letzten Tag seines Lebens über solche Erklärungen lustig. Ein Reduktionist, sagt er, würde behaupten,

> daß ich im Augenblick deshalb hier sitze, weil ja mein Leib aus Knochen und aus Sehnen aufgebaut sei und weil die Knochen fest sind und Bänder haben, die Gliederung bewirken, und weil die Sehnen so beschaffen sind, daß sie gespannt und nachgelassen werden können, und weil sie doch die Knochen rings umgeben zusammen mit dem Fleische und der Haut, die um das Ganze ist. Da nun die Knochen beweglich in den Kapseln hängen, so seien es die Sehnen, die mir, sich lockernd oder spannend, eben möglich machten, daß ich die Glieder biege – und deshalb säße ich mit eingekrümmten Beinen hier. Und daß ich mit euch Reden führe: auch dieses könnte er mit Gründen, die nicht viel anders aussehen, deuten. Er könnte da von Lauten, Luftbewegungen, Gehörseindrücken und hundert anderen Sachen sprechen, und an dem einzig wahren Grund vorübergehen –, daß die Athener zu dem Schlusse kamen, es wäre besser, über mich das »schuldig!« auszusprechen, und daß es somit auch bei mir beschlossen ist, nichts könne besser für mich sein, als hier zu sitzen, und nichts gerechter als da zu bleiben und das hinzunehmen, was sie als Strafe verordnet haben.[1]

Mechanistische Erklärungen seien zur Erklärung astronomischer Erscheinungen genauso ungenügend, sagt Sokrates. Er ist nicht damit zufrieden zu wissen, wie die Sonne, der Mond und die Planeten angeordnet sind und wie sie sich bewegen. Er möchte wissen, warum sie dort sind, wo sie sind, und warum sie sich so bewegen, wie sie sich bewegen. Eine angemessene Antwort auf diese Frage würde erklären »was für jedes das Beste ist und für alle gut«. Ganz ähnlich erklärt Aristoteles, daß ein Stein fällt, weil ihn das an seinen natürlichen Ort bringt: so nahe wie möglich zum Erdmittelpunkt.

In neuerer Zeit war der beredteste Vertreter des metaphysischen Dualismus der französische Philosoph Henri Bergson, dessen weithin gelesene Bücher – besonders das 1907 veröffentliche *L'Evolution Créatrice* – so verschiedene Denker wie William James, George Bernard Shaw, Marcel Proust und Jean Piaget beeinflußten. Bergson stellt sich das Leben als einen Impuls vor, der die Materie »durchquert«, als eine Welle, die von der Mitte nach außen strömt und die durch das genetische Material von einer Generation zur nächsten weitergegeben wird. Der Lebensimpuls ist kreativ und findet seinen Ausdruck in der Erzeugung immer höher organisierter Formen. Ihm steht die entropische Tendenz der von ihm durchquerten Materie gegenüber. Der Konflikt zwischen diesen gegensätzlichen Neigungen – etwa wie dem Konflikt zwischen Liebe und Haß in der Philosophie des Empedokles – ist der Ursprung der kosmischen Evolution:

> Das Leben insgesamt, ob tierisch oder pflanzlich, scheint im wesentlichen in dem Bemühen zu bestehen, Energie anzusammeln und dann in anpassungsfähigen, formbaren Kanälen freizugeben, an deren Ende es unendlich vielfältige Aufgaben erfüllen kann. Genau das möchte der Lebensimpuls beim Durchqueren von Materie auf einen Schlag tun. Er hätte sicherlich Erfolg, wenn seine Macht unbegrenzt wäre oder wenn er Hilfe von außen bekommen könnte. Aber der Impuls ist endlich und wurde ein für allemal gegeben. Er kann nicht alle Hindernisse überwinden. Die Bewegung, deren Ausdruck er ist, wird manchmal abgelenkt, manchmal gespalten, immer stößt sie auf Schwierigkeiten, und die Evolution einer geordneten Welt ist nur das Entfalten dieses Kampfes.[2]

Der vierte Ansatz zum Verständnis des Phänomens Leben und seiner Beziehung zu den Gesetzen der Physik – der Ansatz, der uns in diesem Kapitel beschäftigen soll – ist der der modernen Biologie. Er ist wissenschaftlich, aber nicht reduktionistisch. Weil er anerkennt, daß heutige wissenschaftliche Theorien unvollständig sind, lehnt er Phänomene nicht als unwirklich ab, die außerhalb ihrer Reichweite zu liegen scheinen. Gleichzeitig weist er die Behauptung als unnötig pessimistisch zurück, daß es Aspekte der objektiven Wirklichkeit gibt, die die Naturwissenschaft niemals verstehen wird.

Wir wissen jetzt, daß jedes Lebewesen aus relativ einfachen molekularen Bausteinen besteht, deren Verbindungen und Wechselwirkungen durch dieselben physikalischen Gesetze bestimmt sind, die auch in Reagenzgläsern, Sternen und interstellaren Gaswolken gelten. Es gibt keine *Lebensschwungkraft*, keine »zweite Wirklichkeit«, die die physikalische Wirklichkeit transzendiert. Die belebte Materie unterscheidet sich von der unbelebten nicht, weil sie eine zusätzliche, nichtphysikalische Ingredienz hat, sondern weil sie auf besondere Weise organisiert ist. Aber dieser Unterschied ist entscheidend. Die reduktionistische Sicht, wonach Leben nichts als Chemie ist, ist unangemessen, weil sie nicht erkennt, daß Ordnung ein ebenso grundlegender Aspekt der Welt ist wie Energie. Was an Lebewesen anders und vielleicht einzigartig ist, steckt in ihrer Ordnung. Was ist biologische Ordnung? Und woher kommt sie? Unser Hauptziel in diesem und dem nächsten Kapitel wird der Versuch sein, diese Fragen zu beantworten.

Biologische Ordnung manifestiert sich auf vielen Ebenen, von der Ebene der Moleküle und ihrer Wechselwirkungen bis zu der von Lebewesen und ihren Wechselwirkungen. Welche Ebene man jeweils für die interessanteste hält, hängt großenteils vom eigenen Temperament und der Ausbildung ab. Es gibt Naturalisten, denen es völlig gleich ist, was auf der Ebene der Moleküle abläuft, und Molekularbiologen, die die Naturgeschichte geringschätzen. Es gibt hervorragende Bücher zur biologischen Evolution, in denen Moleküle nicht einmal erwähnt werden, und Lehrbücher der Biochemie, die wenig oder gar nicht auf Pflanzen oder Tiere eingehen. Die folgende Erörterung bleibt auf der Molekularebene – nicht weil ich sie für uns angemessener oder interessanter halte als höhere Ebenen, sondern weil sie die für eine Suche nach den *Ursprüngen* der biologischen Ordnung wichtigste Ebene ist.

Auf der molekularen Ebene besteht Leben aus dem Verbinden

und Trennen von Molekülen, Molekülteilen und Molekülgruppen. Dieses sind die elementaren Figuren eines unvorstellbar komplexen Balletts, das fortwährend in jeder lebenden Zelle getanzt wird. Die Choreographie des Balletts steckt im genetischen Material der Zelle, in langen fadenförmigen Molekülen von Desoxyribonukleinsäure (DNA). Molekularbiologen und Biochemiker haben gelernt, diese Partitur zu lesen. Sie haben entdeckt, wie die in ihr enthaltene Information verschlüsselt ist, und wie sie in die Tausende von außerordentlich fein regulierten und koordinierten Paarungen und Kopplungen und Entkopplungen übersetzt wird, die das Ballett ausmachen. Auch wenn die Grundlagen allgemein bekannt sind, ist es für die folgende Erörterung nützlich, sie kurz zu wiederholen.

## DNA und all das

Das DNA-Molekül besteht aus zwei langen Ketten, die zu einer Doppelspirale verwunden sind (Abbildung 10.1).

Bei beiden Ketten bilden jeweils drei Bausteine einer Einheit: Ein Zucker (Desoxyribose) ist mit einer Phosphatgruppe und einer stickstoffhaltigen Base verbunden (Abbildung 10.2). Der Zucker und die Phosphatgruppen sind in jeder Einheit gleich, aber es gibt vier unterschiedliche Basen, die mit den Buchstaben *A* (für Adenin), *G* (für Guanin), *T* (für Thymin) und *C* (für Cytosin) bezeichnet werden (Abbildung 10.3).

Das Rückgrat der Ketten ist jeweils eine sich streng wiederholende Struktur, in der nur der Zucker und die Phosphatgruppen vorkommen, wobei benachbarte Zucker, wie Abbildung 10.4 veranschaulicht, durch *Phosphat*gruppen verbunden sind. Diese beiden »Wirbelsäulen« laufen wie ein Treppengeländer außen entlang der Spirale. Die Sprossen der Leiter werden von jeweils einem *Paar* komplementärer Basen *G* und *C* und *T* und *A* gebildet, die miteinander verbunden sind, wie Abbildungen 10.3 und 10.4 zeigen. Die Partner passen jeweils gut zusammen, und die beiden Arten von Sprossen (*GC*) und (*TA*) sind gleich breit. Die sich daraus ergebende Struktur (Abbildungen 10.1 und 10.4), die 1953 von James Watson und Francis Crick aufgedeckt

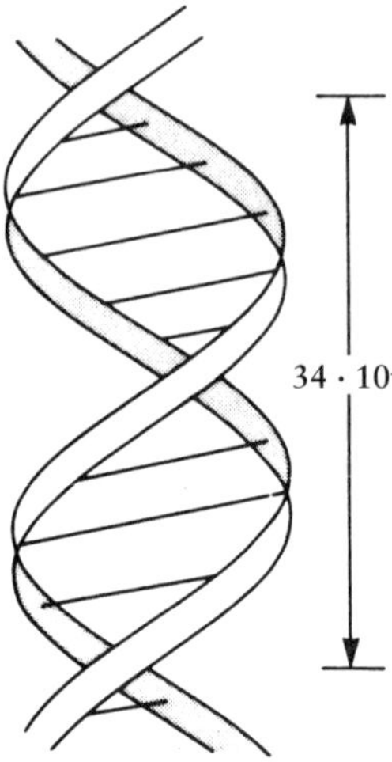


Abb. 10.1: Schematische Darstellung der räumlichen Anordnung eines Abschnitts eines DNA-Moleküls. Das Molekül ähnelt einer langen Wendeltreppe. Eine vollständige Schraubenwindung hat zehn Sprossen. Benachbarte Sprossen sind 3,4 Nanometer voneinander entfernt (1 nm = $10^{-9}$ m). Die Bausteine des Geländers werden in Abbildung 10.2 angegeben, die der Sprossen in Abbildung 10.3.

$34 \times 10^{-9}$ Meter

wurde, ist eine immer gleich breite Doppelhelix mit gleichmäßigem Sprossenabstand.

Die Struktur der DNA eignet sich zur Verdopplung. Jeder Strang des doppelsträngigen Moleküls wirkt als Schablone, die es erlaubt, einen komplementären Strang herzustellen, also einen Strang, dessen Basen jeweils die Partner der Basen des ersten sind, wie dieses Beispiel zeigt:

... *GTAACTTG* ...
... CATTGAAC ...

Aus der Sicht der Physik oder Chemie ist die Reihenfolge der Basenpaare (*AT*, *GC*, *TA*, *CG*) in einem DNA-Molekül anscheinend völlig willkürlich. Bis jetzt hat noch niemand eine Veränderung der Energie des Moleküls oder irgendeiner anderen seiner

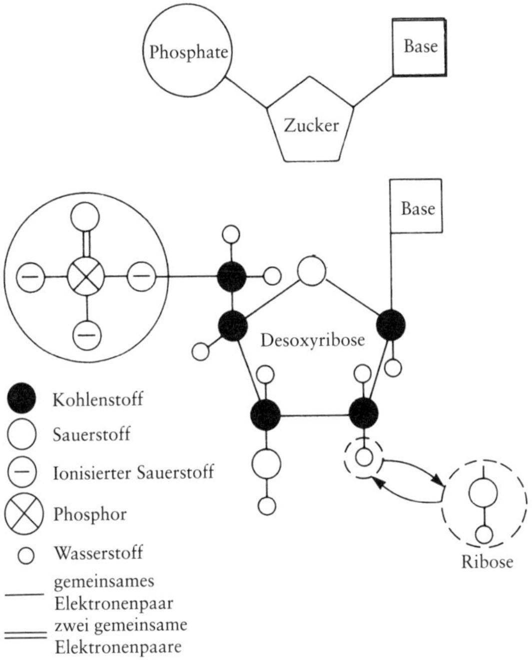


Abb. 10.2: Das Geländer der Wendeltreppe in Abbildung 10.1 ist aus identischen Einheiten aufgebaut; jede Einheit besteht aus einer Pentose, einem Fünf-Kohlenstoff-Zucker (Deoxyribose), der an eine Phosphatgruppe gebunden ist. Die RNA ist ein Molekül mit nur einem Strang, der große Ähnlichkeit mit einem der beiden Stränge der DNA hat. Die Zuckerkomponente der RNA ist Ribose, die, wie es der untere Teil der Abbildung veranschaulicht, ein Sauerstoffatom mehr hat als Desoxyribose.

physikalischen oder chemischen Eigenschaften entdecken können, die auf dem Austausch eines Basenpaars durch ein anderes zurückzuführen sind. Ein solcher Austausch könnte jedoch wichtige *biologische* Folgen haben, wenn er in eine Zelle eintritt, aus der sich ein Lebewesen entwickelt. So wird zum Beispiel die Sichelzellenanämie durch einen einzigen Austausch dieser Art verursacht.

Die DNA enthält ein Programm für die Entwicklung eines Organismus. Mikroskopisch gesehen ist der Entwicklungspro-

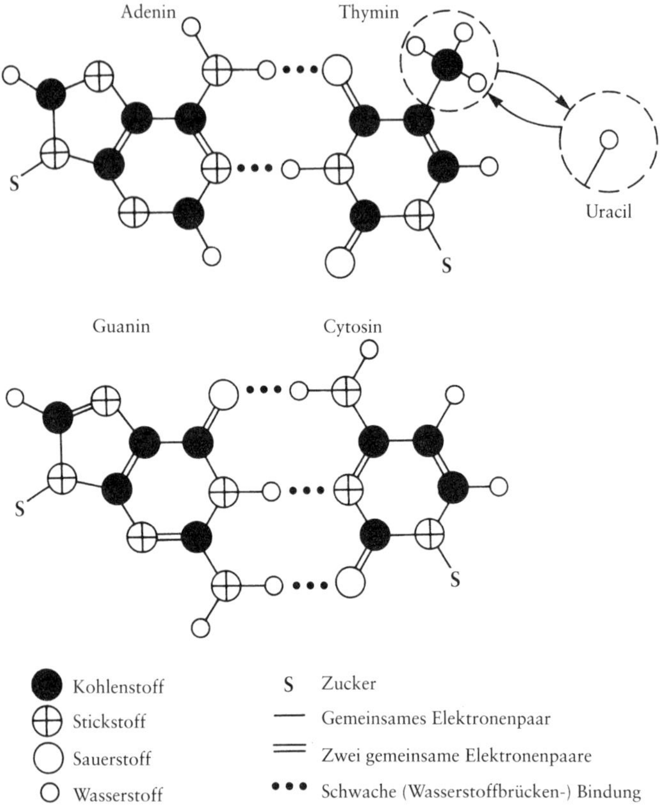


Abb. 10.3: Die Sprossen der Wendeltreppe sind Paare komplementärer Basen, die durch zwei schwache Wasserstoffbrücken (drei Punkte) zusammengehalten werden. Die DNA hat vier Basen: Adenin, Thyamin, Guanin und Cytosin. In der RNA ersetzt Uracil das Thyamin, von dem es sich in der in der Abbildung angedeuteten Weise unterscheidet.

zeß eine Abfolge geregelter und koordinierter chemischer Reaktionen. Alle diese Reaktionen mit ihren Regulationen und Koordinationen werden durch *Proteine* vermittelt. Einige Proteine, sogenannte *Enzyme*, wirken als hochspezialisierte Katalysatoren für Reaktionen, die normalerweise im Umfeld einer Zelle keine wesentliche Rolle spielen. Jede der Tausenden von Reak-

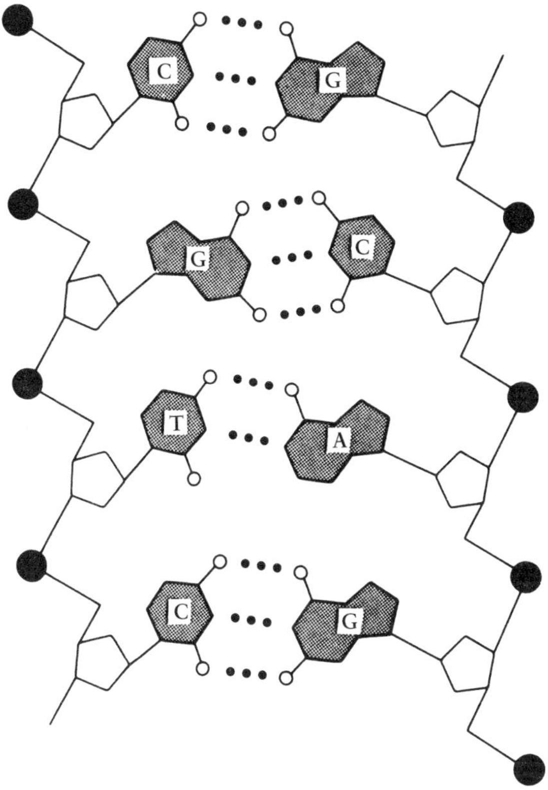


Abb. 10.4: Ein Bruchstück der Treppe, das zeigt, wie die in Abbildung 10.2 und 10.3 dargestellten Strukturen zusammenpassen. Die Spiralstruktur wird nicht gezeigt.

tionen, die zur Herstellung oder Zerstörung einer starken chemischen Bindung gehören, wird durch ein bestimmtes Enzym ausgelöst. Andere Proteine üben regulierende Funktionen aus, indem sie die Wirkung spezieller Enzyme verhindern oder fördern, mit denen sie relativ schwache chemische Bindungen haben. Wieder andere erfüllen regulatorische und andere Aufgaben, indem sie sich relativ schwach an bestimmte Bereiche der DNA selbst binden. Die Synthese eines jeden dieser Proteine, die

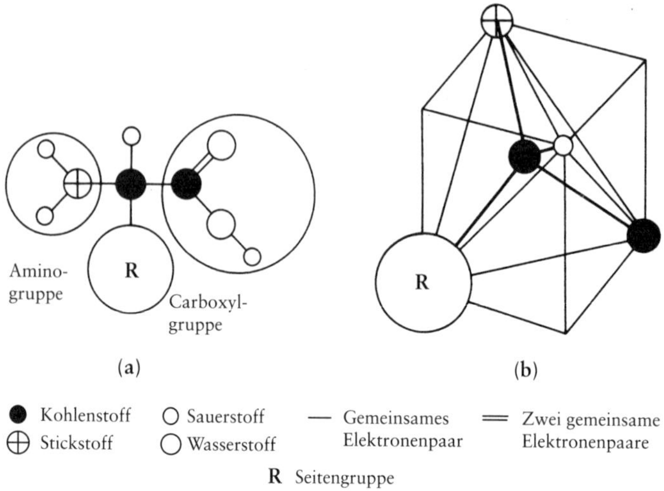


Abb. 10.5: Die Struktur einer Aminosäure. (a) Eine Aminogruppe ($NH_2$), eine Carboxylgruppe (COOH), ein Wasserstoffatom und eine Seitengruppe haben je mit einem zentralen Kohlenstoffatom ein Elektronenpaar gemeinsam. (Seitengruppen sind mehr oder weniger komplexe chemische Gruppen. Die einfachste Seitengruppe ist ein einzelnes Wasserstoffatom. Die DNA kodiert zwanzig verschiedene Seitengruppen.) (b) Das Kohlenstoffatom ist Mittelpunkt eines gleichseitigen Tetraeders, dessen Ecken von dem Stickstoffatom der Aminogruppe, dem Kohlenstoffatom der Carboxylgruppe, einem Wasserstoffatom und einem zu einer Seitengruppe gehörigen Atom besetzt sind. (Die Ecken eines gleichseitigen Tetraeders sind die nicht benachbarten Ecken eines Würfels. Der Mittelpunkt des Würfels ist auch die Mitte des Tetraeders).

Entwicklung ermöglichen, wird durch einen Abschnitt der DNA vermittelt, der *Gen* genannt wird.

Ein Protein besteht aus einer oder mehreren Gruppen, sogenannten *Polypeptiden*. Die Einheiten, die gemeinsam ein Polypeptid bilden, sind Aminosäuren, deren chemische Struktur in Abbildung 10.5 schematisch dargestellt wird. Der veränderliche Teil der Struktur einer Aminosäure ist die *Seitengruppe*, die in der Abbildung mit *R* bezeichnet ist. Zwanzig verschiedene Aminosäuren (also Aminosäuren mit zwanzig verschiedenen Seitengruppen) werden direkt durch die DNA kodiert. Die Seitengruppen sind nicht direkt an der Verbindung benachbarter Aminosäuren in einem Polypeptid beteiligt. Polypeptide haben also genau wie die Stränge der DNA ein Rückgrat, dessen Teile sich streng wiederholen (Abbildung 10.6).

In ihrer natürlichen Zellumgebung entwickeln sich die von der DNA kodierten Enzyme und regulatorischen Proteine, die gewöhnlich zwischen etwa hundert und mehreren tausend miteinander verbundene Aminosäuren enthalten, spontan zu kompakten und immer komplexeren Formen (Abbildung 10.7). Die Form, die ein Protein in seiner natürlichen Umgebung annimmt, wird völlig durch die Sequenz der Seitengruppen in den Polypeptiden bestimmt, aus denen es besteht. Sanftes Erwärmen veranlaßt ein Protein, sich zu entfalten, und die Stränge, aus denen es besteht (falls es mehr als einen gibt), sich zu trennen. Wenn sich die Stränge auf die normale Zelltemperatur abgekühlt haben, finden sie sich spontan wieder zusammen, falten sich wieder, und das Protein nimmt seine ursprüngliche Form an.

Ein Protein kann seine hochspezifische katalytische oder regulatorische Funktion aufgrund seiner Form erfüllen. Ein Enzym bildet spontan mit dem Molekül oder den Molekülen, deren Reaktion es katalysiert, schwache chemische Bindungen. Diese Bindungen können nur dann entstehen, wenn die reagierenden Moleküle zu ganz speziellen Bindungsstellen auf dem Enzym so genau passen wie ein Schlüssel zu einem Schloß. Nachdem die Reaktion abgelaufen ist, entfernen sich die dabei entstandenen Moleküle wieder, da sie nun nicht mehr passen (Abbildung 10.8). Viele Enzyme haben zusätzliche Bindungsstellen, an die sich regulatorische Proteine oder Produkte chemischer Reaktionen spontan anhängen können, wenn sie genau die richtige Form haben; dadurch verringern oder verstärken sie die katalytische Wirksamkeit des Enzyms. Andere regulatorische Proteine binden sich spontan an bestimmte Abschnitte der DNA.

Wir können uns die zwanzig Aminosäuren oder ihre Seitengruppen als Buchstaben eines Alphabets vorstellen. Die Aminosäuresequenz in einem Protein stellt dann einen Satz dar, dessen Bedeutung die spezifische katalytische oder regulatorische Funktion des Enzyms ist. Ein Protein ist wie ein Satz eine

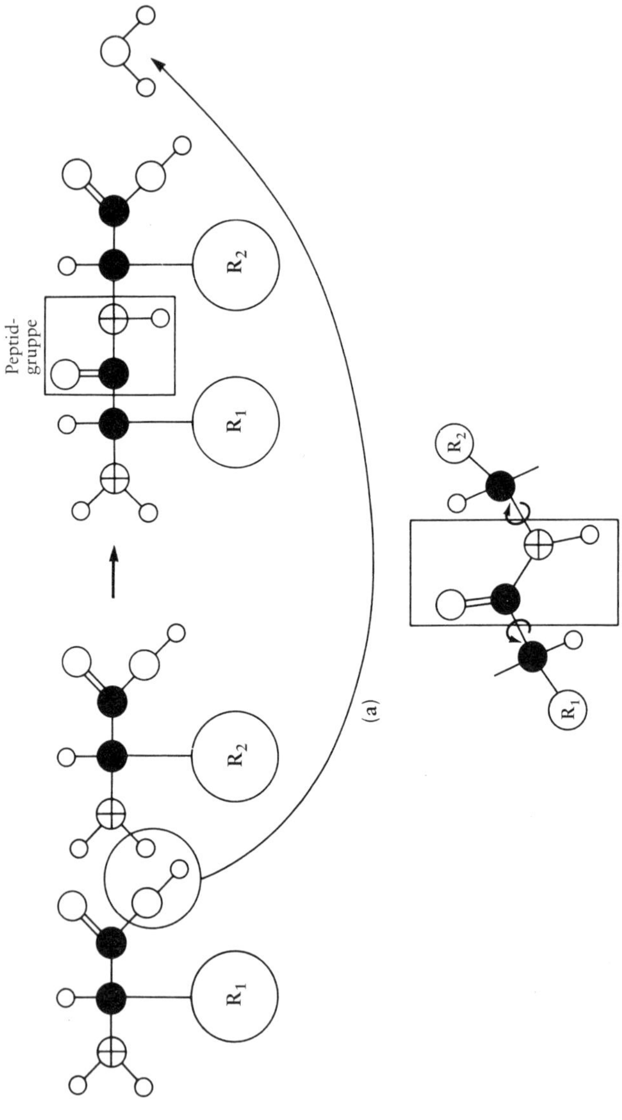
Peptid-
gruppe
$R_1$
$R_2$
$R_1$
$R_2$
(a)
$R_1$
$R_2$
(b)

Abb. 10.7: Das Rückgrat des Enzyms Carbopeptidase A. Jeder der kleinen Kreise steht für das zentrale Kohlenstoffatom eines Tetraeders von Aminosäuren. Der dunkle Kreis etwa in der Mitte des Proteins stellt ein Zinkatom dar, das für die enzymatische Funktion des Moleküls eine wichtige Rolle spielt. (Aus: W.N. Lipscomb, in: ›Proceedings of the Robert A. Welch Foundation Conference on Chemical Research‹ 15 [1971], Abb. 134. Nachdruck mit Genehmigung).

---

Abb. 10.6: (a) Zwei Aminosäuren verbinden sich unter Abspaltung eines Wassermoleküls (H–O-H) zu einem Dipeptid. Ein Tripeptid entsteht, wenn sich ein Dipeptid mit einer dritten Aminosäure verbindet und so weiter. Die vier Atome, aus denen eine Peptidgruppe besteht (in den Diagrammen werden sie von einem Rechteck eingerahmt), liegen in derselben Ebene wie die zentralen Kohlenstoffatome der tetrahedralen Aminosäure aus Abbildung 10.5. (b) Jeder Tetraeder kann sich frei um seine Verbindung mit der Peptidgruppe drehen, wie die gekrümmten Pfeile andeuten. Ein Polypeptid ist also eine sehr flexible Struktur. Seine tatsächliche Form wird durch die Folge der Seitengruppen bestimmt.

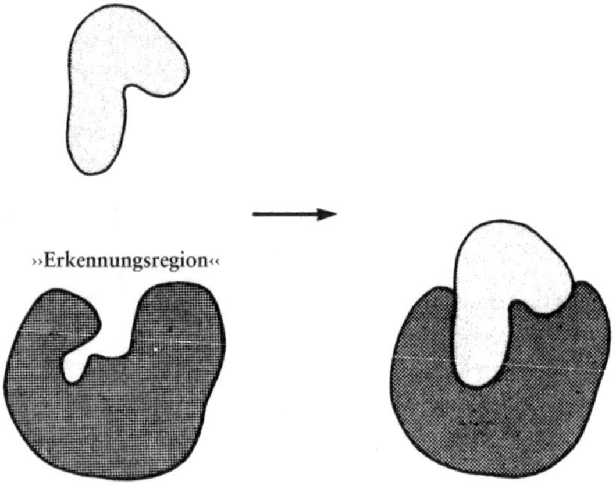


Abb. 10.8: Ein Enzym und sein Substrat (die reagierenden Moleküle) passen zusammen wie Schlüssel und Schloß. Bei der Vereinigung von Substrat und Enzym, kann sich ihre Form mehr oder weniger verändern. Die Reaktion, die das Enzym katalysiert, blockiert den Bindungsort und trennt damit Substrat und Enzym.

---

Abb. 10.9: Überschreibung und Übertragung der DNA. Ein Vorgang, der auf die Paarung komplementärer Basen gründet, erzeugt eine einsträngige Kopie der Sequenz der DNA-Basen, die ein Protein oder einen Teil eines Proteins festlegen. Diese Kopie, die Boten-RNA (mRNA), wandert an einen anderen Teil der Zelle, wo mehrere große Molekülkomplexe, sogenannte Ribosome, sich an ihn heften. Jedes Ribosom bewegt sich entlang des mRNA-Moleküls und hilft dabei, in Übereinstimmung mit dem genetischen Code eine Aminosäure nach der anderen an ein wachsendes Polypeptid anzuheften. Die Aminosäuren werden durch Moleküle der Transfer-RNA (tRNA) zum Ribosom gebracht. Jedes dieser kleinen Moleküle bindet an eine Aminosäure; sie ist durch eine strategisch angeordnete lokalisierte Folge von drei Nukleotiden festgelegt, die komplementär ist zu einem Basentriplett der diese Aminosäuren kodierenden mRNA-Folgen (Abbildung 10.10). Eine »geladene« tRNA (das die mit Leu bezeichnete Aminosäure trägt) bindet sich an den zweiten der beiden Plätze auf dem Ribosom. Der erste Platz ist bereits von einer tRNA besetzt, die den Teil des Polypeptids trägt, der bei diesem Ribosom schon synthetisiert wurde (das Dipeptid MetPhe). Das Ribosom rückt nun drei Basen vor, legt ein neues Codon frei und veranlaßt die geladene tRNA dazu, den Platz zu besetzen, an dem sich vorher

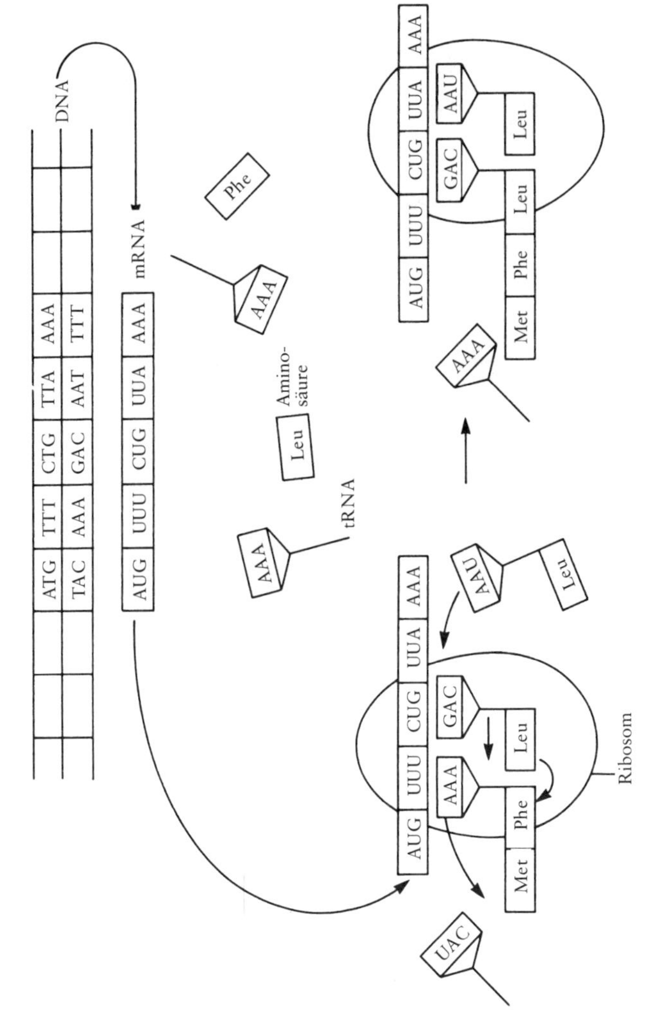


die tRNA mit dem wachsenden Polypeptidstück befand. Dieses wiederum löst sich von seiner tRNA und bindet sich an die Aminosäure, die von der tRNA getragen wird, das jetzt den ersten Platz einnimmt. Dann kommt eine frisch geladene tRNA und nimmt den jetzt freien zweiten Platz ein, und der Vorgang wiederholt sich. Spezielle Codonen signalisieren jeweils den Beginn und das Ende des Übertragungsvorgangs.

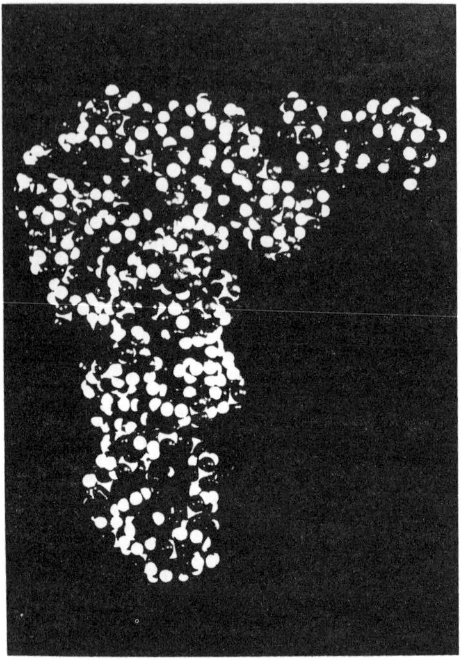

(a)

Abb. 10.10: (a) Ein räumliches Modell der tRNA für Phenylalanin (Phe) in Hefe. (b) Ein Diagramm dieses Moleküls, das den Anticodon zeigt und den Bereich, in dem die Aminosäure angeheftet ist. Basen und Basenpaare werden durch Rechtecke dargestellt. (Aus: J.L. Sussman und S.H. Kim,

geordnete Struktur, denn er hat einen Sinn, und je genauer und spezieller dieser ist, um so größer ist die darin enthaltene Ordnung. Genau wie der Sinn eines Satzes stärker von einigen seiner Worte bestimmt wird als von anderen, kann auch die Fähigkeit eines Proteins, seine katalytische oder regulatorische Funktion auszuführen, stärker von einigen der »Buchstaben« in seinem »Satz« abhängen als von anderen. Aber es gibt reichlich, wenn auch indirekte Hinweise darauf, daß jeder »Buchstabe« zum Sinn des »Satzes« beiträgt.

Die Folge der Aminosäuren in einem Enzym oder einem

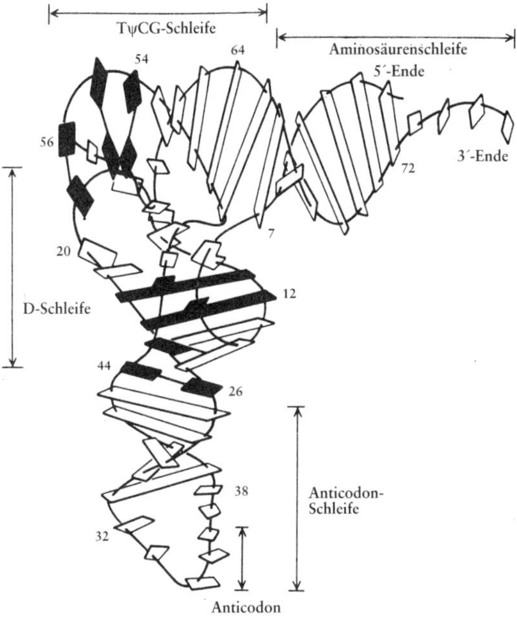


(b)

*Three Dimensional Structure of a Transfer RNA in Two Crystal Forms*, in: ›Science‹ 192 [28. Mai 1976], S. 853-38. Copyright (c) 1976 American Association for the Advancement of Science. Nachdruck mit Genehmigung).

regulatorischen Protein wird durch die Folge der Basen in dem Gen festgelegt, das es kodiert. Jede der zwanzig Aminosäuren wird durch ein oder mehrere Codeworte festgelegt, die jeweils aus drei aufeinanderfolgenden Basen (*Tripletts*) bestehen. Da es vier Basen gibt, gibt es $4 \times 4 \times 4 = 64$ verschiedene Tripletts. Bis auf drei kodieren sie alle ganz bestimmte Aminosäuren; die anderen drei kodieren das Analogon eines Punkts: Sie zeigen das Ende der Proteinkette an. Ein Gen enthält also genau dieselbe Information wie das Protein, das es kodiert; die Information ist jedoch im Alphabet der DNA-Tripletts geschrieben und nicht in dem der Aminosäuren.

Gene steuern die Synthese der Proteine, die sie kodieren, durch eine Folge von Schritten, an denen drei Arten von RNA (Ribonukleinsäuren) beteiligt sind. RNA ist ein einsträngiges Molekül, dessen Struktur stark einem der beiden Stränge der DNA ähnelt. Sie unterscheiden sich lediglich dadurch, daß die Zuckerkomponente in RNA Ribose und nicht Desoxyribose ist und die Base Uracil (U) das Thymin ersetzt. Wie Thymin bildet Uracil mit Adenin ein Basenpaar. Ein Strang der DNA kann also als Schablone für die Zusammensetzung eines komplementären Strangs von RNA dienen.

Dies ist der erste Schritt der Proteinsynthese: Ein Strang der DNA, der ein Protein (oder auch mehrere) kodiert, wird in einen komplementären Strang von RNA *überschrieben* (Abbildung 10.9), der genau die gleiche Information enthält, aber etwas anders kodiert ist. Dieses RNA-Molekül, die sogenannte *Boten*-RNA (mRNA) wandert vom Kern der Zelle, in dem die DNA ist, zum Zytoplasma. Dort begegnet es einer von vielen großen und komplexen molekularen Strukturen, sogenannten *Ribosomen*, die aus Proteinen und *Ribosom*-RNA (rRNA) bestehen, und verbindet sich mit ihm. Die Ribosom-RNA enthält eine Basenfolge, die es dem Ribosom ermöglicht, einen komplementären Codon der Boten-RNA zu erkennen und zu binden, welcher dem Triplett, das die erste Aminosäure des Polypeptids kodiert, unmittelbar vorangeht.

Im Zytoplasma sind auch Moleküle der *Transfer*-RNA (tRNA), die jeweils an einem Ende an eine Aminosäure gebunden sind. Das entgegengesetzte Ende des Moleküls enthält eine Folge von drei Basen, die der Folge von drei Basen komplementär ist, die diese Aminosäure in der Boten-RNA kodiert (Abbildung 10.10). Ein bestimmtes Enzym verbindet jedes Transfer-RNA-Molekül mit der entsprechenden Aminosäure. Beladene tRNA binden sich an einer bestimmten Stelle des Ribosoms an die komplementären Abschnitte der Boten-RNA. Spezielle Enzyme steuern dann die Ablösung der Aminosäure von ihrer tRNA und ihre Verbindung mit der wachsenden Polypeptidgruppe, die bei dem Ribosom synthetisiert wird. Das Ribosom geht anschließend an der mRNA entlang drei Basen weiter und bereitet sein nächstes Triplett auf den Empfang einer geladenen tRNA vor. Dieser Übertragungsvorgang, bei dem Aminosäuren eine nach der anderen an das wachsende Polypeptid gebunden werden, geht weiter, bis sich eines von drei Tripletts, das nicht für eine Aminosäure kodiert, an einer Bindungsstelle einstellt. Ein Protein, das eines dieser Tripletts erkennt und sich mit ihm verbindet, verursacht dann die Abtrennung des vollständigen Polypeptids vom Ribosom.

## »Das Geheimnis des Lebens«

Dank der Bemühungen von Tausenden von Forschern in Laboratorien auf der ganzen Welt ist jeder Schritt des eben skizzierten Prozesses, durch den genetische Information in Proteine übersetzt wird, jetzt bis in kleinste Einzelheiten (wenn auch noch unvollständig) verstanden. Auch viele andere Grundprozesse wurden in wesentlichen Einzelheiten geklärt: Wir wissen, wie dem Sonnenlicht und der Nahrung Energie entnommen wird, wie diese Energie gespeichert und zur Kontraktion von Muskelfasern, zum Betreiben chemischer Pumpen und zur Synthetisierung von Biomolekülen und ihren Bausteinen verwandt wird, und wie Antikörper hergestellt werden. Die genauen Mechanismen dieser und anderer biologischer Prozesse und die molekularen Strukturen, die sie vermitteln, haben sich als viel verwickelter herausgestellt, als ihre Entdecker es hätten voraussehen können, aber sie alle gehorchen denselben Gesetzen, die auch für unbelebte Materie gelten. Biochemische Reaktionen ordnen, wie alle anderen chemischen Reaktionen, Atome und Elektronen anders an, als sie zuvor angeordnet waren, wobei sie Energie erhalten und Entropie erzeugen. Die Moleküle, die Lebewesen synthetisieren, sind aus etwa sechzig Bausteinen nach denselben Regeln aufgebaut, die auch die Struktur nichtbiologischer Moleküle regeln.

Eine lebende Zelle unterscheidet sich von einer unbelebten Ansammlung derselben Moleküle durch die Art, wie sie und die Vorgänge organisiert sind, die in ihr und an ihren Grenzen ablaufen. Diese Art der Organisation ist ein Ausdruck der Information, die in der DNA der Zelle enthalten ist. Die DNA ist deshalb in gewisser Weise das moderne Gegenstück zu den glatten runden Atomen Demokrits, deren Vorhandensein angeblich den Unterschied zwischen belebter und unbelebter Materie ausmachte, obwohl sie diese Rolle in einer Art und Weise spielt, die kein Wissenschaftler, Philosoph oder Dichter je voraussehen konnte. Die DNA steuert die Anordnung von Zellen und Vielzellern. Ihre Replikation sichert die Kontinuität des Lebens von einer Generation von Zellen und Organismen zur nächsten. In allen bekannten Lebensformen, von Bakterien bis zu höheren Pflanzen und Tieren werden DNA-Moleküle aus denselben vier Nukleotiden zusammengesetzt, und die Proteine, deren Zusammensetzung sie steuern, enthalten immer dieselben zwanzig Aminosäuren. Alle bekannten Lebensformen benutzen denselben genetischen Code und verbinden mit jeder Folge von drei aufeinanderfolgenden Nukleotiden eine spezifische Aminosäure (oder ein Stopsignal). Sie befolgen auch im wesentlichen dieselbe molekulare Strategie, um die in der DNA kodierte Information in Proteine zu übersetzen. Und diese Strategie ist, wie auch der genetische Code selbst, in das DNA lebender Organismen kodiert. (Der genetische Code ist in Transfer-RNA-»Adaptoren« und in den Enzymen verkörpert, die aktivierte Aminosäuren mit den entsprechenden Adaptoren verbinden. Die Vereinigung dieser Adaptoren mit den Enzymen wird durch die DNA gesteuert.)

Die DNA und die in ihr verschlüsselte Information macht also das »Geheimnis des Lebens« aus. Aber wie ist die Information dorthin gelangt? Und wie kam es dazu, daß sie in der DNA verschlüsselt wurde?

## Übertragungsfehler und differentielle Reproduktion

Die kurze Antwort auf diese Fragen lautet natürlich: durch die Evolution. Die Prozesse, durch die die DNA repliziert und von einer Generation von Zellen und Organismen zur nächsten weitergegeben wird, sorgen für ihre Evolution. Der Text der DNA wird Buchstabe für Buchstabe von »Kopisten« abgeschrieben, die geschickt und verantwortungsvoll (dabei aber nicht unfehlbar) sind, und die nicht verstehen, was sie kopieren. Gelegentlich vertauschen sie versehentlich ein A mit einem G oder ein C mit einem T. Manchmal lassen sie ein ganzes Wort aus oder schreiben es doppelt. Die meisten dieser zufälligen Veränderungen »verbessern« den Text nicht, aber immer wieder kommt auch das einmal vor. (Eine *Verbesserung* ist dabei »eine genetische Veränderung, die im Mittel den reproduktiven Erfolg ihrer Übermittler vergrößert«.) Ein »verbessertes« Gen ersetzt deshalb mit einiger Wahrscheinlichkeit das ursprüngliche Gen, weil es häufiger repliziert wird.

Nehmen wir zum Beispiel an, ein bestimmtes Protein wirke als Katalysator für zwei chemisch ähnliche Reaktionen, zwischen denen jedoch kein Zusammenhang besteht. Nehmen wir auch an, die DNA einiger Organismen in einer Population enthalte zwei identische Gene, die dieses Protein kodieren. Jetzt betrachte man die Konsequenzen von Kopierfehlern, die individuelle Basispaare verändern. Ein Kopierfehler, der das Erzeugnis eines der Gene zu einem besseren Katalysator für die erste Reaktion macht, aber zu einem schlechteren für die zweite Reaktion, verbessert die kombinierte Leistung der beiden Gene. Weil die zweite Reaktion weiterhin gut durch das Erzeugnis des zweiten Gens katalysiert wird, nimmt die kombinierte katalytische Effizienz der beiden Gene zu. Spätere Kopierfehler, die die Leistung eines der Gene beim Katalysieren der eigenen Reaktion verbessern und beim Katalysieren der anderen Reaktion verschlechtern, verbessern den reproduktiven Erfolg der Organismen, die sie ererben. Die beiden Generzeugnisse entwickeln sich deshalb zu immer spezifischeren Enzymen. Dieses wiederum eröffnet den Weg für die Evolution unabhängiger Mechanismen zur Feinabstimmung ihrer Aktivität.

Dieses Beispiel veranschaulicht, wie differentielle Reproduktion aus dem Rohmaterial, das durch zufällige Kopierfehler zur Verfügung gestellt wird, neue Gene und Genkombinationen bilden kann. Da beides, Kopierfehler und differentielle Reproduktion, Tatsachen sind, muß auch die Evolution als eine logisch notwendige Folge eine Tatsache sein. Es bleibt einzig die Frage, ob die Evolution *alle* Ordnung und Vielfalt der biologischen Welt erklären kann. Haben sich alle vergangenen und jetzige

Lebensformen aus einer einzigen Ahnenpopulation durch mit zufälliger genetischer Variation gekoppelter Reproduktion entwickelt – also durch Zufallsfehler im Kopieren genetischen Materials der DNA?

## Der Ursprung der Arten

Die Hypothese, daß die Evolution auf differentieller Reproduktion und *ungerichteter* genetischer Variation beruht, wurde 1838 von Charles Darwin aufgestellt. Diese Vorstellung selbst war kein neuer Gedanke, als Darwin zuerst darüber nachdachte. Schon sein Großvater, Erasmus Darwin, hatte sie erwogen, und ins Einzelne gehenden evolutionäre Hypothesen – wenn auch ganz andere als die Darwins – waren schon früher von dem französischen Naturforscher Jean Baptiste Lamarck und von dem englischen Philosophen Herbert Spencer aufgestellt worden. Viele Gelehrte waren also auf Darwins Gedanken wohl vorbereitet. Gleichzeitig widersprach Darwins Hypothese weit verbreiteten und anscheinend wohlbegründeten wissenschaftlichen Überzeugungen über die Unveränderlichkeit der Arten und dem Alter der Erde. Sie berührte auch den Kern eines religiösen Glaubens, den fast alle seiner Kollegen, alle Angehörigen seiner gesellschaftlichen Klasse (und bekanntlich nicht nur dieser) teilten: daß Gott die Menschen geschaffen hatte und sie vor der seelenlosen Schöpfung ausgezeichnet hatte, daß das menschliche Leben einen göttlichen Sinn und Zweck und auch göttlichen Ursprung hat.

Darwins 1859 veröffentlichtes Werk *The Origin of Species* stellte sich dieser Herausforderung. Wie Darwin sagte, ist das Buch »ein einziger langer Beweis«. Er behauptet, das verfügbare Beweismaterial für den Ursprung biologischer Ordnung und Vielfalt lasse sich stimmiger und knapper durch »eine Abstammungslehre mit Veränderung durch Variation und natürliche Auslese« erklären als durch die Hypothese, die biologischen Arten seien von Gott erschaffen worden. (Darwin hatte den Ausdruck »Natural Selection« geprägt, um zu beschreiben, daß zufällige genetische »Verbesserungen« sich durch differentielle

Fortpflanzung ausbreiten.) Zur Stützung seiner These führt Darwin Hinweise und Überlegungen aus Naturgeschichte, Taxonomie (der biologischen Klassifizierung), Embryologie, tierischem und menschlichem Verhalten, Soziologie und Ökologie an. Er häuft Einzelheiten an, aber wie in einer Symphonie von Beethoven beleuchtet und bereichert jede Einzelheit die Hauptthemen des Werkes.

Wenn man sagt, der *Ursprung der Arten* sei die erste einheitliche Sicht der biologischen Wissenschaften, so läuft das auf eine Unterschätzung von Darwins Leistung hinaus, weil es vor dem *Ursprung* keine Biologie als Wissenschaft im modernen Sinn gab. Es gab Datensammlungen, Hypothesen, Lehrmeinungen und Dogmen, aber keine solide theoretische Grundlage. Diese sollte die Theorie der Evolution liefern, und damit machte sie die Biologie zu einer Naturwissenschaft:

> Wenn wir ein organisches Wesen nicht länger wie die Wilden ein Linienschiff als etwas ganz jenseits ihres Fassungsvermögens Liegendes betrachten, wenn wir jedem organischen Naturerzeugnisse eine lange Geschichte zugestehen, wenn wir jedes zusammengesetzte Gebilde und jeden Instinct als die Summe vieler einzelner, dem Besitzer nützlichen Erfahrungen betrachten, in derselben Weise, wie wir etwa eine große mechanische Erfindung als das Product der vereinten Arbeit, Erfahrung, Beurteilung und selbst der Fehler zahlreicher Arbeiter ansehen, wenn wir jedes organische Wesen auf diese Weise betrachten: wie viel interessanter (Ich rede aus Erfahrung) wird dann das Studium der Naturgeschichte werden![3]

Der *Ursprung der Arten* lehrte die Biologen, ihre Welt mit Darwins Augen zu sehen. Ein moderner Biologe »trifft überall in der Biologie auf Erscheinungen, die keinen Sinn ergeben, wenn man sie nicht durch die Brille der Evolution betrachtet«. In dieser Hinsicht läßt sich *Der Ursprung* mit Newtons *Principia* vergleichen, die den Physikern eine ähnlich gründliche Umwandlung der Sichtweise des physikalischen Weltalls brachten.

## Genetik und Darwins Theorie

Ein Bereich der Biologie, den Darwin nicht in seine große Synthese eingeschlossen hatte, war der Bereich der Genetik, die noch nicht geboren war. Darwin konnte deshalb nicht die Lamarcksche Hypothese widerlegen, daß der Gebrauch oder Nichtgebrauch eines Organs über viele Generationen hinweg zu erblichen Veränderungen dieses Organs führt. Darwin gestand zu, daß angeborene Flugunfähigkeit bei Vögeln wie dem Pinguin und angeborene Blindheit bei Tieren wie dem Maulwurf durch Nichtgebrauch verursacht sein könnten – wie sie es in gewissem Sinn auch sind (die natürliche Auslese löscht keine Mutationen aus, die die Effektivität eines Organs reduzieren, das nicht benutzt wird). Aber im *Ursprung der Arten* betont er immer wieder die Rolle der natürlichen Auslese als dem wichtigsten Baumeister evolutionärer Veränderung und spielt, besonders in der ersten Auflage, die mögliche Rolle von Gebrauch und Nichtgebrauch herunter.

Die Genetik Mendels, die um 1900 wiederentdeckt wurde (Mendel hatte seine jetzt berühmten Untersuchungen an Erbsen 1866 veröffentlicht), füllte eine wichtige Lücke in Darwins Theorie. Mendels Versuche hatten ihn überzeugt, daß bestimmte Eigenschaften der Erbsenpflanze, wie etwa Form und Farbe ihrer Samen, durch Paare von Faktoren bestimmt sind, von denen je einer von jedem Elternteil stammt, und daß diese Faktoren unverändert von Generation zu Generation weitergegeben werden. Die Entdeckung, daß erbliche Züge durch diskrete Einheiten (Gene) mit festen Eigenschaften bestimmt und weitergegeben werden, steht in ganz ähnlicher Beziehung zur modernen Biologie wie die Entdeckung der atomaren Struktur der Materie zur modernen Physik. Die Gene sind in der Tat die Atome der Erblichkeit. Vor Mendel hatten die meisten Menschen angenommen, die elterlichen Beiträge würden sich in den Nachkommen vermischen, wie Farbe aus zwei Farbtöpfen. Aber dann könnten sich durch natürliche Auslese unmöglich neue Eigenschaften herausbilden. Jede Variation, die in einigen wenigen Mitgliedern einer großen Population entsteht, würde nach wenigen Generationen völlig unbedeutend sein, wie ein

Tropfen roter Farbe, der in einen Eimer weißer Farbe gerät. Natürlich wußten Pflanzen- und Tierzüchter sehr wohl, daß eine Auslese stattfindet, und jeder kannte Merkmale – ein verkürztes Ohrläppchen, ein fliehendes Kinn –, die in manchen Familien immer wieder vorkommen. Die Mendelsche Genetik kann erklären, warum Varianten Bestand haben; wenn sie den reproduktiven Erfolg ihres Trägers vergrößern, verbreiten sie sich allmählich in einer Population und ersetzen weniger taugliche Varianten.

Die anfangs des zwanzigsten Jahrhunderts gewonnene Erkenntnis, daß in Genen spontane Mutationen vorkommen, behob eine weitere Schwierigkeit. Die natürliche Auslese wirkt auf das von genetischen (d.h. erblichen) Variationen bereitgestellte Rohmaterial. Darwins eigene Beobachtungen hatten ihn davon überzeugt, daß die Variationsbreite in der natürlichen Population von Pflanzen und Tieren groß ist (auch wenn er ihre Ursache nicht kannte). Aber die differentielle Reproduktion neigt dazu, die genetische Variation zu verringern. Tauglichere Gene werden immer häufiger, wenige taugliche Gene immer seltener. Warum haben genetische Variationen Bestand? Die Mutation lieferte eine Antwort. Während die natürliche Auslese den Vorrat an Variabilität austrocknet, füllen ihn die Mutationen auf.

Die Mendelsche Genetik, *wie wir sie heute verstehen*, stärkte also die theoretischen Grundlagen der Darwinschen Theorie. Die ersten Genetiker des zwanzigsten Jahrhunderts sahen das jedoch nicht so. Noch 1915 war es für den dänischen Genetiker Wilhelm Johannsen »vollkommen klar, daß die Genetik die Darwinsche Selektionstheorie ihrer Grundlagen beraubt hat«.[4] Johannsen und andere bekannte Genetiker, darunter William Bateson in England und Thomas Hunt Morgan in den USA, vertraten eine Evolutionstheorie, die von dem holländischen Genetiker Hugo de Vries aufgestellt worden war, der mit Nachtkerzen ähnliche Züchtungsversuche durchgeführt hatte wie Mendel mit Erbsen. De Vries folgerte aus diesen Versuchen, daß eine einzige Mutante eine neue Art gründen kann, und er extrapolierte seine Folgerung (die der amerikanische Genetiker B. M. Davis später als unzutreffend nachwies) von der Nachtkerze auf alle Arten von Pflanzen und Tieren. Neue Arten entwickeln sich nicht durch kleine Schritte über Tausende von Generationen, wie Darwin behauptet hatte, sagte de Vries, sondern in einzelnen Mutationssprüngen.

De Vries, Bateson, Johannsen und Morgan hielten viele Jahre lang an dieser Hypothese fest, obwohl sie experimentell schlecht begründet und wenig glaubwürdig war und vielen Tatsachen widersprach, darunter umfangreichen Beobachtungen zur Artenbildung, die Naturforscher seit Darwin zusammengetragen hatten. Darwin selbst hatte schon in der sechsten Auflage von Der Ursprung erklärt, warum die Hypothese, die Evolution sei auf »abrupte und große Strukturveränderungen zurückzuführen«, unhaltbar sei. Ein Vertreter dieser These, sagte er,

> wird ferner zu glauben genöthigt sein, dass viele, allen übrigen Theilen des nämlichen Wesens nach den umgebenden Bedingungen wunderschön angepaßten Structureinrichtungen plötzlich erzeugt worden sind; und für solche complicierten und wunderbar gegenseitigen Anpassungen wird er auch nicht einen Schatten einer Erklärung beizubringen imstande sein. Er wird gezwungen sein anzunehmen, dass diese großen und plötzlichen Umbildungen keine Spur ihrer Einwirkung im Embryo zurückgelassen haben. Alles dies annehmen, heißt aber, wie mir scheint, in den Bereich des Wunders eintreten und den der Wissenschaft verlassen.[5]

Genetiker waren nicht die einzigen, die Darwins Darstellung der Evolution zurückwiesen. Der Evolutionsbiologe G. Ledyard Stebbins erinnert sich, wie er als Student an der Harvard Universität 1926 in die Evolutionstheorie eingeführt wurde:

> Damals wurde den Studenten oft gesagt, sie sollten die als maßgeblich geltende Geschichte der Biologie lesen, nämlich die des Schweden Erik Nordenskiöld. Er schrieb: »Wenn die Theorie von der natürlichen Auslese in den Rang eines Naturgesetzes erhoben wird, das dem von Newton aufgestellten Gravitationsgesetz vergleichbar ist, was oft getan wird, ist das natürlich völlig irrational, wie die Zeit schon gezeigt hat; Darwins Theorie des Ursprungs der Arten wurde vor langer Zeit aufgegeben. Andere von Darwin nachgewiesene Tatsachen sind alle zweitrangig.«[6]

Erst in den dreißiger und vierziger Jahren, fast ein Jahrhundert, nachdem Darwin seine Theorie formuliert hatte, wurde sie von Biologen allgemein akzeptiert. In Frankreich bleibt der Darwinismus bis heute umstritten, wie der französische Biologe Ernest Boesinger sagt:

> Frankreich ist heute (1974) eine Art lebendes Fossil in der Ablehnung der modernen Evolutionstheorien; fast 95 Prozent aller Biologen und Philosophen sind dem Darwinismus mehr oder weniger abgeneigt.[7]

## Anti-Darwinismus

Warum hat der Darwinismus bei Wissenschaftlern und Philosophen solch heftige und anhaltende Gegnerschaft geweckt? Anfangs weigerten sich natürlich viele Menschen, die *Tatsache* der Evolution zu akzeptieren – einige aus wissenschaftlichen Gründen, andere aus religiösen. Nach der Veröffentlichung von *Der Ursprung der Arten* jedoch nahm die Unterstützung für die Sichtweise der Schöpfungswissenschaften unter den Wissenschaftlern ab. Die Auseinandersetzung über die Evolution als eine Erscheinung machte allmählich einer Auseinandersetzung über ihre Ursachen und Mechanismen Raum.

Viele Menschen, die die Evolution als eine Tatsache akzeptiert haben, lehnten trotzdem Darwins Darstellung ihres Ablaufs ab, weil diese Darstellung ihrer Überzeugung widersprach, daß das Leben und seine Geschichte sinn- und wertvoll sind. Eine rein naturalistische Darstellung der Evolution scheint auf den ersten Blick Sinn und Wert auszuschließen. (Man erinnere sich an Sokrates' Klage über die Naturphilosophen seiner Tage.) Das erklärt, meine ich, auch die enorme Beliebtheit metaphysischer Theorien wie jener von Bergson und Teilhard de Chardin, die vorgeben, die tiefere Bedeutung der Evolution zu erklären.

Nicht alle Kritiker des Darwinismus sind jedoch naturalistischen Erklärungen abgeneigt gewesen. Wie die Genetiker zu Beginn des zwanzigsten Jahrhunderts waren viele von ihnen genau wie Darwin fest davon überzeugt, daß die Evolution ein natürlicher Prozeß ist, weigerten sich jedoch zu glauben, die natürliche Auslese allein könne die Ordnung und Vielfalt der biologischen Welt geformt haben. Im folgenden Zitat erinnert sich Werner Heisenberg an eine Unterhaltung, die in den frühen dreißiger Jahren stattfand:

> Aber selbst wenn wir einsehen, daß durch diesen Ausleseprozeß Arten entstehen, die besonders geeignet oder lebenstüchtig sind, so ist es doch immer noch schwer zu glauben, daß so komplizierte Organe wie etwa das menschliche Auge nur durch solche zufälligen Änderungen entstanden sind. Viele Biologen sind ja offenbar der Ansicht, daß so etwas möglich sei .... Aber andere erscheinen skeptisch.
>
> Mir wurde von einem Gespräch erzählt, das der Mathematiker und Quantentheoretiker von Neumann einmal mit einem Biologen über diese Frage geführt hat. Der Biologe war ein überzeugter Anhänger des modernen Darwinismus, von Neumann war skeptisch. Der Mathematiker führte den Biologen ans Fenster seines Studierzimmers und sagte: »Sehen Sie dort drüben auf dem Hügel das hübsche weiße Landhaus. Das ist durch Zufall entstanden. Im Lauf der Millionen Jahre ist der Hügel durch geologische Prozesse gebildet worden, die Bäume sind gewachsen, morsch geworden, zerfallen und wieder gewachsen, und dann hat der Wind gelegentlich die Spitze des Hügels mit Sand bedeckt, Steine sind vielleicht durch einen vulkanischen Prozeß dorthin geschleudert worden und durch Zufall auch einmal geordnet aufeinander liegen geblieben. Und so ist es weiter gegangen. Natürlich ist im Lauf der Erdgeschichte durch diese zufälligen ungeordneten Vorgänge meist irgend etwas anderes entstanden. Aber einmal ist eben auch nach langer, langer Zeit das Landhaus entstanden, und dann sind Menschen eingezogen und bewohnen es jetzt.« Der Biologe war natürlich nicht sehr glücklich über diese Argumentation. Aber von Neumann ist ja auch kein Biologe, und ich traue mir kein Urteil darüber zu, wer hier recht hat. Ich vermute, daß es auch unter den Biologen keine einheitliche Meinung darüber gibt, ob der Darwinsche Ausleseprozeß zur Erklärung der komplizierten Organismen ausreicht oder nicht.[8]

## Was wir über die Evolution wissen

Um die Gründe für die Unzufriedenheit mit dem Darwinismus (in seiner modernen Form) besser zu verstehen, fassen wir zusammen, welche Aspekte der Evolution jetzt wohlverstanden und sicher bestätigt sind:

– Pflanzen, Tiere und Bakterien haben gemeinsame Vorfahren. Vor der Entwicklung der Molekularbiologie gab es rationale Gründe, diese Behauptung zu bezweifeln. Solche Gründe gibt es jetzt nicht mehr. Die Tatsache, daß jedes Lebewesen dasselbe genetische Material (DNA) enthält und die in ihm enthaltene Information nach demselben Code in die Proteine übersetzt, die die Entwicklung des Lebewesens ermöglichen, ist *prima facie* ein Hinweis auf die Abstammung von einer gemeinsamen Ahnenpopulation.

Viele andere Tatsachen der Molekularbiologie weisen auf einen gemeinsamen Ursprung aller bestehenden Lebensformen hin – so zum Beispiel das Adenosin-Triphosphat, ATP. Jede komplexe Ökonomie, auch das Wirtschaftssystem lebender Zellen, braucht ein standardisiertes Tauschmittel oder eine Währung. In allen Zellen ist diese Währung ausnahmslos ATP; ATP-Moleküle spenden die hochgradige Energie, die zum Ablauf der chemischen Reaktionen erforderlich ist, die die Struktur einer Zelle vor entropischem Zerfall schützen und es ihr ermöglichen, auf ihre Umgebung einzuwirken. ATP könnte seine heutige Rolle schon gespielt haben, bevor die DNA und der genetische Code ins Bild kamen.

In höheren Zellen (Zellen, deren DNA von einer Membran umgeben ist) wird ATP in komplexen intrazellulären Organen, sogenannten *Mitochondrien*, synthetisiert. Ein Hauptteilnehmer an diesem Prozeß ist ein Protein mit dem Namen *Cytochrom c*. Die Folge der Aminosäurereste in diesem Protein ist in verschiedenen Organismen verschieden, aber die entscheidenden Teile der Folge – jene, in denen eine Veränderung die Funktion des Proteins stark behindern würde – sind in so unterschiedlichen Lebewesen wie Hefe, Weizen, Thunfischen und Menschen gleich. Die übrigen Teile der Folge unterscheiden sich bei Lebewesen wie Menschen und Affen oder Eseln und Pferden viel

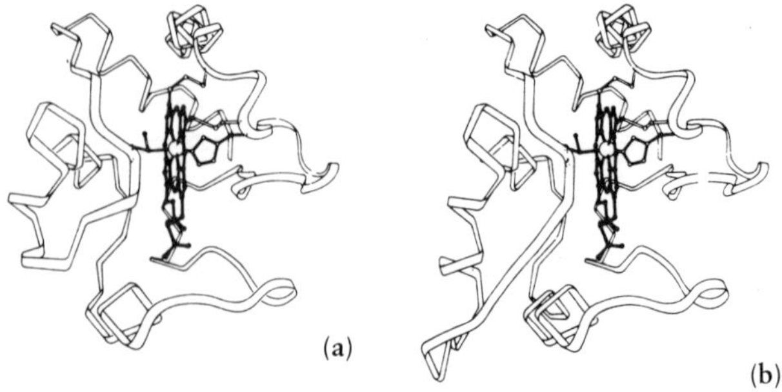


weniger als zwischen entfernt verwandten Organismen wie Menschen und Weizen. Die evolutionäre Deutung dieser Funde ist, daß in dem Gen für Cytochrom *c* zufällige Ersetzungen eines Nukleotids durch ein anderes in etwa immer gleicher Häufigkeit auftraten. Deshalb sollte die Zahl der Unterschiede zwischen den Nukleotidsequenzen zweier Organismen ungefähr proportional zu der Zeit sein, die verstrichen ist, seit sie sich von ihren gemeinsamen Vorfahren getrennt haben.

Bakterien haben keine Kernmembran und keine intrazellulären Organe, auch keine Mitochondrien. Trotzdem enthalten Bakterien, die Sauerstoff dazu benutzen, Betriebsstoffmoleküle aufzubrechen und ATP zu synthetisieren, Cytochrome, deren Struktur der des Cytochrom *c* sehr ähnelt (Abbildung 10.11). Die Bakterien selbst haben ihrer Größe und Struktur nach eher Ähnlichkeit mit den Mitochondrien. Die Mitochondrien enthalten zudem DNA, die einige der Proteine kodiert, die für ihre eigene Synthese nötig sind. Sie enthalten auch Ribosomen, an denen Proteine synthetisiert werden. Diese mitochondrischen Ribosomen ähneln eher bakteriellen Ribosomen als »normalen« Ribosomen höherer Zellen.

Mitochondrien, so lassen diese Ergebnisse vermuten, haben sich also aus Bakterien entwickelt, die sich in Zellen ansiedelten, die Vorfahren heutiger höherer Zellen waren. Analoge Ergebnisse legen nahe, daß *Chloroplaste*, intrazelluläre Organe von Pflanzenzellen, die dem Sonnenlicht Energie entnehmen und sie zur Synthetisierung von ATP benutzen, aus photosynthetischen Bakterien hervorgingen. Der Biologe Lynn Alexander Margulis

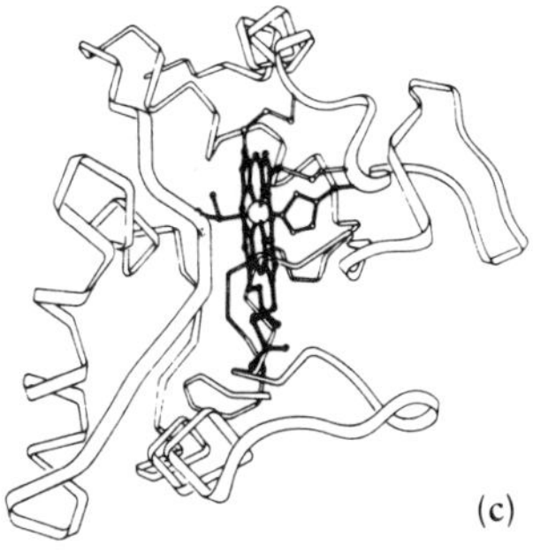


Abb. 10.11: Die Form des Moleküls Cytochrom *c* ist (a) im Thunfisch (b) in einem photosynthetischen Bakterium und (c) in einem denitrifizierenden Bakterium jeweils sehr ähnlich. (Aus: *Biochemistry*, 3. Auflage von Lubert Stryer. Copyright (c) 1975, 1981, 1988. Nachdruck mit Erlaubnis von W. H. Freeman und Company)

hat behauptet, daß höhere Zellen sich aus *symbiotischen Gemeinschaften* von Bakterien entwickelten. Unabhängig davon, ob diese Hypothese schließlich bestätigt wird oder nicht, weist das schon vorhandene biochemische Beweismaterial deutlich auf eine evolutionäre Verbindung zwischen Bakterien und höheren Zellen hin.

– Biologische Vorgänge auf molekularer Ebene werden von denselben Gesetzen bestimmt, die Moleküle und ihre Wechselwirkungen in lebloser Materie bestimmen. Das Leben ist ein Zustand der Materie, der sich aus der *Organisation* von Molekülen und molekularen Interaktionen ergibt.

– Biologische Organisation basiert auf Folgen von Nukleotiden in der DNA. Diese Folgen werden von physikalischen Gesetzen (falls überhaupt) nur wenig beeinflußt. Physikalische Gesetze haben viel mit der Sprache des Lebens zu tun, aber wenig oder nichts mit der Geschichte, die die Evolution in dieser Sprache geschrieben hat.

– Die DNA wird beim Übergang von einer Generation zur anderen verändert.

– Diese Veränderungen werden nicht selektiv durch die Lebenserfahrung des Organismus beeinflußt. Während der Entwicklung eines Organismus fließt die Information von seiner DNA in die durch die DNA kodierten Proteine, aber es gibt keinen bekannten oder vermuteten Mechanismus, durch den Information in die umgekehrte Richtung fließen könnte. Es gibt also keine Möglichkeit, wie etwas, das aufgrund von Erfahrung erlernt wurde, von den Genen weitergegeben oder interpretiert werden könnte, die ein Organismus an seine Nachkommen weitergibt.

– Die biologische Ordnung ist also völlig durch die differentielle Reproduktion bestimmt worden. Es gibt keinen anderen Schluß, der mit dem verträglich ist, was wir über die molekularen Prozesse wissen, die dem Leben und der Evolution zugrundeliegen.

## Differentielle Reproduktion und natürliche Auslese

Ich muß jetzt zwischen den beiden Begriffen *differentielle Reproduktion* und *natürliche Auslese* unterscheiden, die ich bis jetzt fast austauschbar benutzt habe. Darwins wesentliche Einsicht war, daß erbliche Variationen, die die Fähigkeit eines Organismus zum Überleben und zur Fortpflanzung in einer bestimmten Umwelt verbessern, sich innerhalb einer Population im allgemeinen ausbreiten, während Variationen, die diese Fähigkeiten mindern, eher aussterben. Dieser Vorgang der allmählichen und systematischen Veränderung der genetischen Zusammensetzung einer Population, der von genetischen Unterschieden herrührt, die die Fortpflanzungsfähigkeit ihrer Besitzer beeinflussen, heißt natürliche Auslese. *Aber nicht alle langfristigen Veränderungen in der genetischen Zusammensetzung einer Population spiegeln genetische Unterschiede wider, die die Fortpflanzungsfähigkeit ihres Besitzers beeinflussen.* Einige dauerhafte Veränderungen sind das Ergebnis historischer Zufälle. Wie wir zum Beispiel in Kapitel 11 erörtern werden, gibt es eine endliche Wahrscheinlichkeit, daß genetische Veränderungen, die die biologische Tauglichkeit ihrer Besitzer nicht wesentlich verändern, in einer Population trotzdem dauerhaft fixiert werden. Es kann ja auch eine Katastrophe eintreten, die eine Population dezimiert und einen genetisch nicht repräsentativen Rest hinterläßt. Wir sind also, wie der Evolutionsbiologe Richard Lewontin betont hat, nicht zu der Annahme berechtigt, daß jede biologische Eigenschaft adaptiv ist – also durch natürliche Auslese gestaltet wurde:

> Das noch ungelöste Grundproblem in der Evolutionsbiologie ist, wieviel von dem, was wir sehen, auf gemeinsame Vorfahren zurückzuführen ist ... und wie viel ... auf die direkte natürliche Auslese.[9]

Wie weit wurde die biologische Ordnung durch natürliche Auslese gestaltet und in welchem Maße durch Zufallsprozesse? Die Antwort ist einfach: Biologische Ordnung wurde völlig durch die natürliche Auslese bestimmt – denn so haben wir sie *definiert*. Dies mag eine ungebührlich legalistische, wenn nicht sogar verlogene Art sein, mit einer wichtigen und wesentlichen Frage umzugehen, aber sie stimmt mit dem wissenschaftlichen Vorgehen überein. Begriffe werden durch die Theorien definiert, in denen sie auftreten. Man könnte zum Beispiel behaupten, die Newtonsche Definition der Kraft könne unsere intuitive Auffassung vom Kraftbegriff nicht angemessen wiedergeben, und vielleicht trifft das auch zu. Trotzdem würde eine solche Überlegung für die Gültigkeit der wissenschaftlichen Definition bedeutungslos sein. Analog dazu ist die Frage, ob eine biologische Ordnung, die als durch genetische Variation und natürliche Auslese erzeugte Ordnung definiert wird, adäquat den intuitiven Begriff der biologischen Ordnung einfängt, zwar für sich genommen interessant, sie hat aber keine Bedeutung für die Gültigkeit oder wissenschaftliche Nützlichkeit der vorliegenden Definition.

## Die Wurzeln der Schwierigkeit

Wenn wir wissen, daß die natürliche Auslese die biologische Ordnung gestaltet hat, verstehen wir natürlich noch lange nicht, *wie* das geschah. Die Aufgabe der Naturwissenschaft ist es nicht nur, die Ursachen der Naturerscheinungen aufzudecken, sondern auch zu erklären, wie sie ihre Wirkungen erreichen. Ein Beweis dafür, daß die natürliche Auslese allein biologische Ordnung erzeugt, kann noch so zwingend sein, und wird doch niemals skeptische Zweifel beheben, wie sie von Neumann, und vor von Neumann Bergson, und vor Bergson Darwins erste Kritiker ausgedrückt haben. Und das sollte auch so sein, denn die Wissenschaft lebt vom kritischen Zweifel.

Der folgende grobe Vergleich veranschaulicht das Hauptargument der Zweifler. Die Evolution durch natürliche Auslese läßt sich mit einem Wortspiel vergleichen, das ich Darwin nennen will. Man beginnt mit einem Wort, etwa *Hund*, das man durch Hinzufügung, Auslassung oder Veränderung eines einzelnen Buchstabens verändern kann; jede Veränderung muß wie in der Folge *Hund, Hand, Tand, Tanz, Tanze, Tatze, Katze* ein richtiges Wort sein. Skeptiker behaupten, komplexe Adaptationen glichen eher sinnvollen Sätzen als einzelnen Worten, und es sei nicht möglich, eine Folge sinnvoller Sätze (funktionaler Varianten) durch Hinzufügung, Auslassung und Veränderung einzelner Buchstaben zu erzeugen.

Die Schwierigkeit wird noch ernsthafter, wenn wir Beispiele *konvergenter Evolution* betrachten, in der sich ähnliche Organe unabhängig voneinander entwickelt haben. Der Tintenfisch hat ein Kameraauge, dessen Struktur der des Säugetierauges gleicht. Beide Augenarten haben eine Hornhaut, eine Linse und eine Netzhaut, auf der ein umgekehrtes Bild entsteht. Aber Molluskeln (der Stamm, zu dem Tintenfische gehören) und Säugetiere haben sich vor über 500 Millionen Jahren voneinander getrennt. Ihr letzter gemeinsamer Vorfahre hatte zweifellos ein viel einfacheres Auge. In bezug auf solche Beispiele fragt Bergson:

> Wie können wir annehmen, daß zufällige Ursachen, die zufällig angeordnet sind, in mehreren Fällen zum gleichen Ergebnis führten, wenn doch die Ursachen so unendlich zahlreich sind …

Es ist, als ob zwei Spieler des Spiels Darwin, die beide mit dem Satz »Geh du alter Esel heute fix« begonnen haben und unabhängig voneinander arbeiten, schließlich *Hamlet* und eine spanische Übersetzung von *Hamlet* hervorgebracht hätten.

Bergson behauptete auch, Darwins Theorie erkläre nicht, warum die Evolution immer komplexere Adaptationen und Organismen hervorgebracht hat:

> Ein Blick auf die Fossilfunde zeigt uns, daß sich das Leben überhaupt nicht oder nur innerhalb enger Grenzen entwickelt zu haben brauchte, wenn es vorgezogen hätte, sich mit seinen primitivsten Formen zu begnügen.

Der Biologe Peter Medawar, ein entschiedener Vertreter des Darwinismus, verficht dieselbe Ansicht. Die moderne Evolutionstheorie, behauptet er, liefert

> keine überzeugende Erklärung für den Fortschritt der Evolution – die sonst unerklärliche Tendenz von Organismen, immer kompliziertere Lösungen für das Problem zu entwickeln, wie Leben erhalten bleibt, zu finden.[10]

Medawar schreibt dieses Versagen – meiner Meinung nach zu Recht – nicht einem Fehler in den Grundlagen der Theorie, sondern dem

> Fehlen einer voll ausgearbeiteten Theorie der Variation zu, also einem Kandidaten für die Evolution der Art und Weise, wie genetische Varianten für die Selektion zur Verfügung gestellt werden.[11]

Ähnlich schrieb der Biologe G. Ledyard Stebbins:

> Die Theorie, daß sich Organismen durch die Wechselwirkung von Mutation, genetischer Rekombination und natürlicher Auslese entwickeln, wird jetzt von den meisten Biologen und fast all jenen, die die Evolution in ihrem Ablauf erforschen, akzeptiert. In ihrer elementarsten Form bietet diese Theorie uns jedoch keine Grundlage, die uns verstehen läßt, wie sich Organismen im Lauf geologischer Zeiträume entwickelt haben.[12]

Aber die Zunahme an Komplexität ist sicherlich das interessanteste und wichtigste Kennzeichen der Evolution. Sie ist das, was Nichtspezialisten unter Evolution verstehen. Wenn die gängige Theorie nicht die »Tendenz von Organismen, immer kompliziertere Lösungen für das Problem, wie man am besten am Leben bleibt, zu entwickeln« erklärt, was erklärt sie dann?

Kritiker des Darwinismus sagen, die gängige Evolutionstheorie erkläre die Mikroevolution, nicht aber die Makroevolution. Die Mikroevolution umfaßt all die Arten von evolutionärer Veränderung, mit der sich Pflanzen- und Tierzüchter beschäftigen. Allgemeiner ergeben sich mikroevolutionäre Veränderungen aus Veränderungen in den relativen Häufigkeiten von Genen im Genpool einer Population, so zum Beispiel, wenn eine Population von Fliegen Widerstandsfähigkeit gegen DDT entwickelt. Bevor die Population der DDT ausgesetzt war, hatten eine oder mehrere Fliegen schon ein Gen, das Widerstandsfähigkeit dagegen verlieh. Die Einführung von DDT in die Umwelt der Population ließ jene sterben, die dieses Gen nicht trugen, und ermöglichte es den Trägern, sich zu vermehren. Sie schuf kein neues Gen.

Die Makroevolution umfaßt aufsehenerregendere Arten evolutionärer Veränderung, wie etwa die Entstehung von höheren Zellen, von Vielzellern, Nervensystemen und menschlicher Intelligenz. Makroevolutionäre Veränderungen ergeben sich aus wichtigen Veränderungen in dem Entwicklungsprogramm, das in die DNA kodiert ist. Die meisten Evolutionsforscher sind davon überzeugt, daß die Grundprozesse, die der gut verstandenen, aber relativ gemäßigten evolutionären Veränderung zugrunde liegen, mit der die Mikroevolution zu tun hat, genau die gleichen sind wie jene, die die Makroevolution betreffen. Ich glaube, sie haben recht. Aber ich stimme mit Medawar und Stebbins darin überein, daß das heutige Verständnis der Evolution keine angemessene Grundlage für das Verständnis makroevolutionärer Veränderung bietet. In Kapitel 11 werden wir uns die Schwierigkeiten genauer ansehen, die mit der Zunahme der biologischen Komplexität verknüpft sind, und sie zu lösen versuchen.

# 11. Die Evolution und die Zunahme von Ordnung

Bergson hielt die biologische Evolution für die Verkörperung einer nicht-materiellen Lebenskraft, die fortwährend versucht, die Neigung der Materie zur Entropie zu überwinden, indem sie immer komplexere Formen der Ordnung schafft. Dies ist eher ein poetisches Bild als eine wissenschaftliche Erklärung. Aber als Bild ist es unwiderstehlich. Am Darwinismus hatte man als höchst unbefriedigend bedauert, daß er anscheinend kein ebenso unwiderstehliches wissenschaftlich begründetes Bild der Evolution liefern konnte. Was kann der Darwinismus an die Stelle einer »Lebensschwungkraft« setzen? Und warum erzeugt die Evolution durch zufällige genetische Schwankungen und natürliche Auslese immer kompliziertere »Lösungen für das Problem, wie Leben erhalten bleibt?«

Der Physiker Paul A.M. Dirac bemerkte einmal, daß es nicht Aufgabe der Physik sei, uns mit Bildern zu versorgen. Die Quantenmechanik zum Beispiel ermöglicht es uns, die beobachtbaren Eigenschaften von Atomen und subatomaren Teilchen vorherzusagen, aber nicht, sie uns vorzustellen. Können wir Diracs Bemerkung auf die Evolutionstheorie erweitern und sagen, ihre Aufgabe sei es, Vorhersagen zu machen und nicht, uns mit Bildern zu versorgen? Ich denke, damit würde man von der Evolutionstheorie zugleich zu viel und zu wenig erwarten. Zu viel, weil die Evolution, wie Bergson behauptete, und wie ich es in diesem Kapitel beweisen will, ein wirklich schöpferischer Vorgang ist, der zu neuen und deshalb unvorhersagbaren Formen der Ordnung führt. Zu wenig, weil eine angemessene theoretische Darstellung der Evolution mehr tun sollte als die elementaren Vorgänge beschreiben, die evolutionärer Veränderung zugrunde liegen. Sie sollte auch erklären, warum diese Prozesse zu solch unterschiedlichen und komplexen Lebensformen geführt haben.

## Die Triebkraft der Evolution

Für Bergson waren Evolution und Leben untrennbar wie die zwei Seiten einer Münze. In *Zufall und Notwendigkeit* spricht sich der Molekularbiologe Jacques Monod gegen diese Ansicht aus:

> Aber wo Bergson den deutlichsten Beweis sah, daß die Evolution das »Prinzip des Lebens« sei, erkennt die moderne Biologie dagegen, daß alle Eigenschaften der Lebewesen auf einem *grundlegenden Mechanismus der molekularen Erhaltung* beruhen. Für die moderne Theorie *ist die Evolution keineswegs eine Eigenschaft der Lebewesen*, da sie ihre Ursache gerade in den *Unvollkommenheiten* des Erhaltungsmechanismus hat, der allerdings ihren einzigen Vorzug darstellt. Man muß daher sagen, daß die gleiche Störungsquelle, die bei einem unbelebten, das heißt nicht-replikativen System langsam die ganze Struktur vernichten würde, in der belebten Natur am Beginn der Evolution steht und deren totale schöpferische Freiheit ermöglicht – freilich dank jener Bewahrerin des Zufalls, die gegen jede Störung unempfindlich ist – der replikationsfähigen DNS-Struktur.[1]

Monod sah in der *genauen* Replikation des genetischen Materials die Haupteigenschaft des Lebens. Jede Art, sagt er, hat »ein teleonomisches Projekt«: die »Übertragung des für die Art charakteristischen Invarianzgehalts von einer Generation auf die nächste.« (Der »Invarianzgehalt« der DNA von Menschen oder Mäusen ist nach Monod der Teil des Genoms der Mäuse oder Menschen, der eine Maus zu einer Maus oder einen Menschen zu einem Menschen macht.) Die Evolution ergibt sich aus Monods Sicht aus den *Unvollkommenheiten* des replikativen Mechanismus, der dem teleonomischen Projekt jeder Art dient. Sie ist ein Nebenprodukt der universellen Neigung zur Unordnung. Monod schreibt die genaue Replikation des genetischen Materials dem Reich der Notwendigkeit zu. Replikationsfehler gehören in das Reich des Zufalls. Die Evolution ergibt sich aus einer Wechselwirkung zwischen den beiden Reichen. Die Notwendigkeit in Form einer unveränderten Replikation greift zu und verstärkt die glücklichen Zufälligkeiten.

Ich möchte hier eine andere Ansicht vertreten: Die Haupteigenschaft des Lebens ist nicht reproduktive *Unveränderlichkeit*, sondern reproduktive *Unbeständigkeit*, und reproduktive Unbeständigkeit ist auch die »treibende Kraft« der Evolution. Reproduktive Unbeständigkeit ist also der wissenschaftliche Gegensatz zu Bergsons Lebensschwungkraft.

Ich glaube, diese Sicht ist der Darwins sehr ähnlich, obwohl er nicht den Ausdruck »reproduktive Unbeständigkeit« gebrauchte. Darwin sagte, daß ihm der Gedanke der natürlichen Auslese kam, als er das 1798 veröffentlichte *Essay on the Principle of Population* von Thomas Robert Malthus las. Malthus wiederum schreibt den Kern seiner Gedanken Benjamin Franklin zu.

> Dr. Franklin bemerkte, daß es keine anderen Grenzen für die Fortpflanzungsfähigkeit von Pflanzen oder Tieren gibt als die, die aus dem Gerangel um die zum Unterhalt nötigen Mittel entstehen. Wo die Oberfläche der Erde keine anderen Pflanzen enthält, sagt er, könnte sie allmählich mit nur einer Art besät und überdeckt sein, zum Beispiel mit Fenchel; und gäbe es dort keine anderen Bewohner, könnte sie in wenigen Menschenaltern von Menschen nur einer Nation bewohnt werden, so zum Beispiel von Engländern.[2]

Malthus behauptet, daß die »beständige Neigung allen Lebens, über die dafür zur Verfügung stehende Nahrung hinaus zu wachsen, die eine große Ursache ist, die bisher den Fortschritt der Menschheit hin zum Glück hinderte«. Darwin sah in dieser Neigung den Hauptantrieb der Evolution, der unausweichlich zu einem »Existenzkampf« führen müsse, in dem der tauglichste überlebt. (Obwohl der Ausdruck »survival of the fittest« von dem Philosophen Herbert Spencer geprägt wurde, verwandte Darwin ihn in späteren Jahren als Synonym für »natürliche Auslese«.) Unabhängig von Darwin, aber etwa zwanzig Jahre später, kam der Naturkundler Alfred Russel Wallace auf ganz ähnlichem Weg auf denselben Gedanken.

Moderne Lebewesen verdanken ihre »Fortplanzungsfähigkeit« einer in ihr DNA kodierten Organisation. Aber reproduktive Unbeständigkeit ist eine viel einfachere Eigenschaft der lebenden Materie als der Besitz von DNA. DNA und RNA müssen sich aus Molekülen entwickelt haben, die sich ohne Hilfe spezieller Enzyme replizieren konnten, wie sie die heutigen Nukleidsäuren erfordern. Die zufällige Entstehung der ersten dieser Moleküle hat die Welt für immer verändert. Ihre Nachkommen eroberten die Meere, Flüsse und Seen der Erde, ihr Festland und ihre Atmosphäre, brachten Ordnung in die träge Materie und setzten Energie für die Erzeugung von immer mehr Molekülen frei, die diese neuartige sich selbst reproduzierende Möglichkeit hatten. Das Leben entstand durch die »Anstekkung« träger Materie. Genau wie ein Virus seinen lebenden Wirt in eine Fabrik zur Erzeugung von immer mehr Viren verwandelt, so verwandelt das Leben seinen trägen Wirt in eine Fabrik zur Erzeugung von immer mehr Leben.

Genetisches Material ist gegenüber Veränderungen, die die Reproduktionsrate vergrößern, angeborenermaßen instabil. Dies ist eine mögliche Formulierung des Prinzips der natürlichen Auslese. Solange genetisches Material Veränderungen zugänglich ist, die seine reproduktive Unbeständigkeit vergrößern, kann seine Ausdehnung niemals auf Dauer in Schach gehalten werden. Es kann sich niemals ein wirklich stabiles Gleichgewicht einstellen. Die Infektion kann niemals auf Dauer gebannt werden.

Diese dem genetischen Material innewohnende Unbeständigkeit ist, so behaupte ich, die »Triebkraft« der Evolution. Sie spielt die Rolle der Lebenskraft Bergsons. Anders als die Lebenskraft jedoch ist sie nicht ein endlicher Impuls, der »ein für allemal« gegeben wird. Jede Eroberung träger Materie bahnt den Weg für neue Eroberungen, schafft Zugang zu neuen Quellen hochgradiger Energie, neue Umwelten und neue Wege, sie für die Reproduktion genetischen Materials auszunutzen. Wie die Lebenskraft ist reproduktive Instabilität an sich dynamisch und an sich ungerichtet; sie hat weder Ziel noch Zweck. Während jedoch Bergsons Lebenskraft ein Aspekt der Wirklichkeit ist, der den Verstand transzendiert und sich nur von innen her durch einen Akt reiner Eingebung erfassen läßt, läßt sich die reproduktive Instabilität voll und ganz als eine Eigenschaft von Molekülen verstehen, die auf bestimmte Weise organisiert sind.

## Reproduktive Instabilität und Evolution

Wie führt reproduktive Instabilität zur Evolution? Betrachten wir ein sich selbst replizierendes Molekül in einer an Bausteinen und hochgradiger Energie reichen Umwelt. Unter diesen Umständen vermehrt sich das Molekül rasch. Nach vierzig Generationen hat es 1000 Milliarden Nachkommen. Wie Malthus bemerkt, kann für eine solche exponentiell wachsende Population der Nahrungsvorrat schließlich nicht mehr ausreichen. Falls er jedoch ständig erneuert wird, kann sich ein *stationärer Zustand* ergeben, in dem die Nachbildungen im selben Verhältnis zerstört und erzeugt werden, so daß die Anzahl der sich selbst replizierenden Moleküle konstant bleibt.

Die ersten in bezug auf die Reproduktion instabilen Moleküle waren fast sicherlich keine vollkommenen Replikatoren. Ein Molekül braucht sich jedoch nicht vollkommen zu replizieren, um eine Bevölkerungszunahme in Gang zu setzen. Ein Molekül, das die Bildung unvollkommener Nachbildungen katalysiert, die selbst unvollkommene Replikatoren sind, hat solange eine exponentiell wachsende Anzahl von Nachkommen, wie der Population die für exponentielles Wachstum nötigen Bausteine und Nahrungsvorräte zur Verfügung stehen. Wenn Nahrungsstoffe in immer gleicher Menge bereit stehen, hört das Wachstum der Population schließlich auf, und es stellt sich ein stationärer Zustand ein. Im stationären Zustand enthält die Population mehrere Varianten des ursprünglichen Moleküls, die jede eine lebensfähige Mutante des ursprünglichen Moleküls oder eines seiner Nachkommen sind.

Unter den hier betrachteten Bedingungen entwickelt sich eine Population unvollkommener Replikatoren zu einem stationären Zustand, der, einmal erreicht, anhält, solange sich die Umwelt nicht verändert. Reproduktive Instabilität führt also nicht notwendig zu Evolution im weitesten Sinn. Unter den angenommenen Bedingungen führt sie zu evolutionärer Stagnation.

Diese Überlegung setzt jedoch voraus, daß die Umwelt räumlich und zeitlich gleichförmig ist. Diese Annahme kann nicht zutreffen. Selbst wenn Umweltfaktoren sich langsam verändern, muß der Vorrat an Bausteinen und hochgradiger Energie abnehmen, wenn die Bevölkerung zunimmt. Organismen, denen es in einer reichen Umwelt gut geht, siechen vielleicht nur dahin, wenn die Vorräte knapp sind, und schaffen dadurch evolutionäre Gelegenheiten für Mutanten, denen sie in der ursprünglichen Umwelt keine Chance gegeben hätten.

Aber die Annahme der Gleichförmigkeit hat einen noch ernsthafteren Mangel. Eine reproduktiv instabile Population breitet sich in alle Richtungen aus, bis sie auf Bedingungen stößt, unter denen sie sich nicht entwickeln kann. Es folgt, daß *die Umweltbedingungen, die am Rand eines Populationsbereichs vorherrschen, auch in einem biologischen Sinn marginal sind*; sie sind nur am Rande dazu fähig, eine bestimmte Population aufrechtzuerhalten. Der Rand kann also für Mutanten günstig sein, die sich unter den anfänglichen Wachstumsbedingungen nicht gut entwickelt hätten. Wenn eine kleine Randgruppe von ihrer Elternpopulation isoliert wird, kann sie eine neue Art gründen. Die grundlegende Bedeutung dieses Aspekts des Evolutionsprozesses wurde zuerst 1954 von Ernst Mayr erkannt. Er ist Teil des *Gründerprinzips*, auf das wir später zurückkommen werden.

## Reproduktive Unveränderlichkeit als evolutionäre Strategie

Reproduktive Invarianz ist weit davon entfernt, ein Gegensatz zur Evolution zu sein, wie Monod behauptete; vielmehr stellt sie eine entscheidende evolutionäre Strategie dar. Als Teil der Gesamtstrategie verstärkt sie die reproduktive Instabilität des genetischen Materials. Das ist möglich, weil die Länge eines sich selbst replizierenden Moleküls durch die Genauigkeit des replikativen Vorgangs beschränkt ist. Man betrachte zum Beispiel ein sich selbst replizierendes Molekül (DNA, RNA oder einen Vorläufer der heutigen RNA), das aus $N$ Einheiten (Nukleotiden in einem Molekül Nukleidsäure) besteht. Wir bezeichnen mit $f$ die Häufigkeit, mit der eine einzelne Einheit falsch kopiert wird. Wenn zum Beispiel $f = 0{,}01$ ist, wird eine Einheit im Mittel in einem Prozent der Fälle falsch kopiert. Der Anteil der fehler-

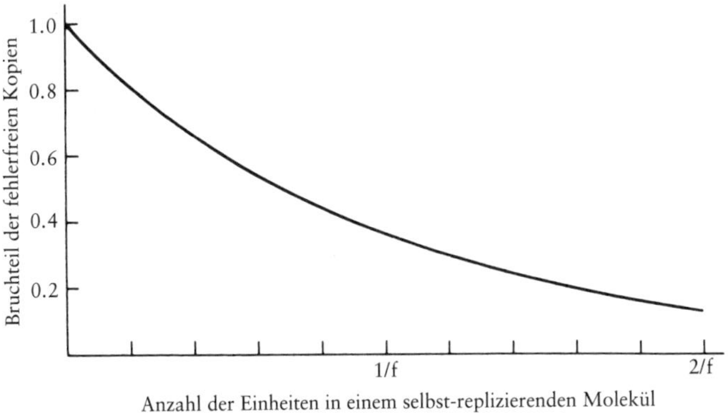


Abb. 11.1: Der Anteil der fehlerfreien Kopien eines selbstreplizierenden Moleküls nimmt mit zunehmender Länge des Moleküls ab. Er liegt wesentlich unter Eins, wenn die Anzahl der Einheiten, die repliziert werden müssen, mit dem Reziproken der Fehlerhäufigkeit *f* vergleichbar ist.

freien Kopien *des ganzen Moleküls*, das die Länge *N* hat, ist dann $(1-f)^N$. Abbildung 11.1 zeigt, wie dieser Bruchteil mit *N* abnimmt, wenn *f* eine kleine Zahl ist, wie also der Bruchteil der fehlerfreien Kopien eines Moleküls mit der Größe des Moleküls abnimmt. Solange die Anzahl der Einheiten im Vergleich mit dem Reziproken der Fehlerhäufigkeit *f* klein ist, sind fast alle Kopien fehlerfrei. Wenn aber die Anzahl der Einheiten mit dem Reziproken der Fehlerfrequenz vergleichbar ist, hatten mindestens die Hälfte der Kopien mindestens einen Fehler. Wenn ein einziger Fehler tödliche Folgen hat – wenn er zu einem Molekül führt, das sich nicht selbst replizieren kann –, dann ist der längste Text, der von einer Generation zur anderen weitergegeben werden kann, etwa $1/f$ Einheiten lang. Wenn zum Beispiel die Fehlerhäufigkeit 1 Prozent beträgt, enthält das längste selbstreplizierende Molekül etwa 100 Einheiten.[3]

Weil evolutionäre Erneuerungen, die es Organismen erlauben, ihre Umgebung effektiver auszubeuten, mehr Kapazität zum Speichern und Verarbeiten genetischer Information erfordern und weil diese Kapazität durch die Genauigkeit eingeschränkt wird, mit der genetisches Material repliziert werden kann, begünstigt die natürliche Auslese genetische Veränderungen, die die Kopiergenauigkeit verbessern. Das komplexe System, das alle heutigen Lebensformen zum Speichern, Übersetzen und Übertragen genetischer Information verwenden, hat sich aus genetischen Veränderungen dieser Art ergeben.

Der Physikochemiker Manfred Eigen und seine Kollegen haben ausgedehnte experimentelle und theoretische Untersuchungen der Kopiergenauigkeit und ihrer Rolle bei der Entstehung des Lebens durchgeführt. Eigen behauptet überzeugend, daß die ersten selbstreplizierenden Moleküle RNA-Moleküle waren, die der heutigen Transfer-RNA ähnelten (den Adaptor-Molekülen, die die Translation eines jeden DNA.-Tripletts in eine bestimmte Aminosäure vermitteln).[4] Bei Abwesenheit bestimmter Enzyme paaren sich die RNA-Nukleotide richtig in etwa 99 Prozent aller Fälle (G mit C, A mit U)[5]. Die Fehlerfrequenz beträgt also etwa 0,01, und deshalb sollte das längste reproduktiv lebensfähige RNA-Molekül weniger als 100 Nukleotide enthalten, was mit den experimentellen Befunden in Übereinstimmung ist.

Das genetische Material einiger Viren ist die RNA. Die Enzyme, die die Replikation von viralem RNA vermitteln, reduzieren die Kopierfehler um einen Faktor von 10 bis 100 und erlauben es RNA-Molekülen mit 1000 bis 10 000 Nukleotiden, am Leben zu sein und sich zu reproduzieren. Die zum Bau dieser Enzyme nötige Information ist in der viralen RNA selbst enthalten und könnte nicht in wesentlich kleineren Segmenten von RNA kodiert sein. Kurz, RNA-Moleküle mit einer Länge von etwa 1000 Nukleotiden können nur mit Hilfe von Enzymen repliziert werden, deren Aufbau von RNA-Molekülen dieser Länge gesteuert wird. Die RNA-Moleküle und die Enzyme, die helfen, sie zu replizieren, müssen sich also gemeinsam entwickelt haben. Keiner hätte ohne den anderen entstanden sein können. Wie diese gemeinsame Evolution zustandekam, ist ein noch ungelöstes Problem.

Das genetische Material der am wenigsten komplexen der modernen Organismen, Bakterien, enthält etwa 100mal soviel Information, wie in RNA verschlüsselt sein kann. (Viren sind keine autonomen Organismen; sie verwenden die chemische

Ausstattung der Zellen, die sie befallen, um sich selbst zu replizieren.) Die evolutionäre Erfindung der DNA und des damit verknüpften Korrekturlesens und der Reparatur ermöglichten die außerordentlich große Replikationstreue, auf der alle existierenden Lebensformen beruhen. Wie sich die DNA aus der RNA entwickelte, ist gleichfalls eine noch unbeantwortete Frage.

## Genetische Variation

»Reproduktive Unveränderlichkeit« oder originalgetreues Kopieren ist keine vollkommene evolutionäre Strategie. Eine Strategie, bei der es lediglich auf Kopiergenauigkeit ankäme, würde die Evolution in dem Maß behindern, in dem sie erfolgreich ist. Monod behauptete, die Evolution sei genau deswegen möglich, weil eine Strategie der reproduktiven Unveränderlichkeit nicht vollständig erfolgreich sein *kann*. Im Gegensatz dazu möchte ich behaupten, die Unterdrückung der genetischen Variation sei nur ein Aspekt einer umfassenderen evolutionären Strategie. Der komplementäre Aspekt dieser Strategie hat mit der *Verwaltung* der genetischen Variation zu tun. Ich behaupte, daß genetische Variation, obwohl sie in bezug auf die Folgen für den zu entwickelnden Organismus blind ist, kein rein zufälliger Vorgang ist, sondern durch ein genetisches Programm gesteuert wird, das seinerseits durch die natürliche Auslese gestaltet wird. Wir werden zum Beispiel sehen, daß die Mechanismen, die Kopierfehler unterdrücken und verbessern, nicht in allen Teilen der DNA eines Organismus gleich wirken. In einigen Teilen werden Kopierfehler stark unterbunden, in anderen mäßig, und in wieder anderen können sie aktiv gefördert werden. Ich behaupte, daß solche Unterschiede genetisch kontrolliert werden und daß die genetischen Systeme, die für diese Unterschiede ausschlaggebend sind, durch die natürliche Auslese gestaltet wurden.

Beginnen wir, indem wir uns die *Quellen* der genetischen Variation in Erinnerung rufen, die moderne Organismen nutzen. Sie lassen sich in zwei Klassen einteilen, nämlich in genetische

Prozesse, die den Vorgang der natürlichen Auslese beschleunigen, indem sie neue Kombinationen von Genen schaffen, und in Vorgänge, die neue Gene erzeugen.

Einer der Vorteile der geschlechtlichen Fortpflanzung besteht darin, daß sie neue Genkombinationen der natürlichen Auslese aussetzt. Betrachten wir eine Population von Organismen, die sich ungeschlechtlich fortpflanzen. Jeder Organismus gibt eine genaue Kopie seines *Genoms* (seines genetischen Materials) an seine Kinder weiter, die ihrerseits genaue Kopien an *ihre* Kinder weitergeben. Wenn die Umwelt zeitlich und räumlich konstant ist, führen kleine Unterschiede zwischen den Reproduktionsraten oder der *Tauglichkeit* verschiedener Genome zu immer größeren Unterschieden zwischen den Anzahlen ihrer Träger. Die tauglichsten Genome (jene, die sich am schnellsten reproduzieren) verdrängen solche, die sich langsamer fortpflanzen. Schließlich tragen alle Mitglieder der Population Kopien des tauglichsten Genoms.

Dieses Genom besteht jedoch fast sicherlich nicht aus den allertauglichsten Genen. Es enthält überwiegend Gene, die überdurchschnittlich tauglich sind, aber wie beim Kartenspiel wird nur selten die allerbeste Hand ausgeteilt.

Geschlechtliche Fortpflanzung setzt Teile der DNA, die kleiner sind als ein ganzes Genom, der natürlichen Auslese aus. Die DNA im Kern einer Ei- oder Spermazelle ist in mehrere Abschnitte geteilt (vier bei Fruchtfliegen, 23 bei Menschen, 50 bei Goldfischen), die *Chromosomen* genannt werden. Jedes Chromosom enthält viele Gene. Das befruchtete Ei, aus dem sich ein neuer Organismus entwickelt, und *mit Ausnahme der Ei- und Spermazellen des Organismus* alle Zellen, aus denen der Organismus besteht, enthalten von jedem Chromosom eine mütterliche und eine väterliche Version – also doppelt so viele Chromosomen wie Ei- und Spermazellen. Die Ei- und Spermazellen enthalten von jedem Chromosom *entweder* ein mütterliches *oder* ein väterliches, und jedes Chromosom in einer solche Zelle stammt mit gleicher Wahrscheinlichkeit von der Mutter oder vom Vater. In jeder Generation kommt es deshalb zu neuen Kombinationen von Chromosomen. Die Chromosomen sind somit je *einzeln* und in einer Vielfalt genetischer Zusammenhänge der Auslese ausgesetzt – also in Gesellschaft mit vielen verschiedenen Kombinationen anderer Chromosomen. Im Lauf vieler Generationen ersetzen Chromosomen, die den Fortpflanzungserfolg ihrer Träger vergrößern, die weniger erfolgreichen Varianten im Chromosomenvorrat. Die natürliche Auslese vergrößert nicht nur die durchschnittliche Tauglichkeit der Genome in der Population, sondern auch die durchschnittliche Tauglichkeit der einzelnen Chromosomen.

Ein Vergleich kann dies verdeutlichen. Zwölf Tennisspieler, sechs Männer und sechs Frauen, treffen sich, um gemischte Doppel zu spielen. Der Abwechslung zuliebe beschließen sie, jeden Tag neue Paare zu bilden, indem sie Namen aus einem Hut ziehen. Jeden Tag werden also sechs Paare neu und zufällig für eine vorgegebene Anzahl von Spielen zusammengestellt. Jeder Spieler zählt mit, wie oft er gewinnt und verliert. Wenn an einem Tag ein starker Spieler mit einem viel schwächeren Spieler zusammenkommt, verliert er womöglich mehr Spiele, als er gewinnt, aber etwa nach einem Monat wird die Gesamtzahl der gewonnenen Spiele das Können der Spieler im gemischten Doppel richtig wiedergeben (einschließlich der Fähigkeit, das eigene Spiel auf das der jeweiligen Partner einzustellen). Die Tennisspieler stellen Chromosomen dar, die Paarungen Genome, ein Gewinn die Replikation. Nach vielen Generationen werden die tauglichsten Chromosomen im Chromosomenvorrat am stärksten vertreten sein.

*Genetische Rekombination*, die während der Bildung von Ei- und Spermazellen vorkommt, unterwirft *Teile* von Chromosomen oder auch einzelne Gene der natürlichen Auslese. Die Zelle, die zu einer Ei- oder Spermazelle wird, enthält eine mütterliche und eine väterliche Version eines jeden Chromosoms. In einem bestimmten Stadium im Prozeß der Bildung der Ei- oder Spermazelle kommen die einander entsprechenden mütterlichen und väterlichen Chromosomen in enge Berührung. Benachbarte DNA-Stränge, einer von jedem Elternteil, können sich dann *kreuzen* und zu zwei neuen Strängen verbinden, von denen jeder seinen vollen Genvorrat hat. Dann muß ein zweiter Schnitt die beiden doppelsträngigen DNA-Moleküle trennen, und die geschnittenen Enden müssen geeignet wiederverbunden werden.

Alle solchen Schnitte und Verbindungen werden durch geeignete Enzyme vermittelt.

Die bisher betrachteten Vorgänge haben neue Kombinationen von Genen der natürlichen Auslese ausgesetzt. Sie haben jedoch weder neue Gene noch dauerhafte neue Genkombinationen erzeugt. Sie tauschen Textabschnitte in vorliegenden Entwürfen aus, aber sie schaffen keinen neuen Text. Die tatsächliche Zusammensetzung der Entwürfe wird durch genetische Mutationen und natürliche Auslese geschaffen. Mutationen liefern das Rohmaterial, und die natürliche Auslese macht einen sinnvollen Text daraus. Die Mutationen bei den am wenigsten komplexen Lebewesen, den Bakterien, lassen sich mit dem vergleichen, was bei einem modernen Textverarbeitungssystem abläuft. Mutationen können verändern, löschen oder einen einzigen Buchstaben eines genetischen Textes einfügen (ein einzelnes Paar komplementärer Nukleotiden). Außerdem können größere Texteinheiten – Stücke von Genen, ganze Gene, Gengruppen – gelöscht, verdoppelt oder von einem Teil des Genoms auf ein anderes Genom und selbst von einem Chromosom auf ein anderes kopiert werden.

Die Genverdopplung hat in der Evolution eine besonders wichtige Rolle gespielt. Es ist noch nicht bekannt, wie und wann die anfängliche Verdopplung eintritt. Einige, wenn auch nicht alle, Genetiker vermuten, daß sie aus einer asymmetrischen Art der genetischen Rekombination resultiert, dem in Abbildung 11.2a veranschaulichten *ungleichen crossing-over*. Ein DNA-Strang hat schließlich zwei Kopien eines Gens oder einer Reihe von Genen, die nebeneinanderliegen, und der andere Strang hat keine Kopien. Ungleiches crossings-over wird symbolisch durch die »Gleichung«

$$ABC + A'B'C' \rightarrow ABB'C + A'C'$$

dargestellt, wobei *ABD* und *A'B'C'* entsprechende Genfolgen auf den zu rekombinierenden DNA-Strängen und *ABB'C* und *A'C'* Genfolgen in den rekombinierten Strängen darstellen. Der eine rekombinierte Strang hat ein zusätzliches *B*, der andere hat überhaupt kein *B*. Nach der anfänglichen Verdopplung könnte *schiefe Paarung* einen DNA-Strang mit drei *B* erzeugen, eine

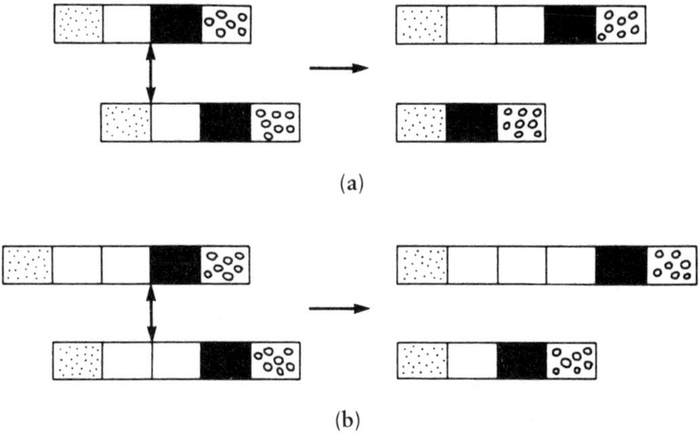

Abb. 11.2: Der mögliche Ursprung der Genverdopplung. (a) Ungleiches Crossing-Over zwischen zwei benachbarten Chromosomen. Die Chromosome tauschen die Abschnitte der DNA rechts vom Doppelpfeil aus. Weil sie sich nicht richtig angeordnet haben, erhält das eine Chromosom eine zusätzliche Kopie eines Abschnitts und das andere keine. Es gibt keine direkten Hinweise darauf, daß dieser Vorgang eintritt. (b) Schiefe Paarung, bei der die Chromosomen *lokal* richtig angeordnet sind: Die Abschnitte links vom Doppelpfeil sind gleich. Diese Art ungleichen Kreuzens ist plausibler als die erste, aber sie kann offensichtlich nicht zur ersten Genverdopplung führen.

dritte könnte einen mit vier oder fünf *B* erzeugen und so weiter, wie Abbildung 11.2b zeigt.

Der Molekularbiologe Roy Britten entdeckte, daß ein großer (und veränderlicher) Bruchteil der DNA in den Zellen von Pflanzen, Tieren und Pilzen in wiederholten Folgen steckt. Wiederholte Folgen machen 30 Prozent der menschlichen DNA und 80 Prozent der Salamander-DNA aus. Im Gegensatz dazu enthält die DNA von Bakterienzellen wenige wiederholte Folgen. Einige Vervielfachungen haben eine ökonomische Aufgabe: Sie passen das Angebot der Nachfrage an. So enthalten zum Beispiel höhere Zellen Hunderte von benachbarten Kopien der Gene, die die ribosomale RNA kodieren, was es ihnen ermöglicht, dem enormen Bedarf an diesem wesentlichen Bestandteil der Ribosomen zu entsprechen (sie sind die Werkbänke, an denen Proteine synthetisiert werden), der während der ersten Entwicklungsstadien besteht, wenn Zellen, die jede Zehntausende von Ribosomen enthalten, sich rasch teilen. Selbst bakterielle DNA enthält einige zusätzliche Kopien der Gene, die ribosomale RNA kodieren. Aus ähnlichen wirtschaftlichen Gründen enthalten höhere Zellen mehrere Kopien der Gene, die die Proteinkerne kodieren, um die sich ihr DNA windet wie Spiralen um einen Maibaum.

## Evolution durch Genverdopplung

Die Genverdopplung hat auch eine schöpferische Aufgabe. Man denke an das bakterielle Ferrodoxin, ein eisenhaltiges Eiweiß, das bei der Nitrogenfixierung (der Umwandlung atmosphärischen Stickstoffs in Ammonium, das Pflanzen zur Synthetisierung von Nukleidsäuren nutzen können) eine Schlüsselrolle spielt. Die beiden Hälften seiner Polypeptidkette haben ähnliche Folgen von aminosauren Resten, was nahelegt, daß die sie kodierenden DNA-Segmente sich aus Kopien desselben Gens entwickelten. In Pflanzen spielt ein ähnliches Molekül, dessen Polypeptidkette doppelt so lang ist wie die des bakteriellen Ferrodoxins, bei der Photosynthese chemisch gesehen eine ähnliche Rolle. Das dieses Protein kodierende Gen entstand offensichtlich aus zwei aufeinanderfolgenden Verdopplungen und Bindungen.

Zusätzliche Genkopien haben sich oft zu Genen entwickelt, die neue Proteine kodieren. Nach der üblichen Beschreibung dieses Vorgangs kodiert das ursprüngliche Gen weiterhin dasselbe Protein, was dem Duplikat die Freiheit läßt, Mutationen anzusammeln, die dem Protein, das es kodiert, eine neue Struktur und Funktion zuweisen. Aber es kann auch geschehen, daß die Duplikation *sowohl* das ursprüngliche Gen *als auch* seine Kopie befähigt, ihre Produkte spezifischere Aufgaben übernehmen zu lassen. Im ersten Szenario *divergiert* das verdoppelte Gen vom ursprünglichen, im zweiten *differenzieren* sich die beiden Kopien. Das zweite ist allgemeiner; es enthält den ersten als einen Spezialfall.

Die Evolution des Hämoglobins bietet ein ausgezeichnetes

Beispiel für die kreative Rolle der Genduplikation. Die Zellen von Tieren erhalten ihre Energie durch das Verbrennen von solchen Molekülen wie Glukose in Anwesenheit von Sauerstoff. Diese »Brennmoleküle« sind relativ locker gebunden, es braucht relativ wenig Energie, um sie aufzuspalten. Die chemischen Reaktionen, die beim Verbrennen ablaufen, ordnen die Atome der Brennmoleküle um und verbinden manche von ihnen mit Sauerstoffatomen, wobei fester gebundene Moleküle entstehen – insbesondere Wasser und Kohlendioxid. Ein Teil der bei diesem Vorgang freigesetzten Energie wird zur Synthetisierung von ATP verwendet, der von allen Lebewesen verwendeten Währung der Energie, der Rest wird verschwendet. In sehr kleinen Organismen und in Insekten diffundiert Sauerstoff direkt aus der Luft oder dem Wasser, in dem der Organismus lebt, in die einzelnen Zellen. Die Evolution größerer Sauerstoff verbrauchenden Organismen ging Hand in Hand mit der Evolution eines Kreislaufs, durch den Sauerstoff in Zellen gelangt, die weit von jenen entfernt sind, die es direkt aus der Umgebung aufnehmen können. In Wirbeltieren (Fischen, Amphibien, Reptilien, Vögeln und Säugetieren) wird Sauerstoff von den Kiemen oder dem Lungengewebe durch Hämoglobin-Moleküle in roten Blutkörperchen befördert. (Das Hämoglobin gibt diesen Zellen ihre Farbe.) Muskelgewebe, das relativ schnell große Mengen Sauerstoff braucht, hat einen zusätzlichen Sauerstoffträger, das Myoglobin, das wie Hämoglobin Sauerstoffmoleküle leicht bindet und wieder freisetzt.

Wahrscheinlich entwickelte sich das Myoglobin zuerst in den primitiven Vorfahren der Fische aus einem ähnlichen Sauerstoff tragenden Molekül. Es besteht aus einer Polypeptidkette, die zu einer sehr kompakten Struktur gefaltet ist (Abbildung 11.3). In eine Spalte des gefalteten Polypeptids ist eine *Hämgruppe*, ein flaches scheibenförmiges Molekül mit einem Eisenatom in seiner Mitte, eingebettet. (Hämgruppen mit genau gleicher Struktur finden sich in mehreren anderen Molekülen, darunter dem Cytochrome *c*, einer viel früheren evolutionären Erfindung als Myoglobin). Das Eisenatom in der Hämgruppe hat zwei mögliche Zustände; im einen kann es sich an ein Sauerstoffmolekül anbinden, im anderen nicht. Eine isolierte Hämgruppe kehrt

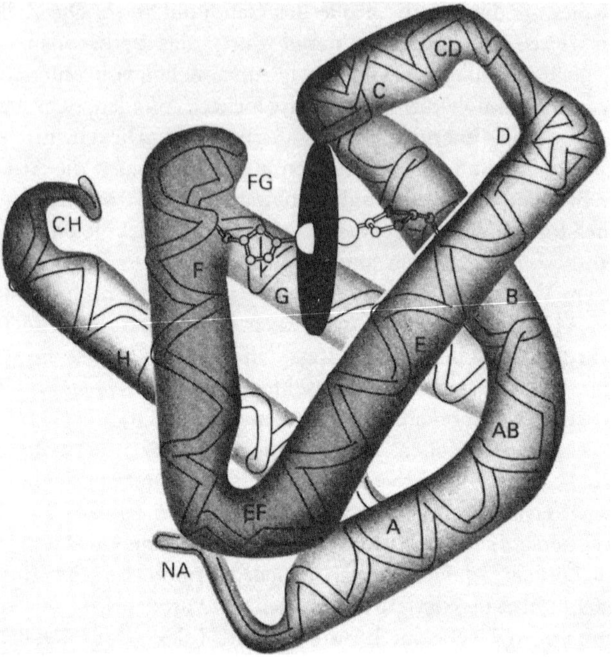


Abb. 11.3: Das Polypeptidrückgrat des Myoglobins. Das Rückgrat hat acht spiralige Abschnitte, die mit *A* bis *H* bezeichnet sind. Die Hämegruppe wird durch eine Scheibe veranschaulicht. Sie ist um ein Eisenatom herum angeordnet, das durch Reste der Aminosäure Histidin gebunden ist, die ihrerseits an die Spiralen *E* und *F* angebunden ist. Der fast vollständige Kreis gegenüber vom Eisenatom stellt ein Sauerstoffatom dar. (Aus: *Molecular Cell Biology* von James E. Darnell, Harvey Lodish und David Baltimore. Copyright (c) 1986 Scientific American Books, Inc. Abgeändert mit Erlaubnis von Dickerson, R. E. und I. Geis, *The Structure and Action of Proteins*, Benjamin/ Cummings, Menlo Park, Calif. Nachdruck mit Genehmigung von ›Scientific American‹ Books und Irving Geis).

von selbst in ihren nichtbindenden Zustand zurück. Das gefaltete Polypeptid, in dem das Häm kauert, hält das Eisenatom in seinem Sauerstoff bindenden Zustand, indem es die chemische Reaktion verhindert, die diesen Übergang bewirkt. (Es hindert auch Kohlstoffmonoxidmoleküle daran, sich an das Eisenatom zu binden, verhindert diese Bindung aber nicht völlig. Auf sich

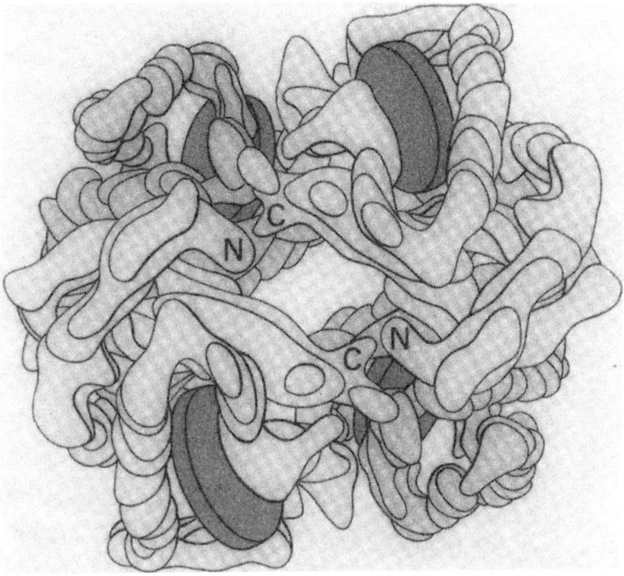


Abb. 11.4: Ein Modell des Hämoglobins mit schwacher Auflösung. Die Alphaketten sind hellgrau, die Betaketten dunkelgrau und die Hämgruppen schwarz. (Zeichnung von James Engleson in M. F. Perutz, *The Hemoglobin Molecule*, in: ›Scientific American‹, November 1964, S. 65. Nachdruck mit Erlaubnis von W. H. Freeman und Company).

selbst gestellt verbinden sich die Hämgruppen leichter und stärker mit Kohlenmonoxid als mit Sauerstoff. Da Reaktionen innerhalb von Zellen etwas Kohlenmonoxid erzeugen, könnten *freie* Hämen nicht als Sauerstoffträger wirken, selbst wenn sie in ihrem Sauerstoff bindenden Zustand gehalten werden könnten.)

Das Hämoglobin von Neunaugen und Schleimfischen, Nachfahren der primitivsten kieferlosen Fische, ähnelt stark ihrem eigenen Myoglobin. Wie das Myoglobin besteht es aus einer einzigen Polypeptidkette, die eine einzelne Hämgruppe enthält. Das Hämoglobin aller anderen Wirbeltiere – echte Fische, Amphibien, Reptilien, Vögeln und Säugetieren – besteht aus vier Polypeptidketten, die jede eine Hämgruppe enthalten, die iden-

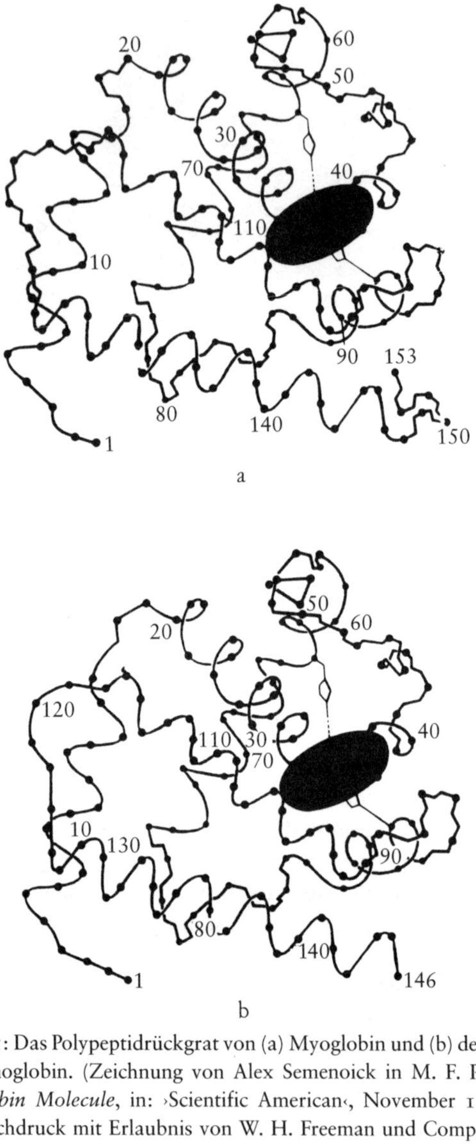


Abb. 11.5: Das Polypeptidrückgrat von (a) Myoglobin und (b) der Betakette von Hämoglobin. (Zeichnung von Alex Semenoick in M. F. Perutz, *The Hemoglobin Molecule*, in: ›Scientific American‹, November 1964, S. 59. Nachdruck mit Erlaubnis von W. H. Freeman und Company).

tisch ist mit der Hämgruppe im Myoglobin und die schwach zu einer symmetrischen Struktur gebunden sind (Abbildung 11.4). Zwei dieser Ketten sind von einer Art (Alpha genannt), die anderen von einer anderen (Beta). In Säugetieren gibt es eine weitere Verfeinerung. Säugetiere haben im wesentlichen zwei Arten von Hämoglobin. Fötale rote Blutzellen stellen Hämoglobin mit einem Paar von Gammaketten anstelle der Betaketten her, die nach der Geburt in Erscheinung treten. Fötales Hämoglobin nimmt Sauerstoff leichter auf als postnatales Hämoglobin. Dies fördert die Übertragung von Sauerstoff von der Mutter zum Fötus durch die Plazenta.

Ein Hämoglobinmolekül ist nicht einfach ein Paket von vier myoglobinähnlichen Molekülen. Wegen der Interaktionen der Komponenten ist das Ganze biologisch gesehen wirksamer als die Summe seiner Teile. Die Bindung eines Sauerstoffmoleküls an ein Hämoglobinmolekül erleichtert es, ein zweites und drittes Sauerstoffmolekül und erst recht ein viertes anzubinden. Der Anteil der Sauerstoff tragenden Hämoglobinmoleküle nimmt deshalb mit der Konzentration von Sauerstoff in ihrer unmittelbaren Umgebung stark zu. Dadurch kann das Hämoglobin sauerstoffarmem Gewebe mehr Sauerstoff liefern, als seine vier myoglobin-ähnlichen Komponenten es könnten, wenn sie getrennt wirkten. Zudem hat Hämoglobin die bemerkenswerte Eigenschaft, Sauerstoffmoleküle leichter in einer Umgebung freizusetzen, in der die Konzentrationen von Kohlenstoffdioxid und von Wasserstoffionen hoch sind (wie in tätigem Muskelgewebe), und Sauerstoffmoleküle in einer an Sauerstoff reichen Umwelt aufzunehmen (etwa in den winzigen sich verzweigenden Kapillaren der Lungen). Myoglobin hat diese Eigenschaft nicht.

Mit Hilfe eines als Röntgenstrukturanalyse bekannten Verfahrens, das bei der Entdeckung der Doppelspiralstruktur der DNA eine wichtige Rolle spielte, konnten Wissenschaftler die dreidimensionale Struktur mehrerer Arten von Myoglobin und Hämoglobin bestimmen. Die dreidimensionale Struktur von Myoglobin und der Ketten, die das Hämoglobin ausmachen, erwiesen sich als bemerkenswert ähnlich (Abbildung 11.5). Die Ketten waren auch in ihrer Länge ähnlich: Myoglobin enthält

153, die Alphakette von Hämoglobin enthält 141, die Beta- und Gammakette 146 Aminosäurereste. Die Sequenzen der Aminosäuren in den Beta- und Gammaketten sind sehr ähnlich, aber die Aminosäuresequenzen menschlichen Myoglobins und die Alphaketten menschlichen Hämoglobins sind einander und der Aminosäuresequenz der Betakette *unähnlich*, obwohl ihre dreidimensionalen Strukturen ähnlich sind. Die Aminosäuresequenzen der drei Ketten stimmen in nur 24 von 141 Stellen überein. Dies legt deutlich nahe, daß (1) die dreidimensionale Struktur einer Polypeptidkette – ihre biologische Bedeutung – vor allem durch eine kleine Teilmenge ihrer Aminosäurereste bestimmt wird und (2) diese Teilmenge evolutionären Veränderungen gegenüber viel widerstandsfähiger ist als der Rest des Moleküls.

Diese Fakten und Folgerungen legen das folgende evolutionäre Bild nahe. In den Vorfahren von Wirbeltieren spielte Myoglobin beide Rollen, die jetzt Myoglobin und Hämoglobin spielen. Oder besser gesagt, die beiden Rollen waren noch nicht unterschieden. Die Verdopplung des Myoglobingens ermöglichte es, daß sich die beiden Kopien des Gens unabhängig voneinander durch Ersetzungen, Verluste und Hinzufügungen einzelner Paare komplementärer Nukleotide entwickelten und daß ihre Produkte spezialisiertere Funktionen übernahmen: Hämoglobin lieferte Sauerstoff an Zellen aller Körperteile, Myoglobin lieferte Sauerstoff an Muskelzellen. Eine Kopie des Gens kodierte weiterhin für Myoglobin, die andere Kopie kodierte schließlich die Alphakette des Hämoglobins. Später wurde die Kopie verdoppelt, und die zweite Kopie entwickelte sich zu einem Gen, das die Betakette kodierte. Schließlich entwickelte sich ein Duplikat der Betakette zu der Gammakette. (Zwei weitere, relativ seltene Ketten, die Delta- und die Epsilonkette, stammen ebenfalls von Duplikaten der Betakette ab.)

Ein anderes Beispiel für die Evolution durch Genverdopplung und spätere Differenzierung liefern die Verdauungsenzyme der Bauchspeicheldrüse. Die Bausteine der Eiweiße dienen als Brennstoffmoleküle. Die Aufgabe der Verdauungsenzyme ist es, Proteine in der Nahrung in ihre Aminosäurebausteine aufzubrechen, indem sie Reaktionen katalysieren, die die chemischen Bindungen zwischen benachbarten Aminosäuren in einer Polypeptidkette lösen. Zu diesen Enzymen gehören *Trypsin, Chymotrypsin* und *Elastase*, die alle in der Niere synthetisiert werden. Jedes dieser Enzyme bindet sich mit nur gewissen Arten von aminosauren Resten und spaltet eine Polypeptidkette nur an Stellen, die neben diesen Resten liegen. Die drei Enzyme spalten Polypeptide an verschiedenen Stellen, aber wenn sie (gemeinsam mit weiteren Verdauungsenzymen) zusammenwirken, zerlegen sie Proteine in ihre aminosauren Bestandteile. Obwohl Trypsin, Chymotrypsein und Elastase verschiedene, nicht überlappende Eigenschaften haben, sind ihre Aminosäuresequenzen und ihre dreidimensionale Struktur sehr ähnlich. Ihre unterschiedlichen Spezialisierungen ergeben sich aus kleinen strukturellen Unterschieden zwischen ihren Bindungsstellen (den Teilen des Enzyms, die sich während der Reaktion, die die Kette spaltet, mit dem Polypeptid binden). Diese kleinen Strukturunterschiede ergeben sich ihrerseits aus nur wenigen entscheidenden Unterschieden zwischen den Aminosäuresequenzen der Enzyme.

Wir können folgern, daß sich die Gene, die die drei Enzyme kodieren, durch Genverdopplung und anschließende Mutationen aus einem gemeinsamen Vorgänger entwickelten. Das vom Vorgänger kodierte Enzym war vermutlich weniger spezialisiert – und weniger wirksam – als seine Nachfahren. Als die drei Fassungen des ursprünglichen Gens divergierten, förderte die natürliche Auslese die zunehmende, *aber koordinierte* Spezialisierung ihrer enzymatischen Aktivität. Solange die Aufgabe eines Enzyms weniger umfangreich war, konnte es diese Aufgabe wirksamer durchführen; die drei Enzyme zusammen konnten dann ihre gemeinsame Aufgabe erfolgreicher verrichten. Die drei Gene gleichen einer *Batterie*, insofern die Aktivität der von ihnen kodierten Enzyme sowohl komplementär als auch koordiniert ist. Diese Enzyme werden in der Tat von demselben molekularen Mechanismus aktiviert und vom selben Signal ausgelöst.

Die Aufgaben von Enzymen, die von einem gemeinsamen Vorfahren abstammen, können sich auch unterscheiden. Das Gerinnen von Blut wird von einem *Thrombin* genannten Enzym vermittelt. Die spezielle Aufgabe des Thrombins (Polypeptidketten an einer bestimmten Stelle zu spalten) ähnelt der des Verdauungsenzyms Trypsin, und Thrombin selbst ähnelt Trypsin sowohl in seiner dreidimensionalen Struktur als auch in seiner Aminosäuresequenz. Die Gene, die diese beiden Enzyme kodieren, haben sich offensichtlich aus Kopien eines gemeinsamen Vorgängers entwickelt. Aber die Aktivitäten der beiden Enzyme sind nicht koordiniert, wie auch die von ihnen vermittelten biologischen Prozesse – Verdauung und Blutgerinnung – nicht eng verwandt sind.

## Evolution als hierarchische Konstruktion

Diese Beispiele zeigen, daß Genverdopplung mit nachfolgenden Mutationen zu vielen Ergebnissen führen kann. Genverdopplung kann, wie im Beispiel des Ferrodoxins, zu einem einzigen Gen führen, das eine Polypeptidkette kodiert, die doppelt so lang ist wie die ursprüngliche, oder, wie bei der Evolution von Hämoglobin, zu Genen, die in einem Protein , das aus mehreren Ketten besteht, einzelne Ketten kodieren, oder, wie bei den Verdauungsenzymen Chymotrypsin, Elastase und Trypsin, zu Genen, die Enzyme kodieren, die komplementäre Spezialaufgaben erfüllen, und schließlich auch zu Genen, die Enzyme kodieren, deren Aufgaben biologisch nicht verwandt sind, wie bei Trypsin und Thrombin. In jedem Fall entstehen durch kombinierte und gleichzeitige Prozesse der *Differenzierung* und *Integration* neue Strukturen und Funktionen. Die Verdopplung eines Gens *G*, das ein Protein *P* kodiert, das eine Funktion *F* ausübt, ergibt zwei Kopien von *G*, deren Produkte *P'* und *P"* entweder *gemeinsam* wie zuvor die Funktion *F*, oder eine verbesserte Fassung dieser Aufgabe oder zwei verschiedene Aufgaben erfüllen.

Evolutionäre Veränderungen in einer vorgegebenen Struktur oder Funktion erfordern oder ermöglichen oft koordinierte Veränderungen in verwandten Strukturen und Funktionen. Man denke zum Beispiel an die Evolution der drei kleinen Knochen des Mittelohrs des Säugetiers, die Schallwellen vom

Trommelfell zum ovalen Fenster schicken. Das Mittelohr der Reptilien hat nur einen Knochen. Die beiden zusätzlichen Knochen im Mittelohr der Säugetiere haben sich aus zwei Knochen entwickelt, die in Reptilien ein Scharnier zwischen Ober- und Unterkiefer bilden. Fossilfunde zeigen, daß diese beiden Knochen überflüssig wurden, als Reptilien eine neue Kieferngelenkverbindung entwickelten. Die folgende Integration in das Dreiknochensystem der Säugetiere ermöglichte ein verbessertes Hörvermögen der ersten Säugetiere und wurde dadurch wiederum gefördert. Diese evolutionären Veränderungen führten ihrerseits zu einer Vielfalt von Struktur- und Verhaltensänderungen, die es Säugetieren ermöglichten, den stärkeren Strom der vom Gehör empfangenen Information über ihre Umwelt zu nutzen.

Dieses Beispiel veranschaulicht eine weitere wichtige evolutionäre Verallgemeinerung, die von Ernst Mayr betont wird: Die Evolution einer neuen Struktur wird gewöhnlich von einer veränderten Funktion einer existierenden Struktur angeregt, deren ursprüngliche Funktion durch eine andere Struktur dupliziert wird. Ein anderes Beispiel sind die Lunge bei Säugetieren und die Schwimmblase in Fischen; sie entwickelten sich beide aus einer einfachen sackartigen Lunge eines primitiven Fisches, der auch Kiemen hatte.

Diese Beispiele veranschaulichen eine Hypothese, die in den vierziger Jahren dieses Jahrhunderts von dem Evolutionsbiologen Iwan Iwanowitsch Schmalhausen aufgestellt wurde. Untersuchungen der vergleichenden Anatomie und der vergleichenden Embryologie brachten Schmalhausen zu der Erkenntnis, daß biologische Organisation eine *funktionale Hierarchie* darstellt, und zu der Annahme, daß die biologische Evolution ein Prozeß *hierarchischer Konstruktion* ist, bei dem neue Funktionseinheiten durch die Differenzierung und Integration schon bestehender Funktionseinheiten entstehen. Differenzierung und Integration sind eng verknüpft.

> Progressive Differenzierung geht immer mit Integration einher. Neue Differenzierungen werden durch das System interner [regulatorischer] Faktoren der Individualentwicklung integriert.[6]

Tabelle 11.1 Ebenen der biologischen Organisation

| *Ebenen* | *Beispiele* |
|---|---|
| Molekulare Bausteine | Aminosäuren<br>Nukleotide<br>Zucker<br>Fettsäuren |
| Makromoleküle | Proteine<br>DNA, RNA<br>Stärke<br>Lipide |
| Makromolekulare Komplexe | Ribosome<br>Enzymkomplexe<br>Membrane |
| Bakterielle Zellen, Zellorgane (Organellen) | Zellkerne<br>Mitochondien<br>Chloroplaste |
| Höhere Zellen | |
| Gewebe | Xylem, Phloem<br>Blut<br>Glatte Muskel<br>Knochen |
| Organe | Stamm<br>Pfahlwurzel<br>Niere<br>Herz |
| Organsysteme | Wurzelsysteme<br>Kreislaufsystem<br>Verdauungssystem<br>Nervensystem |
| Höhere Organismen | |
| Gemeinschaften | |

Das Ergebnis der hierarchischen Konstruktion ist hierarchische Organisation. Die Hauptebenen der biologischen Organisation werden in Tabelle 11.1 angegeben. Die strukturellen, funktionalen und evolutionären Aspekte dieser Hierarchie sind alle eng verwandt.

Strukturell beruht diese Hierarchie auf Aggregatbildung. *Systeme auf einer bestimmten Ebene sind Aggregate von Systemen der darunterliegenden Ebene.* Makromoleküle sind also Aggregate molekularer Baustein, makromolekulare Komplexe sind Aggregate von Makromolekülen und so weiter.

Diese strukturelle Hierarchie ist auch eine *zeitliche* Hierarchie. Es entwickelte sich eine Ebene nach der anderen, wobei jede Ebene Strukturen und Funktionen beitrug, die für die Konstruktion der nächst höheren Ebene nötig waren. Zumindest sind die zur Verfügung stehenden Tatsachen mit dieser Hypothese vereinbar. Wir wissen nicht mit Sicherheit, ob die ersten selbstreplizierenden Objekte RNA-Moleküle waren, und es ist eine reine Vermutung, daß die selbstreplizierenden Komplexe der Makromoleküle den ersten Zellen vorausgingen. Wir wissen jedoch, daß Bakterienzellen höheren Zellen vorausgingen, und die meisten Biologen sind sich einig, daß einige Teile höherer Zellen – Kern, Mitochondrien (in denen in Brennmolekülen gespeicherte Energie in Energie umgewandelt wird, die in ATP gespeichert ist) und Chloroplaste (in denen Sonnenlicht in chemische Energie umgewandelt wird) – Nachkommen von Bakterienzellen sind. Spätere Stadien in der Evolution der Hierarchie sind sehr gut belegt. Vielzellige Organismen entwickelten sich aus Kolonien identischer Zellen. Gewebe wurde allmählich differenziert und in Organe integriert, die ihrerseits immer besser differenziert und stärker in Organsysteme integriert wurden. In Pflanzen ist die Differenzierung der Organe nicht so weit entwickelt wie in Tieren. Einige Biologen behaupten, höhere Pflanzen hätten nur zwei Organe, die Wurzel und den Sproß. Andere sehen den Sproß als ein Organsystem, das Stamm, Blätter und Fortpflanzungsorgane als getrennte Organe enthält.

Die Einheiten der biologischen Hierarchie sind vor allem Funktionseinheiten und nur sekundär Struktureinheiten. In Eukaryonten (Organismen mit echtem Zellkern) zum Beispiel werden die Proteine nicht durch einzelne stetige Segmente von DNA kodiert, sondern durch zwei oder mehrere Segmente, die durch »sinnlose« Abschnitte von DNA-Basen getrennt sind. In der DNA sind auch Signale kodiert, die zum Herausschneiden der dazwischenliegenden Abschnitte führen, wenn die DNA in Boten-DNA übertragen wird. Solche gespaltenen Gene bilden funktionale, aber keine strukturellen Einheiten.

Auch höhere Organisationsebenen liefern Beispiele für funktionale Einheit ohne strukturelle Einheit. Das Immunsystem ist nicht weniger eine funktionale Einheit als das Nervensystem, obwohl es strukturell weniger integriert ist. Und eine Gemeinschaft von Bienen oder Menschen bleibt auch dann eine Gemeinschaft, wenn die Mitglieder körperlich voneinander getrennt sind.

Die Erkenntnis, daß biologische Organismen und ihre genetischen Programme hierarchisch organisiert sind, ist der erste Schritt zur Lösung einer klassischen Schwierigkeit in der Theorie der Evolution. Man stelle sich ein Puzzle mit 10 000 Teilen vor. Könnten wir das Bild verbessern, indem wir die Form einzelner Stücke willkürlich verändern? Sicherlich wäre dies ein hoffnungsloses Unterfangen, weil die Veränderung der Form eines einzelnen Stücks darauf abgestimmte Veränderungen in den übrigen 9999 erforderlich machen würde. Analog würden zufällige genetische Variationen, die an einem komplexen Genom auftreten, kaum je geeignete Anwärter für die Selektion erzeugen. Darauf haben Kritiker des Darwinismus schon seit über einem Jahrhundert hingewiesen.

Die hierarchische Organisation der genetischen Programme ermöglicht es, einige wenige Stücke des genetischen Textes zu verändern oder auch neue Stücke hinzuzufügen, ohne seine streng integrierte Struktur zu verändern. Die Evolution höherer Bakterienzellen ließ die grundlegende molekulare Maschinerie für das Speichern, Verdoppeln, Übertragen und Übersetzen genetischer Information und vieles andere unverändert. Die spätere Evolution vielzelliger Pflanzen und Tiere ließ das Grundmuster ihrer Zellen intakt. Und wir selbst haben fast unseren gesamten genetischen Reichtum von unseren vormenschlichen Ahnen ererbt.

Die Evolution des Großen Panda veranschaulicht, wie wenige genetische Veränderungen zu großen evolutionären Veränderungen führen können. Viele Jahre lang haben Taxonomen darüber gestritten, ob der Große Panda enger mit den Bären oder den Waschbären verwandt ist. D.D. Davis veröffentlichte 1964 seine gründliche Untersuchung zu diesem Tiere und seiner Abstammung.[7] Er schloß, daß, in den Worten Steven Stanleys, »der Große Panda im wesentlichen ein vom normalen abweichender Bär ist, der sich auf grobe vegetarische Nahrung (vor allem Bambus) spezialisiert hat«[8] und daß der Unterschied zwischen dem Großen Panda und seinen Vorfahren unter den Bären nur eine Handvoll genetischer Veränderungen erforderte – vielleicht fünf oder sechs. Diese Veränderungen konzentrierten sich auf hierarchisch hohe Ebenen im Entwicklungsprogramm des Tieres, wie etwa die relative Entwicklungsgeschwindigkeit. Organe, die mit dem Kauen zu tun hatten, bildeten sich auf Kosten der Anatomie des Rückgrats übergroß aus; das Tier bekam einen großen Kopf und einen schwachen Rücken.

Wie wir sahen, ist die hierarchische Organisation ein Ergebnis der hierarchischen Konstruktion, die ihrerseits eine evolutionäre Strategie ist, die selbst durch die natürliche Auslese geformt wurde. Wir haben schon mehrere Komponenten dieser Strategie behandelt: die Verdopplung und Umordnung ganzer Worte und Sätze des genetischen Texts (Segmente der DNA) und Einfügungen, Verluste und der Ersatz einzelner Buchstaben (Nukleotide). Summieren sich diese Komponenten zu einer Strategie der hierarchischen Konstruktion?

Stellen Sie sich vor, man wollte mit Hilfe eines Geräts, das Wörter und Sätze zufällig verdoppelt und einzelne Buchstaben beliebig verändert, einen sinnvollen Text formulieren. Nehmen wir an, wir beginnen mit einem kurzen, sinnvollen Satz. Wir machen eine Kopie dieses Satzes und erlauben unserem Gerät, eine einzige Zufallsoperation an ihm vorzunehmen. Wenn ein sinnvoller Text dabei herauskommt, kopieren wir ihn und füttern die Kopie in unser Gerät. Wenn nicht, versuchen wir es mit einer anderen Kopie des ursprünglichen Satzes noch einmal und machen weiter, bis wir mit dem Ergebnis zufrieden sind. Schließlich erhalten wir so einen längeren sinnvollen Text. Aber je länger und besser der Text wird, um so geringer wird die Wahrscheinlichkeit, daß eine zufällige Veränderung den Text verbessert. Deshalb sind durchschnittlich um so mehr Versuche nötig, um ein etwas längeres oder besseres Stück herzustellen, je länger der Text ist. Die Wartezeit zwischen aufeinanderfolgenden Hinzufügungen zu dem Text nimmt sogar exponentiell mit der Länge des Textes zu. Analog dazu sollte die Geschwindigkeit der evolutionären Veränderung rasch abnehmen, wenn die genetische Komplexität zunimmt, falls die genetische Variation ein reiner Zufallsprozeß ist, und schließlich müßte sich evolutionäre Stagnation einstellen. Was sagen die Tatsachen?

## Evolutionäre Rhythmen und Tempi

Wichtige Hinweise stammen aus drei Hauptquellen: Fossilien, Genetik und Untersuchungen der biochemischen Evolution. Die Fossilien geben die direktesten Hinweise auf die Geschichte des Lebens. Geologen haben immer zuverlässigere Methoden zur Datierung geologischer Formationen und einzelner Gesteine gefunden, in denen die Fossilien von Pflanzen, Tieren und Bakterienkolonien gefunden wurden, und Paläontologen können immer besser aus Bruchstücken versteinerter Überreste nicht nur die Anatomie, sondern auch das Verhalten alter Tiere rekonstruieren. Genetiker untersuchen die biologischen Prozesse und molekularen Mechanismen, die der Vererbung und der genetischen Variation zugrunde liegen. Ihre Untersuchungen haben uns gelehrt, wie genetisches Material im Lauf der Evolution verwandelt wird. Das hat zu Schätzungen für die Mutationsraten in Bakterien, Pilzen, Pflanzen und Tieren geführt. Schließlich haben Vergleiche der Aminosäuresequenzen eines bestimmten Proteins in verschiedenen Arten Information über die Evolution ergeben, die auf eine merkwürdige und interessante Weise die Information ergänzt, die die Fossilfunde liefern.

Die Tatsachen zeigen klar und unmißverständlich, daß *genetische Variation kein Zufallsprozeß* ist. Indem die Evolution zu immer komplexeren Organismen geführt hat, hat sie sich eher beschleunigt als (wie die Hypothese der Zufallsvariation vorhersagt) verlangsamt. Die ersten Schritte – die Evolution von Bakterien zu höheren Zellen und von Einzellern zu Vielzellern – waren auch die langsamsten. Unter den Wirbeltieren haben sich neuere und komplexere Gruppen rascher herausgebildet als ältere und weniger komplexe Gruppen. Man vergleiche die Frösche mit Tieren, die eine Plazenta haben:

> Obwohl es Tausende von heute lebenden Froscharten gibt, sind sie phänotypisch [also in ihrer Anatomie und im Verhalten] so gleichartig, daß Zoologen sie alle in eine einzige Ordnung tun, (Anura), während Säugetiere mit einer Plazenta in mindestens 16 Ordnungen unterteilt sind. Die anatomische Vielfalt, die Fledermäuse, Wale, Katzen und Menschen bieten, hat bei den Fröschen keine Parallele, aber Frösche sind viel älter als Säugetiere mit Plazenta. Die heutigen Frösche sind morphologisch nicht leicht von jenen zu unterscheiden, die vor 90 Millionen Jahren lebten. Im Gegensatz dazu haben sich die Säugetiere in diesem Zeitraum morphologisch weit von ihren Vorfahren getrennt.[9]

Darwin glaubte, daß sich wichtige evolutionäre Veränderungen aus der Anhäufung vieler kleiner, individuell vorteilhafter Veränderungen ergeben und daß sie deshalb langsam und allmählich eingetreten sein müßten. Die Fossilfunde zeigen in der Tat, daß die wesentlichen evolutionären Veränderungen gewöhnlich rasch in relativ kurzen Zeiträumen passieren. Die menschliche Evolution ist ein Beispiel dafür. Die ersten Werkzeugmacher unter unseren Vorfahren erschienen erst vor 2 Millionen Jahren. Ihre Gehirne waren etwa halb so groß wie unsere, und sie hatten noch nicht gelernt, Feuer zu gebrauchen. Während der nächsten 1,5 Millionen Jahre haben sich Arten herausgebildet, die Feuer machen konnten und die ein Gehirnvolumen hatten, das fast so groß war wie unseres. Vor etwa 500000 Jahren erschienen die Neanderthaler. Man ist sich recht uneinig darüber, wie genau sie dem modernen Menschen glichen. Nach Meinung des Paläoanthropologen David Pilbeam lassen neuere Fossilfunde vermuten, daß sie

> weniger kultiviert, weniger geschickt im Umgang mit Symbolen und stärker an die Biologie gebunden waren als wir. Alles weist

> auf ein System hin, in dem die Kommunikation weniger effektiv und die Menge der gespeicherten und übermittelten Information geringer war.[10]

Nach Pilbeam bildeten sich vielleicht erkennbar moderne (menschliche) Verhaltensmuster – Höhlenmalerei und Skulpturen, raffiniertes Werkzeug und sorgfältig geplantes gemeinsames Jagen, stärkere Bevölkerungszunahme und umfassendere geographische und ökologische Reichweite – während einer Zeitspanne heraus, die nur etwa 100 000 Jahre umfaßte und schon vor 35 000 Jahren endete. Nach Meinung Pilbeams und anderer war die Sprache ein Hauptgrund für diesen »letzten großen Sprung in der menschlichen Evolution«.

Das zeitliche Muster der Evolution, wie es sich die Paläontologen heute vorstellen, wird in Abbildung 11.6 schematisch dargestellt. In diesem Diagramm ist die Zeit senkrecht aufgetragen; evolutionäre Veränderung wird durch horizontale Verschiebungen dargestellt. Neue Linien verzweigen sich fast horizontal und steigen dann fast senkrecht hoch. Das Diagramm stellt also die Differenzierung evolutionärer Linien (Artenbildung) als etwas dar, was sich in einem kurzen Teil der zur Verfügung stehenden Zeit abspielt und auf das viel längere Perioden langsamer Veränderung folgen.

Ein Teil der Belege, auf denen dieses Bild beruht, war schon zu Darwins Zeit verfügbar. Wenn eine neue Art sich langsam und allmählich von der elterlichen Spezies weg entwickelte, wie Darwin glaubte, sollten wir Fossilien finden, die Zwischenstadien in der Evolution einer Art von ihren Vorfahren zu ihrer »Endform« darstellen. So fragt Darwin im *Ursprung*:

> Woher kömmt es dann, dass nicht jede geologische Formation und jede Gesteinsschicht voll von solchen Zwischenformen ist? Die Geologie enthüllt uns sicherlich keine solche fein abgestufte Organismenreihe; und dies ist vielleicht die handgreiflichste gewichtigste Einrede, die man meiner Theorie entgegenhalten kann. Die Erklärung liegt aber, wie ich glaube, in der äussersten Unvollständigkeit der geologischen Urkunden.[11]

Mit diesem Schluß irrte sich Darwin. Die Fossilfunde sind sicherlich unvollständig , wenn auch heutzutage weniger als zu

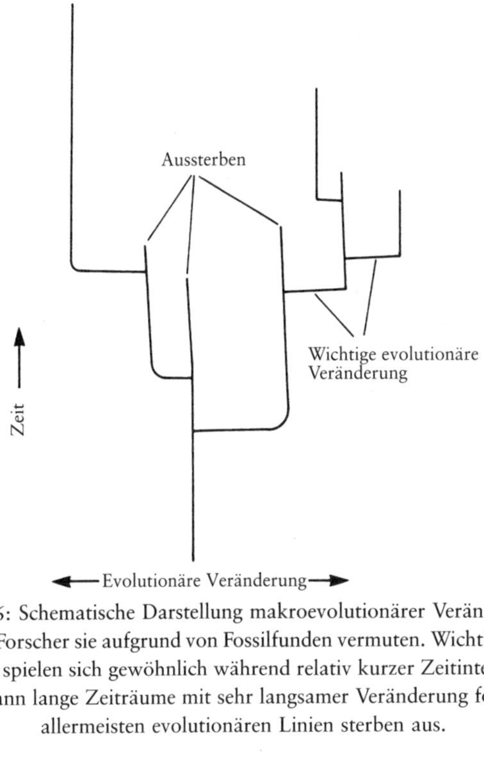


Abb. 11.6: Schematische Darstellung makroevolutionärer Veränderungen, wie viele Forscher sie aufgrund von Fossilfunden vermuten. Wichtige Veränderungen spielen sich gewöhnlich während relativ kurzer Zeitintervalle ab, auf die dann lange Zeiträume mit sehr langsamer Veränderung folgen. Die allermeisten evolutionären Linien sterben aus.

Darwins Zeit. Sie liefern jedoch eine Grundlage für sichere statistische Folgerungen über die Geschwindigkeit der Evolution. Der statistische Ansatz für die Interpretation der Fossilfunde wurde von George Gaylord Simpson angebahnt, dessen 1944 veröffentlichtes Werk *Tempo and Mode in Evolution* zeigte, daß die Evolution nicht, wie Darwin es sich vorgestellt hatte, ein Vorgang der allmählichen Verbesserung ist, der üblicherweise und an den meisten Orten gleichmäßig und stetig abläuft. Die Evolution wechselt vielmehr gewöhnlich zwischen zwei extremen Tempi, *adagio* und *presto*.

Es gibt reichlich Belege für das langsame Tempo. Gut etablierte Arten zeigen außer einer langsamen Abnahme der Gesamtgröße unter gewissen Umständen wenig oder keine evolutionäre Veränderung. Zu den heutigen Tieren, die sich wenig und nicht erkennbar über lange Zeiten evolutionär verändert haben, gehören Notostraca, Krustentiere (die Rekordhalter mit 305 Millionen Jahren), Hufeisenkrabben (230 Millionen Jahre), Störe und Hornhechte (80 Millionen Jahre) Schnappschildkröten (57 Millionen Jahre) und Alligatoren und Stachelschweine (35 Millionen Jahre).[12] Darwin nannte solche Tiere lebende Fossilien. Er sah sie als eine Ausnahme, weil sie sich nicht entwickelt hatten, aber Niles Eldredge, Steven Jay Gould, Steven Stanley und andere zeitgenössische Paläonthologen haben überzeugend begründet, daß eine schleppende Evolution bei einer wohletablierten Art eher die Regel ist als die Ausnahme. Wie in Abbildung 11.6 veranschaulicht, scheint sich revolutionäre Veränderung auf relativ kurze Ausbrüche zu konzentrieren, die das Abzweigen neuer Arten begleiten.

Warum treten in den Fossilfunden so selten Zwischenformen auf? Die Geschwindigkeit, mit der die Artenbildung eintritt, ist ein Teil des Grundes, aber sie kann noch nicht alles begründen. Die überwiegend akzeptierte (und meiner Meinung nach richtige) Erklärung wurde 1954 von Ernst Mayr gegeben. Mayr behauptete, daß neue Arten sich höchstwahrscheinlich aus kleinen Randgruppen von Organismen entwickeln, die von ihrer Elternpopulation getrennt werden. So kann sich zum Beispiel ein Vogelpaar an einer Insel ansiedeln, die zuvor nicht von Artgenossen besucht wurde, oder eine kleine Schule von Fischen kann von ihrer Elternpopulation abgeschnitten werden, wenn die Wasserfläche, in der sie lebt, ein eigener See wird. Allgemeiner neigt, wie wir früher erörterten, jede Population dazu, sich auszubreiten und den Bereich zu füllen, in dem sie überleben und sich vermehren kann. Die Ränder dieses Bereichs sind nach Definition nur weniger gut bewohnbar, und die dort wohnenden Organismen sind nur marginal an ihre Umgebung angepaßt. Sie erfahren deshalb einen viel stärkeren Druck, sich evolutionär zu verändern, als Organismen, die in Umwelten leben, an die sie wohl angepaßt sind. Gleichzeitig sind Gruppen, die am Rand der ihrer Art entsprechenden Umwelt leben, auch mit größerer Wahrscheinlichkeit geographisch isoliert. Solche Gruppen haben wahrscheinlich, einfach weil sie klein sind, einen unrepräsentativen Genvorrat. Aus diesen Gründen, behauptete Mayr, gibt es evolutionär Neues am wahrscheinlichsten in kleinen isolierten Randgruppen. So gesehen entstehen neue Arten durch Absonderung von etablierten Arten. Weil diese Ableger sowohl rasch wachsen und zu Beginn stark lokalisiert sind, ist es heute so schwierig, fossile Belege für den Vorgang zu finden.

Ernst Mayr faßt seine Ansichten zur Makroevolution wie folgt zusammen:

> Die evolutionäre Bedeutung der Arten ist jetzt völlig klar. Obwohl der Evolutionist von Breitenerscheinungen sprechen mag, wie Neigungen, Anpassung, Spezialisierung und Rückentwicklung, lassen sie sich eigentlich nicht von der Weiterentwicklung der Einheiten, die diese Neigung zeigen, also den Arten, trennen. Die Arten sind als die zeitweise Verkörperung harmonischer wohlintegrierter Genkomplexe die wirklichen Einheiten der Evolution. Und Artenbildung, die Erzeugung neuer Genkomplexe, die ökologische Verschiebungen erreichen, ist die Methode, durch die die Evolution Fortschritte macht. Ohne Artenbildung würde es keine Diversifikation der organischen Welt, keine adaptive Radiation und sehr wenig evolutionären Fortschritt geben. Die Art ist danach der Schlüssel zur Evolution.[13]

Die Makroevolution geschieht also durch Artenbildung. Und Artenbildung tritt, wie wir gesehen haben, am wahrscheinlichsten in kleinen, isolierten Kolonien in einer Randlage auf. Oft wird sie durch die evolutionäre Erfindung einer einzelnen neuen Struktur oder Funktion oder eines neuen Verhaltens in Gang gesetzt. Ein oft zitiertes Beispiel ist die Feder, deren Evolution aus der Schuppe des Reptils es einer Kolonie kleiner Dinosaurier, den Vorfahren der heutigen Vögel, ermöglichte, den ersten Gleit- und Flugverein zu gründen. Die neue Struktur oder Funktion oder das neue Verhalten können auf jeder Ebene der biologischen Hierarchie auftreten, von Molekülen bis zu Lebensgemeinschaften. Sie können den Zugang zu einem reichlicheren Nahrungsvorrat sichern, besseren Schutz vor Räubern gewähren oder ihre Besitzer befähigen, mehr überlebende Nachkommen zu haben.

Diese Geschichte ist in vielen Einzelheiten und mit vielen Beispielen von Mayr und anderen Evolutionsbiologen ausgemalt worden. Als eine Darstellung der Makroevolution auf der Ebene sichtbarer Strukturen und Aufgaben finde ich sie völlig überzeugend. Für Skeptiker, die sich bequem im Sessel zurücklehnen und fragen: »Wie könnte sich X überhaupt je aus Y entwickelt haben?« hat die Evolutionsbiologie Antworten gefunden, die die Form haben: »So ist es gewesen, und dies sind die Belege dafür.« Die Belege waren nicht leicht zu erhalten, und es bleiben immer noch wichtige Einzelheiten auszufüllen, aber die gerade skizzierte Darstellung der Makroevolution paßt zu einem sehr weiten Bereich unterschiedlicher Beobachtungen und hat sich bei theoretischer Analyse gut bewährt. Sie klingt richtig.

Aber Lösungen für wichtige wissenschaftliche Probleme stellen oft auf einer tieferen Ebene neue Probleme. Die Erfindung der Feder zog viele verwandte genetische Abänderungen nach sich, darunter zum Beispiel jene, die für die charakteristischen Eigenschaften der Vogelknochen und ihres Skeletts verantwortlich sind. Das harmonisch integrierte Genom der Saurier-Vorfahren der Vögel mußte gründlich umorganisiert werden, und es mußte bei dem ganzen Vorgang seine Integrität bewahren. Wie hat der Darwinsche Vorgang der blinden genetischen Variation und natürlichen Auslese dies geleistet? Die klassische Populationsgenetik – die mathematische Untersuchung evolutionärer Prozesse auf der Ebene der Gene und Chromosome – war bei Versuchen, makroevolutionäre Prozesse dieser Art zu erklären, bemerkenswert erfolglos. Später in diesem Kapitel werde ich die Schwierigkeit analysieren und eine Lösung vorschlagen, aber zunächst sollten wir uns molekulare Tatsachen ansehen, die den Ablauf der Evolution betreffen.

## Der zeitliche Ablauf der Evolution: Molekulares Beweismaterial

Die Entwicklung von Methoden zur raschen Bestimmung der Aminosäuresequenzen der Proteine ermöglichte es, die Sequenzen eines bestimmten Moleküls wie Hämoglobin oder Cytochrom *c* bei verschiedenen Arten zu vergleichen. Solche Vergleiche zeigten, daß die Aminosäuresequenzen eines bestimmten Proteins bei nah verwandten Arten wie etwa bei Hunden und Füchsen oder Menschen und Schimpansen sich viel weniger unterscheiden als in weniger nah verwandten Arten, wie etwa Hefe und Menschen. Biochemiker machten sich sofort an die Aufdeckung des zeitlichen Ablaufs der Evolution der Proteine. Ähnelt er dem zeitlichen Ablauf der Evolution der Organismen? Entwickelten sich Proteine sprunghaft, und entwickeln sie sich heute schneller als vor einer Million Jahren?

Anscheinend nicht. Das Gen zum Beispiel, das Hämoglobin kodiert, hat bei Fröschen wie bei Säugetieren etwa mit derselben Geschwindigkeit Mutationen angehäuft (Ersetzungen eines Nukleotids durch ein anderes), obwohl sich die Körperstruktur und Funktion bei Säugetieren viel schneller herausgebildet hat. Es gibt viele ähnliche Beispiele. Die menschliche Evolution lief, wie wir schon sagten, ungewöhnlich rasch ab; menschliche Proteine jedoch haben sich nicht rascher herausgebildet als die entsprechenden Proteine bei Arten, die sich langsamer entwickelten. Und im Cytochrom lebender Fossilien wie dem Zyanobakterium, der Blaugrünalge, (deren Evolutionsgeschwindigkeit als Organismus eine Milliarde mal langsamer ist als die höherer Tiere) haben sich Sequenzveränderungen anscheinend etwa genauso oft eingestellt wie bei rasch entwickelten Arten. Jedes der vielen Proteine, für die vergleichende Untersuchungen durchgeführt wurden, sammelt Sequenzveränderungen in einer Weise an, die über kurze Zeitperioden (einige Millionen Jahre) schwankt, über sehr lange Zeiträume hinweg jedoch bemerkenswert konstant ist.

Die Evolution von Proteinsequenzen hat eine weitere verblüffende und wichtige Eigenschaft. Obwohl sich jede Folge mit einer festen Durchschnittsgeschwindigkeit entwickelt, entwikkeln sich verschiedene Folgen unterschiedlich rasch. So sammelt zum Beispiel das Myoglobin Mutationen zweieinhalbfach so rasch an wie Cytochrom *c*, aber nur ein Sechstel so schnell wie einige der Polypeptidketten von Antikörpermolekülen. In einigen Antikörperketten verändert sich die Aminosäurefolge in weniger als einer Million Jahren um 1 Prozent. Im Gegensatz dazu brauchen die Aminosäuresequenzen von Proteinen im Kern, um das sich die DNA höherer Zellen windet, mehrere hundert Millionen Jahre, um sich um denselben Bruchteil zu ändern.

Was lernen wir aus diesen und aus früheren Schlußfolgerungen über Evolutionsraten über die genetische Variation? Wie wir sahen, beeinflussen einige evolutionäre Veränderungen in der Aminosäuresequenz eines Proteins die Überlebens- und Fortpflanzungsfähigkeit eines Organismus wesentlich, während andere ihre biologische Tauglichkeit, wenn überhaupt, nur wenig beeinflussen. Evolutionsbiologen sind sich über die relative Bedeutung dieser beiden Klassen von Mutationen nicht einig. Eine Schule postuliert, daß die meisten der Mutationen, die sich in der Evolution durchgesetzt haben, neutral sind, das heißt, sie beeinflussen die Überlebens- und Fortpflanzungsfähigkeit des Organismus nicht wesentlich. Die andere Schule bestreitet diese Annahme. Unter Verwendung einer modernen Fassung einer Überlegung, die auf Darwin zurückgeht, weist sie darauf hin, daß anscheinend triviale Veränderungen in der Struktur eines Proteins die biologische Tauglichkeit auf subtile Weise beeinflussen können. So zeigte, in den Worten von Richard Lewontin, zum Beispiel der Biologe Max Perutz, daß

> viele verschiedene Hämoglobine in verschiedenen Wirbeltierarten bei den Aminosäuren an bestimmten Positionen in den Molekülen Veränderungen aufweisen, die sie genau auf unterschiedliche Umweltbedingungen einstimmen. Es gibt eine komplizierte wechselseitige Beziehung zwischen dem Sauerstoffdruck, der Kohlendioxidkonzentration im Blut und der Fähigkeit des Hämoglobinmoleküls, Sauerstoff aufzunehmen und freizusetzen. Diese Wechselbeziehung hängt sehr empfindlich von der jeweiligen Aminosäure-Zusammensetzung des Hämoglobins ab und läßt sich durch Aminosäure-Ersetzungen verändern. Tiefseesäugetiere

> haben deshalb ein Hämoglobin, das sich gerade in der richtigen Weise vom Hämoglobin von Säugetieren in größeren Höhen unterscheidet, so daß der Sauerstoff unter den beiden sehr unterschiedlichen Druckverhältnissen, in denen diese verschiedenen Organismen leben, jeweils entsprechend angereichert wird.[14]

Auf den ersten Blick mag es seltsam erscheinen, daß im Lauf der Evolution jemals eine neutrale Mutation verankert werden sollte. Warum sollte eine Mutation in allen oder nahezu allen Mitgliedern einer Population auftreten, wenn sie nicht zum Fortpflanzungserfolg ihres Besitzers beiträgt?

Die Antwort wurde in den dreißiger Jahren, lange bevor das Phänomen der Proteinevolution entdeckt wurde, von dem Populationsgenetiker Sewall Wright gegeben. Man stelle sich vor, daß in einer Population braunäugiger Menschen plötzlich ein einziges Gen für blaue Augen auftaucht, und nehme an, der Besitz dieses Gens habe keinerlei Einfluß auf den Fortpflanzungserfolg eines Menschen. Wird es sich ausbreiten? Oder wird es aussterben? Die Wahrscheinlichkeit ist groß, daß es ausstirbt, aber es gibt eine kleine Chance, daß alle Mitglieder der Population schließlich das mutante Gen haben – daß das mutante Gen *fixiert* wird. Wright zeigte mit einer mathematischen Überlegung, daß die Geschwindigkeit, mit der eine neutrale Mutante fixiert wird, im Durchschnitt nicht von der Größe der Population, sondern nur von der Mutationsrate abhängt. In der Tat ist die Durchschnittsrate, mit der eine neutrale Mutante fixiert wird, gleich der Mutationsrate. Wenn zum Beispiel die Wahrscheinlichkeit, daß ein Ei oder eine Samenzelle eine bestimmte Mutation durchmacht, 1 zu 100 000 beträgt, wird diese Mutation wahrscheinlich nach 100 000 Generationen verankert sein.

Soviel zu den neutralen Mutationen. Betrachten wir jetzt Mutationen, die die Wahrscheinlichkeit, mit der ein Organismus zum Genvorrat seiner Population beiträgt, wesentlich beeinflussen. Darwin und Wallace machten die natürliche Auslese zum gestaltenden Faktor der Evolution. De Vries und andere Genetiker des frühen zwanzigsten Jahrhunderts, die gegen den Darwinismus rebellierten, bagatellisierten die natürliche Auslese und behaupteten, die Evolution werde in Wirklichkeit durch Mutationen angetrieben. Schließlich fanden, wie wir sahen, Genetik und Darwinismus zusammen und führten zu dem, was Julian Huxley die Moderne Synthese nannte; sie gab der natürlichen Auslese ihren früheren hervorragenden Status als Erschaffer der evolutionären Anpassungen zurück und wies den Mutationen eine passive Helferrolle als Rohstofflieferant zu. Seit den vierziger Jahren haben die anerkannten Evolutionsbiologen sich allen Vorschlägen hartnäckig widersetzt, Mutationen schließlich doch eine aktive Rolle in der Evolution zuzuschreiben.

Es stimmt, daß die Genvorräte der natürlichen Populationen von Organismen, die sich geschlechtlich fortpflanzen, immer viel Variabilität enthalten, auf die die natürliche Auslese wirken kann, um Strukturen und Funktionen genau aufeinander abzustimmen. Aber im Grunde ist es ein Problem der Qualität und nicht der Quantität. Man denke an die Fledermaus. Das älteste Fledermausskelett ist etwa 50 Millionen Jahre alt. George Gaylord Simpson beschreibt es so:

> Dieses Skelett hat einige Kennzeichen, die primitiver sind als jene späterer Fledermäuse; sie gehen auf Vorfahren unter nichtfliegenden, ökologisch den Spitzmäusen ähnlichen frühen Säugetieren zurück. Nichtsdestoweniger ist es in wesentlichen Teilen, die es mit allen späteren und den heutigen Fledermäusen teilt, schon völlig fledermausähnlich. Seine Anatomie ist in bezug auf das Fliegen vollständig und *sui generis* auf Fledermäuse eingestellt und völlig anders sowohl als die fliegender Reptilien (dem ausgestorbenen Pterosauriern) als auch fliegenden Vögeln. Die spätere Evolution der Fledermäuse führte zur Entwicklung vieler Arten, Genera und Familien.[15]

Wenn Mayrs Darstellung der Artenbildung grundsätzlich richtig ist, wie ich es annehme, entwickelten sich Fledermäuse aus einer kleinen Gründerpopulation von Säugetieren, die der Spitzmaus ähnelten – einer Population mit einem entsprechend kleinen Genvorrat. Enthielt dieser Genvorrat schon das Rohmaterial, mit dessen Hilfe die natürliche Auslese die Anatomie der Fledermäuse so deutlich an das Fliegen anpassen konnte? Könnte er zusätzlich genug Vielfalt enthalten haben, um 1 000 Arten zu erzeugen? Wahrscheinlich nicht. Aber wie könnten rein zufällige Mutationen in dem Zeitraum zu genau der richtigen genetischen

Variation geführt haben, in dem sich Fledermäuse entwickelten und so verschieden ausgestalteten?

Zur Evolution des Menschen lassen sich analoge Fragen stellen (obwohl unsere Gattung nur eine einzige überlebende Art hat). Gab es das genetische Rohmaterial, das unsere Fähigkeit zum Sprechen und Denken ermöglicht, schon in der Vorfahrenpopulation, aus der sich Affen und Menschen vor vier bis acht Millionen Jahren herausbildeten? Wartete es nur darauf, von der natürlichen Auslese richtig eingesetzt zu werden? Offensichtlich nicht. Aber es fällt ebenso schwer zu glauben, daß gerade die richtige Art genetischer Variation in solch kurzer Zeit durch rein zufällige Vorgänge hätte erzeugt werden können.

Kritiker der zeitgenössischen Populationsgenetik behaupten, sie erkläre die *Mikroevolution* großartig – allmähliche Verschiebungen in der relativen Häufigkeit von Genen im Genvorrat einer Population –, versage aber völlig bei der Erklärung der *Makroevolution* – dem Aufkommen wirklicher evolutionärer Neuigkeiten. Ich glaube, sie haben recht. Sicherlich wird die Artenbildung nicht durch »Mutationsdruck« angetrieben, wie die Genetiker Anfang des zwanzigsten Jahrhunderts behaupteten. Aber die Mutation, so meine ich, spielt auch keine rein passive Rolle, wie die Genetiker heute allgemein behaupten. Vielmehr ist, so meine ich, die *Artenbildung das Ergebnis einer bestimmten Art der Wechselwirkung zwischen Mutation und natürlicher Auslese.* Natürlich muß diese Interaktion mit der Grundhaltung der gängigen Evolutionstheorie vereinbar sein – danach ist die genetische Variation blind für die Konsequenzen, die sie für den Organismus hat –, und wir werden sehen, daß das zutrifft.

## Alpha- und Beta-Gene

Bevor ich meine Hypothese erkläre, muß ich einige Ausdrücke definieren. Mit *Gen* will ich jedes Segment der DNA bezeichnen, das eine klare Funktion hat. Die Gene, die in der klassischen Genetik vorkommen, sind *Strukturgene.* Sie kodieren ganze Proteine, einzelne Polypeptidketten in einem Protein und in einigen Fällen »funktionale Bereiche« oder Teile von Polypeptidketten. Die Transkription von Strukturgenen in RNA wird von benachbarten DNA-Segmenten reguliert, die unterschiedliche Funktionen erfüllen. Diese Segmente haben beschreibende Namen wie Operator, Promotor, Initiator, Verstärker, Verminderer; insgesamt sind sie als *Regulatorgene* bekannt.

Struktur- und Regulatorgene zusammen legen das Entwicklungsprogramm eines Organismus fest. Ich werde diese Gene, die sich in der Entwicklung direkt auswirken, *Alpha-Gene* nennen. Es gibt auch Gene, die nicht zum Entwicklungsprogramm gehören, die ich *Beta-Gene* nennen will. Beta-Gene sind das »Management« des genetischen Materials. Einige von ihnen kodieren die aufwendige chemische Maschinerie, die mit der Replikation, dem Korrekturlesen und der Reparatur von DNA verknüpft ist. Andere regulieren, wie rasch Mutationen und genetische Rekombination auftreten.

Ich behaupte nun, *die natürliche Auslese habe Systeme von Beta-Genen geformt, die die Evolution zu einem wirksameren Vorgang machen, indem sie die genetische Variation ausrichten und modulieren, wobei sie solche Variationen unterdrücken, die die Tauglichkeit mit einiger Wahrscheinlichkeit unterdrücken, aber Variationen zulassen oder fördern, die mit einiger Wahrscheinlichkeit die Tauglichkeit vergrößern.* Ich möchte zeigen, daß das System von Beta-Genen eine *Strategie für die Evolution* kodiert, von dem ein Aspekt die hierarchische Konstruktion ist (neue funktionale Einheiten entstehen im Lauf der Evolution durch Differenzierung und Integration existierender funktionaler Einheiten). Wir werden sehen, daß diese Hypothese die auffälligsten zeitlichen Eigenschaften des Evolutionsprozesses erklären kann. Sie erklärt, warum wichtige evolutionäre Veränderungen rasch ablaufen und warum zunehmende genetische Komplexität nicht zu evolutionärer Stagnation geführt hat. Sie erklärt auch, warum die Aminosäuresequenzen von Proteinen sich unterschiedlich rasch, aber etwa gleichförmig entwickelten, und warum diese Entwicklung mit der Geschwindigkeit sichtbarer Struktur- und Funktionsänderungen verknüpft ist.

Bevor wir die Folgerungen aus dieser Hypothese erörtern, sollten wir jedoch ihre wissenschaftliche Glaubwürdigkeit überprüfen. Ist sie mit den Grundlagen der Evolutionstheorie verträglich? Welche Hinweise gibt es, daß es wirklich solche regulatorischen Mechanismen gibt, wie sie die Hypothese vorhersagt?

Beginnen wir mit der zweiten Frage. Wie wir weiter oben erörterten, spielte sich die Evolution der Proteinsequenzen unterschiedlich schnell ab. Wir sahen auch, daß die Geschwindigkeit der Evolution der Proteinsequenzen anscheinend nicht mit der Geschwindigkeit auffälliger evolutionärer Veränderungen zusammenhängt, wie sie mit der Artenbildung verknüpft sind. So haben sich Säugetiere zum Beispiel viel rascher entwickelt als Frösche, aber die »Proteinuhren« der Säugetiere gehen nicht schneller als jene von Fröschen. Wir sahen, daß diese Funde mit der (noch immer umstrittenen) Annahme verträglich sind, daß die Evolution der Proteinsequenzen von Mutationen beherrscht wird, die die biologische Tauglichkeit nicht wesentlich beeinflussen. Wir sahen auch, daß die dreidimensionalen Formen und chemischen Funktionen einiger Proteine sich nicht merklich entwickelt haben, seit diese Proteine zuerst auftauchten. Die großen und systematischen Unterschiede zwischen dem Ablauf der genetischen Veränderung, die diese und andere Funde offenbarten, lassen vermuten, daß die Mutationsraten selbst einer genetischen Kontrolle unterliegen und daß sie stark von der natürlichen Auslese beeinflußt wurden.

Wie wird die genetische Variation genetisch kontrolliert? Als ich 1977 die Beta-Gen-Hypothese formulierte[16], gab es nur wenige Hinweise. Einer kam aus Entdeckungen, die die Genetikerin Barbara McClintock in den fünfziger Jahren bei ihrer Arbeit mit Mais machte. McClintock fand, daß gewisse Mutationen im Mais von einem Gen verursacht werden, das sie *Dissoziator* nannte; es legt seine Nachbargene lahm – aber nur, wenn es irgendwo sonst im Genom ein anderes Gen gibt, den *Aktivator*. Wenn der *Aktivator* nicht gegenwärtig ist, hat der *Dissoziator* keine Wirkung. McClintock entdeckte, daß beide Gene eine andere bemerkenswerte Eigenschaft haben, die niemals zuvor in einem Gen beobachtet worden war: Mobilität. Gewöhnliche Gene haben einen festen Ort. Genetiker haben Verfahren entwickelt, Genome zu kartieren, und solche Karten ändern sich nicht. *Aktivator* und *Dissoziator* jedoch verändern ihre Lage nach wenigen Generationen.

Ein anderes mobiles Gen im Genom des Mais, *Dotted*, reguliert die Mutierbarkeit eines bestimmten Strukturgens. Die Rate, mit der das Gen mutiert, ist proportional zur Anzahl der Kopien in diesem Genom.

Für Genetiker war McClintocks Entdeckung mobiler Gene so schockierend, wie es für Astronomen der Nachweis wäre, daß Sterne von einem Sternbild zum anderen hüpfen. Die meisten Genetiker taten McClintocks »Springende Gene« als eine für Mais eigentümliche Verirrung ab. Während der folgenden zwei Jahrzehnte wurde diese Meinung vollständig revidiert. Neue Verfahren der Molekularbiologie führten zur Entdeckung vieler neuer Formen mobiler Gene, zuerst in Bakterien, dann in Hefe und in Fliegen. *Dissoziator* und *Aktivator* erwiesen sich nicht als isolierte Kuriositäten, sondern als die Spitze eines untergegangenen Kontinents. Ein neueres Lehrbuch führt eine Erörterung der beweglichen Gene in Fruchtfliegen mit diesen Worten ein:

> Es wird jetzt geschätzt, daß die meisten spontanen Mutationen und Chromosomanordnungen in *Drosophila* durch transponierbare Elemente [bewegliche Gene] verursacht werden. Bis zu zehn Prozent der *Drosophila*-Chromosomen können aus Familien zerstreuter, repetitiver DNA-Sequenzen zusammengesetzt sein, die sich als getrennte Elemente bewegen![17]

Mobile Gene spielen im »Immunsystem« von Bakterien eine wichtige Rolle. Die Einführung von Antibiotika in den vierziger Jahren stellte für die krankheitsverursachenden Bakterien eine neue Herausforderung durch ihre Umwelt dar. Bei ihrer Reaktion auf diese Herausforderung offenbarten sie unerwartete Quellen für rasche evolutionäre Veränderung. Während eines Ausbruchs einer bakteriellen Dysenterie in Japan erwies sich 1955 ein Bakterienstamm gegenüber vier verbreiteten Antibiotika als resistent.

Der Träger der Gene, die die Widerstandsfähigkeit gegen diese Antikörper übertragen, ist ein kleines Helferchromoson, dessen Struktur in Abbildung 11.7 veranschaulicht wird. (Das Genma-

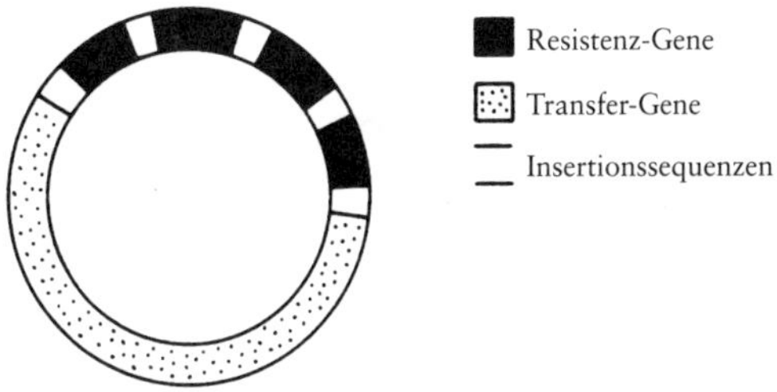


Abb. 11.7: Das Immunsystem eines Bakteriums. Gene, die Widerstand gegen bestimmte Drogen vermitteln, sind in einem kleinen Hilfs-Chromosom (Plasmid) mit Genen kombiniert, die es ermöglichen, diese genetische Information auf andere Bakterien zu übertragen.

terial eines Bakteriums steckt normalerweise in einer großen Schleife von DNA, es kann aber auch ein oder mehrere Helferchromosomen, sogenannte *Plasmide*, geben, die die Form kleiner Schleifen haben.) Das Plasmid, das Resistenz vermittelt, hat modulare Struktur; es besteht aus einem Transfermodul und mehreren Moduln, die Widerstandsfähigkeit verleihen und die jedes gegen ein einzelnes Antibiotikum immun macht. Jedes Modul ist ein anregendes Gen oder *Transposon*; es besteht aus einem Stück DNA, das von zwei identischen Insertionssequenzen flankiert wird (Abbildung 11.8). Diese Gene heißen so, weil sie an jeder beliebigen Stelle im Genom eingefügt werden können. Ein Transposon kann auf ein anderes Genom oder an eine andere Stelle desselben Genoms kopiert werden. Resistenz vermittelnde Plasmide werden von ihren mobilen Komponenten Modul für Modul zusammengesucht.

Das Transfermodul steuert eine komplizierte Folge von Prozessen, die dazu führen, daß ein Strang des Plasmids auf ein anderes Bakterium übertragen wird, wo ein komplementärer Strang synthetisiert wird (Abbildung 11.9). Dadurch erhält das zweite Bakterium eine Kopie des Plasmids. Inzwischen veranlaßt, wie Abbildung 11.9 zeigt, der zurückgelassene Strang die Synthese eines komplementären Strangs. Bemerkenswerterweise kann das zweite Bakterium zu einer anderen Art gehören als die erste. Widerstand gegen Antibiotika ist also eine ansteckende Eigenschaft. Die Gene, die diese Eigenschaft übertragen, haben

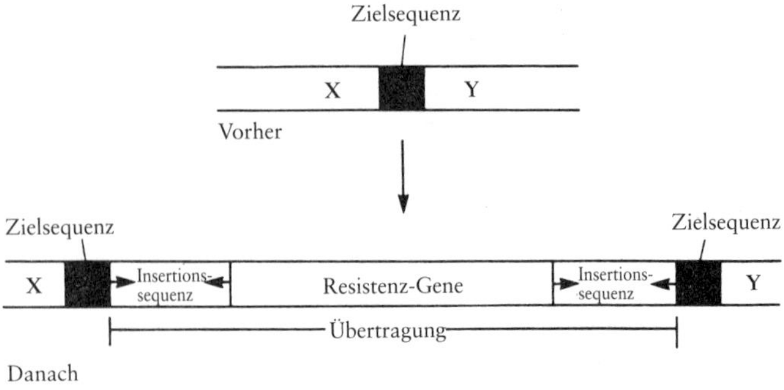


Abb. 11.8: Ein Abschnitt der DNA vor und nach der Insertion eines Transposons. Die *Zielsequenz* (schwarzer Kasten) ist etwa fünf bis sechs Basen lang. Sie wird während des in diesem Diagramm veranschaulichten Vorgangs dupliziert. Wenn der Prozeß abgeschlossen ist, liegt das Transposon zwischen Kopien der Zielsequenz. Die funktionalen Gene des Transposons selbst liegen zwischen identischen Kopien einer *Insertionssequenz*, die mehrere hundert Basen lang ist. Das Ende dieser Sequenz (Pfeile) ist näherungsweise gegenläufig gleich. Die Basensequenzen in den mit Pfeilen gekennzeichneten Bereichen sind näherungsweise Spiegelbilder voneinander: abc ... cba.

in der Tat große Ähnlichkeit mit gewissen Viren, die Bakterien infizieren.

Das »Immunsystem« von Bakterien wird durch ihre Strategie der genetischen Variation geformt, was die Fähigkeit einschließt, bestimmte Gene – in diesem Fall Gene, die Widerstand gegen spezifische Drogen vermitteln – in größere, mobile Module (Transposone) einzubauen, die sich ihrerseits in Segmente von DNA einbauen können; sie wiederum können bewirken, daß ihre Kopien in die Genome anderer Bakterien eingesetzt werden. Bakterien tauschen nach demselben Verfahren auch andere Arten von Genen aus. Wie wir sahen, neigt genetische Rekombination dazu, die reproduktive Instabilität genetischen Materials zu verstärken, indem sie variante Gene in neuen Kombinationen der Selektion aussetzt; dadurch kommen schließlich die tauglichsten Gene zusammen. Die natürliche Auslese hat also die Evolution von Mechanismen gefördert, die genetische Rekombination begünstigen.

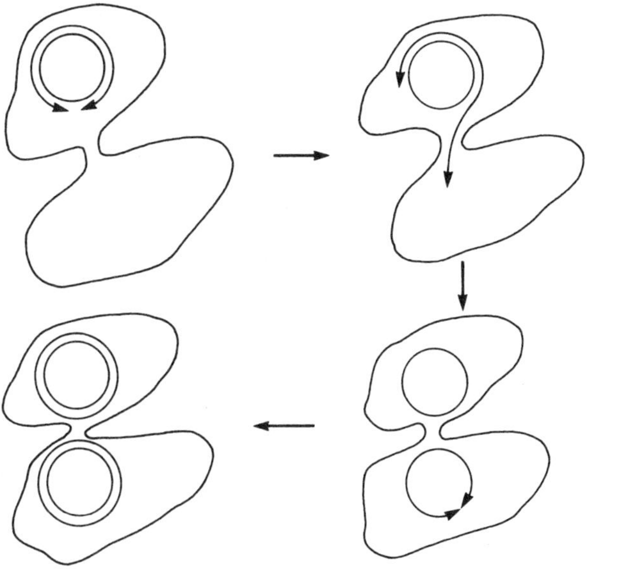

Abb. 11.9: Ein Modell für die Übertragung genetischer Information bei Bakterien. »Männliche« Bakterien enthalten Anhänge, sogenannte *Sex pili*, »weibliche« Rezeptoren für diese Anhänge. Während die männliche und weibliche Zelle durch einen Pilus verbunden werden, wird ein Strang eines Plasmids (oder des wesentlichen bakteriellen Chromosoms) in der männlichen Zelle zerschnitten. Dieser Strang entfaltet sich und bahnt sich den Weg durch den Pilus in die weibliche Zelle. Der zurückgebliebene Strang wirkt als Schablone für die Bildung eines Doppels des anderen Strangs, der wiederum in der weiblichen Zelle als Muster für die Bildung eines komplementären Strangs dient. Am Ende des Vorgangs hat jede Zelle eine vollständige doppelsträngige Kopie des Plasmids oder Chromosoms.

Auf den ersten Blick erscheint es wie ein Wunder, daß die Resistenz vermittelnden Plasmiden von Bakterien, die es geschafft haben, in einer Umwelt zu überleben, die von Antibiotika vergiftet ist, gerade jene Gene enthalten sollten, die es ihren Trägern ermöglichen, genau diese Antibiotika zu blockieren oder zu metabolisieren. Wir wissen, daß ein neues Antibiotikum fast alle Bakterien töten kann, die ihm zum ersten Mal ausgesetzt sind. Wir wissen auch, daß einige wenige Bakterien in einer

Kultur ein Gen tragen können, das gegen ein Antibiotikum immun macht, dem die Kultur zuvor nicht ausgesetzt war. Angesichts dieser Tatsachen scheint die Annahme gesichert, daß die Population von Dysenterie verursachenden Bakterien, schon bevor sie den Antibiotika ausgesetzt war, einige Bakterien enthielt, die gegen *einzelne* Antibiotika widerstandsfähig waren. Wenn wir diese Annahme machen, läßt sich leicht verstehen, wie Plasmide, die mehrere Resistenz-Gene enthalten, entstanden sind und sich ausbreiteten. *Aber wie kommt es, daß Gene, die gegen vier bestimmte Antibiotika immun machen, schon zu Beginn in der Bakterienpopulation vorhanden waren? Und wie kam es dazu, daß diese Gene dann mobilisiert wurden?*

Ich vermute, daß der Genvorrat einer normalen bakteriellen Population einen ungeheuren Vorrat verschiedener, leicht zu mobilisierender Gene enthält, von denen ein Bruchteil gegen die Produkte der modernen Pharmakologie immun ist. Jedes Mitglied der Population trägt nur wenige dieser Gene, die in leicht abtrennbare (oder schon abgetrennte) Transposone eingebettet sind. Geeignete Umweltsignale lösen den Vorgang aus, durch den ein Bakterium seine Widerstandsfähigkeit vermittelnden Plasmide an andere Bakterien schickt.

So gesehen ähnelt das »Immunsystem« einer bakteriellen *Population* in etwa dem Immunsystem eines einzelnen Wirbeltiers. Das Immunsystem der Wirbeltiere enthält Gene, die eine ungeheure Variabilität von Antikörpern kodieren. Die Invasion der Organismen durch fremde Zellen löst die rasche Vermehrung einer relativ kleinen Anzahl von Antikörpern aus, deren Mitglieder die einfallenden Zellen erkennen und binden. In Wirbeltieren und Bakterien fördert *und* konzentriert (wenn meine Vermutung richtig ist) das Betasystem die genetische Variation, und in beiden Fällen begünstigt die natürliche Auslese deutlich die Evolution von Mechanismen, die diesen Funktionen dienen.

Unter anderen Umständen begünstigt die natürliche Auslese die Unterdrückung genetischer Variation. Man denke an ein Gen, das durch natürliche Auslese »optimiert« wurde, so daß jede mögliche Mutation die Tauglichkeit des Gens (den durchschnittlichen Fortpflanzungserfolg seiner Träger) entweder vermindert oder unverändert läßt. Konzentrieren wir uns auf ein kurzes Stück DNA, etwa ein einzelnes Basenpaar. Nehmen wir an, es gäbe ein Beta-Gen, das die Mutationsrate dieses Segments beeinflußt, und es gäbe es in zwei Fassungen, von denen die eine Mutationen begünstigt und die andere sie unterdrückt. Wir müssen dann zwei Fälle betrachten.

*1. Fall.* Das DNA-Segment enthält Basenpaare, die sich nicht ändern lassen, ohne die Tauglichkeit des Gens zu vermindern. Organismen, die die Mutationen unterdrückende Fassung des Beta-Gens tragen, produzieren dann besser als die Organismen mit der Mutation förderlichen Fassung. Schließlich muß sich die Mutation unterdrückende Form des Gens durch die ganze Population verbreiten. Die Beta-Gen-Hypothese sagt deshalb vorher, daß kritische Abschnitte »optimierter« Gene relativ niedrige Mutationsraten haben. Und das trifft zu.

*2. Fall.* Die Tauglichkeit des Gens ist gegenüber Mutationen des DNA-Segments unempfindlich. Dann haben Organismen, die für Mutationen förderliche Fassungen des Beta-Gens tragen, auf Dauer den gleichen Fortpflanzungserfolg wie Organismen mit Fassungen, die die Mutation behindern. Über eine große Population gemittelt sollten die Mutationsraten von Basenpaaren in solchen Segmenten größer sein als die von Basenpaaren in Segmenten, die eine kritische funktionale Rolle spielen und über eine lange Zeit hinweg ungefähr konstant bleiben. Diese Vorhersagen werden durch die Hinweise aus der Protein-Evolution, die wir früher behandelten, gestützt.

## Noch einmal die Makroevolution

Die vorstehenden Überlegungen stützen die Hypothese, daß die natürliche Auslese genetische Systeme geformt hat, die die genetische Variation regulieren, indem sie sie *fokussieren* und *modulieren.* Teile des genetischen Entwicklungsprogramms, in denen Veränderungen fast sicherlich die Tauglichkeit vermindern würden, sind vor Variationen geschützt; funktional neutrale Variationen werden nicht unterdrückt, und Variabilität, deren mögliche Vorzüge groß sind, wie etwa dann, wenn es in einer

Generation einen großen und vielfältigen Vorrat von Antikörpern oder Widerstandsfähigkeit verleihenden Genen gibt, wird aktiv gefördert. Diese Hypothese ermöglicht es uns, zwei Phänomene zu verstehen, die für die Makroevolution zentral sind: die hierarchische Konstruktion und die enorme Variabilität der Geschwindigkeit der Evolution.

## *Hierarchische Konstruktion*

Wir haben weiter oben behauptet, der hierarchische Charakter der biologischen Organisation sei das Ergebnis einer evolutionären Strategie, in der sich im Lauf der Evolution durch Differenzierung und Integration existierender funktionaler Einheiten neue Funktionseinheiten ergeben. Wir sahen auch, daß zufällige Verdopplungen und Umordnungen genetischen Materials, zusammen mit Einsetzungen, Auslöschungen und Ersetzungen einzelner Basenpaare, nicht zu einer Strategie hierarchischer Konstruktion führen. Ein Teil fehlt noch. Wenn evolutionäre Stagnation vermieden werden soll, muß sich genetische Variation auf Segmente von DNA richten, in denen Mutation und Rekombination existierende Funktionen nicht stören. Dieses fehlende Teil nun liefert die regulierte genetische Variabilität, und sie ermöglicht eine evolutionäre Strategie, die gleichzeitig konservativ und innovativ ist. Das System von Beta-Genen unterdrückt die Variabilität, die existierende Funktionen zu stören droht, und fördert Variabilität, die verheißt, evolutionäre Veränderungen, die die Tauglichkeit verbessern, zu beschleunigen. Hierarchische Konstruktion ist das notwendige Ergebnis dieser evolutionären Strategie; der folgende Vergleich möge das verdeutlichen.

Die »Evolution« eines komplexen Stücks Maschinerie – eines Autos etwa – beruht auf einem Prozeß hierarchischer Konstruktion, für den regulierte Variabilität entscheidend ist. Man denke an das Rad. Moderne Autoreifen weisen noch einige Eigenschaften des einteiligen Kutschenrads auf, von dem sie »abstammen«. Sie sind zum Beispiel rund; die Entwerfer haben niemals mit elliptischen oder achteckigen Reifen experimentiert. Außerdem haben moderne Reifen wie ihre Vorfahren drei funktional verschiedene Teile: Felge, Speichen und Achse. Die Einführung von Hartgummireifen (ein Beispiel für evolutionäre Differenzierung) führte zu einer mäßigen Verbesserung der »Tauglichkeit« und schien keine anderen Veränderungen nötig zu machen, aber sie eröffnete einen neuen evolutionären Weg. »Mikroevolutionäre« Veränderungen (Verbesserungen, die mit dem Grundmuster in Übereinstimmung sind) nutzten die neuen Möglichkeiten und bahnten den Weg für weitere »makroevolutionäre« Veränderungen, wie etwa den Schlauch. In jedem Zustand konzentrierten sich die Versuche auf die Aspekte des Entwurfs, die für Verbesserungen zugänglich waren. Und in jedem Stadium mußten Veränderungen koordiniert werden. So erforderten Verbesserungen im Reifen gelegentlich Veränderungen in der Felge. »Äußere« Anforderungen – Geschwindigkeit, Belastung, Dauerhaftigkeit – stellten das höchste Niveau hierarchischer Regulierung dar.

Der hierarchische Charakter der Evolution des Automobils ist eine direkte und automatische Folge der Konzentration und Koordination der evolutionären Veränderung im Hinblick auf das, was mittelbar der »Tauglichkeit« dient (dem Funktionieren des Autos als Ganzem, wie es sich durch die Population der Besitzer und Fahrer beurteilen läßt). Analog dazu ist, so behaupte ich, der hierarchische Charakter der organischen Evolution eine unmittelbare und automatische Folge der Fokussierung und Koordination evolutionärer Veränderungen in einer Weise, die der Tauglichkeit (dem Fortpflanzungserfolg) dient. Und die genetischen Mechanismen, die die genetische Variation konzentrieren und regulieren, entwickelten sich selbst durch blinde genetische Variation und natürliche Auslese.

Der Schluß, daß die Evolution durch hierarchische Konstruktion geschieht, erklärt die »Tendenz von Organismen, immer kompliziertere Lösungen für das Problem zu finden, wie Leben erhalten bleibt«. Es ist jedoch wichtig zu bedenken, daß diese Tendenz (deren Quelle letztlich die reproduktive Instabilität des genetischen Materials ist) sich nur selten offenbaren kann. Die Fossilfunde legen nahe, daß die meisten Stämme sich nur sehr wenig weiter entwickelten, wenn sie einmal etabliert waren.

Gewöhnlich schaffen sie es nicht, sich den Herausforderungen einer rasch veränderlichen Umwelt zu stellen, und sterben aus, wenn schwere Zeiten kommen. Große evolutionäre Erneuerungen sind bemerkenswerte, aber außerordentlich seltene Ereignisse.

## *Die Geschwindigkeit der Evolution*

Die Hypothese, daß genetische Variation fokussiert und moduliert wird, ermöglicht es uns, die enormen Schwankungen in den Evolutionsraten zu verstehen, die sich aus den Fossilfunden ablesen lassen. Jedes Stadium in einem Prozeß der hierarchischen Konstruktion erfordert genetische Veränderungen an nur wenigen genetischen *loci* (wie Davis in seiner Untersuchung der Evolution des Großen Panda zeigte), und das Beta-Gen-System kann die genetische Variation auf diese *loci* konzentrieren. Eine kleine Population kann sich also rasch entwickeln, wenn sich eine evolutionäre Gelegenheit bietet, die ihrer genetischen Ausstattung entspricht.

Wichtige evolutionäre Neuerungen wie der Erwerb der Flugfähigkeit durch Fledermäuse eröffnen einen weiten Bereich von Gelegenheiten, deren Erkundung noch mehr Gelegenheit für die Ausdehnung genetischen Materials bietet. Wir können also erwarten, daß wichtige Neuerungen von Verzweigungen und Verästelungen begleitet werden, die in viele Richtungen gehen.

Die Evolution des Menschen macht eine auffällige Ausnahme von dieser Regel. Während der Erwerb der Flugfähigkeit durch die den Spitzmäusen ähnlichen Vorfahren der Fledermäuse zur Bildung von Dutzenden neuer Arten und Klassen führte, hat der Erwerb der Sprachfähigkeit und Kultur zu nur einer neuen Art geführt. Der Grund könnte darin liegen, daß diese Fähigkeit ihrer Natur nach genetische Spezialisierung unnötig macht. In Menschen hat die kulturelle Diversifizierung die evolutionäre Rolle übernommen, die normalerweise die Artenbildung spielt, und es ermöglicht, viele derselben »Ziele« schneller, wirksamer und ohne den Preis unumkehrbarer genetischer Veränderungen zu erreichen, den die Artenbildung fordert.

Welche Beziehung besteht zwischen Genetik und Kultur? In welchem Ausmaß sind menschliche Verhaltensmuster biologisch vorgeschrieben? In welchem Maße sind sie kulturell bestimmt? Was bleibt an persönlicher Freiheit? Während der letzten beiden Jahrzehnte wurde diese Fragen – die alle Aspekte einer umfassenderen Frage nach dem Wesen des Menschen sind – von Biologen, Anthropologen und Philosophen erörtert. Bei dem Versuch einer Antwort werden wir uns von dem in diesem und dem vorangehenden Kapitel skizzierten Bild der biologischen Evolution leiten lassen.

# 12. Sprache, Denken und Wahrnehmungsvermögen

> In diesem Augenblick rief der König, der inzwischen etwas in sein Notizbuch geschrieben hatte, mit lauter Stimme: »Ruhe!« und las dann aus dem Buch vor: »Vorschrift Nummer zweiundvierzig: *Alle über einen Kilometer großen Personen haben den Gerichtssaal zu verlassen.*«
> Die ganze Versammlung sah Alice an.
> »Ich bin aber keinen Kilometer groß«, sagte Alice.
> »Doch«, sagte der König.
> »Fast zwei Kilometer«, setzte die Königin hinzu.
> »Nun, jedenfalls bleibe ich hier«, sagte Alice; »außerdem ist das gar keine richtige Vorschrift, sondern eben erst erfunden.«
> »Es ist die älteste Vorschrift im ganzen Buch«, sagte der König.
> »Dann müßte sie die Nummer eins haben«, sagte Alice.
>
> Lewis Carroll, *Alice im Wunderland*

Ein wissenschaftliches Bild der Welt wäre unvollständig, wenn es uns nicht auch unseren eigenen Platz aufzeigte. Bescheidenheit mag uns zwingen zuzugeben, daß die Menschheit nur ein winziges Detail des großen Bildes ist. Wir sind eine unter Millionen Spezies auf einem unauffälligen Planeten, der einen unauffälligen Stern umläuft, der in einer unauffälligen Galaxie auf einer unauffälligen Bahn läuft. Aber wir müssen anerkennen, daß unser Ort in dem Bild, so klein er auch sein mag, nicht unbedeutend ist, denn wir selbst gestalten dieses Bild und tun das immer wieder neu. Und der stärkste und wohl immer gültige Grund dafür – für den Versuch zu verstehen, wie das Weltall wirklich beschaffen ist – war immer der Wunsch zu verstehen, welchen Platz wir darin haben.

Vor fast 2400 Jahren verteidigte Sokrates seinen Glauben an das Selbst als ein freies Wesen gegen den wissenschaftlichen Reduktionismus seiner Tage. In moderner Zeit wurde das, was

Sokrates zur menschlichen Autonomie gesagt hat, von Anhängern zweier gegensätzlicher Schulen angegriffen, dem Behaviorismus und dem biologischen Präformatismus.

## Behaviorismus

Der von J.B. Watson Anfang des zwanzigsten Jahrhunderts begründete Behaviorismus fand seinen beredtesten Fürsprecher in einem Schüler Watsons, dem Experimentalpsychologen B. F. Skinner. Skinner behauptete, der Begriff eines autonomen Menschen sei ein Anachronismus, ein Überbleibsel vorwissenschaftlichen Sprechens über das menschliche Verhalten. Nach Skinner sind Versuche, menschliche Handlungen mit inneren Zuständen zu verknüpfen (»Hans aß das Käsebrot, weil er Hunger hatte«) analog zu den Versuchen des Aristoteles, die Bewegungen physikalischer Objekte mit ihrem inneren Wesen in Übereinstimung zu bringen (»Ein fallender Körper versucht, seinen natürlichen Ort zu finden«). Verhalten wird von zwei Faktoren bestimmt: der genetischen Mitgift, an der wir nichts ändern können, und der Wechselwirkung zwischen dem Organismus und seiner Umwelt, über die wir eine gewisse Kontrolle haben. Die eigentliche Aufgabe der Verhaltensforschung ist nach Skinner die Aufdekkung der Regeln, die bestimmte Umweltfaktoren mit bestimmten Verhaltensweisen verknüpfen. Diese Aufgabe wird durch Verweise auf hypothetische innere Faktoren wie Beweggründe, Charakter, Persönlichkeit, Ziele, Gefühle, Wünsche und Willenskraft eher behindert als gefördert. Ein Behaviorist würde sagen, Sokrates habe es nicht deshalb abgelehnt, aus Athen zu fliehen, weil eine solche Handlung seine Grundsätze verraten hätte, sondern weil er in der Vergangenheit für sein gesetzestreues Verhalten »positiv verstärkt« worden war.

Dompteure machen sich schon seit langem die Formbarkeit tierischen Verhaltens zunutze und wissen, wie es durch geeignete Belohnungen und in geringerem Grade auch durch Strafe geformt werden kann. Jeder weiß, daß unser eigenes Verhalten, besonders in unserer frühen Kindheit, ebenfalls zu einem Teil durch unsere Erfahrungen geformt wird. Skinner ging weiter und behauptete, wir sollten herausfinden, welche Verfahrensweisen menschliches Verhalten am wirksamsten formen, und dann mit Hilfe dieser Verfahren begehrenswerte soziale Ziele fördern. Dieser Vorschlag regt jene Menschen auf, die nicht sehen, wie wenig originell er ist. Menschliche Gemeinschaften haben seit Tausenden von Jahren versucht, das Verhalten ihrer Mitglieder zu beeinflussen. Das ist der Hauptzweck der Gesetzgebung, der Religion und der Erziehung. Skinner behauptet lediglich, es könne wirksamere (und menschlichere) Wege geben, Ziele zu erreichen, die wir seit jeher angestrebt haben.

Als eine *Theorie* menschlichen Verhaltens steht der Behaviorismus jedoch auf unsicherem Boden. Behavioristen behaupten, sie könnten dadurch, daß sie nicht über das sprechen, was im Kopf von Menschen vorgeht, vermeiden, unüberprüfbare Hypothesen über die Ursachen des Verhaltens aufzustellen. Tatsächlich haben sie aber nicht auf Hypothesen verzichtet, sondern nur darauf, sie auszusprechen. Die wichtigste Hypothese des Behaviorismus ist, daß *gelerntes* Verhalten (im Unterschied zu instinktivem oder genetisch programmiertem Verhalten) hauptsächlich durch Erfahrung geformt wird. Genauer gesagt, definiert und begrenzt die genetische Ausrüstung eines Tieres die von ihm erlernbaren Verhaltensweisen, innerhalb dieser Grenzen jedoch ist die Beziehung zwischen der Lernerfahrung und dem, was das Tier lernt, relativ direkt und unproblematisch. Das ist die Prämisse, die dem Behaviorismus zugrunde liegt. Wie gut bewährt sie sich?

In der Tierwelt, von Einzellern (die lernen können, zu neuer Nahrung hinzuschwimmen) bis zu unseren Vettern, den Schimpansen und Gorillas (die sogar rudimentäre Formen sprachlichen Verhaltens lernen können), bewährt sie sich sogar ziemlich gut. Viele Aspekte menschlichen Verhaltens lassen sich auch durch geeignete »Verstärkerpläne« gestalten. Dies gilt jedoch nicht für jene Verhaltensweisen mit deutlich *schöpferischer* Komponente. Ein hervorragendes Beispiel hierfür ist die menschliche Sprache. Man könnte sich vorstellen – und Skinner behauptete es –, daß der Sprachgebrauch von Kindern durch die Erfahrungen geprägt wird, die sie im Umgang mit Sprache machen. Wie jedoch Noam Chomsky in einer berühmten Rezension von Skinners *Verbal Behavior* (1957) zeigte, lassen sich die Regeln, die für die Äußerungen junger Kinder gelten, keinesfalls als induktive Verallgemeinerungen der Spracherfahrungen sehen, die den Kindern zugänglich waren. Die Ergebnisse weisen mehr Ordnung auf als die Erfahrungen, die zu ihnen beitrugen.

Dasselbe gilt für andere Formen schöpferischen Verhaltens. Die offensichtlichsten Beispiele sind Kunstwerke. Ein Musikstück enthält nach Definition eine Ordnung, die es nicht gab, bevor das Stück entstand. Eine künstlerische Darbietung eines Musikstücks führt zu noch mehr Ordnung. Man stelle sich ein Klavier vor, das von einem Computer kontrolliert wird und dadurch Noten, Notenwerte, Tempoanweisungen und dynamische Angaben eines Klavierstücks genau reproduzieren kann. Ein solches Gerät würde alles reproduzieren, was in den Noten steht, aber das Ergebnis wäre musikalisch uninteressant. Eine Darbietung ist deswegen musikalisch interessant, weil sie die Form von Ordnung hat, die ein begabter Künstler zu der Ordnung hinzufügt, die im Notentext steckt. Meiner Meinung nach stellen die Unterschiede zwischen den Arten von Ordnung, die in »Erfahrungseingaben« beziehungsweise in »Verhaltensausgaben« stecken, das dar, was allem kreativen Verhalten gemeinsam ist und es definiert. Und weil der Behaviorismus die Existenz solcher Unterschiede praktisch leugnet, liegt schöpferisches Verhalten immer außerhalb seines Erklärungsansatzes.

## Genetik und Verhalten

Der Behaviorismus ist eng mit dem sogenannten Empirismus verknüpft. Genau wie Behavioristen behaupten, erlerntes Verhalten werde völlig durch frühere Erfahrungen geformt, so behaupten Empiristen, alles Wissen entstamme der Erfahrung. Einige der Philosophen, die dem Empirismus ablehnend gegenüberstanden – an hervorragender Stelle Platon –, haben dagegen gesetzt, Vernunft und nicht Erfahrung sei die Quelle des wahren Wissens. Wieder andere, vor allem Kant, haben behauptet, sowohl die Erfahrung als auch unsere Art des Denkens verdanke ihre *Struktur* inneren Faktoren. Wir erfahren äußere Objekte als räumlich ausgedehnt und sich entfaltend, und Ereignisse als zeitlich geordnet. Aber Raum und Zeit sind nach Kant keine Aspekte einer objektiven Wirklichkeit, sondern »Formen der Sinnlichkeit«, Aspekte davon, wie wir mit einer sonst unerfahrbaren äußeren Wirklichkeit in Wechselwirkung treten können. Ähnlich, so behauptete Kant, gehört die Beziehung zwischen einer Ursache und ihrer Wirkung nicht der objektiven Wirklichkeit an. Sie gehört vielmehr zu der Art, wie Menschen die Welt verstehen; sie ist eine »Kategorie des Denkens«.

Kants Philosophie des Wissens hat Biologen, besonders Verhaltensforscher, sehr angesprochen. Die Information, die ein Tier über die Außenwelt erwirbt, wird durch seinen Wahrnehmungsapparat (Sinnesorgane und Nervensystem) begrenzt und strukturiert. Wie das Tier aufgrund dieser Information handelt, wird zumindest zu einem Teil von einem genetischen Programm gesteuert. Sowohl der Wahrnehmungsapparat als auch das Verhaltensprogramm wurden durch natürliche Auslese gebildet. Das Froschauge zum Beispiel dient als »Käferdetektor«, der nur kleine dunkle bewegte Formen registriert; wenn der Frosch eine kleine dunkle bewegte Form bemerkt, wird er veranlaßt, seine Zunge herauszustrecken, und fängt mit etwas Glück einen Käfer.

Analog dazu wurden das menschliche Auge und das menschliche Gehirn von der natürlichen Auslese dazu bestimmt, uns nicht darüber zu informieren, wie die Welt wirklich ist (was immer das bedeuten mag), sondern uns ganz praktisch beim Überleben und Fortpflanzen hilfreich zu sein. Weil unsere Wege des Überlebens vielfältiger sind als die des Froschs, ist die von unserem Sehsystem gelieferte Information weniger spezialisiert, aber immer noch auf das zugeschnitten, für das es normalerweise verwendet wird. So messen unser Auge und unser Gehirn zum Beispiel Rändern und Grenzen besondere Bedeutung zu. Indem sie die dort auftretenden Unstetigkeiten übertreiben, erleichtern sie es uns, Objekte vom Hintergrund zu unterscheiden. Unser Wahrnehmungssystem findet, wie Abbildung 12.1 zeigt, sogar dort Umrisse, wo objektiv keine sind. Andererseits verschonen uns Auge und Gehirn mit Information über Form und Farbe der Netzhautbilder. Wenn ein

Abb. 12.1: Wir sehen ein weißes Dreieck, das etwas dunkler ist als der Hintergrund und die drei schwarzen Kreise und das angedeutete Dreieck bedeckt.

Ding nicht zu nahe oder zu weit entfernt ist, nehmen wir etwas wie seine »wahre« Größe wahr, und wenn die Lichtverhältnisse nicht besonders extrem oder unnatürlich sind, sehen wir so etwas wie seine »wahre« Farbe. Wir unterscheiden zwischen den Größenverhältnissen und der Entfernung und zwischen den Wirkungen der Farbe und der der Beleuchtung, und dadurch ermöglicht es uns unser Gesichtssystem, Objekte in unterschiedlichen Entfernungen und zu verschiedenen Tageszeiten wiederzuerkennen.

Wir nehmen Dinge niemals so wahr, »wie sie wirklich sind«. Die Wahrnehmung ist größtenteils eine Frage dessen, was der Physiker und Physiologe Hermann von Helmholtz im letzten Jahrhundert »unbewußtes Schließen« nannte. Natürlich sind unbewußte Schlußfolgerungen nicht immer zutreffend. Diese Tatsache wird bei Zaubervorstellungen ausgenutzt. Ein Zauberer hält in jeder Hand einen geschlossenen Metallreifen. Er bringt die Reifen zusammen, und plötzlich sind sie verbunden. Dann zieht er sie auseinander. Unser Auge und Gehirn haben uns getäuscht, und daran können wir nichts ändern, selbst wenn wir wissen, wie der Trick funktioniert. Wir können nicht anders, wir sehen etwas, was, wie wir genau wissen, eine unmögliche Folge von Ereignissen ist, genau wie der Frosch nicht anders kann, als seine Zunge herauszustrecken, wenn eine kleine, dunkle, bewegte Form in seinem Gesichtsfeld auftaucht.

Das unbewußte Schließen, das der Wahrnehmung zugrundeliegt, beruht zum großen Teil auf einem genetischen Programm. Das gilt auch für viele Aspekte des Verhaltens. Untersuchungen an Tieren in ihrer natürlichen Umgebung haben Verhaltensforscher zu dem Schluß veranlaßt, daß viele Aspekte biologisch wichtigen Verhaltens genetisch programmiert sind. Die Untersuchungen über die *Prägung* bei Gänsen, die Konrad Lorenz durchführte, sind Beispiele für diese Verallgemeinerung. Innerhalb weniger Tage nach dem Schlüpfen lernen Küken, Enten und Gänse, zu ihrer Mutter hinzulaufen und ihr zu folgen und andere Dinge zu vermeiden. Lorenz fand, daß die Brut dann, wenn die Mutter nicht da war, auf alles mögliche andere geprägt werden könnte – zum Beispiel auf Lorentz selbst oder auf einen großen gelben Ball. Das genetische Material der Geflügelkinder ähnelt einem Formular, in dem nur der Name des Adressaten fehlt, der von der Erfahrung eingesetzt werden muß.

Die Erfahrung spielt beim Gesang mancher Vögel eine ähnliche, wenn auch etwas komplexere Rolle. Der Gesang des Dachsammerfinken hat zum Beispiel eine Reihe regionaler Dialekte. Vögel, die in einer bestimmten Region schlüpfen, lernen den Dialekt dieser Region. Vom Menschen aufgezogene Finkenmännchen, die bei ihrer Aufzucht ohne Kontakt zu anderen Finken aufwachsen, beginnen im normalen Alter zu singen, aber sie singen einen »nackten Grundgesang«, dem alle regionalen Eigenheiten fehlen. Der männliche Fink hat die genetische Kapazität, einen einer großen (oder unendlichen) Zahl von Finkendialekten zu lernen; einen bestimmten Dialekt lernt er jedoch nur, wenn er während einer kritischen Lernperiode (zwischen etwa zwei Wochen und zwei Monaten nach dem Schlüpfen) mit ihm in Berührung kam.

In dieser Hinsicht ähnelt die menschliche Sprache anscheinend dem Vogelgesang. Wir sind nicht auf eine bestimmte Sprache programmiert, aber wir sind in gewisser Weise auf das Sprechenlernen programmiert. W. John Smith führt den Vergleich weiter aus:

> Der Prozeß des Singenlernens bei jungen Vögeln verläuft in mehrerer Hinsicht parallel zu dem des Spracherwerbs bei jungen Menschen ... Zum Singen- wie zum Sprachlernen gehört das Auswählen aus unglaublich vielen zur Verfügung stehenden Klängen, die nachgeahmt werden, und junge Vögel und junge Menschen sind beide genetisch prädisponiert, die Klänge zu erkennen, die jeweils angemessen sind ... Menschen und männliche Vogeljunge sind weiter darauf angelegt, die Lauterzeugung in einem Stadium des »Babbelns« oder »Leisegesangs« zu üben, bis das, was sie von sich selbst hören, ihnen bestätigt, daß sie ihr Vorbild gut nachgeahmt haben. Die Vogelweibchen müssen auch, wenn sie, wie es bei vielen Arten der Fall ist, selbst nicht singen, mit dem Klang der entsprechenden Lieder vertraut sein.[1]

Stereotype Routinen und Vorgaben sind nicht die einzigen Aspekte genetisch progammierten Verhaltens. Wir Menschen unterscheiden uns von anderen Primaten vor allem durch unsere größere Fähigkeit zu innovativem Verhalten. Diese Fähigkeit ist genau so fest in unseren Genen verankert wie das »Wissen«, das Termiten von der Baukunst haben, oder der Schwänzeltanz der Honigbiene, mit dem sie ihren Schwestern mitteilt, in welcher Richtung und Entfernung Nahrung zu finden ist.

Die Fähigkeit zum Lernen ermöglicht Anpassung, weil ein lernfähiges Tier flexibler mit einem weiteren Bereich von Herausforderungen durch die Umwelt umgehen kann, als wenn es ein starres Verhaltensmuster befolgt. Aber sie kostet auch einen biologischen Preis. In dem Maß, in dem ein Verhalten erlernt werden muß, kann es nicht genetisch programmiert sein. Und während es gelernt wird, ist es weniger nützlich, als es sein würde, wenn es starr wäre. Ob dieser Vorteil der Flexibilität den Nachteil überwiegt, nicht sofort über gut angepaßte, aber stereotype Verhaltensweisen verfügen zu können, hängt von der Vielfalt und Vorhersagbarkeit der Umwelteinflüsse ab, auf die sich ein Tier einstellen muß. Andererseits wird die Fähigkeit eines Tieres, sich an neue Herausforderungen durch die Umwelt anzupassen, durch seine Lernfähigkeit beschränkt.

Menschliche Verhaltensweisen, die durch willkürliche Handlungen gelernt wurden, sind nicht lediglich Erweiterungen von genetisch programmiertem Verhalten. Dies wird in dem folgenden Abschnitt deutlich, in dem der Neuropsychologe Alexander Romanovitch Luria einen interessanten Gegensatz zu dem weiter oben zitierten Abschnitt formuliert:

> Es mag so aussehen, als ob das Sprechen des Kleinkindes mit dem Babbeln des Säuglings beginnt und die Sprachentwicklung einfach nur die Erweiterung dieser ersten Töne bedeutet. Viele Generationen von Psycholinguisten glaubten das. Aber das ist nicht der Fall. Tatsächlich ist das Babbeln Ausdruck eines Zustands und nicht eine Bezeichnung von Dingen. Viele Klänge, die babbelnd geäußert werden, kommen später in der Kindersprache nicht vor. Die ersten von einem Kind geäußerten Worte sind oft entweder weniger deutlich oder in ihrer phonologischen Struktur ganz anders als das Babbeln eines Säuglings. Wir würden meinen, daß das Kind diese gebabbelten Laute unterdrücken muß, wenn es die Laute eines linguistischen Systems lernt. Diese Überlegung gilt für viele Aspekte der ontogenetischen Entwicklung von willkürlichen Bewegungen des Kindes ... Nur wenige Tage nach der Geburt kann ein Kind solch starke Greifreflexe haben, daß ein Erwachsener ein Kind hochheben kann, wenn er ihm zwei Finger reicht. Es ist jedoch gezeigt worden, daß sich aus diesem Greifreflex nichts entwickelt. Er läßt sich in keiner Weise als Prototyp zukünftiger willkürlicher Bewegungen sehen. Ganz im Gegenteil. Der Greifreflex muß unterdrückt werden, bevor willkürliche Bewegung möglich ist.

Luria betont, daß die Unverträglichkeit zwischen angeborenem und willkürlichem Verhalten eine neurologische Grundlage hat:

> Der Greifreflex ist ein subkortikaler Akt, während willkürliche Bewegung ein kortikaler Akt ist. Der letztere hat einen ganz anderen Ursprung und kommt nur dann vor, wenn der Greifreflex unterdrückt wird.[2]

Erlernte Verhaltensweisen bilden ein Kontinuum. Die einfachsten Formen des Lernens lassen sich mit der Hypertrophie eines überbeanspruchten Muskels vergleichen. Lernen kann aber auch einfach die Entwicklung in einem von mehreren genetisch vorbestimmten Kanälen lenken. Weiter entlang in diesem Kontinuum ergänzt Lernen vielleicht ein genetisches Programm, so wie Schauspieler Gesten und Stimmführung zur Deutung eines Textes benutzen oder wie Geigenspieler eine Melodie aus der Barockmusik verzieren. Schauspieler und Geiger fügen dem Text oder den Noten viel Information hinzu, aber sie verändern nicht den Grundcharakter. Das Verhalten höherer Primaten, besonders der großen Affen, gehört in diese Kategorie. Und auch viele menschliche Verhaltensweisen. Könnte es in Anbetracht der genetischen Ähnlichkeit zwischen Menschen und Schimpansen – die, wie manche Biologen heute meinen, größer ist als die zwischen Schimpansen und Gorillas – überhaupt anders sein? Sicher ist das Verhalten der Schimpansen in vieler Hinsicht bemerkenswert innovativ, aber es ist doch immer innerhalb wohldefinierter biologischer Grenzen innovativ.

## Biologischer Präformationismus

Biologische Präformationisten behaupten tatsächlich, daß das Kontinuum gelernten Verhaltens genau hier, bei der Entwicklung genetischer Programme, aufhört. Der oberflächlichen Vielfalt der menschlichen Sprachen, Bräuche, Überzeugungen und Institutionen liegt, so sagen sie, eine starre unveränderliche Struktur zugrunde, die es schon vor 40000 Jahren gab, bevor unsere Ahnen gelernt hatten, Getreide anzubauen oder Tiere zu halten. Der Anthropologe Robin Fox hat ein Gedankenexperiment erfunden, das diese These veranschaulichen soll. Er stellt sich einen neuen Adam und eine neue Eva vor, die bei ihrer Geburt von allem Kontakt mit menschlicher Kultur abgeschnitten wurden.

> Ich zweifle nicht, daß sie sprechen *konnten* und daß sie oder ihre Nachkommen theoretisch, im Lauf der Zeit, eine Sprache erfunden und entwickelt haben würden, obwohl sie ihnen nie beigebracht worden war. Obwohl diese Sprache völlig anders wäre als jede uns bekannte, ließe sie sich von Linguisten auf derselben

> Grundlage wie andere Sprachen untersuchen und in alle bekannten Sprachen übersetzen. Aber ich würde noch weiter gehen. Wenn unser neuer Adam und seine Eva überleben und sich fortpflanzen könnten – immer völlig isoliert von allen kulturellen Einflüssen –, würden sie schließlich eine Gesellschaftsform entwickeln, in der es Gesetze gäbe über Eigentum, Vorschriften über Inzest und Ehe, Tabus und den Glauben an Übernatürliches und damit zusammenhängende Rituale, eine gesellschaftliche Rangordnung und Verfahren, sie kenntlich zu machen, Initiationsriten für junge Männer, Brautwerbung, zu denen der Schmuck der Frauen gehört, eine Symbolik des Körperschmucks überhaupt, Praktiken und Vereinigungen, die ausschließlich für Männer bestimmt sind, die also Frauen ausschließen, das Glücksspiel in irgendeiner Form, Möglichkeiten der Werkzeug- und Waffenherstellung, Mythen und Legenden, Tanz, Ehebruch und auch Mord, Selbstmord, Homosexualität, Schizophrenie, Psychosen und Neurosen in verschiedensten Ausprägungen und Menschen, die sie ausnutzen oder heilen, je nachdem, wie sie gesehen werden.[3]

Ich finde diese Liste kultureller Universalien außerordentlich wenig eindrucksvoll. Einige Teile sind trivial, so beispielsweise »Vorschriften [unbestimmter Art] über Inzest und Ehe«. Andere sind weit davon entfernt, universell zu sein. So meint Fox, die Nachkommen dieser ersten Menschen würden Eigentumsverhältnisse durch Gesetze regeln. Aber die Kung San in der Kalihari-Wüste haben wenig oder kein persönliches Eigentum und keine Gesetze darüber. Sie führen auch keine Kriege und stellen weder Werkzeuge noch Waffen her. Andere Anthropologen wiederum meinen, die San-Kultur hätte sich in den letzten 40 000 Jahren relativ wenig entwickelt.[4] Die richtigen anthropologischen Verallgemeinerungen wären dann anscheinend, daß organisierte Aggression, Waffenherstellung und Eigentumsgesetze kulturelle Neuerungen sind, denen eine spezifische biologische Grundlage *fehlt*. Weiter sammeln die San-Frauen Nahrung, während die Männer jagen. Das ist bei Jägern und Sammlern gewöhnlich so, gilt aber nicht allgemein. In den Philippinen führen die Agta-Frauen organisierte Jagden durch.[5]

Biologische Präformationisten erwidern, Allgemeingültigkeit sei ein zu starkes Kriterium für genetisch programmiertes Verhalten, weil es immer möglich sei, sich über angeborene Anlagen für bestimmte Verhaltensweisen hinwegzusetzen. Aber es scheint schwer zu glauben, daß die San sich über eine angeborene Veranlagung zur Eigentumsgesetzgebung hinweggesetzt haben. Und die männliche Neigung zu Jagd und Kampf ist, wenn sie auch fraglos auf Biologie beruht, kaum eine besonders menschliche Eigenschaft.

Ein anderer Grund, die These der Präformationisten zu bezweifeln, liegt darin, daß die menschliche Kultur nicht nur außerordentlich vielfältig, sondern auch außerordentlich *labil* ist – sie ist raschen Veränderungen unterworfen. So haben sich in der Industriegesellschaft die Regeln, Sitten, Bräuche und Einstellungen zum Geschlecht und zur Sexualität im letzten halben Jahrhundert wesentlich verändert und verändern sich noch weiter. Die üblichen Unterscheidungen zwischen den Männer- und Frauenrollen versagen, und »Praktiken und Vereinigungen, die ausschließlich für Männer bestimmt sind, die also Frauen ausschließen«, werden rasch obsolet. Damit soll nicht geleugnet werden, daß es wesentliche biologisch begründete Unterschiede zwischen den Verhaltens- und Wahrnehmungsweisen von Männern und Frauen gibt. Solche Unterschiede sind wichtig und wohlbestätigt.[6] Fraglich erscheint die Behauptung, daß wir genetisch darauf angelegt sind, spezifische Bräuche, Sitten und Einstellungen zum Geschlecht und zur Sexualität zu entwickeln.

Ein Glaube an das Übernatürliche ist ein weiterer sehr labiler Aspekt der menschlichen Kultur. Was jedoch sehr wohl ein Teil des menschlichen Wesens zu sein scheint, ist Neugierde in bezug auf die Welt und unseren Platz in ihr. Dieses Bedürfnis haben menschliche Gesellschaften mit einer Vielfalt von Mythen und Religionen zu befriedigen versucht, in denen sehr oft das Übernatürliche (oder was *wir* das »Übernatürliche« nennen; der Unterschied zwischen dem Natürlichen und dem Übernatürlichen ist in anderen Kulturen weniger gut definiert) eine wichtige Rolle spielt. Indem die Darwinsche Revolution das Leben zu einem reinen Naturereignis machte, verlor die Rolle des Übernatürlichen im Glauben von Menschen, die biologisch bewandert sind, an Bedeutung. Darwin selbst, der im herkömmlichen christlichen Glauben erzogen worden war, wurde buchstäblich ein Naturalist. Müssen Menschen, die in der Kindheit lernen, die Welt aus Sicht der zeitgenössischen Biologie und Physik zu sehen, mit einer eingeborenen Neigung kämpfen, an das Übernatürliche zu glauben? Mir sind keine Hinweise bekannt, die diese Behauptung stützen.

## Konstruktivismus

Behaviorismus und Präformationismus geben gegensätzliche Antworten auf die Frage: Was ist der Ursprung der Ordnung in menschlichen Verhaltensmustern? Behavioristen sagen, diese Ordnung sei wesentlich durch äußere Faktoren (positive und negative Verstärkung) im Lauf der Entwicklung des Individuums geformt worden, die Präformationisten, sie sei wesentlich durch die Evolution bestimmt. Der Behaviorismus ignoriert die inneren Antriebe des menschlichen Verhaltens, der Präformationismus seine Schöpferkraft. Es gibt eine dritte Möglichkeit, den *Konstruktivismus*. Konstruktivisten nehmen genau wie Präformationisten an, Verhaltensmuster würden durch biologische Strukturen vermittelt. Während Präformationisten jedoch annehmen, diese Strukturen entstünden völlig oder fast völlig im Lauf der Evolution, behaupten Konstruktivisten, einige von ihnen – jene, die kreativem Verhalten zugrunde liegen – beruhten größtenteils auf Entwicklungsprozessen. Konstruktivisten meinen, die Entwicklung des Individuums habe einen der Evolution ebenbürtigen Anteil an der Zunahme der biologischen Ordnung; ihrer Meinung nach sind Entwicklungsprozesse sogar die wesentliche Ursache der Ordnung, die implizit in kreativem menschlichem Verhalten und in der Kultur steckt. Der Konstruktivismus sieht die Entwicklungsprozesse, die kreatives Verhalten formen, also als Erweiterungen der biologischen Evolution.

Weiter oben sahen wir, daß die von der Evolution erzeugte biologische Ordnung in der Struktur der DNA verkörpert ist. Wir werden später sehen, daß die durch kreative Entwicklungsprozesse erzeugte Ordnung *in Verknüpfungen zwischen Ner-*

*venzellen des Gehirns* verkörpert ist. Diese Strukturen werden zum Teil durch die Evolution geformt, ihre Entwicklung wird also zum Teil durch genetische Programme festgelegt. Im Fall schöpferischen Verhaltens wird vieles aber auch nicht im genetischen Programm festgelegt. Stattdessen liefern die Gene Strategien, wie die von der Evolution unvollendet gelassenen Prozesse fortgeführt werden können. Das ist zumindest die These der Konstruktivisten.

Nach Meinung der Konstruktivisten verwenden kreative Entwicklungsprozesse dieselbe Strategie wie die Evolution, um Ordnung zu erzeugen, nämlich Selektion aus einem Repertoire, das durch Zufallsvariationen erzeugt wird. Wie diese Strategie durch Vorgänge der neuronalen Entwicklung ergänzt wird, ist noch Gegenstand der Spekulation. Im verbleibenden Teil dieses Kapitels betrachten wir Hinweise aus der Psychologie und der Psycholinguistik, die für die konstruktivistische These wichtig sind, wonach ein weiter Bereich menschlichen Verhaltens, von der Wahrnehmung bis zum Spracherwerb, zutiefst schöpferische Vorgänge sind.

## Wahrnehmungsschemata

Die konstruktivistische Psychologie hat ihre Wurzeln im Denken zweier großer Naturwissenschaftler des neunzehnten Jahrhunderts: Hermann von Helmholtz, dessen Abhandlung »Die Lehre von den Tonempfindungen« heute noch Pflichtlektüre für jeden ist, der sich ernsthaft mit dem Thema beschäftigt, und Henri Poincaré, dem hervorragenden Mathematiker seiner Generation, der auch einer der Begründer der Relativitätstheorie war. Helmholtz behauptete, die Wahrnehmung bestehe nicht einfach in der Aufzeichnung von Information, die in einem visuellen oder hörbaren oder taktilen Reiz enthalten ist, sondern in der *Formulierung und Überprüfung einer Wahrnehmungshypothese*. Die Wahrnehmung ist also im Grunde ein aktiver Vorgang. Das Auge *sammelt* visuelle Information auf dieselbe Art wie eine Kamera. Die Netzhaut und das Gehirn *analysieren* diese Information auf mehrfache Weise. Sie entnehmen ihr zum Beispiel Information über die Orientierung und Bewegung der

Grenzen gegensätzlicher Bereiche des Gesichtsfeldes. Aber das ist nach Helmholtz und modernen konstruktivistischen Psychologen nur der Beginn des Wahrnehmungsvorgangs. Das Gehirn verwendet die Erzeugnisse der visuellen Analyse, um »Hypothesen« über die »Bedeutung« der visuellen Information zu überprüfen und abzuändern.

Poincaré stellte sich die Frage: Warum besteht die Außenwelt, so wie wir sie sehen, aus Objekten, die sich im dreidimensionalen euklidischen Raum befinden? Kant hatte dieselbe Frage gestellt, aber Poincaré war nicht zufrieden mit Kants Antwort, wonach der euklidische Raum ein Schema ist, das einer der Erfahrung unzugänglichen Außenwelt durch unseren Wahrnehmungsapparat auferlegt wird. Poincaré behauptete, der euklidische Raum sei ein Konstrukt, das es uns ermöglicht, visuellen Reizen nützliche Information zu entnehmen. Wenn wir »fordern«, daß die Außenwelt aus mehr oder weniger starren Körpern besteht, die sich in einem dreimensionalen euklidischen Raum bewegen, kann unser Wahrnehmungapparat zuverlässig zwischen solchen Veränderungen in der Erscheinung von Objekten unterscheiden, die sich aus Veränderungen ihrer Formen und Größen ergeben, und solchen, die sich aus einfachen Verschiebungen ergeben – Verschiebungen der Sichtweise. Die euklidische Geometrie ist nicht die einzige Theorie, die zu diesem Ergebnis führt, aber sie ist die einfachste.

Die zeitgenössischen konstruktivistischen Psychologen – unter ihnen sind Jerome Bruner, Ulric Neisser und Julian Hochberg – haben diese Gedanken weiterentwickelt und versucht, sie auf eine gesicherte empirische Basis zu stellen. Konstruktivistische Darstellungen der Wahrnehmung behaupten, die Wahrnehmung sei ein zyklischer Prozeß, der durch innere Strukturen vermittelt wird, die als *Schemata* bezeichnet werden. Neisser definiert:

> Ein Schema ist jener Teil des ganzen Wahrnehmungszyklus, der im Innern des Wahrnehmenden ist, durch Erfahrung veränderbar und irgendwie spezifisch für das, was wahrgenommen wird. Das Schema nimmt Information auf, wenn sie bei den Sinnesorganen verfügbar wird, und es wird durch diese Information verändert. Es leitet Bewegungen und Erkundungsaktivitäten, die weitere Infor-

> mation verfügbar machen, und wird durch diese wiederum verändert ... Meines Erachtens sind die für das Sehen entscheidenden kognitiven Strukturen die antizipierenden Schemata, die den Wahrnehmenden darauf vorbereiten, bestimmte Arten von Information eher anzunehmen als andere, und die so das Sehen steuern. Weil wir nur sehen können, wonach wir zu suchen vermögen, bestimmen diese Schemata (zusammen mit der wirklich verfügbaren Information), was wahrgenommen wird. Wahrnehmung ist tatsächlich ein konstruktiver Prozeß, aber was konstruiert wird, ist nicht ein Vorstellungsbild, im Bewußtsein erscheinend und dort vom inneren Menschen bewundert.[7]

Abbildung 12.2 veranschaulicht die Rolle des Schemas im Wahrnehmungszyklus. Schemata regulieren den Informationsfluß von sensorischen Flächen nach innen und werden selbst nach Maßgabe der Information, die sie erreicht, verändert.

Daß wir nur sehen können, was wir zu suchen vermögen, wird durch eine Überfülle alltäglicher Erfahrungen und durch viele formale Untersuchungen belegt. Ein Vogelkundler auf einem Spaziergang, ein Korrekturleser, der einen Fahnenumbruch korrigiert, ein Zellbiologe, der eine Zelle durch das Mikroskop betrachtet, ein Neurologe, der ein Elektroenzephalogramm analysiert, ein Astronom, der das Spektrogramm eines Sterns studiert – alle diese Fachleute sehen Einzelheiten, die für das untrainierte Auge unsichtbar sind. Darstellende Künstler haben gelernt, das wiederzugeben, was sie sehen. Aber verschiedene Künstler sehen nicht dasselbe. Dies ist das Hauptthema einer faszinierenden Untersuchung der darstellenden Kunst von Ernst Gombrich.

Selbst Größen- und Farbkonstanz – unsere Fähigkeit, die wahren Größen von Dingen in verschiedenen Entfernungen und ihre wahren Farben bei verschiedenen Lichtverhältnissen wahrzunehmen – sind nicht völlig angeboren. Untersuchungen haben gezeigt, daß die Größenkonstanz sich allmählich entwickelt. Auch diese Entwicklung ist nicht unvermeidbar. Neisser bemerkt: »Pygmäen, die in dichten Tropenwäldern leben, wo sie nur selten in die Ferne sehen können, machen angeblich lächerliche Fehler, wenn sie in der Ferne eine Horde Tiere erblicken.«[8] Auch Farbkonstanz ist ein Schema, das sich im Lauf der Ent-

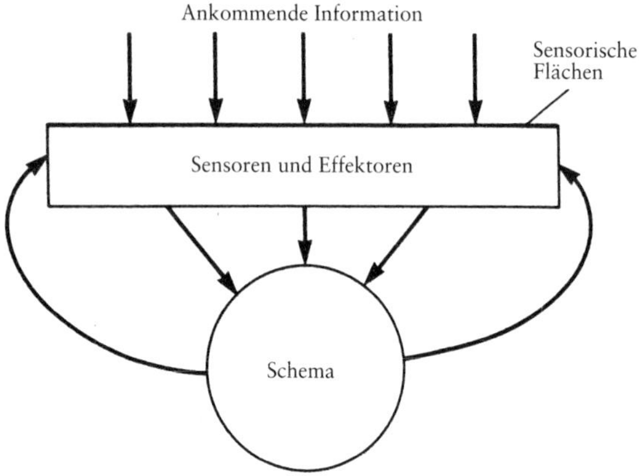


Abb. 12.2: Ein Wahrnehmungsschema wählt und steuert aktiv Information, die die Sinne erreicht. Gleichzeitig wird das Schema selbst fortwährend durch die Information verändert, deren Übermittlung es ermöglicht.

wicklung verändert. Landschaftsmaler können die Qualität des Lichts, das eine Szene beleuchtet, nur dann wiedergeben, wenn sie die wirkliche Farbe des Lichts sehen können, das von den Gegenständen in dem Bild ausgeht. Dazu müssen sie ihr Schema für Farbwahrnehmung neu entwickeln.

Beim Hören ist uns eine Verbindung zwischen Erwartung und Wahrnehmung noch vertrauter als beim Sehen. Wir haben Schwierigkeiten, wenn wir einen fremden Namen zum ersten Mal hören – der Klang kommt irgendwie nicht an. Entsprechend scheint eine Sprache, die wir noch nie gehört haben, beim ersten Hören eine schlecht organisierte Folge von schlecht definierten Klängen zu sein. Wenn wir länger zuhören, unterscheiden wir allmählich Phoneme und hören sie als unterscheidbare Laute heraus. Wiederum sind wir vielleicht nicht in der Lage, die Worte einer in einer Fremdsprache gesungenen Oper zu verstehen, selbst wenn wir diese Sprache lesen können. Wenn wir sie im Libretto mitlesen, hören wir die Worte dagegen ganz deutlich.

Die Konstruktion von Wahrnehmungsschemata im Lauf der Entwicklung beginnt natürlich nicht mit einer *tabula rasa*. Ein neugeborenes Kind verfolgt Objekte mit seinen Augen. Schon sehr kleine Kinder zeigen ein besonderes Interesse (zum Beispiel, indem sie rhythmisches Saugen unterbrechen) nicht nur an Gesichtern, sondern sogar an Zeichnungen von Gesichtern. Alle die Schemata, die ein Kind im Lauf der Entwicklung aufbaut, scheinen deshalb schon bei der Geburt in mehr oder weniger rudimentärer Form vorhanden zu sein. In diesem Punkt stimmen Konstruktivisten und Präformationisten überein. Sie stimmen jedoch nicht darin überein, in welchem Maße die Ergebnisse des Entwicklungsprozesses in den Genen vorgegeben sind. Präformationisten behaupten, die Entwicklung bringe lediglich die in den Genen schon gespeicherte Ordnung an den Tag. Konstruktivisten behaupten, die Entwicklung müsse den größten Teil der Ordnung, die in den Wahrnehmungsschemata steckt, erst erschaffen.

## Kognitive Schemata

Genau wie die Wahrnehmung durch Wahrnehmungsschemata vermittelt wird, so werden Kognition und kognitive Entwicklung durch *kognitive Schemata* vermittelt. Jean Piaget, der einflußreichste moderne Forscher auf dem Gebiet der Entwicklungspsychologie, sah die kognitive Entwicklung als einen Vorgang der *hierarchischen Konstruktion*, bei dem – genau wie bei unserer früheren Darstellung der biologischen Evolution – neue Funktionseinheiten durch gleichzeitige Differenzierung und Integration bestehender funktionaler Einheiten entstehen. Betrachten wir aus dieser Sicht Piagets berühmtestes Experiment: Es zeigt Sechsjährige, die zuschauen, wie Wasser aus einem breiten Glas in ein schmaleres umgegossen wird; sie bestehen darauf, daß in dem schmaleren Becher mehr zu trinken ist, weil das Wasser in ihm höher steht. Im Alter von sieben und acht Jahren hatten die meisten der von Piaget beobachteten Kinder dann begriffen, daß die Wassermenge gleich bleibt.

Piaget selbst schrieb diese Veränderung der allmählichen Erkenntnis zu, daß das Umgießen von Wasser aus einem Becher in einen anderen eine umkehrbare Handlung ist. Sie läßt sich jedoch auch als ein Beispiel für eine hierarchische Konstruktion sehen. Das Kind lernt, den Begriff »Flüssigkeitsmenge« von (1) dem Begriff »Flüssigkeitsstand« und (2) dem Aussehen eines bestimmten Behälters zu unterscheiden. Gleichzeitig dient der neue Begriff dazu, (1) die beiden sichtbaren Determinanten der Flüssigkeitsmenge, ihre Höhe und den Querschnitt des Wasserspiegels und (2) die Menge der mit Wasser gefüllten Gläser mit austauschbarem Inhalt zu *integrieren.* Das neue Schema ist komplexer als das frühere, aber auch angemessener.

Die Entstehung des Zeitbegriffs beim Kind, das Thema einer anderen berühmten Untersuchung Piagets, läßt eine analoge Beschreibung zu. Solange das Kind seine Aufmerksamkeit auf einzelne gleichförmige Bewegungen lenkt (zum Beispiel Spielzeugeisenbahnen, die auf Schienen fahren), dient die von dem bewegten Objekt zurückgelegte Strecke sowohl als ein Maß für die Geschwindigkeit des Objekts als auch als Maß für die Dauer der Bewegung. Das Kind sagt, daß der Zug, der weiter kam, auch schneller fuhr und dazu länger brauchte. Erst wenn das Kind beginnt, die beiden gleichzeitig ablaufenden Bewegungen ganzheitlich zu beschreiben, unterscheidet es zwischen den Begriffen zurückgelegte Entfernung, Geschwindigkeit und Dauer der Bewegung. So beschrieb Aristoteles die Konstruktion von Zeit und Geschwindigkeit in der *Physik*, und so konstruierten *Schweizer Kinder* diese Begriffe *unter den von Piaget untersuchten Bedingungen.*

Piaget selbst würde die Hervorhebungen weggelassen haben. Seiner Meinung nach sind die Stufen der kognitiven Entwicklung, auch wenn sie nicht genetisch bestimmt sind, jedenfalls allgemeingültig. Sie sind allgemeingültig, weil sie, wie Piaget sagt, Folgezustände beim Erwerb einer »der Koordination von Handlungen innewohnenden Logik« darstellen. Ich bezeichne diese Logik, deren ausdrückliche Kennzeichnung uns nicht zu beschäftigen braucht, als *L*. *L* ist ein Teil einer formalen deduktiven Logik, der Logik also, die der Mathematik und der theoretischen Physik zugrundeliegt. Nach Piaget beginnt das Kind mit der Konstruktion von Schemata, die *L* auf einer praktischen Ebene enthalten. Der früher erörterte Erhaltungsbegriff ist ein Beispiel. Er schließt die Umkehrbarkeit ein, eine der Operationen in *L*. Ein anderes Beispiel ist die Reihenbildung, wie sie der

Fähigkeit zugrundeliegt, eine Menge von Stäben der Größe nach zu ordnen. Wenn das Kind die praktischen Verkörperungen von *L* beherrscht, geht es dazu über, *L* auf dem formalen oder abstrakten Niveau interner Repräsentationen zu rekonstruieren. Für Piaget besteht deshalb postsensorimotorische kognitive Entwicklung in der Elaboration logisch-mathematischer Strukturen.

Dies ist eine attraktive Hypothese, die an Poincarés These erinnert, wonach der euklidische Raum ein Konstrukt ist, in dem die in wahrgenommenen Verschiebungen starrer Körper steckende Logik zum Ausdruck kommt. Trotzdem trifft meiner Meinung nach der Gedanke, die postsensumotorische Entwicklung folge einem vorbestimmten Pfad, nicht zu. Die kognitive Entwicklung ist, wie wir sahen, ein Prozeß der hierarchischen Konstruktion. In einer vorgegebenen Kultur – die selbst das Produkt eines Evolutionsprozesses ist, der eine hierarchische Konstruktion darstellt – sind die Ergebnisse der kognitiven Entwicklung Schemata, die den Bedürfnissen und Werten dieser Kultur entsprechen. Die deduktive Logik ist meiner Meinung nach nicht, wie Piaget es nannte, der »Spiegel des Denkens« oder die »Axiomatik der Vernunft«. Sie ist vielmehr eine kulturelle Erfindung, eine Erfindung, die unter anderem zur Mathematik, den Naturwissenschaften und der Technologie führte, die jetzt die Kultur des Abendlandes beherrschen.

Im Westen sind es nicht nur Naturwissenschaft und Technologie, die uns veranlassen, Rationalität und deduktive Logik gleichzusetzen. Auch die Humanwissenschaften haben ihre Wurzeln im Denken des griechischen Altertums, das unauslöschlich den Stempel der griechischen Mathematik und Naturphilosophie trägt. Wir lernen sehr früh, zu erkennen, zu konstruieren und – vor allem – Wert auf logisches Denken zu legen. Aber logisches Denken ist etwas ganz anderes als die Fähigkeit, etwas zu erkennen oder einen logischen Beweis zu führen. Hatte Piaget recht mit seiner Behauptung, daß voll entwickeltes menschliches Denken logisch ist?

Psychologische Untersuchungen, die in den sechziger Jahren begannen, haben überzeugend nachgewiesen, daß auch hochgebildete Menschen nicht unbedingt logisch argumentieren.

Sie können natürlich Verfahren zur Lösung logischer Probleme erlernen, aber im Alltag stimmt ihr Verfahren des logischen Schließens nicht mit den Regeln der deduktiven Logik überein. Unter den bekanntesten Untersuchungen, die zu diesem Schluß kommen, sind die von Peter Wason und Philip Johnson-Laird.[9] Sie baten Studienanfänger, Probleme wie das folgende zu lösen:

> Auf einem Tisch liegen einige Karten. Auf einer Seite jeder Karte steht ein Buchstabe (*A* oder *B*) und auf der anderen eine Zahl (1 oder 2). Einige Karten liegen mit dem Bild nach unten, andere mit dem Bild nach oben. Auf den Karten, deren Bild nach oben zeigt, steht einer der Buchstaben *A* oder *B*, auf den verdeckten entweder die Zahl 1 oder 2. Welche Karten muß man umdrehen, um die Hypothese zu überprüfen, daß eine Karte, auf deren einer Seite ein *A* steht, auf der anderen immer eine 1 hat?

Gewöhnlich beantwortet nur einer von zehn Studenten solche Fragen richtig. Aber vier von fünf lösten Probleme wie das folgende richtig:

> Auf einem Tisch liegen einige Umschläge. Bei einigen liegt die Anschrift oben, bei anderen unten. Auf den Umschlägen, die die Anschrift zeigen, klebt entweder eine Briefmarke im Wert von einer Mark oder eine Briefmarke im Wert von zwei Mark, und jene, bei denen die Rückseite oben liegt, sind entweder verschlossen oder nicht. Welche Umschläge muß man umdrehen, um zu prüfen, ob alle verschlossenen Umschläge mit zwei Mark frankiert sind?

Die meisten Menschen, denen das zweite Problem gestellt wurde, kamen bald zu dem Ergebnis, daß sie die verschlossenen Briefumschläge und die mit einer Mark frankierten Briefumschläge umdrehen müßten, während die meisten Menschen, denen die erste Aufgabe gestellt wurde (die *formal* mit der zweiten identisch ist) nicht zu dem entsprechenden Schluß kamen. Vermutlich ist das zweite Problem einfacher zu lösen, weil es konkreter ist und man es sich leichter vorstellen kann. (Johnson-Laird hat behauptet, die Vorstellung, also die Erstellung eines geistigen Modells, sei die wichtigste Strategie, mit der Menschen logische Probleme lösen.) Was immer die genaue Erklärung auch sein mag, es scheint klar zu sein, daß die beiden

Probleme gleich einfach (oder gleich schwierig) sein sollten, wenn unsere Denkprozesse die Gesetze der deduktiven Logik spiegelten, weil sie genau die gleiche logische Struktur aufweisen.

Noch verblüffender sind Ergebnisse, die A.R. Luria in einer Untersuchung erhielt, die er 1930 und 1931 in einer abgelegenen Provinz der Sowjetunion durchführte, aber erst viel später veröffentlichte. Es wurden intelligente erwachsene Analphabeten untersucht, die »vollkommen dazu in der Lage waren, ihr Land zu bewirtschaften, wobei sie gelegentlich äußerst komplexe praktische Probleme zu lösen hatten, die mit der Verwendung von Bewässerungskanälen zu tun hatten«. Luria fand, daß diese Analphabeten sich bei logischen Aufgaben (und auch bei Wahrnehmungstests) ganz anders verhielten als Schulkinder und Erwachsene, die das Lesen gerade eben gelernt hatten. Lesekundige lösten einfache Syllogismen mit Leichtigkeit. Die Analphabeten konnten anscheinend nicht abstrakt schließen.

> Zur Überprüfung der Hypothese führten wir das folgende Experiment durch. Den Versuchspersonen wurden zwei Gruppen von Syllogismen vorgelegt. Die Syllogismen einer Gruppe waren der praktischen Erfahrung entnommen, die der anderen dagegen rein abstrakt. Sie stammten aus Bereichen, in denen die Subjekte keine praktische Erfahrung hatten. Das folgende ist ein Beispiel für die erste Art: »Baumwolle wächst überall dort, wo es warm und feucht ist. In dem Ort *N* ist es warm und feucht. Wächst dort Baumwolle oder nicht?« Ein Beispiel für die zweite Art ist: »Im hohen Norden, wo das ganze Jahr Schnee liegt, sind alle Bären weiß. Der Ort *N* liegt im hohen Norden. Sind die Bären in *N* weiß oder nicht?« Die [Ergebnisse der beiden] Fälle waren ganz verschieden ... Wenn die Versuchspersonen mit einem Syllogismus der ersten Art konfrontiert wurden, antworteten sie gewöhnlich: »Ja, wahrscheinlich würde dort Baumwolle wachsen. Ich weiß, daß Baumwolle nur an Orten wächst, wo es warm und feucht ist.« Bei Syllogismen der zweiten Art verweigerten sie gewöhnlich die Antwort und sagten, sie wüßten nicht genug darüber. Sie sagten zum Beispiel: »Ich war noch nie da, und ich weiß es nicht. Ich möchte nicht lügen. Ich möchte dazu nichts sagen. Frage jemanden, der schon einmal da war. Er wird es wissen.«[10]

Luria meinte, die Entwicklung der Fähigkeit zum abstrakten Schließen bei den Versuchspersonen, die des Lesens mächtig waren, sei auf ihre Teilhaftigkeit an »theoretischer Tätigkeit« zurückzuführen. Vielleicht war es eine spezielle Form theoretischer Aktivität – das Lesenlernen.

## Sprache

Von allen spezifisch menschlichen Verhaltensweisen ist die Sprache sicherlich die fundamentalste, denn vor allem durch sie werden erworbene Kenntnisse und Regeln, die komplexe soziale Strukturen ermöglichen, von einer Generation zur anderen weitergegeben. Ohne Sprache hätte unsere Fähigkeit zur Erfindung und Improvisation vermutlich einen wesentlich geringeren Anpassungswert gehabt. Wie und in welchem Ausmaß wird die menschliche Sprache durch biologische Faktoren bestimmt? Die behavioristische Sicht vom Sprechenlernen der Kinder versagt, weil die sprachliche Erfahrung der Kinder nicht genug Information enthält, um ihre sprachliche Fertigkeit zu erklären. Woher stammt die zusätzliche Information?

Noam Chomsky und andere haben sie in genetisch verankerten Hirnstrukturen vermutet. Auf den ersten Blick mag das als absurde Vorstellung erscheinen. Ein Kind, das in einer Familie aufwächst, in der Chinesisch gesprochen wird, lernt auch Chinesisch. Sein Zwilling, der in einer englischsprachigen Familie aufwächst, lernt Englisch. Wie kann eine genetisch programmierte Sprachkompetenz Chinesich, Englisch und Tausende anderer Sprachen umfassen, und außerdem eine unbegrenzte Anzahl von Sprachen, die noch gar nicht erfunden wurden?

Chomsky antwortet, die natürlichen Sprachen seien im Grunde nicht so verschieden, wie es auf den ersten Blick erscheint. Sie alle halten sich an die Regeln einer »universellen Grammatik«, die in unserer DNA kodiert ist, genau wie die Regelhaftigkeit der Baukunst der Termiten implizit in *ihrer* DNA gespeichert ist. Ein Kind kommt also mit einer stillschweigenden Kenntnis der Grundstruktur der Sprache zur Welt, zu der es im Lauf seiner Entwicklung allmählich Zugang gewinnt. Die sprachliche Erfahrung füllt lediglich die Lücke aus.

Eine Sprache kennen bedeutet fähig sein, nicht nur Sätze zu verstehen, die man vorher gehört oder gelesen hat, sondern auch solche, wie den vorliegenden, denen man zum ersten Mal begegnet. Was liegt dieser Art von Verstehen zugrunde? Chomsky antwortet, jemand, der eine Sprache kennt, beherrsche eine Menge von Regeln, die die Struktur eines jeden möglichen Satzes festlegen. Diese Menge von Regeln stellte eine *generative Grammatik* dar, im Gegensatz zu einer rein beschreibenden Grammatik (der Art von Grammatik, die in den ersten Schulklassen gelehrt wird). Eine beschreibende Grammatik läßt sich mit einem Lehrbuch vergleichen, das die Verfahren zum Beispiel der Komponisten des neunzehnten Jahrhunderts in Hinsicht auf Harmonik, Kontrapunktik und Orchestrierung beschreibt. Im Gegensatz dazu gleicht eine generative Grammatik einem Computerprogramm, das leistungsfähig genug ist, jede musikalische Phrase in diesem Idiom zu erzeugen. Chomsky meint, die generativen Grammatiken aller Sprachen hätten einen wichtigen gemeinsamen Kern, ein stillschweigendes Wissen, das in der menschlichen DNA gespeichert ist.

> Eine Theorie über die Sprachstruktur, die Erklärungsadäquatheit anstrebt, muß als unerläßlichen Bestandteil auch die linguistischen Universalien enthalten und dem Kind, das eine Sprache lernt, die intuitive Kenntnis dieser Universalien zuschreiben. Die Theorie behauptet also, daß das Kind die Daten in der Annahme verarbeitet, daß sie aus einer Sprache eines bestimmten vorher wohl-definierten Typs entnommen sind. Das Kind muß dann lediglich herausfinden, welche der möglichen Sprachen diejenige der umgebenden Gemeinschaft ist. Anders wäre Spracherwerb unmöglich.[11]

Der Begriff der *stillschweigenden Kenntnis* spielt für Chomskys Überlegung eine zentrale Rolle. Man könnte von jemandem, der Fahrrad fahren kann, sagen, er habe eine stillschweigende Kenntnis der dynamischen Grundsätze, die in der Beschreibung eines Physikers vom Fahrradfahren vorkommen würden. Die Beherrschung *jeder* komplexen Tätigkeit erfordert eine stillschweigende Kenntnis der Regeln, die diesem Können zugrundeliegen. Aber was bedeutet diese Aussage? Ich glaube, man versteht sie am besten als *Definition* von »stillschweigender Kenntnis«. Stillschweigende Kenntnis ist dann etwas ganz anderes als explizites Wissen. Wenige Radfahrer sind sich der Regeln, die sie befolgen, bewußt oder könnten sie erklären, genau wie nur wenige Sprecher sich der Regeln, die für ihre Muttersprache gelten, bewußt sind oder sie erklären könnten. Umgekehrt ist eine volle und ausdrückliche Kenntnis der wesentlichen Regeln – selbst wenn sie möglich wäre – für Menschen, die das Radfahren oder eine Sprache lernen, von wenig Nutzen. Die beiden Arten von Wissen sind grundverschieden. Wir erwerben komplexe Fertigkeiten nicht, indem wir die ihnen zugrundeliegenden Regeln lernen, und wenn wir etwas können, bedeutet das nicht, daß wir von diesen Regeln in einem anderen als in einem bildlichen Sinn »Kenntnis« haben.[12]

Chomsky schreibt, »das Kind verarbeite die Daten in der Annahme, daß sie aus einer Sprache eines bestimmten wohldefinierten Typs entnommen sind. Das Kind muß dann lediglich herausfinden, welche der möglichen Sprachen diejenige der umgebenden Gemeinschaft ist.« Vermutlich bedeutet dies nicht, daß jedes Zweijährige die Äußerungen seiner Mutter im Geist der investigativen Philologie sieht, wie ein frühreifer Michael Ventris angesichts der mykenischen Linearschrift *B*. Die »Annahme« des Kindes muß genau so stillschweigend sein wie die analytische Kenntnis, die es zu seiner wirksamen Nutzung brauchte. Aber genetisch programmiertes Können braucht keine Annahmen. Das Grauganskäken braucht nicht anzunehmen, daß Konrad Lorenz seine Mutter ist; es ist darauf programmiert, sich an den wahrscheinlichsten Anwärter zu halten, der sich in einer bestimmten kritischen Entwicklungsperiode für diese Rolle zur Verfügung stellt. Entsprechend macht, wenn Chomsky recht hat, ein zweijähriges Kind keine »Annahmen«, sondern es ist darauf programmiert, »heraus[zu]finden, welche der möglichen Sprachen diejenige der umgebenden Gemeinschaft ist«.

Aber wie? Sollen wir annehmen, daß ungeheuer viele generative Grammatiken genetisch enkodiert sind oder wie Antikörpergene während der frühen Kindheit entstehen? Genau wie ein Klon spezifischer Antikörper sich ausbreitet, wenn das Lebewesen durch ein spezielles Antigen herausgefordert wird, so könnte sich vielleicht auch die Kompetenz für eine bestimmte Sprache dann entfalten, wenn ein zweijähriges Kind durch Äußerungen in dieser Sprache herausgefordert wird. Das ist ein fantastischer Gedanke, und ich möchte ihn nicht Chomsky in die Schuhe schieben, aber ich kenne keine konkrete – also nicht metaphorische – Alternative dazu. Nach dreißig Jahren aktiver Forschung und Debatte streiten sich die Linguisten immer noch heftig über die *Form* – vom Inhalt gar nicht zu reden – der generativen Grammatiken. Und obwohl die meisten Linguisten anerkennen, daß die Bemühung, generative Grammatiken zu konstruieren, einen starken positiven Einfluß auf die Erforschung der Sprache gehabt hat, so wird doch heute noch die Frage heiß debattiert, ob es generative Grammatiken überhaupt gibt – und damit eine universelle Grammatik, deren Prinzipien diese hypothetischen generativen Grammatiken beschränken.

## Natürliche Sprache und Mathematik

Obwohl bis jetzt noch niemand für irgendeine natürliche Sprache auch nur näherungsweise eine generative Grammatik konstruieren kann, gibt es einen Bereich, in dem generative Grammatiken selbstverständlich sind: die Mathematik. Für jeden Zweig der Mathematik – zum Beispiel die euklidische Geometrie oder die Arithmetik – gibt es eine Menge grammatikalischer Regeln, die die Struktur einer jeden »wohlgeformten« Aussage festlegen. Die meisten dieser Regeln sind Vorschriften über das logische Schließen, die allen Zweigen der Mathematik gemeinsam sind. Sie stellen die universelle Grammatik der Mathematik dar. Die verbleibenden Regeln dienen dazu, Begriffe zu definieren, die für einen bestimmten Zweig der Mathematik kennzeichnend sind, wie etwa Gerade, Punkt und Schnittpunkt in der Geometrie, oder Zahl in der Arithmetik. In den fünfziger Jahren machte sich Chomsky daran, für das Englische (und später auch für andere Sprachen) die Art generativer Grammatik zu konstruieren, die Mathematiker um die Jahrhundertwende für mathematische Sprachen konstruiert hatten.

Meiner Meinung nach ist die Analogie zwischen natürlichen Sprachen und mathematischen Sprachen, die zu dem Begriff der generativen und universellen Grammatiken führte, oberflächlich und irreführend. Vielleicht betreffen die offensichtlichsten Unterschiede zwischen der mathematischen Sprache und den natürlichen Sprachen die Bedeutungen einzelner Worte oder Ausdrücke. Ein Wort einer natürlichen Sprache ist oft an seinen Begriffsrändern verschwommen. Mathematische Ausdrücke sind dagegen wie ideale geometrische Figuren, scharf umrissen. Natürlichen Sprachen gelingt es immer, aus der Zwangsjacke auszubrechen, in die präskriptive Grammatiker sie stecken möchten, während die mathematische Darlegung noch so komplex sein kann und doch immer vollkommen mit den Regeln einer expliziten und leicht erlernbaren Grammatik in Einklang ist.

Einige Menschen sehen in diesen Unterschieden zwischen mathematischen und natürlichen Sprachen einen Nachteil der letzteren – dem man sogar abhelfen kann. Seit Aristoteles hat die Aufgabe, die natürlichen Sprachen von ihren Mehrdeutigkeiten und Widersprüchlichkeiten zu säubern, Philosophen gereizt, die sich nach der Präzision und Regelhaftigkeit der mathematischen Sprache sehnten. Die Aufgabe ist, glaube ich, unmöglich zu lösen, weil die beiden Arten von Sprache grundsätzlich verschieden sind.

Wie wir in Kapitel 1 erörterten, sind die Objekte und Beziehungen der reinen Mathematik vollständig und genau entweder durch explizite Definitionen bestimmt, die es uns erlauben, die definierten Terme durch schon zuvor definierte Ausdrücke zu ersetzen, oder durch Axiome, die die in ihnen erwähnten Ausdrücke implizit definieren. Mathematische Objekte müssen nicht unbedingt Entsprechungen in der Erfahrung haben. Der Satz des Pythagoras ist eine genaue Wahrheit über Dreiecke eines platonischen Reichs, das wir mit unserem inneren Auge sehen können. Wenn wir ihn als eine Aussage über wirkliche Dreiecke verstehen – zum Beispiel über Dreiecke, deren Seiten Lichtstrahlen im leeren Raum sind –, ist er, jedenfalls für kleine

Dreiecke, näherungsweise wahr. Wenn er auf Dreiecke angewendet wird, deren Seiten in Milliarden von Lichtjahren gemessen werden, kann der Satz jedoch völlig falsch sein.

Im Gegensatz dazu wurzeln die Bedeutungen der Worte der natürlichen Sprache in der Erfahrung. Ein Wörterbuch definiert Worte durch andere Worte, deren Bedeutung dem Leser aufgrund seiner Erfahrung schon klar ist. Es ginge nicht anders. Wärterbuchdefinitionen sind außerdem gewöhnlich unvollständig. So könnte zum Beispiel in einem Lexikon ein »Zauberlehrling« als »jemand, der bei einem Zaubermeister in die Lehre geht« definiert sein, aber tatsächlich denkt jeder, der das Wort verwendet, an den Zauberlehrling der Goetheschen Ballade.

Der Zusammenhang macht einen wichtigen Teil der Bedeutung eines Wortes aus. Und dies ist kein isoliertes Beispiel. Wir leiten die Bedeutung der meisten Worte aus den Situationen her, in denen wir ihnen zuerst begegnet sind, und neue Assoziationen führen andere Bedeutungsschattierungen und Nuancen ein. Deshalb haben viele Worte einer natürlichen Sprache für verschiedene Sprecher deutlich verschiedene Bedeutungen, und gelegentlich je nach den Umständen auch für denselben Sprecher. Und diese Ungenauigkeit (oder dieser Reichtum) natürlicher Sprachen läßt sich nicht beheben. Keine natürliche Sprache kann darauf hoffen, die Genauigkeit der mathematischen Darlegung zu erreichen; sie sollte auch gar nicht danach streben.

Dieser Schluß überrascht oder verstört, denke ich, wohl nur wenige Leser. Aber wenn die meisten von uns bereitwillig der Behauptung zustimmen, die Bedeutungen einzelner Worte und Ausdrücke seien am Rand verschwommen und könnten sich verändern und ausweiten, so sind wir viel weniger bereit, der Syntax denselben Grad an Ungenauigkeit und Labilität zuzuschreiben. Es gibt, so möchten wir glauben, richtige und falsche Möglichkeiten, Worte zu Sätzen aneinanderzureihen, und es gibt auch richtige und falsche Verwendungen für einzelne Wörter. Manche Sätze sind gut gebaut, andere nicht. Aber was bestimmt, ob ein Satz gut gebaut ist?

Ich behaupte, das wichtigste Kriterium für einen wohl geformten Satz ist, daß er für muttersprachliche Sprecher richtig klingt. Richtig klingen ist nicht dasselbe wie syntaktischen Regeln gehorchen. Sätze wie »Es ist mein« und »Eilet geschwinde, ich setze euch nach« entsprechen den Regeln der Syntax, klingen für die meisten Deutschsprachigen jedoch nicht mehr richtig. Es ist nicht so, daß die Regeln sich nicht auf die Sprache auswirken. Bemühungen, grammatikalisch richtig zu schreiben und zu sprechen, führen zu solch dissonanten Erzeugnissen wie beispielsweise »so schön als wie« oder »Das kommt wegen deinem Stursinn« (was in manchen Sprachgemeinschaften so verbreitet ist, daß es für diese Sprecher richtig klingt).

Obwohl wir damit nichts über die Struktureigenschaften wohlgebauter Sätze erfahren, hilft es uns doch, auf die richtige Spur zu kommen, wenn wir sagen, daß ein wohlgeformter Satz richtig klingt. Ich denke, wir sollten nicht danach fragen, wie ein Kind die Regeln einer hypothetischen generativen Grammatik lernt, sondern vielmehr, wie es lernt, die Sprachmuster zu erkennen und zu benutzen, die in der Sprachgemeinschaft, in der es zufällig aufwächst, richtig klingen. Dies sind zwei verschiedene Fragen. Die erste ähnelt der Frage, wie ein Kind die dynamischen Grundsätze lernt, die dem Fahrradfahren zugrunde liegen, und die zweite ähnelt der danach, wie das Kind die entsprechenden Muskelreflexe erwirbt.

## Erster Spracherwerb

Wie lernen Kinder sprechen? Während Linguisten die Sprache von Erwachsenen (und ihre historische Entwicklung) untersuchten, haben Psycholinguisten die *Entwicklung* der sprachlichen Leistung und der linguistischen Fähigkeiten beobachtet und zu verstehen versucht. Chomsky und andere Linguisten der präformationistischen Richtung lehnen solche Untersuchungen als größtenteils irrelevant für ein Verständnis der Leistungen und Fähigkeiten der Erwachsenen ab. Sie behaupten, die Entwicklung der Sprachfähigkeit sei wie die eines Organs wenig mehr als das allmähliche Entfalten eines genetisch kodierten Bauplans. Man lernt, so sagen sie, die Funktion von Herz oder Niere nicht kennen, wenn man weiß, wie sie sich entwickelt haben. Ich denke, dieses Argument geht von falschen Voraussetzungen aus. Die Beobachtung hat gezeigt, daß die Entwicklung von Körperorganen gegen äußere Einflüsse in großem Maße unempfindlich ist. Die Entwicklung der Sprache dagegen ist für äußere Einflüsse höchst empfindlich. Einer der Hauptbeweggründe für die Untersuchung des Spracherwebs bei Kindern ist die Frage, welche Regelmäßigkeiten im Entwicklungsprozeß sich bei Kindern aufzeigen lassen, die in verschiedenen Sprachgemeinschaften aufwachsen.

Ich meine, daß der Spracherwerb wie auch andere Arten der kognitiven Entwicklung ein Prozeß der hierarchischen Konstruktion ist, bei dem die zugrunde liegenden Schemata gleichzeitig der Differenzierung und der Integration unterworfen sind. In *A First Language* hat Roger Brown, einer der führenden Forscher auf dem Gebiet der Psycholinguistik, die frühe Sprachentwicklung folgendermaßen gekennzeichnet:

> Diese Entwicklung verläuft immer auf eine von zwei Arten. Eine Zunahme in der Anzahl der Relationen, die entstehen 1. durch Verknüpfung, also Aneinanderreihung weiterer Beziehungen und Auslassen redundanter Ausdrücke, 2. durch das Entfalten eines Ausdrucks in einer Beziehung, so daß der Ausdruck selbst zu einer Beziehung wird.

Die erste Art der Entwicklung entspricht genau dem, was ich Integration nannte, die zweite der Differenzierung, die von Integration begleitet wird. Der Absatz geht weiter:

> In diesen Daten ... liegen, insgesamt gesehen, Hinweise auf das, was ich, nicht ganz im Ernst, das Gesetz der kumulativen Komplexität der Sprachentwicklung genannt habe. Es ist wichtig, sich klarzumachen, daß dann, wenn die Äußerungen länger werden ... die Komplexität irgendwie zunehmen sollte, aber es gibt *a priori* keinen Grund, warum die Zunahme gerade die Form haben sollte, die sie hat, und warum insbesondere diese Form bei allen untersuchten Kindern, unabhängig von der betreffenden Sprache, gleich sein sollte.[13]

Browns »Gesetz der kumulativen Komplexität« ist, wie ich es sehe, identisch mit dem, was ich das Prinzip der hierarchischen Konstruktion genannt habe.

Der vorstehende Abschnitt bezieht sich auf die erste von fünf Stufen, in die Brown die Sprachentwicklung einteilt; auch die spätere Entwicklung läßt sich als ein Prozeß hierarchischer Konstruktion beschreiben. Auf Stufe I sind die zum Beispiel durch *an Mama, für Mama, Mamas* ausgedrückten Bedeutungen noch nicht voll differenziert. Auf Stufe II findet diese Art der Differenzierung und Integration für die Grundbedeutungen von Stufe I statt. Im Deutschen wie in den meisten indoeuropäischen Sprachen werden solche »Modulationen der Bedeutung«, wie Brown sie passend nennt, durch Inflektion von Substantiven und Verben, Präpositionen, Artikeln und Bindewörtern erreicht. »All diese«, schreibt Brown, »ranken wie Efeu zwischen und über die wichtigsten Bausteine, die Substantive und Verben, auf die sich Stufe I überwiegend beschränkt.« In Stufe III vollendet das Kind die Differenzierung von Satzmodalitäten (Aussagen, Fragesätze verschiedener Arten, Verneinungen und Befehle), die in Stufe I begonnen wurde. Auf Stufe IV werden Sätze konstruiert, in denen andere Sätze als Einheiten vorkommen («Ich hoffe, es tut nicht weh«), und auf Stufe V werden zwei oder mehr Sätze zu einem einzigen Satz kombiniert, wobei manchmal redundante Komponenten ausgelassen werden (»Ich hab Kaugummi und ein Buch gekauft«). All diese Entwicklungsweisen sind Beispiele für die Zunahme der Komplexität durch hierarchische Konstruktion.

Einer der Hauptunterschiede zwischen der konstruktivistischen und der präformationistischen Sicht der Sprachentwicklung betrifft ihren Ausgangspunkt. Chomsky und andere Präformationisten behaupten, die Sprachentwicklung beruhe auf der Reifung eines von den Genen programmierten speziellen Spracherlernungsmechanismus. Nach Piaget dagegen entstehen Sprachstrukturen aus zuvor konstruierten nichtsprachlichen Strukturen. Während der ersten anderthalb bis zwei Lebensjahre konstruiert ein Kind Schemata, die es ihm erlauben, Erfahrung in Form von Objekten, Handlungen und einfachen Handlungsmustern zu strukturieren. Wie in allen Aspekten der kognitiven Entwicklung baut jede Stufe auf früheren Stufen auf und bahnt den Weg für spätere. Insbesondere bahnen schließlich die Leistungen der sensumotorischen Intelligenz (wie Piaget diese

Sammlung von verknüpften Schemata nennt) den Weg für die Anfänge des Sprechens – und werden auch in der Tat genau eingehalten.

Piagets Sicht wurde durch die Beobachtungen der Psycholinguisten gut bestätigt. So sagt Roger Brown:

> Insgesamt denke ich, daß die ersten Sätze die Konstruktion der Wirklichkeit ausdrücken, die die »ultimative« Leistung der sensumotorischen Intelligenz darstellt. Was durch die Strukturierung des unmittelbar erfahrbaren Raums und der Zeit und auf der Ebene der motorischen Intelligenz erworben wurde (die Dauerhaftigkeit der Form und Substanz der unmittelbaren Objekte) braucht nicht auf der Repräsentationsebene wiederholt zu werden. Die Repräsentation beginnt mit gerade jenen Bedeutungen, die ihr am zugänglichsten sind, mit Sätzen über Handlungsschemata, die Agenten und Dinge enthalten, Aussagen über Nichtvorhandensein, Wiederkehr, Ortsangaben und so weiter. Aber die Repräsentation bringt die Intelligenz über das Sensumotorische hinaus. Die Repräsentation ist eine neue Handlungsebene, die rasch zu Bedeutungen fortschreitet, die über den unmittelbaren Raum und das praktische Handeln hinausgehen.

Dieser Abschnitt faßt die konstruktivistische Darstellung der Sprachentwicklung zusammen. Die Wirklichkeit ist uns nicht einfach »gegeben«, sondern wir konstruieren sie in den ersten Lebensmonaten. Bevor wir beginnen können, Dinge und Taten mit Lauten zu verbinden, müssen wir lernen, Dinge und Taten in unserer Umwelt wahrzunehmen. Wir müssen also eine äußere Wirklichkeit schaffen, die durch stabile Objekte in Bewegung und Wechselwirkung belebt ist. Die Neuerung, die Sprache ermöglicht, ist die Repräsentation – nicht nur die *Assoziation* von Klängen (oder Symbolen) mit Dingen und Handlungen, sondern die Konstruktion einer zweiten Welt, in der Dinge und Taten ersetzt werden.

Brown betont, daß sensomotorische Strukturen die Grundlage für *Bedeutung* als syntaktische Kategorie oder Relation liefern. Er und andere Psycholinguisten haben bei der Beschreibung der Struktur der Kindersprache aus einem semantischen Blickwinkel viel mehr Erfolg gehabt als aus einem syntaktischen. So fand Brown zum Beispiel, daß die ersten Äußerungen eines

Kindes in drei semantische Kategorien fallen: Benennung (*sieh, da*), Wiederholung (*noch, mehr*) und Nichtvorhandensein (*alles weg*). Er fand auch, daß die meisten der frühesten Äußerungen (Stufe I) der von ihm untersuchten Kinder eine kleine Anzahl semantischer Beziehungen wie Agent und Aktion, Aktion und Objekt, Entität und Ort, Besitzer und Besitz zum Ausdruck brachten. Die meisten, aber nicht alle. Einer der verblüffendsten Schlüsse, die aus der modernen Erforschung der Kindersprache gezogen werden muß, ist der negative Befund, daß keine generative Grammatik in der Lage zu sein scheint, den Umfang der verbalen Äußerungen selbst eines Sprachanfängers erfassen zu können. Von Anfang an hat Sprache eine kreative, offene Seite, die sie von weniger charakteristisch menschlichen Verhaltensweisen unterscheidet. Und dies gilt sowohl für die Form wie für den Inhalt. Kinder, die zu sprechen beginnen, sagen nicht nur etwas, was noch nie gesagt wurde, sie sagen es auch auf ganz neue Art und Weise.

Die Hypothese einer angeborenen universellen Grammatik wurde entwickelt, um zwei zentrale Beobachtungen zu erklären: die Existenz sprachlicher Eigenheiten, die vielen – vielleicht allen – natürlichen Sprachen gemeinsam sind, und die Fähigkeit von Kindern, mit Leichtigkeit syntaktische Regeln zu meistern, die so komplex sind, daß professionelle Linguisten bislang noch nicht in der Lage waren, sie für eine einzige natürliche Sprache vollständig darzustellen – nicht einmal für die Kindersprache. Wie angemessen kann die konstruktivistische Darstellung mit diesen Beobachtungen umgehen?

Wie wir sehen, liegt das erste Stadium des Spracherwerbs in der *Repräsentation* von Schemata, die während der Periode der sensumotorischen Entwicklung konstruiert wurden, also in den ersten anderthalb bis zwei Jahre eines Kinderlebens. Diese sensumotorischen Schemata scheinen allgemeingültig zu sein. In jeder Kultur lernt ein Kind, die Außenwelt in Form von Dingen, Handlungen, räumlichen und zeitlichen Beziehungen wahrzunehmen und zu beeinflussen. Das tun auch junge Schimpansen und Gorillas, wie wir aus ihrem Verhalten schließen können (wie wir es natürlich auch tun, wenn wir die sensumotorische Intelligenz von Kindern beurteilen). Offensichtlich teilen wir mit anderen Primaten die genetische Kapazität und Motivation, diese höchst anpassungsfähigen Schemata während der frühen Kindheit zu konstruieren. Deshalb ist es im konstruktivistischen Bild nicht überraschend, daß die grundlegenden semantischen Kategorien und Beziehungen – jene, die allgemeingültige sensumotorische Schemata darstellen – in allen menschlichen Sprachen die gleichen sind. Schimpansen und Gorillas, deren sensumotorische Intelligenz der unseren anscheinend sehr ähnlich ist, sind auch fähig, sichtbare Zeichen und Symbole zu verstehen und zu gebrauchen, die Dinge, Handlungen und (vielleicht) einfache Beziehungen wie die zwischen Handelndem und Handlung darstellen.

Die natürlichen Sprachen verwenden eine große Vielfalt von syntaktischen Verfahren, um komplexe Bedeutungen auszudrücken. Was haben diese Verfahren gemeinsam, falls sie überhaupt etwas gemeinsam haben? Der gemeinsame Faktor ist, wie ich meine, daß syntaktische Komplexität immer einen hierarchischen Charakter hat. Dies ist natürlich das, was das konstruktivistische Bild erwarten läßt: Hierarchische Konstruktion erzeugt unweigerlich hierarchisch organisierte Strukturen.

Jede natürliche Sprache wird unabhängig von ihrer Komplexität von Kindern, die in einer Umwelt aufwachsen, in der sie von Menschen umgeben sind, die diese Sprache sprechen, mit Leichtigkeit gelernt. Warum? Chomsky und seine Anhänger sagen, das sei so, weil Kinder eine angeborene stillschweigende Kenntnis von Metaregeln haben, die für die Syntax jeder natürlichen Sprache gelten. Nach Ansicht der Konstruktivisten jedoch sollte die Allgemeingültigkeit nicht im *Ergebnis* des Spracherwerbs gesucht werden (also in den natürlichen Sprachen, wie sie von Erwachsenen gesprochen werden), sondern in dem *Prozeß*, durch den die Sprache erworben wird. Wie Roger Brown bemerkte, werden die Äußerungen eines Kindes nicht nur immer komplexer, sondern auch auf ganz bestimmte Weise komplexer, nämlich durch hierarchische Konstruktion. Die Komplexität jeder natürlichen Sprache ist genau von der Art, die sich durch eine schrittweise hierarchische Konstruktion meistern läßt, die wiederum, wie Brown in *A First Language* nachweist, Kinder befähigt, in einfachen Schritten von Einwortsätzen zu Sätzen überzugehen, die die volle Komplexität der Erwachsenensprache haben.

Wie kamen die natürlichen Sprachen zu dieser speziellen Komplexität? Es scheint vernünftig anzunehmen, daß sie sich durch einen Prozeß hierarchischer Konstruktion entwickelten, der qualitativ dem ähnlich ist, durch den Kinder ihre erste Sprache lernen. In der Tat waren bis zur Erfindung der Schrift (einem relativ neuen Ereignis in der Geschichte der Sprache) die einzigen syntaktischen Veränderungen, die zuverlässig von einer Generation zur anderen weitergegeben werden konnten, jene, die Kinder leicht lernen konnten – Veränderungen, die der hierarchischen Art der Konstruktion und Verarbeitung von Sprache durch Kinder angemessen waren.

Dieses Kapitel hat Sprache, Denken und Wahrnehmung auf einer beschreibenden Ebene erörtert. Ich habe einige theoretische Begriffe verwendet – Schemata, hierarchische Konstruktion –, um die Erscheinungen zu ordnen, aber ich habe nicht versucht, eine Beziehung zwischen diesen Gedanken und biologischen Strukturen und Prozessen herzustellen. Wir sind jetzt in der Lage, uns dieser Aufgabe zuzuwenden.

# 13. Was ist Bewußtsein?

## Das Leib-Seele-Problem

Wissen und Wahrnehmen sind sicherlich ebenso sehr biologische wie psychologische Prozesse. Die Beziehung zwischen psychologischen und biologischen Beschreibungen ist jedoch nicht so offensichtlich. Beziehen sich psychologische Beschreibungen auf identifizierbare biologische Strukturen und Vorgänge? Bezieht sich zum Beispiel »diesen Satz lesen« auf eine komplizierte Menge physikalischer Ereignisse, die sich im Auge und Gehirn des Lesers abspielen? Oder gehört zum Lesen eines Satzes etwas anderes als das, was sich allein mit Hilfe der Physik beschreiben läßt, etwas, das keine biologische Beschreibung je enthalten könnte?

Solche Fragen stellen uns vor zweierlei Schwierigkeiten. Die erste Schwierigkeit ist rein wissenschaftlicher Art. Das Nervensystem ist bei weitem das komplexeste aller unserer Organsysteme. Obwohl wir seine Anatomie und Physiologie auf den untersten Organisationsebenen jetzt gut verstehen, beginnen Neurobiologen gerade erst mit einer genauen Darstellung von Struktur und Funktion auf der Ebene der Wahrnehmungs- und Erkenntnisvorgänge. Die zweite Schwierigkeit ist philosophischer Art. Sie wird gewöhnlich das Leib-Seele-Problem genannt und hat ihren Ursprung in den Anfängen der abendländischen Philosophie. (Daß es einen Unterschied zwischen Geist und Körper gibt, wurde von Sokrates behauptet und von Demokrit bestritten.)

Der Philosoph Thomas Nagel hat behauptet, das Leib-Seele-Problem, das Problem des freien Willens und mehrere andere Probleme der zeitgenössischen Philosophie hätten eine gemeinsame Grundlage, die er wie folgt kennzeichnet:

> Das Problem wird durch den Gegensatz zwischen subjektiven und objektiven Betrachtungsweisen aufgeworfen. Man tendiert dazu, nach einer objektiven Beschreibung und Erklärung von allem und jedem zu suchen, bevor man es als real anerkennt. Aber oft läßt

> sich etwas, das aus einer subjektiven Perspektive heraus beobachtet werden kann, nicht auf objektive Weise darstellen. Also ist entweder das objektive Bild der Welt unvollständig oder das subjektive enthält falsche Vorstellungen, die beseitigt werden sollten.[1]

Die Neigung, »nach einer objektiven Beschreibung und Erklärung von allem und jedem zu suchen, bevor man es als real anerkennt«, ist ein natürliches Ergebnis der individuellen Entwicklung. Wenn wir vom Kleinkind zum Kind und vom Kind zum Erwachsenen heranwachsen, lernen wir, die Welt und uns selbst immer objektiver zu sehen. Wir kommen dazu, objektive Urteile bei anderen zu schätzen, und wir versuchen sie in uns selbst zu fördern. Selbst wenn wir es niemals schaffen, uns so zu sehen, wie andere uns sehen, wünschen sich die meisten von uns, wir könnten es.

Auf einer anderen Ebene zeigt sich der Drang zum Objektivieren in der immer besser werdenden Fähigkeit, fremde Gesellschafts- und Glaubenssysteme von innen zu überprüfen – und unser eigenes von außen. Nirgendwo hat die Flucht vor der Subjektivität weiter geführt oder größeren Lohn gebracht als in den Naturwissenschaften. Galilei, mit dem die moderne Naturwissenschaft erwachte, belebte aufs neue das zweitausend Jahre früher von Demokrit begonnene Programm, das solche Beschreibungen, die »sekundäre« Eigenschaften wie rot, glatt und süß enthalten, durch andere ersetzt, die »primäre« Eigenschaften wie Masse und Form verwenden. Der spektakuläre Erfolg dieses Programms, das in einzigartiger Weise Licht auf Fragen wirft, die nur wenige Jahrzehnte zuvor anscheinend hoffnungslos jenseits der Reichweite wissenschaftlicher Forschung lagen – den Beginn der Zeit, die unendlichen Weiten des Raums, die letzten Bestandteile der Materie, das Geheimnis des Lebens, das Wesen des Denkens und der Gefühle –, hat viele Menschen davon überzeugt, daß die ganze Wirklichkeit im Bereich der Naturwissenschaften liegt.

Und doch steckt tief im Inneren der persönlichen Erfahrung etwas, das anscheinend nicht zur äußeren, objektiven Welt der Naturwissenschaften gehört – etwas, das wir nur schwer in Worte fassen, aber noch schwerer als Täuschung abtun können.

Wie sind moderne Philosophen mit diesem Konflikt umgegangen?

Der Gegensatz zwischen der Objektivität wissenschaftlicher Beschreibungen und der Subjektivität der unmittelbaren Erfahrung ist das Hauptthema der Philosophie Bergsons. Bergson sah in der irreduzierbaren Subjektivität der Erfahrung eine Manifestation der »Lebensschwungkraft«, der treibenden und organisierenden Kraft der biologischen Evolution. Wie wir in Kapitel 10 sahen, braucht man keine solche Kraft zu postulieren, wenn das Phänomen des Lebens oder der kreative Charakter der biologischen Evolution erklärt werden sollen. Trotzdem sind in diesem Jahrhundert viele Wissenschaftler, darunter die Neurobiologen Charles Sherrington, John Eccles und Roger Sperry, Bergson gefolgt, indem sie eine nichtphysikalische Wirklichkeit forderten, die manche geistige Prozesse durchdringt. Solche Hypothesen werden durch unser Gefühl bestätigt, daß Empfindungen, Wahrnehmungen und Gedanken nicht zur physikalischen Welt gehören. Aber sie erreichen, wie Thomas Nagel zeigte, ihr wichtigstes Ziel nicht. Man kann die Lücke zwischen dem Objektiven und dem Subjektiven nicht überbrücken, indem man zwei objektive Welten fordert, eine Welt der Dinge und eine Welt der Gedanken.

> Der generelle Konflikt zwischen persönlichen und unpersönlichen oder zwischen subjektiven und objektiven Perspektiven wird auch durch eine dualistische Theorie des Geistes nicht vermieden. Die Frage, wie man eine neutrale Substanz, die subjektive Eigenschaften hat, in der objektiven Welt ansiedeln kann, stellt sich mit der gleichen Schärfe wie die Frage, auf welche Weise die physikalische Substanz subjektive Eigenschaften haben kann.[2]

Der Philosoph Karl Popper ist noch weitergegangen als solche Dualisten wie Descartes und Bergson. Er postuliert *drei* unterscheidbare Welten, nämlich eine physikalische Welt der Dinge, eine geistige Welt der Gedanken und Sinnesempfindungen und ein platonisches Reich der Objekte und Beziehungen, die wir vor unserem geistigen Auge »sehen« – Zahlen, geometrische Figuren, mathematische Beweise und so weiter. Mir leuchten diese Unterscheidungen *logisch* durchaus ein. Sie erleichtern das klare Denken. Wenn ich zum Beispiel von einem Würfel spreche, ist es für mich und meinen Zuhörer wichtig zu wissen, ob ich mich auf einen Gegenstand wie einen Eiswürfel, ein inneres Bild eines Würfels oder ein ideales geometrisches Objekt beziehe. Aber ist Poppers Dreiteilung der Wirklichkeit auch *metaphysisch* sinnvoll? Ich meine nicht. Wo würde er zum Beispiel einen fehlerhaften oder einen unvollständigen Beweis einer mathematischen Aussage einordnen? Sicherlich gehört er nicht in Welt Eins (Gegenstände) oder Welt Zwei (Geisteszustände). Wenn überhaupt, gehört er in Welt Drei. Allgemeiner muß Welt Drei, wenn Poppers Klassifizierung erschöpfend sein soll, *Konstrukte* aller Arten enthalten. Aber eine Welt der Konstrukte läßt sich sicherlich nicht als unabhängig vom menschlichen Geist sehen.

Viele zeitgenössische analytische Philosophen sind zum entgegengesetzten Schluß gekommen. Ausgehend von der Voraussetzung, daß die Naturwissenschaft (vielleicht ergänzt durch die Philosophie) in der Lage sein muß, eine vollständige Beschreibung der Wirklichkeit zu liefern, behaupten sie, jedes geistige Ereignis sei mit einem physikalischen Vorgang im Gehirn *identisch*. Diese Behauptung verträgt sich nicht mit der Behauptung, bewußte Geisteszustände enthielten ein irreduzierbares subjektives Element; denn unabhängig davon, wie stark sich die Wissenschaft von morgen auch von der heutigen Wissenschaft unterscheiden mag, können wir sicher sein, daß sie eine objektive Beschreibung der Wirklichkeit liefern wird. Objektivität ist für die Naturwissenschaft, was Rhythmus für die Musik und Farbe für ein Gemälde sind. Wie stehen Philosophen, die geistige Ereignisse mit physikalischen Vorgängen im Gehirn gleichsetzen, zum subjektiven Element der Erfahrung?

Manche von ihnen ignorieren es einfach. Andere behaupten, daß die Subjektivität eine Illusion ist, die sich auflösen wird, wenn wir ihre biologische Grundlage besser verstehen, genau wie die Vorstellung dämonischer Besessenheit verging, als man das Wesen von Geisteskrankheiten zu verstehen begann.[3]

Die dritte und vielleicht überzeugendste Verteidigung der reduktionistischen These besteht in einem Angriff auf die Gegenthese, wonach Subjektivität ein irreduzierbarer Teil der Wirklichkeit ist. Wie können wir sicher sein, daß eine vollständige objektive Darstellung der Vorgänge im Nervensystem eines bestimmten Menschen – eine Darstellung, die sich von den jetzt bekannten fragmentarischen Darstellungen auf Weisen unterscheiden könnte, die wir uns gar nicht vorstellen können – uns nicht auch sagen könnte, was es bedeutet, diese Person zu sein? Nehmen wir an, wir wüßten genug über das Nervensystem einer Fledermaus (um eines von Nagels Lieblingsbeispielen zu nehmen); ist es dann nicht zumindest vorstellbar, daß wir wissen würden, was es »für eine *Fledermaus* bedeutet, eine Fledermaus zu sein«?

Diese Überlegung wird durch die Geschichte der Naturwissenschaften bestätigt. Oft ist gesagt worden: »Diese oder jene Frage wird die Naturwissenschaft niemals beantworten oder auch nur stellen«. Gewöhnlich hat sich das als falsch erwiesen. Sowohl Galilei als auch Kant waren überzeugt, daß Fragen über die Endlichkeit des Weltalls von der Naturwissenschaft grundsätzlich nicht beantwortet werden könnten. Maxwell glaubte, die Dauerhaftigkeit und Stabilität von Atomen würde sich niemals durch die Naturwissenschaft erklären lassen. Bis weit in das zwanzigste Jahrhundert hinein waren viele Biologen (und noch mehr Physiker) davon überzeugt, wissenschaftliche Beschreibungen könnten niemals den Unterschied zwischen Leben und Nichtleben erfassen. Angesichts solcher Beispiele zögern viele Philosophen zu behaupten, daß die subjektiven Aspekte der Erfahrung *irreduzierbar* subjektiv sind. Warum sollte man annehmen, daß die Naturwissenschaft nicht nur, ganz offensichtlich, unvollständig ist, sondern auch nie vervollständigt werden wird – daß der subjektive Kern der Erfahrung immer außerhalb ihrer Reichweite bleiben wird?

Ich denke, es gibt nur einen Grund für diese Annahme, aber das ist ein sehr wichtiger Grund. Die Naturwissenschaft versucht, Regelmäßigkeiten, die den Naturerscheinungen zugrundeliegen, zu beschreiben und zu erklären. Ebenso wichtig ist das Bemühen der Naturwissenschaft, neue Phänomene aufzudecken. Diese beiden Tätigkeiten verstärken einander gegenseitig. Bemühungen, die Dauerhaftigkeit und Stabilität von Atomen zu verstehen, führten zur Entdeckung der Quantenwelt der Kristalle, Moleküle, Atome und subatomaren Teilchen.

Bemühungen, das Leben zu verstehen, brachten die Entdeckung der Welt der Molekularbiologie. Und Bemühungen, den Geist zu verstehen, eröffneten eine weitere Welt voller zuvor unvorstellbarer Phänomene. Aber Subjektivität, so behaupte ich, *ist kein Phänomen in dem Sinn, wie Naturwissenschaftler das Wort verstehen.* Ich meine damit nicht, daß sich solche Dinge wie Gefühle, Wahrnehmungen, Gedanken, Wünsche, Empfindungen, Träume und Wahnvorstellungen nicht wissenschaftlich erkunden und erklären lassen. Im Gegenteil sind sie alle Wasser auf die Mühle des Neurobiologen. Ich möchte behaupten – und das ist, wenn ich sie richtig verstehe, Nagels Behauptung –, daß objektives Wissen seinem Wesen nach den subjektiven Aspekt der Erfahrung ausschließen muß.

Dies bedeutet nicht, daß wir kein subjektives Wissen erwerben können. Offensichtlich kennen wir unsere eigenen Gedanken und Gefühle; kein Wissen kann direkter oder sicherer sein. Oft wissen wir auch, was andere Menschen denken oder fühlen. Ein gutes Gedicht gibt uns Zugang zum (subjektiven) Gesichtspunkt des Dichters – wenn es ihn natürlich auch nicht *beschreibt.* Es ist vorstellbar, daß ein geschickter Interpret, der eine hinreichend genaue Kenntnis der Gehirnzustände eines anderen Menschen hat, aufgrund solcher Information in den Geist des Menschen »hinein« gelangen kann, so wie ein gutes Textbuch es einem guten Schauspieler ermöglicht, sich in den Geist eines Charakters hineinzuversetzen. Aber in all diesen Beispielen bedeutet die Annahme der Sichtweise des anderen – das Hineinversetzen in den anderen –, daß man selbst etwas erfährt, das mit dem Ähnlichkeit hat, was der andere erlebt. Wenn ein Freund zu mir sagt: »Ich weiß, wie du dich jetzt fühlst!«, verstehe ich das nicht in dem Sinn, daß er meinen Gemütszustand beschreiben kann, sondern daß er aus Mitgefühl heraus in der Lage ist, ihn in gewissem Maße zu teilen. Diese alte und vertraute Unterscheidung zwischen diskursivem Wissen und dem, was Bergson Intuition nennt – unmittelbarem, nichtdiskursivem Wissen – ist das, dessen Existenz reduktionistische Geistesphilosophen bestreiten. Oder vielmehr behaupten sie, die Kluft zwischen diesen beiden Formen des Wissens möge noch so tief erscheinen, sie müsse doch durch die Naturwissenschaft überbrückbar sein.

Dies scheint mir dasselbe zu sein wie die Behauptung, Musik müsse Farben und Formen wiedergeben können muß. Es wäre schön, wenn es eine solche Brücke zwischen Musik und den bildenden Künsten gäbe, aber ich kann mich nicht davon überzeugen, daß es sie gibt. Ähnlich kann ich mich nicht dazu bringen zu leugnen, daß der subjektive Aspekt der Erfahrung – einen Gesichtspunkt haben, wie Nagel sagt – eine wesentliche Eigenschaft der Wirklichkeit ist.

Wenn wir die Irreduzierbarkeit der subjektiven Erfahrung feststellen, schränkt das keineswegs den Umfang der wissenschaftlichen Suche ein. Die folgenden Behauptungen sind wechselseitig widerspruchsfrei, obwohl das auf den ersten Blick nicht so aussehen mag:

1. Alle Ereignisse in der äußeren Welt werden von physikalischen Gesetzen bestimmt.

2. Es gibt irreduzierbare subjektive Aspekte der Erfahrung, die nicht zur äußeren Welt gehören.

Der *scheinbare* Widerspruch läßt sich an dem folgenden Beispiel verdeutlichen. Ich sehe eine Verkehrsampel umspringen; ich beschließe, die Straße zu überqueren; ich trete auf die Fahrbahn. Die ersten beiden Ereignisse scheinen zu meiner Innenwelt zu gehören, das dritte zur Außenwelt. Und wenn mentale Ereignisse zu physikalischen Ereignissen führen können, können physikalische Ereignisse nicht völlig durch physikalische Gesetze bestimmt werden. Aber schauen wir uns das genauer an.

Obwohl es geistige Ereignisse sind, wenn ich das Umspringen der Verkehrsampel sehe und mich entscheide, die Straße zu überqueren, haben sie doch sowohl einen objektiven als auch einen subjektiven Aspekt. Objektiv gesehen spielen sie sich in der Außenwelt ab – besonders in dem Teil der Außenwelt, der als mein Gehirn bekannt ist. Und wenn die erste der obigen Behauptungen gilt, gibt es keinen theoretischen Grund (wenn auch womöglich praktische), warum wir nicht eines Tages in der Lage sein sollten, eine vollständige wissenschaftliche Beschreibung der objektiven Aspekte geistiger Vorgänge geben zu können.

In welcher Beziehung stehen dann also die objektiven und die subjektiven Aspekte geistiger Ereignisse zueinander? Philosophen, die bestätigen, daß Ereignisse in der Außenwelt von physikalischen Gesetzen bestimmt werden, aber leugnen, daß Geisteszustände mit physikalischen Zuständen übereinstimmen, sagen gewöhnlich, daß geistige Ereignisse physikalische Ereignisse nicht in ihrem subjektiven Aspekt beeinflussen; sie selbst jedoch werden durch physikalische Ereignisse *verursacht*. Insbesondere werden (subjektive) Geisteszustände durch (objektive) Gehirnzustände *verursacht*. Mir bereitet in diesem Zusammenhang das Wort *verursacht* Schwierigkeiten. Obwohl *Verursachung* kein präziser wissenschaftlicher Begriff ist, bezieht er sich immer auf eine Beziehung zwischen Dingen, Ereignissen oder Erscheinungen in der Außenwelt – zum Beispiel die Beziehung zwischen dem Mond und den Gezeiten oder einem Vitamin-A-Mangel und Nachtblindheit. Da der irreduzierbare subjektive Aspekt mentaler Ereignisse nicht zur Außenwelt gehört, meine ich, es wäre besser, in diesem Zusammenhang nicht von Verursachung zu sprechen, sondern davon, daß Geisteszustände einen objektiven und einen subjektiven Aspekt haben.[4] Von außen gesehen sind sie Gehirnzustände, von innen Geisteszustände. Wir wissen, daß gewisse räumlich-zeitliche Aktivitätsmuster im Nervensystem einer Person mit subjektiven Erfahrungen einhergehen; sie haben eine bewußte »Dimension«. Wir wissen nicht, daß das Aktivitätsmuster der entsprechenden subjektiven Erfahrung *vorangeht* und nicht mit ihr einher, und wir haben keinen Grund, das anzunehmen. Die naive Sicht, wonach die Erfahrung uns irgendwie einen direkten, wenn auch nur teilweisen Zugang zu dem gewährt, was in unseren Gehirnen vorgeht, wird durch die vorliegenden Tatsachen bemerkenswert gut bestätigt.

Denken wir zum Beispiel an verallgemeinerte Bewußtseinszustände. Wir können wach sein oder schlafen. Wenn wir wach sind, kann unsere Aufmerksamkeit gerichtet oder ungerichtet sein. Wenn wir schlafen, können wir lebhafte und phantastische Träume haben, bei denen sich unsere Augen rasch bewegen, oder wir können eher prosaische Träume haben oder überhaupt nicht träumen, wobei unsere Augen ruhig sind. Während dieser vier psychologisch verschiedenen Zustände zeichnet der Elektroenzephalograph (ein Gerät, das winzige Veränderungen im elektrischen Potential auf der Oberfläche des Gehirns mißt) vier unterschiedliche und charakteristische Muster von Gehirnwellen auf (Abbildung 13.1). Diese Muster entsprechen der integrierten elektrischen Aktivität des ganzen Gehirns (oder zumindest seiner Oberfläche).

Wie ist es mit besonderen Bewußtseinszuständen? Ist der physikalische Zustand des Gehirns einer Person, dann, wenn sie ein Bild betrachtet, ein anderer, als wenn sie Musik hört? Würden Beobachter, die den physikalischen Zustand eines Gehirns beobachten könnten, unterscheiden können, ob der Eigentümer des Gehirns eine Mathematikaufgabe löst, sich an eine Unterhaltung erinnert oder einen Knoten in der Angelschnur zu lösen versucht? Oder er gerade Musik oder Sprache hört? Die Antwort auf all diese Fragen ist: Ja. Es gibt schon jetzt unaufdringliche Geräte, die es ermöglichen, das Gehirn bei der Arbeit zu beobachten und Aktivitätsniveaus verschiedener Teile aufzuzeichnen.

Diese Geräte nutzen die Tatsache aus, daß Gehirnzellen fortwährend mit Energie versorgt werden müssen. Je angestrengter die Zellen in einem bestimmten Hirnbereich arbeiten, um so mehr Energie verbrauchen sie. Wenn deshalb irgendwie aufgezeichnet werden könnte, mit welcher Geschwindigkeit Energie an die verschiedenen Bereiche geliefert wird, könnten wir sagen, in welchen Bereichen die Zellen am meisten arbeiten, wenn der Eigentümer dieses Gehirns gerade zuhört, etwas betrachtet, sich erinnert oder nachdenkt. Nun wird Energie den Gehirnzellen (genau wie anderen Zellen) vom Blut zugeführt, deshalb besteht eine Möglichkeit, Schwankungen in der Energieversorgung aufzudecken, in der Suche nach Schwankungen in der unterschiedlichen Blutzufuhr der Bereiche. Wissenschaftlern ist dies gelungen, indem sie winzige Mengen einer harmlosen radioaktiven Substanz in das Blut injizierten, wodurch Bereiche mit hoher Aktivität und deshalb höherer Konzentration der radioaktiven Substanz buchstäblich zum Aufleuchten gebracht wurden. Ein noch leistungsfähigeres Verfahren, die Positronen-Emissions-Tomographie oder PET, nutzt die Tatsache, daß Gehirnzellen Glukose brauchen, das einzige Brennstoffmolekül, das die Schranke zwischen Gehirn und Blut überwinden kann. Glukose läßt sich mit einem radioaktiven Element (Fluor-18) »markie-

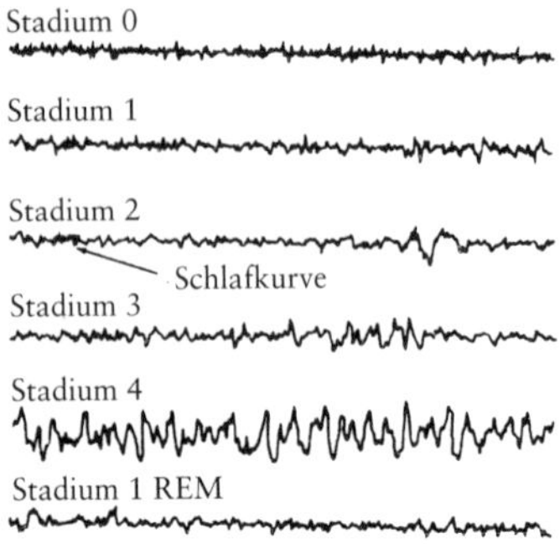


(a)

Abb. 13.1: (a) Elektroenzephalogramme (EEGs), die während Schlaf- und Wachphasen aufgezeichnet wurden. Stadium 0: wach, Augen offen. Stadium 1-4: immer tiefere Schafzustände. Stadium 1 REM: lebhaftes Träumen wird bei leichtem Schlaf (Stadium 1) von heftigen Augenbewegungen begleitet (b) EEG, das in unterschiedlichen Wachstadien aufgezeichnet wurde. ([a] aus: *A Manual of Standardized Terminology, Techniques, and Scoring System for Sleep Stages of Human Subjects*, hg. v. A. Rechtschaffen und A. Kales. Copyright (c) 1968. Mit freundlicher Genehmigung des National Institute of Neurological Disorders and Strokes. [b] Aus *Epilepsy and the Functional Anatomy of the Human Brain*, hg. v. W. Penfield und H. Jasper. Copyright (c) 1954 Little, Brown und Company. Nachdruck mit Genehmigung).

ren«, das unter Aussendung von Positronen (Anti-Elektronen) zerfällt. Diese treffen sofort auf Elektronen, woraufhin beide Teilchen verschwinden und ein Paar hochfrequenter Photonen (Gammastrahlen) erzeugen. Bei jedem dieser Verfahren durchquert die ausgesandte Strahlung den Schädel und wird von einem geeigneten Apparat registriert; dessen Daten lassen sich dann durch einen digitalen Computer analysieren, der ein Bild der Gehirnaktivität konstruiert.

Abbildung 13.2 zeigt PET-Scans des menschlichen Gehirns. Solche Bilder veranschaulichen die verblüffende Folgerung, daß bestimmte geistige Aufgaben mit bestimmten Aktivitätsmustern des Gehirns verknüpft sind.

Die Aktivitätsmuster des Gehirns können jedoch viel komplizierter sein als ihr subjektives Gegenstück. Dies wird am

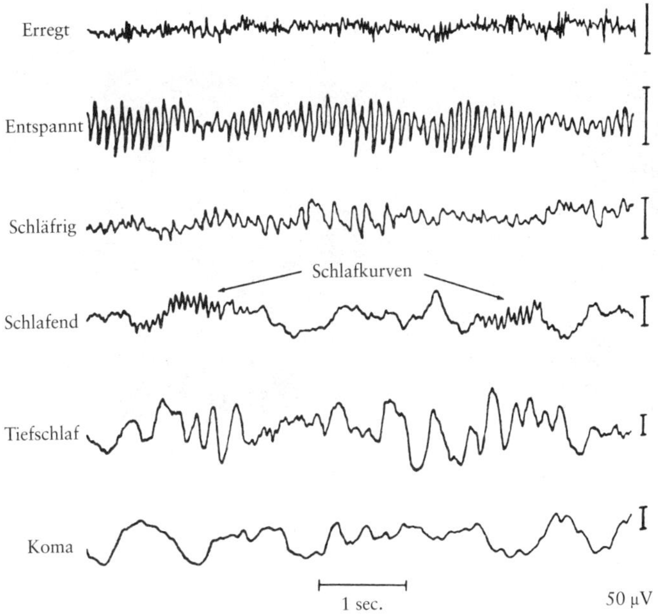


(b)

deutlichsten an den erstaunlichen und oft diskutierten Beobachtungen, die Roger Sperry bei Menschen mit sogenanntem »split-brain« machte. Bei diesen Patienten wurde aus therapeutischen Gründen die Nervenverbindung zwischen der rechten und der linken Gehirnhälfte getrennt. Selbst bei solchen Patienten erhalten normalerweise beide Hemisphären visuelle Information. Die linke Hälfte des Gesichtsfeldes *jedes Auges* projiziert auf einen Bereich in der rechten Hirnhälfte, die rechte Hälfte des Gesichtsfeldes jedes Auges auf einen ähnlich gelegenen Bereich in der linken Gehirnhälfte. Sperry entwickelte ein einfaches experimentelles Verfahren, bei dem das linke Auge nur aus der linken Hälfte seines Gesichtsfeldes Licht erhielt und das rechte Auge nur von der rechten Hälfte des Gesichtsfeldes. Bei dieser Anordnung gelangt visuelle Information vom linken Auge zur rechten

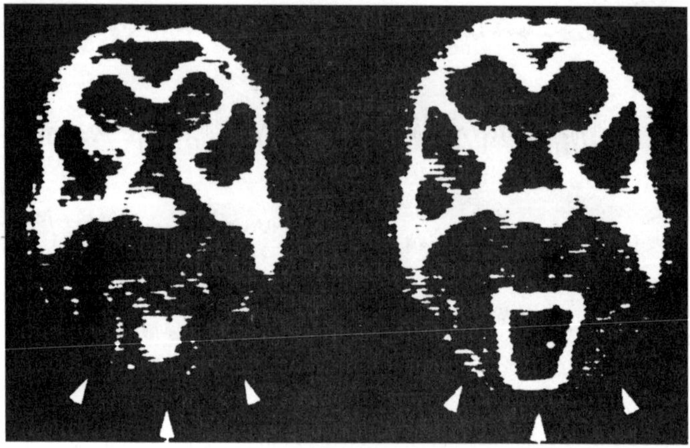

Abb. 13.2: PET-Scans (Tastbilder) des menschlichen Gehirns bei (links) geschlossenen und (rechts) offenen Augen. Die auffälligsten Veränderungen im aufgezeichneten Aktivitätsniveau treten in der Gehirnrinde auf (unterer Teil des Tastbildes). (Photographie von M. E. Phelps u. a., in: *Neuronal Man: The Biology of Mind* von Jean-Pierre Changeux. Copyright (c) 1985 Nachdruck mit Genehmigung von Pantheon Books, einer Abteilung von Random House, Inc.).

und Information vom rechten Auge zur linken Hirnhälfte. Sperry fand, daß Menschen mit in dieser Weise gespaltenem Hirn solche Dinge *benennen* konnten, die ihrem rechten Auge (und der linken Hirnhälfte) gezeigt wurden, aber nicht solche, die dem linken Auge (und der rechten Hirnhälfte) gezeigt wurden. Sie konnten wiederum zu einem Ding, das dem linken Auge gezeigt wurde – etwa zu einem Löffel – unter vielen ähnlichen Objekten ein Gegenstück heraussuchen, es also *paaren*, aber nicht benennen. Vielmehr bestanden sie darauf, daß sie nichts gesehen hatten; die sprachliche linke Hirnhälfte hatte keine Information erhalten. Kann man sagen, daß jemand sich einer Erfahrung *bewußt* ist, von der er behauptet, er habe sie nicht gemacht?

Die Wirklichkeit scheint also aus zwei Teilen zu bestehen: einem Teil, den wir beschreiben, aber nicht vollständig erfahren können, und einem Teil, den wir direkt erfahren, aber nicht voll beschreiben können. Der Teil, den wir beschreiben können – die Außenwelt –, geht über die Erfahrung des einzelnen Menschen hinaus. Seine tiefsten Regelmäßigkeiten werden in der universellen Sprache der Mathematik ausgedrückt. Der Teil, den wir direkt erfahren, ist nicht völlig unbeschreibbar, aber er enthält einen unbeschreibbaren Rest – einen Rest, der das Innenleben eines Menschen von dem eines anderen unterscheidet.

Bewußtsein hat einen offensichtlichen biologischen Wert. Es ermöglicht einem Tier, kreativ auf neue und unvorhergesehe – Herausforderungen zu reagieren. Es ist dasjenige Verhaltensmerkmal, das weder gewohnheitsmäßig noch reflexiv noch instinktiv ist. Wenn jedoch, wie ich angenommen habe, alle Ereignisse in der Außenwelt von physikalischen Gesetzen bestimmt werden, hat der *subjektive Aspekt* des Bewußtseins keine funktionale Rolle. Dies trifft zu, ob das Bewußtsein vollständig auf physikalische Erscheinungen zurückführbar ist oder nicht. Wenn Subjektivität eine Täuschung ist, wie es die Täuschung der dämonischen Besessenheit durch böse Geister ist, fehlt ihm offenbar die Funktionalität. Nichtexistente Dämonen sind ohnmächtig. Aber selbst wenn das Bewußtsein, wovon ich überzeugt bin, eine irreduzierbare subjektive Komponente hat, kann diese Komponente nicht kausal mit Ereignissen in der Außenwelt wechselwirken, weil sie nicht ein Teil dieser Welt ist. Ein Neurobiologe der Zukunft könnte also sehr wohl eines Tages genauso gut verstehen, wie Gehirn und Geist einer Fledermaus wirken, wie ein Elektroniker heutzutage die Funktionsweise eines Farbfernsehers kennt. Aber der Biologe würde so wenig darüber wissen – und wissen müssen – »wie es für die *Fledermaus* ist, eine Fledermaus zu sein«, wie der Techniker darüber weiß, wie es für einen Farbfernsehapparat ist, ein Farbfernsehapparat zu sein.

## Die Evolution des Bewußtseins

Unser heutiges Verständnis der Neurobiologie reicht nicht zur Erklärung der Subjektivität aus. Es gibt (so scheint mir) weder einen Hinweis darauf, wie sich der Außenwelt Subjektivität hinzufügen läßt, noch warum es sie gibt, falls sie irreduzierbar ist. Aber unser jetziges Verständnis der Physik erklärt auch nicht, warum die Natur ihre tiefsten Gesetze in mathematischer Sprache ausdrückt. Die Naturwissenschaften eignen sich im allgemeinen sowieso nicht zur Beantwortung von Fragen der Form: Warum gibt es dieses oder jenes? Sie ist erfolgreicher bei Fragen der Form: Wie hat sich dieses oder jenes herausgebildet? Selbst wenn wir nicht verstehen, warum es Subjektivität gibt, können wir doch versuchen zu verstehen, wie die Eigenschaft, ein Innenleben zu haben, im Lauf der biologischen Evolution entstand.

Sicherlich gab es in den frühesten Lebewesen noch keine Subjektivität. Bakterien haben komplexe molekulare Aggregate der Informationsverarbeitung, aber es gibt nichts in ihrer Physiologie oder in ihrem Verhalten, das es rechtfertigen könnte, ihnen ein Innenleben zuzuschreiben. Es gibt auch keinen Grund, der rechtfertigt, warum Schwämmen oder Pflanzen ein Innenleben zugesprochen werden sollte. Aber es ist schwer vorstellbar, daß wir die einzigen sind, die ein Innenleben haben. Affen erinnern uns zu sehr an uns selbst; wir haben oft Mitgefühl mit unseren Haustieren und selbst mit einigen wilden Tieren. Die plausibelste Hypothese scheint zu sein, daß die Eigenschaft, ein Innenleben zu haben, auf einer Stufe der Evolution der Tiere entstand. Können wir weitergehen und die biologische Grundlage des Innenlebens finden?

Weil die subjektive Erfahrung durch das Nervensystem vermittelt wird, könnte man vermuten, Lebewesen mit einem Nervensystem hätten auch ein Innenleben. Vielleicht steht die Komplexität des Innenlebens eines Tieres in direkter Beziehung zur Komplexität seines Nervensystems. Tiere mit sehr einfachen Nervensystemen – Nacktschnecken und Blutegel zum Beispiel – hätten dann ein dürftiges und praktisch undifferenziertes Innenleben, Tiere mit komplexeren und hoch differenzierten Nervensystemen hätten ein komplexes und hochdifferenziertes Innenleben.

Diese Hypothese ist jedoch zu einfach. Bewußtsein muß mehr sein als Nerventätigkeit »von innen gesehen«. Ein großer Teil der Aktivität des menschlichen Nervensystems hat nichts mit dem Bewußtsein zu tun. Insbesondere wirkt das autonome

Nervensystem, das unseren inneren Haushalt reguliert, stillschweigend und im Verborgenen. Es ist ein Teil von unserem Körper, aber nicht von unserem Selbst. Dies legt eine Abänderung der ursprünglichen Hypothese nahe: Bewußtsein ist mit dem sogenannten somatischen Nervensystem verknüpft, das die Wechselwirkung eines Tieres mit seiner Umwelt durch das Sammeln und Verarbeiten von Sinnesinformationen und die Aktivierung von Muskeln reguliert.

Ist aber die Annahme vernünftig, daß alle Tiere bis zu einem gewissen Grade über Sinnesempfindungen und Muskelreaktionen verfügen? In Tieren mit einfachen Nervensystemen kann ein bestimmter Reiz jedesmal dieselbe Muskelreaktion hervorrufen. Die Reaktion kann aber auch auf einfache und vorhersagbare Weise vom Zustand des Organismus abhängen. So kann zum Beispiel die Reaktion auf einen wiederholten Reiz ständig schwächer (oder stärker) werden, oder sie kann von dem Grad des Wachzustandes des Tieres abhängen. In all diesen Fällen ist die Reaktion wie ein Muskelreflex. Selbst ein Tier, das auf der evolutionären Skala so hoch steht wie ein Frosch, reagiert auf bestimmte Kennzeichen in seinem Gesichtsfeld auf vorhersagbare, stereotype Weise. Ist ein Frosch sich bewußt, daß er etwas sieht, wenn sein »Käferdetektor« einen Käfer sieht? Oder veranlaßt dieses Ereignis auf der Netzhaut die Froschzunge, ihr Ziel ohne die Intervention eines inneren Erlebnisses anzupeilen, so wie ein Lichtblitz die Pupillen unseres Auges zum Zusammenziehen bringt? Die zweite Antwort scheint mir viel wahrscheinlicher zu sein.

Es gibt eine weitere offensichtliche Schwierigkeit mit der Hypothese, daß innere Erfahrung vor allem mit der Tätigkeit des Nervensystems verknüpft ist, die die Wechselwirkungen zwischen einem Tier und seiner Umwelt vermittelt. Für uns jedenfalls hat innere Erfahrung genauso viel mit inneren Vorgängen wie Denken, Erinnern und Erwarten zu tun wie mit Fühlen und Handeln. Bewußtsein ist also weder eine notwendige noch eine ausschließliche Begleiterscheinung sensumotorischer Nerventätigkeit.

Gibt es eine Nerventätigkeit, für die Bewußtsein eine notwendige und ausschließliche Begleiterscheinung ist? Anders gesagt:

Gibt es ein objektives Kriterium für Bewußtsein? Wenn eine hinreichend vollständige Beschreibung der Vorgänge im Gehirn eines anderen Menschen vorläge, könnten wir aufgrund eines solchen Kriteriums sagen: »*Diese* Aktivitätsmuster werden von subjektiver Erfahrung begleitet.« Natürlich könnten wir dann, außer durch Analogie mit unserer eigenen Erfahrung, immer noch nicht sagen, wie diese Erfahrung beschaffen ist; wir könnten jedoch sagen, daß sie gerade gemacht wird.

## Wahrnehmung als Konstruktion

Vielleicht kann die Antwort auf eine einfachere Frage einen Hinweis geben: Was unterscheidet die Art, wie ein Frosch einen Käfer sieht, von der unseren? Das visuelle System ist beim Frosch das, was man in der Sprache der künstlichen Intelligenz einen Eigenschaftsdetektor nennen würde: Es entnimmt dem sich ändernden Muster des Lichts, das auf die Netzhaut des Frosches fällt, eine vorgegebene Art von Information. Nach der in Kapitel 12 skizzierten Theorie läuft die visuelle Wahrnehmung beim Menschen ganz anders ab. Sie ist ein zyklischer Vorgang, bei dem das Gehirn Wahrnehmungshypothesen konstruiert, überprüft und verändert. *Um eine Wahrnehmung zu machen, müssen wir sie also konstruieren.* Dies legt unmittelbar nahe, daß der bewußte Teil der Wahrnehmung von der Konstruktion von Wahrnehmungshypothesen abhängt oder durch sie hervorgerufen wird.

In dieser Sicht der Wahrnehmung hat die anschauliche Vorstellung einen natürlichen Platz. Es ist schon lange bekannt, daß Netzhautbilder in mehreren Bereichen der Hirnrinde (der dünnen äußeren Schicht des Hauptteils des Gehirns) zu Darstellungen von sich selbst führen. Ein Lichtpunkt im Gesichtsfeld eines Affen veranlaßt eine kleine Gruppe von Nervenzellen in jedem dieser Hirnbereiche, sich zu entladen. Alle diese Darstellungen im Gehirn sind mittelbar oder unmittelbar miteinander verbunden. Wenn nun zur Wahrnehmung die Konstruktion und Überprüfung von »Wahrnehmungshypothesen« gehört, ist die Annahme verführerisch, die »Hypothese« für eine visuelle

Szene sei in einer (oder mehreren) der Darstellungen dieser Szene im Gehirn verkörpert. Nach der Formel *Wahrnehmung = Konstruktion* ist der Anblick der Szene die subjektive Erfahrung, die die Konstruktion dieser Darstellung im Gehirn begleitet.

Das Betrachten einer Szene löst ganz von selbst den Wahrnehmungskreislauf aus. Aber auch innere Reize, wie etwa der Wunsch, sich an das Gesicht eines Freundes zu erinnern, oder der Wunsch, ein Problem zu lösen, können die Konstruktion von Darstellungen im Gehirn auslösen und uns gemäß unserer Formel dazu bringen, Bilder zu sehen. Die Tatsache, daß solche Bilder normalerweise weniger lebhaft und detailliert sind als jene, die von Licht erzeugt werden, das auf die Netzhaut fällt, muß noch erklärt werden, überrascht aber kaum. Für die jetzige Überlegung ist die Beobachtung wichtiger, daß einige physikalische Zustände – zum Beispiel Schlaf, starke körperliche Erschöpfung und Zustände, die durch halluzinogene Drogen ausgelöst werden – die Herstellung von lebhaften intern erzeugten Bildern fördern, und daß intern erzeugte Bilder sich in ihrer Lebendigkeit und in den Einzelheiten von einem Menschen zum anderen stark unterscheiden. Bildende Künstler, Gedächtniskünstler und einige religiöse Mystiker haben auf je eigene Art außerordentliche Fähigkeiten, Bilder zu erzeugen.

Die zyklische Wahrnehmungstheorie gilt für Sprache und Musik ebenso wie für visuelle Formen und Farben. Alles, was ich über visuelle Bilder gesagt habe, gilt auch für sprachliche und musikalische Bilder. Die Qualität und die Lebhaftigkeit dieser Bilder kann von einem Menschen zum anderen ebenfalls gewaltig schwanken. Genau wie visuelle Bilder die Feder oder den Pinsel von Malern lenken, so leiten musikalische Bilder die Finger und den Bogen von Geigern. Alle Musiker hören »Musik im Kopf« – und sind gelegentlich dadurch abgelenkt, daß ihnen ein Musikstück »nicht aus dem Kopf geht«. Dirigenten »hören« beim Lesen gedruckter Noten die Musik, Komponisten »hören« ihr Werk, bevor sie die Noten aufschreiben. Wieder gilt: *Konstruktion = Wahrnehmung.*

Diese Formel erklärt auch die Beobachtung, daß eine Fertigkeit oder eine komplexe Bewegungsfolge gewöhnlich unbewußt wird, wenn sie einmal beherrscht wird. Gute Radfahrer brauchen sich nicht darauf zu konzentrieren, das Gleichgewicht zu halten. Konzertpianisten können sich während eines Konzerts allein auf die Musik konzentrieren; sie achten nicht auf ihre Finger. Muster, die zuvor konstruiert und im Gedächtnis verankert wurden, brauchen nicht rekonstruiert zu werden.

Schließlich gibt die Formel *Konstruktion = Wahrnehmung* einen Hinweis auf das Wesen des Traums. Nach dieser Formel wird das Erregungsmuster der Gehirntätigkeit, das durch die Reizung einer Sinnesfläche erzeugt wird, *nicht* von bewußter Wahrnehmung begleitet. Vielmehr begleitet die bewußte Wahrnehmung die *Konstruktion* eines entsprechenden oder vorwegnehmenden Musters zerebraler Erregung. Ganz analog läßt sich Bewegung darstellen. Muskelkontraktionen werden durch »primäre« Muster zerebraler Erregung in Gang gesetzt, aber Bewußtsein begleitet die Konstruktion dazu passender oder antizipatorischer Muster. Im Prinzip könnte der konstruktive Teil eines immerwährenden Zyklus oder seines motorischen Analogons ohne Sinnesreiz oder Bewegung ablaufen, sondern durch Ereignisse im Gehirn selbst ausgelöst werden. Vermutlich geschieht eben dies, wenn wir träumen.

Der Psychiater J. Allan Hobson hat kürzlich eine detaillierte psychophysiologische Theorie des Träumens entwickelt, die mit diesem allgemeinen Gedanken verträglich ist.[5] Hobson sieht Träume als einen Bewußtseinszustand, der mit dem Wachzustand eine Eigenschaft teilt, die er »narrativ kohärente Erfahrung« nennt. Er erklärt diese Eigenschaft und den Unterschied zwischen dem Traum- und dem Wachzustand wie folgt:

> Das Gehirn ordnet seine Wahrnehmungen, Gedanken und Gefühle, woher sie auch stammen, in Form eines Szenarios. Es entnimmt sensumotorischen Daten gewisse Strukturen oder Rahmenbedingungen, mit deren Hilfe sie sich ordnen lassen, oder erlegt sie ihnen auf. Dazu gehören Orientierung (ich, jetzt, hier), Absicht (einkaufen, Briefeschreiben) und Stimmung (Wohlbefinden, Unbehagen). Im Wachzustand sind diese Funktionen, zum Teil wegen der Interaktionen mit einer stabilen Welt und zum Teil wegen der stabilisierenden Mechanismen des Gehirns selbst (ami-

nergische Modulation), relativ stabil. Beim Träumen gehen sowohl die innere Stabilisierung als auch die Stabilisierung durch die Außenwelt verloren.[6]

Nach dieser Theorie, die durch viele neuere neurophysiologische Beobachtungen gestützt wird, sind Wach- und Traumzustand gewisse *konstruktive Aktivitäten* gemeinsam. Im Wachzustand werden die Ergebnisse dieser Aktivität durch äußere und innere Eingaben reguliert und kontrolliert; im Traumzustand bleibt die konstruktive Aktivität erhalten, aber Regulation und Kontrolle sind aufgehoben.

Aus den vorstehenden Erörterungen folgt, daß Computermodelle des Denkens mit ihrer Betonung des Umgangs mit festen Symbolen bestenfalls viel zu eng gefaßt sind. Nach der hier vertretenen Sicht von geistigen Vorgängen ist das Denken im weitesten Sinn ein konstruktiver Vorgang, der innere Repräsentationen nutzt. Diese Repräsentationen können visuelle, sprachliche oder musikalische Bilder sein. Menschen, deren bewußtes Denken größtenteils in Worten vor sich geht, finden es schwierig, sich vorzustellen, daß »wirkliches« Denken sich überhaupt auf andere Weise durchführen läßt, genau wie einige Computerwissenschaftler Schwierigkeiten mit der Vorstellung haben, es könne etwas anderes sein als eine Berechnung in Verkleidung. Das Zeugnis von Mathematikern und anderen anschaulichen Denkern und auch die heutige Theorie lassen vermuten, daß diese Ansichten zu engstirnig sind.

## Bewußtsein als emergente Eigenschaft

Vielleicht haben einige Leser bemerkt, daß ich Bewußtsein als eine *emergente* Eigenschaft von Lebewesen sehe. Der Begriff der Emergenz, des Werdens und Entstehens, kommt im allgemeinen in mythischen Darstellungen der kosmischen Evolution vor. Die meisten heutigen Wissenschaftler und Philosophen betrachten ihn als unnötig und verdunkelnd. Was also hat Emergenz mit einer angeblich wissenschaftlichen Sicht des Wachstums von Ordnung zu tun?

Emergenztheorien behaupten, daß sich im Lauf der kosmischen Evolution Eigenschaften, Strukturen oder Vorgänge herausbilden, die es zuvor nicht nur nicht gab, sondern die auch ein neues und *wissenschaftlich nicht zu beschreibendes* Element enthalten. Die sogenannte emergente Evolution ist hierarchisch. Jede neue Ebene, die ein neues Emergenzprinzip verkörpert, umfaßt die vorhergehenden Ebenen. Der Philosoph Samuel Alexander zum Beispiel unterschied fünf solcher Ebenen: Raumzeit, Materie, Leben, Geist und Gottheit.

Der Gegensatz zur emergenten Evolution ist ein radikaler Reduktionismus, der behauptet, alle Eigenschaften einer komplexen Struktur oder eines komplizierten Vorgangs steckten implizit in den Komponenten. Der radikale Reduktionismus, wie ich ihn definiert habe, ist offensichtlich unhaltbar. Die Eigenschaften von Molekülen sind *abhängig* von denen der Atome, aus denen sie bestehen, sind aber nicht implizit in ihnen enthalten. Auch die für lebende Zellen kennzeichnenden Eigenschaften stecken nicht implizit in den Eigenschaften ihrer molekularen Bestandteile. Auf jeder Ebene der biologischen Hierarchie – Moleküle, Molekülgruppen, Organellen, Zellen, Gewebe, Organe, Organsysteme, Organismen und Gemeinschaften – erscheint etwas qualitativ Neues. Die neue Zutat ist jedoch nicht etwa einer wissenschaftlichen Beschreibung unzugänglich. Sie ist eine neue Form der Ordnung. Wie wir in Kapitel 10 sahen, wird das Leben selbst durch eine »emergente«, aber völlig verstehbare Eigenschaft, nämlich reproduktive Instabilität gekennzeichnet. In diesem Buch habe ich immer behauptet, daß Ordnung, auch wenn sie weniger konkret zu sein scheint als Materie und Energie, ein ebenso fundamentaler Bestandteil der Außenwelt ist.

Die Fähigkeit, innere Bilder von Sinnesreizen zu konstruieren, die (so habe ich behauptet) der Wahrnehmung und Erkenntnis zugrundeliegt, ist im wissenschaftlichen Sinn auch eine emergente Eigenschaft. Sie trägt wesentlich zur Fähigkeit eines Tieres bei, nützliche Information über seine Umwelt zu gewinnen und aufgrund dieser Information zu handeln. Objektiv gesehen sind innere Repräsentationen vollkommen konkrete Größen, obwohl wir sie noch nicht genau kennzeichnen können. Aber innere Repräsentationen haben auch einen subjektiven Aspekt:

Unter bestimmten Umständen sind wir uns ihrer *bewußt.* Wenn meine Vermutung, daß dieses Bewußtsein mit gewissen Formen konstruktiver Aktivität im Gehirn einhergeht, sich als richtig herausstellen sollte, würden wir im Prinzip in der Lage sein vorherzusagen, *wann* eine Person eine bewußte Erfahrung macht. Wir könnten sogar in der Lage sein, die Erfahrung ziemlich genau zu beschreiben. Aber ich glaube, wir wüßten dann immer noch nicht, was es für *diese Person* bedeutet, die Erfahrung zu haben.

Wir haben anscheinend auch keine Aussicht darauf zu verstehen, *warum* Bewußtsein eine bestimmte Art von Hirnaktivität begleiten sollte. Funktionale Erklärungen (»Ein Durstgefühl ist adaptiv, weil es mich dazu veranlaßt, das Bedürfnis meines Körpers nach Flüssigkeit zu befriedigen«) genügen nicht, weil die funktionale Rolle, die sie dem Bewußtsein zuschreiben, schon durch die sie begleitenden neuronalen Ereignisse befriedigt wird. Das Verhalten, mit dem ich nach Wasser suche, wird durch das Muster der Nervenanregung, das zu meinem Durstgefühl gehört (es aber weder verursacht noch von ihm verursacht wird), ausgelöst und aufrechterhalten. Wenn, wie ich forderte, physikalische Vorgänge durch universelle physikalische Gesetze bestimmt werden, hat der subjektive Aspekt meines Durstes weder Folgen noch Ursachen in der Außenwelt. Nicht darin, daß ich subjektiv meinen Durst spüre, liegt die Anpassung, sondern in dem zugehörigen neuronalen Anregungsmuster. Vom wissenschaftlichen Standpunkt aus ist mein privates Bewußtsein einfach nur ein Etikett, eine Benennung ohne jede Funktion.

Aber sicherlich, so ließe sich behaupten, spielt das Bewußtsein doch eine wichtige Rolle für das menschliche Verhalten. Ein Mensch, dem Bewußtsein fehlt, würde sich wie ein Roboter oder ein Zombie verhalten. Mehr noch, wir wissen, daß gestörte oder überhöhte Bewußtseinszustände – die Unfähigkeit, Freude oder extreme Schmerzempfindlichkeit zu erfahren – tiefgreifende Auswirkungen auf das Verhalten haben. Solche Einwände berücksichtigen nicht den notwendigen Zusammenhang zwischen den objektiven und subjektiven Aspekten von Geisteszuständen. Eine erhöhte Schmerzempfindlichkeit muß (nach der von mir vertretenen Theorie) von Mustern veränderter Nerventätigkeit begleitet sein, und diese wiederum beeinflussen das Verhalten. Jemand, dem das Bewußtsein fehlt, würde sich in der Tat wie ein Roboter verhalten, wenn er überhaupt funktionieren könnte, weil sein Nervensystem auf genau die Weise gestört wäre, die ihn der Fähigkeit beraubt, Handlungen auszuführen, die normalerweise von Bewußtsein begleitet werden. Bewußtsein ist vielleicht »einfach nur« ein Etikett, aber es ist zuverlässig.

Diese Sicht des Bewußtseins legt eine Antwort auf eine alte philosophische Frage nahe: Würde ein nichtbiologischer Apparat, der seiner Funktion nach mit einem menschlichen Gehirn identisch und mit geeigneten Sinnesempfängern ausgestattet ist, bewußt sein? Wenn, wie ich behauptete, das Bewußtsein eine emergente Eigenschaft lebender Organismen ist, gibt es keinen Grund zu der Annahme, daß es nur von den funktionalen Eigenschaften eines Organismus abhängt. Ich denke, es ist natürlicher anzunehmen, daß es auch von den physikalischen Eigenschaften von Nervenzellen und Gruppen von Nervenzellen abhängt. Wenn das so ist, könnten wir im Prinzip einen *intelligenten* Roboter konstruieren – in begrenzter Weise wurde das schon getan –, aber es wäre für ein nichtbiologisches Gerät, auch wenn sein Verhalten das eines intelligenten Tieres noch so genau simuliert, unmöglich, Bewußtsein zu haben.

Nach der von mir vertretenen Sicht ist Bewußtsein radikal zufällig. Es ist eine nackte Tatsache, die sich nicht vorhersagen läßt. Vom objektiven Standpunkt der Naturwissenschaften aus hat es weder Sinn noch Verstand. Deshalb ist es in einem metaphysischen, nichtwissenschaftlichen Sinn emergent. Ist dies eine mystische Sichtweise des Bewußtseins? Das Bewußtsein ist sicherlich eine Wirklichkeit, die für das Sein zentral und der Intuition unmittelbar zugänglich ist. Aber es ist nicht *jenseits* der Wahrnehmung; es ist der Stoff, aus dem Wahrnehmung entsteht. Es ist auch nicht völlig außerhalb der Reichweite des verstandesmäßigen Erfassens, obwohl wir noch nicht erklären können, warum es existiert. Aber auch Energie und elektrische Ladung sind Wirklichkeiten, deren Existenz wir noch nicht erklären können.

Die Ordnung schaffende Tätigkeit des menschlichen Geistes und Gehirns wetteifert in mancher Weise mit dem Evolutionsprozeß, der zu ihr führte. Die Errungenschaften der kulturellen Evolution sind viel weniger komplex und vielfältig als jene der biologischen Evolution, aber sie sind in einem viel kürzeren Zeitraum zustande gekommen. Es gibt einen anderen, vielleicht noch grundlegenderen Unterschied zwischen der schöpferischen Kraft des Menschen und dem der biologischen Evolution. Die Evolution ist blind, sie trägt ihre Früchte im Dunkeln. Menschen können die Zukunft, wenn auch nur unvollkommen, voraussehen. Mehr noch, indem wir Ziele erfinden und verfolgen, *gestalten* wir die Zukunft. Zumindest scheint es so. Ist diese Sicht der Zukunft als Werk, das Fortschritte macht – ein Werk, an dem jeder von uns mitarbeitet – mit der Naturwissenschaft vereinbar? Oder, wenn nicht mit der Naturwissenschaft, doch mit der spekulativen wissenschaftlichen Weltanschauung, die ich auf den Seiten dieses Buchs umrissen habe? Diese Frage war der Anlaß zu diesen Untersuchungen; zu ihr kehren wir jetzt zurück.

## 14. Zufall, Notwendigkeit und Freiheit

Mensch sein bedeutet, bewußt wählen zu können. Andere Tiere haben – jedenfalls scheint es so – gelegentlich widersprüchliche Wünsche, aber wir allein können über die möglichen Folgen möglicher Handlungen nachdenken und im Licht umfassenderer Ziele und Werte unter ihnen auswählen. Weil wir diese Möglichkeit haben, können wir für unsere Handlungen zur Verantwortung gezogen werden. Wir können Lob und Tadel, Lohn und Strafe *verdienen*. Werte, ethische Systeme und die Gesetze setzen Willensfreiheit voraus. Das tun auch, wie P.F. Strawson betonte, »reaktive Einstellungen« wie Schuld, Reue und Dankbarkeit. Wenn ich von einem Sommerregen überrascht werde, ärgere ich mich vielleicht, weil ich keinen Regenschirm mitgenommen habe, aber ich bereue nicht den Regen. Ich hätte den Regenschirm mitnehmen *können*; der Regen kam einfach.

Freiheit hat positive und negative Aspekte. Die negativen Anteile – die Freiheit *von* etwas – sind am deutlichsten. Zu dieser Rubrik gehört die Freiheit von inneren und äußeren Zwängen. Zu den inneren Zwängen gehören unbeherrschbare Leidenschaften, Süchte und unkritische ideologische Verpflichtungen.

Die positiven Aspekte der Freiheit sind subtiler. Betrachten wir einige Beispiele.

1. Eine Entscheidung ist in dem Maße frei, wie sie absichtsvoll ist. Das Fehlen von Zwang reicht nicht. Jemand, der eine wichtige Entscheidung vom Wurf einer Münze abhängig macht, scheint weniger frei zu handeln als jemand, der versucht, ihre Folgen zu berücksichtigen und sie im Licht umfassenderer Ziele, Werte und ethischer Vorschriften zu bewerten.

2. Ziele, Werte und ethische Vorschriften können selbst unkritisch oder unter Druck akzeptiert worden sein, oder wir können uns frei fühlen, sie durch Nachdenken und Abwägen zu verändern. Vielen Menschen liegt nichts an dieser Art von Freiheit; viele Gesellschaften verdammen sie sogar und versuchen, sie zu unterdrücken. Freiheit und Stabilität sind nicht leicht zu vereinbaren, und Menschen, die der Stabilität einen hohen Wert zuschreiben, schreiben der Freiheit gewöhnlich einen entspre-

chend niedrigen Wert zu. Aber ob wir das gutheißen oder nicht, die Fähigkeit, unsere eigenen Wertesysteme neu zu bewerten und sie zu ersetzen, macht einen wichtigen Aspekt der Freiheit aus.

3. Henri Bergson glaubte, Freiheit zeige sich in ihrer reinsten Form in kreativen Handlungen, etwa in künstlerischen Schöpfungen. Jonathan Glover hat ähnlich behauptet, menschliche Freiheit sei untrennbar mit dem »Projekt der Selbstschöpfung« verknüpft. Die Ergebnisse der schöpferischen Handlungen sind unvorhersagbar, aber ihre Unvorhersagbarkeit ist eine andere als die von Zufallsergebnissen. Ein Mozartkenner erkennt sofort den Komponisten eines Mozartschen Divertimentos, auch wenn er es noch nie zuvor gehört hat. Das Stück »klingt wie Mozart«. Gleichzeitig klingt es neu und frisch und voller Überraschungen. Sonst wäre es nicht Mozart. Genauso sind die Ergebnisse der Selbstschöpfung neu und unvorhersehbar, aber in Übereinstimmung mit dem, was vorangegangen ist.

Obwohl philosophische Meinungen über die menschliche Freiheit sich unterscheiden, unterscheiden sie sich überraschend wenig. Insgesamt ergänzen sie einander eher, als daß sie einander widersprechen. Was Freiheit zu einem philosophischen Problem macht, ist die Schwierigkeit, eine weitverbreitete intuitive Überzeugung, Menschen seien frei oder könnten es (in der oben erörterten oder in ähnlicher Weise) sein, mit einer objektiven Sicht der Welt als einem kausal verknüpften System von Ereignissen in Übereinstimmung zu bringen. Wir fühlen uns als Menschen, die frei und verantwortungsvoll handeln, aber die Naturwissenschaft sagt uns (oder scheint uns zu sagen), daß wir Aggregate von Molekülen sind, die sich nach streng kausalen Gesetzen bewegen und verhalten.

Für Platon und Aristoteles gab es keine wirkliche Schwierigkeit. Sie glaubten, die Seele bewirke Bewegung – Handlungen des freien Willens seien die ersten Glieder der kausalen Ketten, in denen sie eine Rolle spielen. Mit wenigen Ausnahmen haben moderne Neurobiologen die Sicht von Geist und Körper zurückgewiesen, die aus dieser Lehre folgt. Sie sehen geistige Vorgänge als etwas, das zur natürlichen Welt gehört und denselben physikalischen Gesetzen unterliegt, die auch für die unbelebte Materie gelten. Die Unterschiede zwischen belebten und unbelebten Systemen und zwischen bewußten und nichtbewußten Vorgängen im Nervensystem beruhen nicht auf der Gegenwart oder Abwesenheit nicht-materieller Substanzen (dem Lebenden, dem Geist, der Seele), sondern auf der Gegenwart oder Abwesenheit bestimmter Arten von Ordnung. Dieser Schluß ist mehr als ein wissenschaftliches Glaubensbekenntnis. Er wird unvermeidlich, wenn wir die Hypothese der biologischen Evolution bejahen, ohne die, wie Theodosius Dobzhansky bemerkte, nichts in der Biologie sinnvoll ist. Die Evolutionshypothese besagt, daß sich menschliches Bewußtsein aus einfacheren Arten des Bewußtseins entwickelte, die ihrerseits aus nichtbewußten Formen der Nerventätigkeit hervorging. Es gibt in dieser evolutionären Folge keinen Punkt, von dem man mit gutem Grund sagen könnte, an ihm seien Verstand, Geist oder Seele »von außen« hinzu gekommen. Als noch unwahrscheinlicher erscheint die Annahme, daß es sie schon immer gab, obwohl, wie wir sahen, einige moderne Philosophen und Naturwissenschaftler diese Ansicht vertreten.

Karl Popper und andere Philosophen haben versucht, den Konflikt, der anscheinend zwischen dem freien Willen und dem Determinismus besteht, zu lösen, indem sie die heiligsten der heiligen Kühe der Naturwissenschaften angriffen, die Annahme, daß alle Naturvorgänge physikalischen Gesetzen gehorchen. Diese Philosophen behaupteten, es *könne* Phänomene geben, die den physikalischen Gesetzen der Physik nicht gehorchen, und damit stehen sie offensichtlich auf sicherem Boden. Aber die Annahme des *In*determinismus ist keine wirkliche Hilfe. Eine freie Entscheidung oder ein schöpferischer Akt entsteht nicht einfach so. Sie sind das notwendige – und deshalb gesetzestreue – Ergebnis eines komplizierten Vorgangs. Ebenso haben freie Handlungen vorhersagbare – und deshalb gesetzmäßige – Folgen; sonst wäre alles Planen und Vorsorgen unnütz. Jede freie Handlung ist also Teil einer Kausalkette: Sie ist das notwendige Ergebnis einer Überlegung oder eines Schöpfungsakts und hat vorhersagbare Folgen.

Einige Physiker und Philosophen haben behauptet, die Quantenunschärfe könne freien Handlungen in einem sonst deterministischen Weltall die Bahn freimachen. Freiheit hat ihren Platz jedoch nicht im Zufall, sondern in der Wahl. Platon und Aristoteles hatten recht, wenn sie Zufall und Notwendigkeit als »Kräfte« sahen, die dem Ziel und Zweck im Universum entgegenstanden.

Freiheit scheint also mit Determinismus und Indeterminismus gleicherweise unvereinbar zu sein. Thomas Nagel hat behauptet, es sei nicht einmal möglich, eine widerspruchsfreie Darstellung unseres inneren Freiheitsgefühls zu geben.

> Wenn wir das zu erklären versuchen, von dem wir glauben, es würde von einer Auffassung unterminiert, die Handlungen als Ereignisse in der Welt – determiniert oder nicht – sieht, kommen wir zu etwas, das entweder unbegreiflich oder einfach unangemessen ist.[1]

»Das wirkliche Problem«, sagt Nagel, »stammt von der Kollision zwischen der Sicht der Handlung von innen und einer *jeden*, die sie von außen sieht.« Aber die intuitive Sicht davon, was es bedeutet, frei zu sein, beruht nicht allein auf Introspektion. Wir erkennen Spontaneität und Kreativität bei anderen selbst dann – oder gerade dann –, wenn sie ein Zeichen solch hoher Ordnung ist, daß wir uns nicht vorstellen können, selbst dazu fähig zu sein. Wir können die außergewöhnlich geordnete Unvorhersagbarkeit der Musik Mozarts begreifen, ohne uns auch nur näherungsweise vorstellen zu können, wie es wäre, wenn wir selbst solche Musik komponieren könnten. Und selbst subjektive Eindrücke von Freiheit sind, anders als subjektive Eindrücke von Schmerz oder vom Selbst, nicht schwer zu beschreiben. Denken wir an den Vorgang einer Entscheidungsfindung. Soll ich A tun oder B? Mein Kopf sagt A, mein Herz B. Ich bin wie gelähmt. Ich versuche, mir die Folgen zuerst von A und dann von B vorzustellen. Plötzlich kommt mir ein neuer Gedanke: Ja, ich werde C tun. Der wesentliche Aspekt solcher allgemeiner Erlebnisse ist, daß ihr Ergebnis nicht im voraus festgelegt sind, sondern durch den Vorgang des Abwägens selbst entsteht, einen Vorgang also, der sich im Lauf der Zeit entwickelt. Alle kreativen Vorgänge sind von dieser Art.

Solche Prozesse laufen nicht nur in der subjektiven Wahrnehmung der Menschen ab, sondern auch in ihren Gehirnen. Die bewußte Erfahrung gibt uns eine fragmentarische und nichtrepräsentative Sicht der zugrundeliegenden Hirnprozesse, aber es gibt keinen Grund zu der Annahme, daß diese Sicht eine *Täuschung* ist. Im Gegenteil legen moderne bildgebende Verfahren der Hirntätigkeit, wie sie in Kapitel 13 erwähnt wurden, nahe, daß es einen hohen Grad an subjektiver Entsprechung zwischen Bewußtsein und Hirntätigkeit gibt. Wenn dann das Ergebnis eines willkürlichen oder schöpferischen Vorgangs schon von Anfang an unbestimmt zu sein scheint, wenn es uns so vorkommt, als ob solche Vorgänge ihre Ergebnisse erzeugen, ist der Grund dafür vielleicht, daß die Ergebnisse der zugrundeliegenden Gehirnvorgänge in einem objektiven Sinn undeterminiert sind, in einem objektiven Sinn also von den Vorgängen selbst geschaffen wurden.

Ich möchte behaupten, daß die neuronalen Prozesse, die zu subjektiven Erfahrungen von Freiheit führen, in dem Sinn wirklich schöpferische Prozesse sind, als sie eine Art von Ordnung in die Welt bringen, die es vorher nicht gab und die in früheren physikalischen Zuständen nicht vorgesehen waren. Diese neuartigen und unvorhergesehenen Ergebnisse der neuralen Aktivität schließen nicht nur Kunstwerke ein, sondern auch die im Lauf der Evolution entstandenen Muster synaptischer Verbindungen, die den Intentionen, Plänen und Projekten zugrunde liegen, die unsere alltäglichen Aktivitäten leiten. Obwohl das Bewußtsein uns nur oberflächliche und unvollständige Einsichten in diese unaufhörliche konstruktive Tätigkeit vermittelt, sind wir uns ihrer während unseres Wachseins fast fortwährend bewußt. Dieses Bewußtsein könnte die Quelle des subjektiven Eindrucks sein, daß wir an der Gestaltung der Zukunft Anteil haben – und vielleicht macht sie ihn sogar aus.

Ein Teil der Überlegungen, die diese Ansicht bestätigen, wurde schon in früheren Kapiteln dargestellt. Ich möchte jetzt versuchen, sie in Form einer Antwort auf die folgenden drei Fragen zusammenzufassen:

1. Haben alle Prozesse, die gesetzmäßig ablaufen, vorherbestimmte Ergebnisse?

2. Was bedeutet es, wenn man sagt, ein physikalischer Prozeß erzeuge sein Ergebnis?

3. Welche Beziehung besteht zwischen der Kreativität und dem Problem der menschlichen Freiheit?

## Die Ergebnisse gesetzmäßiger Vorgänge brauchen nicht vorherbestimmt zu sein

Wie wir in Kapitel 2 erörterten, werden Ereignisse durch Gesetze und Anfangsbedingungen bestimmt. Die Gesetze definieren, was möglich, die Anfangsbedingungen, was wirklich ist. Die Erdbahn ist eine von unendlich vielen von Newtons Bewegungs- und Gravitationsgesetzen zugelassenen Bahnen: Einige der erlaubten Bahnen sind noch gekrümmter als die unsere, die meisten sind flacher. Einige würden uns näher an die Sonne heranbringen, andere würden uns über die Bahn des Pluto hinaustragen. Die wirkliche Bahn ist das Ergebnis von Prozessen, die durch die Bedingungen im ursprünglichen Sonnensystem bestimmt wurden. Wären diese Bedingungen andere gewesen, wären auch die Planeten und ihre Bahnen anders gewesen. Deshalb hat der physikalische Determinismus zwei Aspekte. Die Phänomene sind determiniert, weil sie von Gesetzen beherrscht werden. Sie sind auch in dem Maß *vorherbestimmt*, in dem ihre Anfangsbedingungen festliegen.

Wie fast alle Naturwissenschaftler denke auch ich, daß physikalische Gesetze keine Ausnahmen zulassen. Aber was bedeutet es zu sagen, daß Anfangsbedingungen »festgelegt« sind? Sind auch sie, wie die Gesetze, »vorgegeben«? Ich stelle die Frage anders. Welche Art von Information würde zusätzlich zu den Gesetzen in einer vollständigen Beschreibung der physikalischen Welt enthalten sein? Die übliche Antwort lautet: Die Werte physikalischer Größen, deren Werte nicht durch Gesetze festgelegt sind. Eine vollständige Beschreibung eines (hypothetischen) Weltalls, das von den Gesetzen der klassischen Physik bestimmt ist, würde zum Beispiel Information über die Orte und Geschwindigkeiten aller Teilchen zu jedem Zeitpunkt enthalten.

Mit Hilfe dieser Information könnte ein entsprechend mächtiger Rechner alle Orte und Geschwindigkeiten der Teilchen zu allen anderen Zeitpunkten berechnen. Dies ist das Weltall des Laplace und, wenn geeignete Abänderungen die Ersetzung der Gesetze der klassischen Physik durch die der Quantentheorie berücksichtigen, auch der meisten modernen Naturwissenschaftler. Das Weltall des Laplace oder seiner modernen Anhänger ist im stärksten möglichen Sinn deterministisch: Die Ergebnisse aller physikalischen Prozesse sind vorherbestimmt.

Die Quantentheorie scheint auf den ersten Blick dieses stark deterministische Weltbild abzuschwächen, weil die Ergebnisse einiger Prozesse – zum Beispiel des radioaktiven Zerfalls – weder durch Gesetze noch durch Anfangsbedingungen bestimmt sind. Aber auf einer tieferen Ebene ist das Quantenbild genauso deterministisch wie das klassische. Die Entwicklung von Quantenzuständen wird wie die Evolution klassischer Zustände durch streng deterministische Gesetze bestimmt. Wenn der anfängliche Quantenzustand eines isolierten Systems festgelegt ist, bestimmen die Gesetze alle früheren und späteren Quantenzustände, genau wie in der klassischen Physik. Das Neue an der Quantenbeschreibung ist, daß die Messungen einiger physikalischer Eigenschaften keine definitiven Ergebnisse haben, wenn ein physikalisches System in einem definitiven Quantenzustand ist. Aber diese Art der Unbestimmtheit macht Quantenprozesse nicht weniger »schöpferisch« als klassische.

In Kapitel 3 behauptete ich, daß eine vollständige Beschreibung des Universums nicht die Werte aller Größen zu enthalten braucht – auch gar nicht enthalten *kann* –, deren Werte nicht durch Gesetze bestimmt sind. Wie kann eine Beschreibung, die bestimmte Arten von Information zuläßt, vollständig sein? Die Antwort ist, daß eine vollständige Beschreibung nicht nur Information auslassen muß, die die Gesetze *liefern*, sondern auch Information, die mit den Gesetzen *unverträglich* ist. Ich schlage ein zusätzliches Gesetz oder Symmetrieprinzip vor, wonach *eine vollständige Beschreibung des Universums keine Information enthält, die dazu dient, im Raum einen Ort oder eine Richtung vor anderen auszuzeichnen.*

Wir sahen, daß dieses Postulat (das Starke Kosmologische

Prinzip) nur haltbar ist, wenn die Grundstruktur der Welt diskret ist. Diskretheit ist ein Thema, das in der Darstellung der physikalischen Wirklichkeit, die wir auf den vorstehenden Seiten skizzierten, immer wiedergekehrt ist. Wie wir in Kapitel 4 und 5 sahen, sind die Dauerhaftigkeit und Stabilität molekularer, atomarer und subatomarer Systeme Manifestationen der Diskretheit. Diskretheit wird auch durch Boltzmanns Definition der Unordnung vorausgesetzt, auf die wir unsere Erörterung der zeitgebundenen Ordnung gründeten.

Eine Beschreibung des Universums, die mit dem Starken Kosmologischen Prinzip verträglich ist, enthält *ausschließlich* statistische Information. Natürlich gibt es nicht-statistische Eigenschaften, und sie können *gemessen* werden. Geographen, Geologen und Astronomen haben große Mengen nicht statistischer Daten über die Erde, das Sonnensystem, die Galaxis und ferne Galaxien gesammelt. Wir nutzen diese Information zur Überprüfung bekannter und zur Aufstellung neuer Theorien. Ohne sie hätten wir mit Sicherheit keine Theorien. Und doch könnte die Art von Information, die in Atlanten und astronomischen Katalogen vorkommt, paradoxerweise nicht in einer vollständigen Beschreibung des astronomischen Weltalls vorkommen. Genau wie wir einen Aspekt der subjektiven Erfahrung hinter uns lassen, wenn wir uns den objektiven Gesichtspunkt der Naturwissenschaften zu eigen machen, so lassen wir die festgelegten nichtstatistischen Daten der Astronomie und der Geowissenschaften hinter uns, wenn wir uns zu dem bekehren, was in den Worten von Thomas Nagel buchstäblich »die Sicht von Nirgendwo« ist, eine Sicht, die alle Hinweise auf bestimmte Orte vermeidet.

Wir haben jetzt unsere erste Frage beantwortet: Haben alle gesetzestreuen Prozesse vorherbestimmte Ergebnisse? Ergebnisse werden durch Gesetze und Anfangsbedingungen bestimmt. Sie sind unbestimmt in dem Grad, in dem die Anfangsbedingungen nicht festgelegt sind. Eine vollständige Beschreibung eines Universums, das dem Starken Kosmologischen Prinzip genügt, kann zunächst sehr wenig Information über Anfangsbedingungen enthalten.

## In welchem Sinn erzeugt ein physikalischer Prozeß sein Ergebnis?

Zur Beantwortung dieser Frage müssen wir die Vorgänge der kosmischen Evolution untersuchen.

Eine Theorie der kosmischen Evolution setzt Anfangsbedingungen voraus. Die einfachste Anfangsbedingung ist, daß *das Universum sich aus einem rein zufälligen Zustand heraus ausdehnte – einem Zustand, in dem es überhaupt keine Ordnung gab*. Aus diesem Postulat läßt sich leicht das Starke Kosmologische Prinzip herleiten, wenn man bedenkt, daß keines unserer heutigen physikalischen Gesetze zwischen verschiedenen Raumpunkten oder verschiedenen Richtungen in einem Punkt unterscheidet. Kein physikalischer Prozeß kann also Information verarbeiten, die solche Unterschiede macht. Wenn Information, die zwischen Orten und Richtungen unterscheiden könnte, in einem bestimmten Moment fehlt, muß sie immer fehlen. Wenn also das Starke Kosmologische Prinzip in einem bestimmten Augenblick gültig ist, muß es immer gültig sein.

Wie konnte Ordnung entstehen, wenn sich das Universum in einem Zustand äußerster Unordnung auszudehnen begann? Bevor wir unsere Antwort auf diese Frage überdenken, müssen wir uns daran erinnern, wie wir mit dem Begriff der Ordnung selbst umgegangen sind.

Die beiden entscheidenden Gedanken, die nötig sind, um eine angemessene wissenschaftliche Definition von Ordnung zu geben, wurden von Ludwig Boltzmann eingeführt. Der erste Gedanke ist die Unterscheidung zwischen Mikro- und Makrozuständen. Makrozustände sind Gruppen von Mikrozuständen, die durch ihre statistischen Eigenschaften definiert werden. Die Mikrozustände eines Gases können zum Beispiel Makrozuständen zugeordnet werden, die durch Dichte, Temperatur und chemische Zusammensetzung definiert sind. Proteine lassen sich Makrozuständen zuschreiben, die durch biologische Tauglichkeit definiert sind. Boltzmanns zweiter entscheidender Gedanke war es, die Unordnung oder Entropie mit dem Logarithmus der Anzahl seiner Mikrozustände gleichzusetzen. In Ergänzung dieser Definition der Unordnung definierten wir die Ordnung oder

Information eines Makrozustands als den Unterschied zwischen seiner möglichen Unordnung (den größten Wert der Unordnung, der mit bestimmten Einschränkungen verträglich ist) und dem tatsächlichen Wert. Maximal zufällige Makrozustände haben dann die Ordnung Null und maximal geordnete Makrozustände haben die Unordnung Null. Nach diesen Definitionen ist ein physikalisches System, das weit vom thermodynamischen Gleichgewicht (dem Makrozustand maximaler Unordnung) entfernt ist, sehr geordnet. So ist es auch bei einem Protein, dessen biologische Tauglichkeit durch Veränderungen in seiner Folge von Aminosäuren nicht verbessert werden kann: Es gehört zu einer sehr kleinen Teilmenge der Klasse von Polypeptiden derselben Länge.

Diese Definitionen von Unordnung und Ordnung sind nicht nur oder auch nur hauptsächlich deswegen wichtig, weil sie den entsprechenden intuitiven Begriffen in einem weiten Bereich wissenschaftlicher Zusammenhänge Genauigkeit verleihen. Sie sind hauptsächlich deswegen wichtig, weil sie an theoretische Darstellungen des Wachstums und Zerfalls von Ordnung angepaßt sind. Boltzmann selbst bewies (unter einschränkenden Annahmen), daß molekulare Wechselwirkungen in einem Gas, das nicht schon in einem Makrozustand größter Unordnung ist, seine Unordnung vergrößern. In Kapitel 8 sahen wir, wie die kosmische Expansion chemische Ordnung erzeugt (Häufigkeiten chemischer Elemente, die ganz andere sind als die, die in einem thermodynamischen Gleichgewicht vorherrschen würden); in Kapitel 9 erörterten wir Ursprung und Wachstum struktureller Ordnung im astronomischen Universum, und in den Kapiteln 10 und 11 sahen wir, wie zufällige genetische Variation und differentielle Reproduktion die biologische Ordnung erzeugen, die in genetischem Material enkodiert ist.

Prozesse, die astronomische und biologische Ordnung erzeugen, sind in der in Kapitel 2 erörterten Weise hierarchisch geordnet. Jeder Prozeß braucht Anfangsbedingungen, die in früheren Prozessen erzeugt wurden. So benötigten zum Beispiel die ersten sich selbst replizierenden Moleküle eine Umwelt, die hochgradige Energie, molekulare Bausteine und Katalysatoren lieferte. Hochgradige Energie wurde direkt oder indirekt durch

Sonnenlicht geliefert, das durch die Verbrennung von Wasserstoff tief im Sonneninnern erzeugt wurde. Um zu verstehen, warum Wasserstoff so überaus häufig ist, müssen wir zum frühen Universum zurückgehen, dorthin, wo die primordiale chemische Zusammensetzung des kosmischen Mediums durch ein Wechselspiel zwischen Kernreaktionen und der kosmischen Ausdehnung vorgegeben wurde. Mit Ausnahme des Wasserstoffs wurden die Atome, aus denen Biomoleküle bestehen (Kohlenstoff, Sauerstoff und Stickstoff sind die häufigsten), wie auch anorganische Katalysatoren wie Zink und Magnesium, in explodierenden Sternen synthetisiert, die viel massereicher sind als die Sonne. Schließlich führten die Prozesse, bei denen die Planeten entstanden und für die uns noch eine passende Theorie fehlt, zur Entstehung einer Umwelt, die Leben begünstigt, wie wir es kennen.

Obwohl einige von uns besprochenen Prozesse, die Ordnung erzeugen, spekulativ oder umstritten sind, scheinen die der Entstehung von Ordnung aus dem Chaos zugrundeliegenden allgemeinen Grundsätze recht gut gesichert zu sein. Insbesondere können wir jetzt verstehen, warum die Welt trotz des Zweiten Hauptsatzes der Thermodynamik nicht »abwirtschaftet«. Der Zweite Hauptsatz besagt, daß alle natürlichen Prozesse dazu neigen, die Unordnung zu vermehren. In einem gewöhnlichen isolierten System führt die Zunahme der Unordnung unweigerlich zu einer Abnahme der Ordnung, weil die Summe von Unordnung und Ordnung eine feste Größe ist. Das Universum ist jedoch kein gewöhnliches isoliertes System. Weil sich der Raum ausdehnt, ist die Summe von Unordnung und Ordnung keine feste Größe, sondern sie nimmt gewöhnlich im Lauf der Zeit zu. Deshalb könnte eine Lücke zwischen der tatsächlichen Unordnung des kosmischen Mediums und seiner größten möglichen Unordnung klaffen. Diese Lücke stellt eine Form von Ordnung dar. Chemische Ordnung (wie sie durch das Überwiegen von Wasserstoff bezeugt wird) entsteht, wenn chemische Reaktionen, die das Gleichgewicht wahren, nicht länger mit der kosmischen Ausdehnung Schritt halten können. Strukturelle Ordnung (in Form astronomischer Systeme) bildet sich heraus, wenn der gleichförmige Zustand eines expandierenden Mediums instabil wird – also weniger als maximal ungeordnet ist.

Indem das Starke Kosmologische Prinzip die Unordnung zu einer objektiven Eigenschaft des Weltalls macht, objektiviert es auch die zeitgebundenen Arten der Ordnung, die in der Abwesenheit von Ordnung bestehen. Dem unendlich detaillierten Weltbild der Intelligenz des Laplace fehlt makroskopische Ordnung. Es enthält kein objektives Gegenstück zu astronomischer oder biologischer Ordnung. Die Intelligenz des Laplace ist ein *idiot savant.* Sie kennt den Ort und die Geschwindigkeit von jedem Teilchen im Universum; aber weil dieser ungeheuer große Wissensvorrat (oder sein quantales Gegenstück) in sich selbst vollständig ist, gibt es in ihm keinen Raum für Information über Sterne, Galaxien, Pflanzen, Tiere oder Geisteszustände. In diesem Buch habe ich behauptet, daß die Außenwelt – die Welt, die die Naturwissenschaft beschreibt – grundlegend anders ist als das Universum von Laplace und Einstein, das ein für allemal in Raum und Zeit (oder in der Raumzeit) vorgegeben ist. Es ist eine Welt des Werdens und des Seins, eine Welt, in der aus dem ursprünglichen Chaos Ordnung entstand und die neue Formen von Ordnung erzeugte. Die Prozesse, die Ordnung geschaffen haben und weiter schaffen, gehorchen universalen und unveränderlichen physikalischen Gesetzen. Aber weil sie Information erzeugen, stecken ihre Ergebnisse nicht implizit in ihren Anfangsbedingungen.

Das Starke Kosmologische Prinzip hat es uns auch ermöglicht, die Quantentheorie als eine objektive Beschreibung von Regelmäßigkeiten zu deuten, die den Naturerscheinungen zugrundeliegen. In den herkömmlichen Deutungen der Quantentheorie ist der Begriff der Messung ein Grundbegriff. Nach der orthodoxen Deutung verursachen Messungen Unstetigkeiten und unvorhersagbare Veränderungen in dem physikalischen Zustand des gemessenen Systems. Die instrumentelle Deutung sieht die Quantenphysik nicht als eine Beschreibung der physikalischen Wirklichkeit, sondern als eine Möglichkeit, statistische Vorhersagen zu erzeugen, die Beziehungen zwischen Meßergebnissen herstellen. Niels Bohr und seine Anhänger haben behauptet, der Begriff eines Phänomens selbst sei unvollständig, wenn nicht festgelegt wird, wie das Phänomen gemessen oder beobachtet werden soll. Nun ist Messung notwendigerweise ein unumkehrbarer Prozeß. Unumkehrbarkeit wiederum ist nach den Theorien, die sich auf Boltzmanns statistische Deutung der Thermodynamik stützen, ein statistisches Phänomen. Physiker haben es gewöhnlich für gesichert gehalten, daß die Wahrscheinlichkeiten, die in diesen Theorien vorkommen, von der menschlichen Unkenntnis des mikroskopischen Zustands komplexer Systeme herrühren. Die gängigen Theorien der Unumkehrbarkeit haben deshalb einen subjektiven Anteil, der in den herkömmlichen Deutungen der Quantentheorie sogar noch deutlicher wird, weil diese Deutungen der Messung eine solche hervorragende Bedeutung zumessen. Ich behauptete in Kapitel 3, daß das Starke Kosmologische Prinzip es uns ermöglicht, eine objektive Deutung der Wahrscheinlichkeiten zu geben, die in Boltzmanns Theorie der Entropie und der Zunahme der Entropie vorkommen, und in Kapitel 7, daß die herkömmlichen Quantenbeschreibungen als Bruchstücke umfassenderer Beschreibungen gesehen werden sollten, die sich auf unendlich viele identische Systeme beziehen, die dem Starken Kosmologischen Prinzip genügen. Dieser Gesichtspunkt ermöglichte es uns, die Messung innerhalb des Rahmens der Quantentheorie zu deuten und die mit dem Meßprozeß verknüpften Paradoxa zu lösen, die sich bei der orthodoxen Deutung ergeben.

## Kreative Prozesse

Alle Prozesse, die Ordnung erzeugen, können kreativ genannt werden, aber zu einigen scheint diese Bezeichnung besser zu passen als zu anderen. Die Evolution chemischer Ordnung im frühen Universum scheint zum Beispiel weniger kreativ zu sein als die Evolution biologischer Ordnung. Um Einsicht in diesen Unterschied zu gewinnen, vergleichen wir die Entwicklung eines Sternhaufens mit der Evolution einer biologischen Population. Nehmen wir an, uns werde eine statistische Beschreibung des Anfangszustands des Haufens gegeben, und wir würden gebeten, seine weitere Entwicklung zu berechnen. Für diese Rechnung müssen wir jedem Stern eine Anfangsstellung und Geschwindigkeit zuordnen. Das läßt sich auf viele verschiedene Arten tun, die mit der gegebenen statistischen Beschreibung des Anfangszustands verträglich sind, und verschiedene Zuordnungen werden verschiedene Entwicklungsbahnen ergeben. Wenn die Anzahl der Sterne groß ist, unterscheiden sich diese Bahnen nur sehr wenig, weil jeder Stern auf die kombinierte Anziehung aller anderen reagiert und die Gesamtanziehung für statistische Schwankungen im Anfangszustand des Haufens unempfindlich ist.

Jetzt betrachten wir eine biologische Population. Nehmen wir an, wir wüßten alles, das man im Prinzip über den Anfangszustand der Population wissen kann, auch, welche Genotypen alle zur Population gehörigen Organismen haben. Nehmen wir auch an, wir hätten die Fähigkeit, auf einem Supercomputer jeden wichtigen Aspekt des evolutionären Prozesses zu simulieren. Könnten wir dann vorhersagen, welche Genotypen es zu einer späteren Zeit in der Population geben wird?

Nein – jedenfalls nicht, wenn eine Population wichtige evolutionäre Veränderungen durchmacht. Der Grund liegt darin, daß evolutionäre Ergebnisse auf einige der zufälligen genetischen Veränderungen, die durch Mutation und genetische Rekombination herbeigeführt werden, sehr empfindlich reagieren. Nehmen wir an, wir könnten alle möglichen Ergebnisse jeder Mutation und Rekombination aufzählen und ihnen eine Wahrscheinlichkeit zuschreiben. Wir könnten dann im Prinzip eine vollständige statistische Beschreibung unserer sich herausbildenden Population konstruieren. Diese Beschreibung würde eine ungeheure Menge qualitativ unterschiedlicher, sich vielfach verzweigender Bahnen enthalten, von denen jede nur eine winzig kleine Wahrscheinlichkeit hat, verwirklicht zu werden. Sie würde deshalb sehr wenig Information über die Geschichte jeder gegebenen Population enthalten. Eine Vorhersage über das Ergebnis eines Pferderennens, das jedem von sehr vielen Konkurrenten kleine und fast gleiche Gewinnchancen zuschreibt, ist nicht sehr informativ.

Die biologische Evolution erzeugt deshalb nicht nur Ordnung und Information, sondern tut das in einer im wesentlichen unvorhersagbaren Weise. Dies ist meiner Meinung nach ein wesentliches Element eines jeden wirklich schöpferischen Vorgangs. Ein schöpferischer Vorgang erzeugt nicht nur Ordnung, sondern tut das auf eine im wesentlichen unvorhersehbare Weise.

Kreatives menschliches Handeln ist auf dieselbe Weise und aus denselben Gründen unvorhersagbar, aus denen biologische Evolution unvorhersagbar ist. Unvorhersagbarkeit ist jedoch nur ein Aspekt menschlicher Freiheit. Wir sind frei, weil wir in beträchtlichem Maße die Verfasser unseres eigenen Lebens sind, und weil jedes menschliche Leben etwas Neues unter der Sonne ist. Das jedenfalls glaubten Demokrit und Sokrates, und wenn das Bild, das ich in diesem Buch skizziert habe, in seinen Hauptzügen stimmt, ist es auch eine der Lehren der modernen Naturwissenschaft. Unser Bewußtsein für die Offenheit der Zukunft und unsere eigene Fähigkeit, mitgestalten zu können, reflektiert eine tiefe Eigenschaft der objektiven Wirklichkeit.

## Naturwissenschaft und menschliche Werte

Unter Naturwissenschaftlern sind zwei Formen des Reduktionismus verbreitet.

Physiker, die das neo-Laplacesche Weltbild vertreten, behaupten, Sinn und Wert hätten keine objektive Existenz. Die Wirklichkeit, sagen sie, sei ein sinnloser Tanz von Elementarteilchen, deren Ordnung ganz und gar in den Gesetzen steckt, die die Teilchen und ihre Wechselwirkungen bestimmen; wenn dieser Tanz aber ein System habe, dann das eines unausweichlichen Zerfalls – die universelle Neigung der Ordnung, sich in Chaos aufzulösen.

Biologen vertreten eher eine andere Form des Reduktionismus. Gesellschaftliche und politische Systeme, ethische Grundsätze, Religion, Naturwissenschaft und Kunst, sagen biologische Reduktionisten, gehören alle in die Welt der Natur. Sie sind alle Produkte der kulturellen Evolution, die ihrerseits eine Erweiterung der organischen Evolution ist. Deshalb sollten kulturelle Phänomene biologische Erklärungen zulassen. Der soziale Darwinismus ist ein grobes und inzwischen völlig unglaubwürdiges Beispiel einer solchen Erklärung. Viel durchdachter und wissenschaftlich respektabler sind einige neuere Versuche, kulturelle Phänomene genetisch zu erklären. Der folgende Auszug aus dem Buch *On Human Nature* des Biologen Edward O. Wilson vermittelt den Geist dieses Denkens:

> Das Hervortreten der Zivilisation ist meiner Meinung nach als *Hypertrophie* zu deuten, als extremes Wachstum von bereits vorhandenen Strukturen. Wie die Zähne des neugeborenen Elefanten, die sich zu Stoßzähnen verlängern, und die Schädelknochen des männlichen Elchs, die sich zu einem erstaunlich großen Geweih auswachsen, haben sich die elementaren sozialen Reaktionen der Jäger und Sammler aus relativ bescheidenen Umweltanpassungen zu unerwartet komplizierten, ja sogar monströsen Formen in der höherentwickelten Gesellschaft gewandelt. Dennoch sind die möglichen Richtungen dieses Wandels und seine Endprodukte durch die genetisch beeinflußten Prädispositionen festgelegt, die sich zuerst bei den vorzivilisatorischen Menschen als einfachere Anpassungen entwickelten.[2]

In der neo-Laplaceschen Weltsicht sind die Erzeugnisse der kulturellen Evolution weniger als wirklich. Die Laplacesche Intelligenz nimmt nur ihre Bestandteile wahr. In der soziobiologischen Sicht der menschlichen Kultur sind Ethik, Religion, Kunst, Architektur, Musik und Naturwissenschaft der Menschen hypertrophierte Formen früherer »einfacherer Anpassungen vorzivilisatorischer Menschen«. Trotz der unterschiedlichen Ausgangspunkte kommen die beiden Denkweisen zu ähnlichen Schlüssen. Die neo-Laplacesche Sicht leugnet die Wirklichkeit kultureller Artefakte, die soziologische Sicht leugnet ihre wesentliche Neuheit und Reichhaltigkeit.

Die auf den vorangehenden Seiten skizzierte wissenschaftliche Weltanschauung bietet eine Alternative zum Reduktionismus in seiner physikalischen und biologischen Form. Sie zeigt uns, daß das Universum mehr ist als eine Menge von Elementarteilchen, die von unveränderlichen mathematischen Gesetzen bestimmt werden. Ordnung und die Prozesse, die Ordnung schaffen, liegen im Kern der Wirklichkeit. Die biologische Evolution, die kulturelle Evolution und das Leben jedes einzelnen Menschen sind nicht nur die reichsten Quellen der Ordnung im uns bekannten Weltall, sondern sie sind auch schöpferisch. Weil es sie gibt, ist die Zukunft wirklich offen.

Es ist oft gesagt worden, daß die Naturwissenschaft keine Werte vermittelt. Sie sagt uns nicht, daß wir den Altruismus der Habsucht vorziehen sollten, das Mitgefühl der Grausamkeit, das Wissen dem Nichtwissen, die Wahrheit der Falschheit, das Leben dem Tod. Sie sagt uns nicht, wie wir unser Leben leben sollten. Alles das trifft zu. Aber ich denke, es wäre ein großer Fehler, wenn wir glauben würden, daß die Naturwissenschaft für menschliche Werte keine Rolle spielt. Zunächst setzt, wie Jacob Bronowski in *Science and Human Values* ausführt, ein Bekenntnis zu einer wissenschaftlichen Weltanschauung gewisse Werturteile voraus und fordert sie: Daß Wissen besser ist als Unwissen, daß Wahrheit besser ist als Falschheit, daß die Wahrheit durch Vernunft und Versuch gewußt werden kann, daß Erfahrungen, und nicht Autorität oder Offenbarung, schließlich über die Wahrheit entscheiden. Eine Verpflichtung zur Naturwissenschaft setzt eine Bereitschaft voraus, die eigenen Überzeugungen und Meinungen einer strengen Überprüfung zu unterziehen, und die Anerkennung der Tatsache, daß das, was wir über die Wahrheit wissen können, niemals endgültig oder vollständig ist.

Aber die Wissenschaft kann noch auf andere Weise für menschliche Werte und Hoffnungen wichtig sein. Die ethischen Lehren der großen Weltreligionen leiten einen großen Teil ihrer Autorität aus umfassenderen Weltanschauungen her. Indem sie erklären, wie wir in das größere System der Dinge gehören, bieten sie einen sinnvollen Rahmen für das menschliche Leben. Die von der Kosmologie getrennte Ethik ist ein Zweig der Philosophie, nicht eine Kraft im Leben der Menschen. Die klassische materialistische Naturwissenschaft bot eine Alternative zu religiösen Weltanschauungen, aber es war eine triste, unbefriedigende und unglaubwürdige Alternative. Es ist dieses Laplacesche oder neo-Laplacesche Bild, das Menschen gewöhnlich im Sinn haben, wenn sie die Vorstellung ablehnen, die Naturwissenschaft könne uns helfen, unseren Platz im Weltall zu finden. Die Weltanschauung der modernen Naturwissenschaft ist, wie ich versucht habe zu beschreiben, interessanter, intellektuell und emotional befriedigender und vor allem wahrer. Die alte wissenschaftliche Weltanschauung beruhte vor allem auf einem wichtigen, aber nicht repräsentativen Bruchstück der Naturwissenschaften. Die neue wissenschaftliche Weltsicht umfaßt und vereint Quantenphysik, makroskopische Physik, Molekular- und Evolutionsbiologie und die modernen Neurowissenschaften. Sie fordert zu neuen Bemühungen auf, unser Verständnis der Natur auszuweiten und zu vertiefen; gleichzeitig weckt sie Ehrfurcht und Erstaunen. Und sie vergewissert uns, daß dem keine Grenzen gesetzt sind, was wir und unsere Nachkommen hoffen können zu erreichen und zu werden.

# *Zur deutschen Übersetzung*

Der Verleger der deutschen Ausgabe gab mir freundlicherweise Gelegenheit, im Text kleine Veränderungen anzubringen, die neue Erkenntnisse enthalten. Die wichtigsten finden sich in Kapitel 8 und 9. Außerdem habe ich mich entschlossen, ein langes und jetzt überholtes Kapitel zur Neurobiologie wegzulassen. Keine dieser Veränderungen betrifft die wesentlichen Überlegungen und Schlußfolgerungen des Buches.

In den letzten fünf Jahren sind mehrere Bücher erschienen, die sich in interessanter und neuartiger Weise mit Themen befassen, die im vorliegenden Buch angesprochen werden. Roger Penrose erörtert in seinem Buch *Computerdenken* (Heidelberg 1991) die Deutung der Quantenmechanik, den Ursprung des Zeitpfeils und Fragen nach Bewußtsein und Willensfreiheit. Murray Gell-Mann beschäftigt sich in *Das Quark und der Jaguar* (Piper 1994) unter anderem ebenfalls mit diesen Fragen. Penrose sagt zur Quantenmechanik (S. 290): »Ich glaube, man muß ernsthaft in Betracht ziehen, daß die Quantentheorie einfach falsch ist, wenn man sie auf makroskopische Körper anwendet – besser gesagt, daß die Gesetze [der Quantenmechanik] nur ausgezeichnete Näherungen für eine vollständigere, aber noch nicht entdeckte Theorie darstellen.« Gell-Mann dagegen meint (wie ich), daß die Quantenmechanik einen zur Beschreibung von Messungen und ähnlichen Vorgängen geeigneten Rahmen abgibt – Vorgängen, die zu den in Kapitel 4 bis 7 dieses Buches erörterten Quantenparadoxa führen. Gell-Mann versteht die Quantenmechanik im Rahmen einer modernen Fassung der Viele-Welten-Deutung; das löst einige – meiner Meinung nach jedoch nicht alle – der in Kapitel 7 des vorliegenden Buchs erörterten Schwierigkeiten.

In bezug auf den Zeitpfeil stimmen Penrose und Gell-Mann darin überein, daß das Weltall zunächst in einem Zustand maximaler Unordnung war, der überhaupt keine Information enthielt. Es überrascht nicht, wenn sowohl Gell-Mann als auch Penrose Darstellungen vom Ursprung der makroskopischen

Ordnung geben, die sich von meiner (und auch voneinander) unterscheiden.

In *The Language Instinct* (Morrow, 1994) behauptet Steven Pinker, Sprache sei »eine evolutionäre Anpassung, wie das Auge, und im wesentlichen zur Durchführung wichtiger Aufgaben bestimmt.« (S. 24). Pinker und ich stimmen darin überein, daß Menschen genetisch auf den Erwerb und Gebrauch von Sprache programmiert sind und allen menschlichen Sprachen eine gewisse Struktur gemeinsam ist. Wir unterscheiden uns in Hinblick auf das Wesen dieser Struktur. Für Pinker ist es eine Art universaler Grammatik im Sinn von Chomsky. Im vorliegenden Buch vertrete ich die Meinung, das uns Angeborene und genetisch Programmierte seien keine grammatischen »Überregeln« (wie Pinker sie nennt), sondern eine Strategie zu ihrer hierarchischen Erzeugung.

In *Consciousness Explained* (Little, Brown, 1991) gibt Daniel Dennett eine klare und interessante Darstellung der philosophischen und psychologischen Sicht des Bewußtseins. Er betrachtet eine »virtuelle Maschine«, die die *Funktionen* des menschlichen Geistes erfüllt, und behauptet: »Jeder oder alles, das eine solche virtuelle Maschine als Kontrollsystem hat, ist im vollsten Sinn bewußt, eben *weil* es eine solche virtuelle Maschine hat.« (S. 281). Er greift Nagels (und meine) Ansicht an, wonach es im Bewußtsein ein irreduzierbar subjektives Element gibt, aber es gelingt ihm meiner Meinung nach nicht, Nagels Überlegung zu widerlegen, daß »jedes subjektive Phänomen im wesentlichen mit einer einzelnen Perspektive verbunden ist; und es scheint unvermeidlich, daß eine objektive physikalische Theorie von dieser Perspektive abstrahieren wird (*Über das Leben, die Seele und den Tod*, S. 186).

Schließlich möchte ich der Übersetzerin für die einfühlsame, gewissenhafte und sorgfältige Wiedergabe des Textes danken.

Cambridge, Mass.,
13. September 1994 David Layzer

# Anmerkungen

## *Teil I*
## *Kapitel 1*

1 Pierre Simon de Laplace, *Essai philosophique sur les probabilités,* Paris: Gauthier-Villars 1821 (dt. *Philosophischer Versuch über die Wahrscheinlichkeit,* hg. v. R. v. Mises, Leipzig 1932, S. 3).

2 Albert Einstein, *The Religious Spirit of Science, in: Ideas and Opinions* (New York, Bonanza Books, 1954) S. 40 (dt. Religion und Wissenschaft, in: Mein Weltbild, hg. v. Carl Seelig, Zürich: Europa 1953. S. 21).

3 Der Ausdruck »Blockwelt« wurde von William James verwendet (*A pluralistic Universe,* Cambridge, Mass.: Harvard University Press, 1977, S. 140. James spricht dort von »ewigen und geschichtslosen Blockwelten«.

4 Arthur Stanley Eddington, *The Nature of the Physical World* (1929), Ann Arbor: University of Michigan Press, 1958, S. 294.

5 Willard Van Orman Quine, *Word and Object*, Cambridge, Mass.: MIT Press, 1960, S. 23 (dt. *Wort und Objekt*, üb. v. Joachim Schulte, Stuttgart, Reclam 1980, S. 55).

6 Thomas S. Kuhn, *The Structure of Scientific Revolutions*, 2. Auflage, Chicago: University of Chicago Press, 1970, S. 206 (dt. *Die Struktur wissenschaftlicher Revolutionen*, üb. v. Kurt Simon, Frankfurt: Suhrkamp 1967).

7 Albert Einstein, *The Method of Theoretical Physics*, in: *Ideas and Opinions* S. 274 (dt. *Zur Methodik der theoretischen Physik*, in: *Mein Weltbild*, S. 153).

8 Steven Weinberg, *Die ersten drei Minuten*, üb. v. Friedrich Griese, München: Piper 1977, S. 168.

9 Solovine, Maurice (Hg.), *Albert Einstein. Lettres à Maurice Solovine,* Paris: Gauthier-Villars 1956, S. 114.

10 Die folgende von Georg Cantor angestellte Überlegung zeigt, daß die Punkte einer Strecke keine diskrete Menge bilden. Man nenne die Endpunkte der Strecke 0 und 1. Dann entspricht jeder Punkt in dem Intervall einer reellen Zahl zwischen 0 und 1, und jede reelle Zahl zwischen 0 und 1 entspricht einem Punkt. Ist die Menge der reellen Zahlen zwischen 0 und 1 diskret? Nehmen wir an, das sei der Fall. Dann kann man sie in einer Liste aufführen. Wenn die Zahlen durch Dezimalzahlen dargestellt werden, sieht sie so aus:

$$0{,}a_{11}a_{12}a_{13}, \ldots$$
$$0{,}a_{21}a_{22}a_{23}, \ldots$$
$$0{,}a_{31}a_{32}a_{33}, \ldots,$$

wobei jeder Eintrag für eine Ziffer zwischen 0 und 9 steht. Diese unendliche Liste enhält nach Voraussetzung alle Dezimalzahlen kleiner als 1. Aber dann können wir leicht Dezimalzahlen konstruieren, die nicht auf der Liste stehen, denn all die Zahlen $0{,}b_1b_2b_3\ldots$, (wobei $b_1$ sich von $a_{11}$ unterscheidet, $b_2$ von $a_{22}$, $b_{23}$ von $a_{33}$ und so weiter) können auf der Liste sein, weil sie sich an mindestens einer Stelle von jedem Eintrag unterscheiden. Wir schließen daraus, daß die Menge der reellen Zahlen nicht diskret ist; die reellen Zahlen lassen sich nicht in einer Liste erfassen und sind deshalb nicht abzählbar.

## *Kapitel 2*

1 Siehe Eugene P. Wigner, *Events, Laws of Nature, and Invariance Principles*, in: *Symmetries and Reflections*, Cambridge, Mass.: MIT Press 1967, S. 38.

2 Joseph Needham, *Evolution and Thermodynamics*, in: *Moulds of Understanding*, New York: St. Martin's Press 1976, S. 173.

3 Erwin Schrödinger, *Science and the Human Temperament (1935)*, nachgedruckt als: *Science, Theory and Man;* New York: Dover 1957, S. 48.

4 James Clerk Maxwell, *Theorie der Wärme*, üb. v. Auerbach, Breslau 1877.

5 Peter B. Medawar, *A Biological Retrospect*, in: *Pluto's Republic*, New York: Oxford University Press 1982, S. 291.

## *Kapitel 3*

1 Edwin P. Hubble, *Das Reich der Nebel*, üb. v. K.-O. Kiepenheuer, Braunschweig: Vieweg 1938, S. 31.

2 Richard P. Feynman, *Vorlesungen über Physik*, üb. v. Heinz Kohler, München: Oldenburg 1974, S. 11.

3 Eine moderne philosophische Erörterung der Frage findet sich in Willard Van Orman Quine, *Was es gibt*, in: *Von einem logischen Standpunkt*, üb. v. Peter Bosch, Berlin: Ullstein 1979, S. 1.

4 Zur verborgenen Ordnung siehe E. L. Hahn und R. G. Brewer *Phasengedächtnis atomarer Systeme*, in: *Spektrum der Wissenschaft*, Februar 1985, S. 62.

5 Der Ursprung stellt eine Konfiguration dar, in der alle Moleküle in Ruhe sind *und bleiben*.

6 Die Raumkoordinaten eines repräsentativen Punkts liegen zwischen festen Grenzen, weil das Gas in einen Kasten eingesperrt ist. Die Geschwindigkeitskoordinaten sind durch die Tatsache eingeschränkt, daß die Gesamt-

energie des Gases einen festen Wert hat. Diese Bedingung definiert eine (6N-1)-dimensionale »Oberfläche« im 6N-dimensionalen Zustandsraum. Alle Bahnen liegen auf dieser »Oberfläche«.

7 Einstein schrieb: »Der Unterschied zwischen Vergangenheit, Gegenwart und Zukunft ist eine Illusion, wenn auch eine Hartnäckige.« (zitiert in Ilya Prigogine und Isabelle Stengers: *Order out of Chaos*, New York: Bantam Books 1984, S. 294).

8 Iljia Prigogine, *Being and Becoming*, New York: Freeman 1980, S. 12-13. (Dt.: *Vom Sein zum Werden*, München: Piper 1979)

## *Kapitel 4*

1 James Clerk Maxwell, *Molecules*, in: *The Scientific Papers of James Clerk Maxwell*, hg. v. W. D. Niven, New York: Dover 1965, Band 2, S. 375.

## *Kapitel 5*

1 Max Planck, in: ›Naturwissenschaft‹ 31 (1943), S. 153.

2 Albert Einstein, in: *Annalen der Physik* 17 (1905), S. 132. Die Einleitung dieser Arbeit mit dem Titel: »Die Erzeugung und Verwandlung des Lichtes betreffenden heuristischen Gesichtspunkt« ähnelt der Einleitung der im selben Jahr veröffentlichten Arbeit Einsteins zur Speziellen Relativitätstheorie. In dieser Arbeit bemerkt Einstein, daß Newtons Theorie alle unbeschleunigten Bezugssysteme gleich behandelt, während Maxwell Theorie annimmt, es gebe ein ausgezeichnetes System (in dem sich Licht in alle Richtungen mit derselben Geschwindigkeit bewegt). Einstein stellte dann das Relativitätsprinzip auf, wonach keine Beobachtung einen bevorzugten Zustand unbeschleunigter Bewegung definieren kann.

3 Zitiert in: Abraham Pais, *Einstein on Particles, Fields, and the Quantum Theory*, in: *Some Strangeness in the Proportion*, hg. v. H. Woolf, Reading, Mass.: Addison-Wesley 1980, S. 197.

4 Pais, *Einstein on Particles, Fields, and the Quantum Theory*, S. 197.

5 Niels Bohr gelangte in seiner Arbeit von 1913 auf einem weniger direkten Weg zu der Regel, wonach der Drehimpuls einer zulässigen Kreisbahn ein ganzzahliges Vielfaches von $h/2\pi$ ist. Er begann mit der bekannten empirischen Regel für die Energieniveaus von Wasserstoff, $E = -C/n^2$, wo $n$ eine ganze Zahl ist und $C$ eine empirisch bestimmte Konstante. Für sehr große Werte von $n$ ist die klassische Bahn sehr groß, so daß die klassische Physik gelten sollte. Ein Elektron auf einer Kreisbahn strahlt Licht aus, dessen Frequenz das Reziproke der Bahnperiode ist. Bohr behauptete, Licht dieser Frequenz werde ausgeschickt, wenn das Elektron einen Übergang

von Niveau $n$ zu Niveau $n$-1 durchmacht. Diese Forderung führt zu einer richtigen Vorhersage für die Konstante $C$ in der obigen Formel für die Energieniveaus. *Dann* bemerkte Bohr, daß die erlaubten Bahnen durch die Regeln für den Drehimpuls gegeben sind. In einem Vortrag über das Wasserstoffspektrum, den er am 20. Dezember 1913 vor der Physikalischen Gesellschaft in Kopenhagen hielt, erwähnte Bohr die Drehimpulsregel nicht. Vermutlich hat er ihr zunächst keine grundlegende Bedeutung zugeschrieben.

6 Niels Bohr, H. A. Kramers und J. C. Slater, in: ›Philosophical Magazine‹ 47 (1924), S. 785. Diese Verfasser bemerken zu Comptons Theorie der Lichtstreuung an Elektronen: »Durch diesen Vorgang erwirbt das Elektron eine Geschwindigkeit in einer bestimmten Richtung, die genau wie die Frequenz des wieder ausgeschickten Lichts durch die Erhaltungsgesetze für Energie und Impuls bestimmt ist, wobei jedem Lichtquant eine Energie $h\nu$ und ein Impuls $h\nu/c$ zugeschrieben wird. *Im Gegensatz zu diesem Bild* ist die Streuung der Strahlung durch das Elektron unserer Meinung nach als *ein stetiges Phänomen* anzusehen, zu dem jedes der beleuchteten Elektronen durch die Aussendung kohärenter Sekundärwellen beiträgt.« (S. 173, meine Hervorhebung).

7 Albert Einstein, in: ›Physikalische Zeitschrift‹ 18 (1917), S. 127.

8 Albert Einstein an Erwin Schrödinger, Dezember 1950, in: *Briefe zur Wellenmechanik*, Wien 1963, S. 36.

## Kapitel 6

1 Max Born, ebd., S. 864.

2 In dieser Arbeit sagt Born, daß die Amplitude selbst diese Wahrscheinlichkeit darstellen muß, aber in einer Anmerkung bei der Korrektur schreibt er: »Genauere Überlegung zeigt, daß die Wahrscheinlichkeit dem Quadrat der Größe $\varphi_{nm}$ proportional ist.« (S. 865).

3 Max Born, *Zur Quantenmechanik der Stoßvorgänge*, S. 866.

4 Erwin Schrödinger, in: ›Naturwissenschaften‹ 23 (1935), S. 812.

5 Eugene P. Wigner, *Two Kinds of Reality*, in: *Symmetries and Reflections*, Bloomington: Indiana University Press 1967, S. 171.

6 Werner Heisenberg, in: ›Daedalus‹ 87, (1958), S. 99.

7 Erwin Schrödinger, *Geist und Materie*, Braunschweig, 1959. S. 40/41.

8 Andreas Osiander, Vorwort zu *De revolutionibus*. Das Vorwort ist nicht unterzeichnet, aber die Gelehrten sind sich einig, daß es von Osiander und nicht Copernicus geschrieben wurde.

9 Eugene P. Wigner, *Interpretation of Quantum Mechanics*, in: *Quantum Theory and Measurement*, hg. v. J. A. Wheeler.

10 Siehe zum Beispiel ›*Einsteins Antwort*‹, in: *Albert Einstein als Philosoph und Naturforscher*, hg. v. P. A. Schilpp, Stuttgart: Kohlhammer 1955, S. 507.

11 Niels Bohr, zitiert in *Quantum Theory and Measurement*, hg. v. J. A. Wheeler und W. H. Zurek, Princeton, N. J. Princeton University Press, 1982, S. 260-314.

12 Albert Einstein an Erwin Schrödinger, 9. August 1939, in: *Briefe zur Wellenmechanik*, hg. v. K. Przibram, Wien 1965, S. 32.

13 Einstein an Schrödinger, *Briefe zur Wellenmechanik*, S. 29.

## *Kapitel 7*

1 Eine vollständigere Diskussion findet sich in David Layzer, *Quantum Mechanics, Thermodynamics, and Cosmology*, in: *Physics as Natural Philosophy*, hg. v. H. Feshbach und A. Shimony, Cambridge, Mass.: MIT Press 1982, S. 240-62.

2 Hugh Everett III., in: ›Reviews of Modern Physics‹ 29 (1957), S. 454-62.

3 John A. Wheeler, zitiert in *Quantentheory and Measurement*, hg. v. J. A. Wheeler und W. H. Zurek, Princeton, N. J.: Princeton University Press 1982, S. 185.

## *Kapitel 8*

1 Eine ausführliche literarische Gestaltung findet sich bei Jorge Luis Borges.

2 Ludwig Boltzmann, *Vorlesungen über Gastheorie*, II. Teil, Leipzig 1898, S. 256.

3 Edwin P. Hubble, *Das Reich der Nebel*, üb. v. K.-O. Kiepenheuer, Braunschweig 1938, S. 31.

4 Arthur Stanley Eddington, *Das Wesen der physikalischen Welt*, S. 88.

5 Richard P. Feynman, *Vom Wesen physikalischer Gesetze*, üb. v. Siglinde Summer und Gerda Kurz, München 1990, S. 144.

6 Ist räumliche Ungleichförmigkeit mit dem starken kosmologischen Prinzip verträglich? Ja. Das Prinzip besagt, daß eine statistische *Beschreibung* der räumlichen Massenverteilung nicht zwischen Raumpunkten unterscheiden soll, nicht, daß die Verteilung selbst homogen sein soll. Zum Beispiel muß die Aussicht, innerhalb von einer Million Lichtjahren von der Sonne eine Galaxie zu finden, die zehnmal mehr Masse hat als das Milchstraßensystem, dieselbe sein, wie die Aussicht, eine solche Galaxie innerhalb von einer Million Lichtjahren von jedem anderen Raumpunkt zu finden.

7 Isaac Newton an Dr. Bentley, 1692,in: *Theories of the Universe*, hg. v. Milton K. Munitz, New York 1957, S. 211.

8 Eine sehr lesbare Darstellung der Standardmodells findet sich bei Steven Weinberg, *Die ersten drei Minuten*.

9 Energie und Masse sind durch Einsteins Gleichung $E = mc^2$ miteinander verknüpft, wobei $E$ die Energie, $m$ die Masse und $c$ die Lichtgeschwindigkeit im leeren Raum ist. In Zusammenhängen wie diesem machen Physiker keinen Unterschied zwischen den Ausdrücken »Masse« und »Energie«, was erleichtert wird, wenn man Einheiten verwendet, bei denen $c = 1$ ist.

10 Das kosmologische Prinzip fordert, daß die *Raumkrümmung* im Mittel überall denselben Wert hat. Wenn die Krümmung Null ist, ist die Raumgeometrie euklidisch. Wenn sie positiv ist, ist die Geometrie des Raumes dieselbe wie die Geometrie auf der Oberfläche einer Kugel, wobei die Großkreise die Rolle der Geraden spielen. Die Winkelsumme eines sphärischen Dreiecks ist größer als 180°. Wenn die Raumkrümmung negativ ist, ist die Raumgeometrie hyperbolisch. Die Winkelsumme eines jeden Dreiecks in einem solchen Raum beträgt weniger als 180°. Die relativistische Kosmologie verknüpft die Raumkrümmung mit der kosmischen Massendichte und der Rate der kosmischen Ausdehnung. Für einen bestimmten Wert des Verhältnisse von Geschwindigkeit und Entfernung gibt es eine kritische Dichte. Wenn die kosmische Massendichte über dem kritischen Wert liegt, ist die Raumkrümmung positiv; sie ist negativ, wenn die Massendichte darunter liegt, und wenn sie gleich dem kritischen Wert ist, verschwindet die Krümmung, und die Geometrie ist euklidisch.

11 Fluktuationen in der Planck-Epoche werden im nächsten Kapitel etwas gründlicher erörtert.

## Kapitel 9

1 Das Beweismaterial für diese Behauptung wird bei J. Ostriker, *Astronomical Tests of the Cold Dark Matter Scenario*, in: Annual Reviews of Astronomy and Astrophysics‹, Band 31 (1993), S. 689-716 angegeben.

2 Das beobachtbare Universum ist eine Kugel, auf der die kosmische Ausdehnung mit Lichtgeschwindigkeit erfolgt.

3 David Layzer, *Astrophysical Journal* 392, 25.

## *Kapitel 10*

1 Platon, *Phaidon*, üb. v. Franz Dirlmeier, Frankfurt: S. Fischer 1953.

2 Henri Bergson, *L'evolution créatice*, Paris: Quadrige / PUF 1969, S. 254-55 (dt. *Schöpferische Entwicklung*, üb. v. Gertrud Kantorowicz, Jena: Diederichs 1912.

3 Charles Darwin, *The Origin of Species* (1. Auflage 1859), Harmondsworth: Penguin, 1987, S. 456 (dt. *Über die Entstehung der Arten durch natürliche Zuchtwahl*, üb. v. Gustav Carus, Darmstadt 1988, S. 562.

4 Zitiert in Ernst Mayr, *The Evolutionary Synthesis*, hg. v. Ernst Mayr und William B. Provine, Cambridge, Mass.: Harvard University Press 1980, S. 309.

5 Darwin *Entstehung der Arten*, S. 280.

6 G. Ledyard Stebbins, *Darwin to DNA, Molecules to Humanity*, New York: Freeman 1982, S. 46.

7 Zitiert in Mayr, *Evolutionary Synthesis*, S. 309.

8 Werner Heisenberg, *Der Teil und das Ganze*, München: Piper 1969, S.158/159.

9 Richard C. Lewontin, persönliche Mitteilung.

10 Peter B. Medawar, *A Biological Retrospect*, in: *Pluto's Republic*, New York: Oxford University Press 1982, S. 291.

11 Medawar, ebd., S. 291.

12 G. Ledyard Stebbins, *The Basis of Progressive Evolution*, Chapel Hill: University of North Carolina Press 1969, S. 119-120.

## *Kapitel 11*

1 Jaques Monod, *Zufall und Notwendigkeit*, üb. v. Friedrich Griese, München: Piper 1970, S. 146.

2 Thomas Robert Malthus, *Essay on the Principle of Population*, in: *The World of Mathematics*, hg. v. James R. Newman, New York: Simon and Schuster 1956, S. 1192. Benjamin Franklins Aufsatz *Observations Concerning the Increase of Mankind* wurde 1751 geschrieben. Er hatte ein polemisches Ziel. Im Vorjahr hatte das englische Parlament ein Gesetz verabschiedet, das den Bau von Eisen- und Stahlfabriken in den amerikanischen Kolonien verbot. Franklin behauptete, dieses Gesetz sei den Interessen Englands zuwider, die in der Maximierung der Wachstumsrate der Kolonialbevölkerung lag. Die Industrialisierung würde, so behauptete Franklin, das Bevölkerungswachstum fördern, indem sie den Lebensstandard verbesserte und dadurch Menschen eine frühere

Heirat und mehr überlebende Kinder ermöglichte. Der Aufsatz wurde zuerst 1755 veröffentlicht und mehrere Mal nachgedruckt. Man schreibt ihm beträchtlichen Einfluß auf das wirtschaftliche Denken in England zu. Der von Malthus umschriebene Absatz lautet folgendermaßen: »Es gibt, kurz gesagt, keine Grenze für die Verbreitung von Pflanzen oder Tieren denn die, die durch ihre Überbevölkerung und Störung der Nahrungsvorräte der anderen stammt. Wäre die Erde ohne andere Pflanzen, würde sie allmählich mit nur einer Art besät und bedeckt, zum Beispiel mit Fenchel; und gäbe es keine anderen Einwohner, würde sie nach wenigen Zeitaltern von einer Nation allein bevölkert sein, so zum Beispiel von Engländern.« Franklin schätzte, daß die Kolonialbevölkerung sich alle 25 Jahre verdoppeln würde, und Malthus übernahm diese Schätzung in seinem Aufsatz. Ich danke Prudence Steiner für den Hinweis auf diesen Aufsatz.

3 Fehlerhafte Kopien brauchen nicht unbedingt tödliche Folgen zu haben. Wir können jeder Einheit unseres selbstreplizierenden Moleküls einen »Index reproduktiver Wichtigkeit« zuschreiben, der wie folgt definiert wird: Ein Text ist reproduktiv nicht lebensfähig, wenn er zwei falsch kopierte Einheiten mit einem Index 1/2, drei falsch kopierte Einheiten mit einem Index 1/3 und so weiter enthält. Wenn wir jetzt mit N die Summen der Indizes aller Einheiten in dem Text bezeichnen und diese Größe die effektive Länge des Moleküls nennen, gilt die vorstehende Regel auch weiterhin: Das längste zum Leben und zur Reproduktion fähige Molekül hat die effektive Länge $1/f$, wobei $f$ die Fehlerfrequenz für die Kopie einer einzelnen Einheit ist. Die effektive Länge eines Moleküls ist näherungsweise ein Maß für die von ihr kodierte biologische Information. Segmente genetischen Materials, die keine funktionale Rolle spielen, tragen nicht zur effektiven Länge eines Moleküls oder der von ihm verschlüsselten Information bei.

4 In modernen Zellen werden die Einheiten, die zu einer Form von DNA (Desoxyribonukleotiden) verbunden sind, nach einem sehr umständlichen Verfahren aus entsprechenden Einheiten von RNA (Ribonukleotiden) hergestellt. Dies weist deutlich darauf hin, daß sich zunächst RNA entwickelte. Heute spielt RNA mehrere Rollen. Die Moleküle wirken als Auslöser für die Replikation von DNA, sie geben Information von der DNA an die Ribosomen weiter (die selbst Komplexe aus RNA und Proteinen sind), und sie vermitteln als Adaptoren die Umsetzung genetischer Information in Proteine. In einigen Viren wird genetische Information durch RNA gespeichert und weitergegeben. RNA könnte also sehr wohl ein allererster Selbstreplikator gewesen sein. Der Molekularbiologe Leslie Orgel hat gezeigt, daß RNA-Moleküle mit einer Länge von etwa zehn Nukleotiden sich in der Tat in einer Umwelt mit aktivierten

Bausteinen und Zinkionen, die als nichtspezifische Katalysatoren wirken, genau replizieren.

5 In der RNA ersetzt die Basis Uracil (U) das Thymin. Uracil verbindet sich mit Adenin fest zu einer »Sprosse«, die genau so breit ist wie die von Cytosin und Guanin.

6 Ivan Ivanovich Schmalhausen, *Factors of Evolution: The Theory of Stabilizing Selection*, hg. v. T. Dobzhansky, Philadelphia: Blakiston 1949, S. 233.

7 D. D. Davis, in: ›Fieldiana Memoirs‹ (Zoology) 3 (1964).

8 Zitiert in Steven Stanley, *Macroevolution*, San Francisco: Freeman 1979, S. 55.

9 A.C. Wilson, S.S. Carlson und T.J. White, in: ›Annual Reviews of Biochemistry‹ 46 (1977): 573-639.

10 David Pilbeam, »Human Origins«, David Skomp Distinguished Lecture in Anthropology (Delivered at Indiana University, Bloomington, Indiana 1986).

11 Charles Darwin, *Der Ursprung der Arten*, üb. v. Gustav Carus, Darmstadt 1988, S. 357.

12 Stanley, *Macroevolution*, S. 122.

13 Ernst Mayr, *Populations, Species, and Evolution*, Cambridge, Mass.: Harvard University Press 1970, S. 374.

14 Richard C. Lewontin, persönliche Mitteilung.

15 George Gaylord Simpson, *Fossils*, New York: Freeman 1983, S. 167.

16 David Layzer, in: ›American Naturalist‹ 115 (1980), S. 809.

17 D.T. Suzuki, A.J.F.Griffiths, J.H. Miller und R.C. Lewontin, *An Introduction to Genetic Analysis*, New York: Freeman 1986, S. 375.

## *Kapitel 12*

1 W. John Smith, *The Behavior of Communicating*, Cambridge, Mass: Harvard University Press 1977, S. 357-58.

2 Alexander Romanovitch Luria, *Lectures on Language and Cognition*, New York: Wiley 1981, S. 32-33.

3 Robin Fox, *The Cultural Animal*, in: *Man and Beast: Comparative Social Behavior*, hg. v. J.F. Eisenberg und W.S. Dillon, Washington, D.C.: Smithsonian Institution Press 1971, S. 263-96, zitiert in E.O. Wilson, *Sociobiology*, Cambridge, Mass.: Harvard University Press 1975, S. 560.

4 Melvin Konner, *The Tangled Web*, New York: Harper & Row 1982, S. 8.

5 Frances Dahlberg, hg. v. *Woman the Gatherer*, New Haven, Conn.: Yale University Press 1981, zitiert in Konner, *Tangled Web*, S. 448.

6 Konner, *Tangled Web*, S. 106-126 und Literaturhinweise dort. Siehe auch R. Trivers, *Social Evolution*, Menlo Park, Calif.: Benjamin / Cummings 1985); M. Daly und M. Wilson, *Sex, Evolution, and Behavior*, 2. Auflage Boston: PWS Publishers 1983.

7 Ulric Neisser, *Cognition and Reality*, San Francisco: Freeman 1976 (dt. *Kognition und Wirklichkeit*, üb. v. Regine Born, Stuttgart: Klett-Cotta 1979, S. 50, 26.

8 Neisser, *Cognition and Reality*, S. 66.

9 Peter C. Wason and Philip N. Johnson-Laird, *Psychology of Reasoning*, Cambridge, Mass.: Harvard University Press 1972.

10 Luria, *Lectures on Language and Cognition*, S. 207-209.

11 Noam Chomsky, *Aspekte der Syntax-Theorie*, üb. v. Ewald Lang u. a., Frankfurt: Suhrkamp 1973, S. 41.

12 Michael Polyani erörtert dieses Thema ausführlich in *The Tacit Dimension*, Garden City, N.Y.: Doubleday, 1966.

13 Roger Brown, *A First Language*, Cambridge, Mass. Harvard University Press, 1973, S. 64.

14 Brown, ebd. S. 200.

## *Kapitel 13*

1 Thomas Nagel, *Mortal Questions*, Cambridge: Cambridge University Press 1979 (dt. *Über das Leben, die Seele und den Tod*, üb. v. K.E. Prankel , R. Stoecker, Königstein: Hain 1984, S. 215).

2 Nagel, *Über das Leben*, S. 220.

3 Eine Erörterung dieser Behauptung findet sich in Nagel, *Über das Leben, die Seele und den Tod* Kap. 12-14, wo auch Hinweise auf die philosophische Literatur gegeben werden. Repräsentative philosophische Abhandlungen, die sich aus materialistischer Sicht mit dem Leib-Seele-Problem beschäftigen, finden sich in D.M. Rosenthal, ed., *Materialism and the Mind-Body Problem* (Engelwood Cliffs, N.J.: Prentice-Hall, 1971). Siehe auch Daniel Dennett, *Brainstorms* [Cambridge, Mass., MIT Press, 1981].

4 Für eine philosophische Erörterung dieser Sicht von Geisteszuständen siehe Thomas Nagel, *The View from Nowhere*, New York: Oxford University Press 1986, Kap. 3. (Dt. *Der Blick von Nirgendwo*, üb. v. Michael Gebauer, Frankfurt/Main: Suhrkamp 1992)

5 J. Allan Hobson, *Psychoanalytic Dream Theory: A Critique Based Upon Modern Neurophysiology*, in: *Mind, Psychoanalysis, and Science*, hg. v. Peter Clark und Crispin Wright, Oxford: Basil Blackwell 1988; J.A.

Hobson, S.A. Hoffman, R. Helfand und D. Kostner, in: ›Human Neurobiology‹ 6, (1987): 157-64; J. Allan Hobson, *The Dreaming Brain*, New York: Basic Books, 1988.

6 J. Allan Hobson, persönliche Mitteilung.

## *Kapitel 14*

1 Thomas Nagel, *The View from Nowhere*, New York: Oxford University Press 1986, S. 110 (Dt. *Der Blick von Nirgendwo*, Frankfurt/Main: Suhrkamp 1992).

2 Edward O. Wilson, *On Human Nature*, Cambridge, Mass.: Harvard University Press 1978, S. 89 (dt. *Biologie als Schicksal*, üb. v. Friedrich Griese, Berlin: Ullstein 1980, S. 88).

# Register

*Zu dieser Ausgabe*

insel taschenbuch 2111
David Layzer
Die Ordnung des Universums

Der Text folgt der Ausgabe: David Layzer, *Die Ordnung des Universums,* Insel Verlag Frankfurt am Main und Leipzig 1995. Die englische Originalausgabe erschien 1990 unter dem Titel *Cosmogenesis. The Growth of Order in the Universe* bei der Oxford University Press, Oxford. Die Übersetzung aus dem Amerikanischen besorgte Anita Ehlers.

*Sachbücher*
*im insel taschenbuch*

Friedrich Cramer
Chaos und Ordnung
Die komplexe Struktur des Lebendigen
Mit zahlreichen Abbildungen
insel taschenbuch 1496

Richard M. Bucke
Kosmisches Bewußtsein
Zur Evolution des menschlichen Geistes
Aus dem Amerikanischen von Karin Reese
insel taschenbuch 1498

Fred Alan Wolf
Körper, Geist und neue Physik
Eine Synthese der neuesten Erkenntnisse
von Medizin und moderner Naturwissenschaft
Aus dem Amerikanischen von Friedrich Griese
insel taschenbuch 1497

Der Geist im Atom
Eine Diskussion der Geheimnisse der Quantenphysik
Herausgegeben von P. C. Davies und J. R. Brown
Aus dem Englischen von Jürgen Koch
insel taschenbuch 1499

Anthony Zee
Magische Symmetrie
Die Ästhetik in der modernen Physik
Aus dem Amerikanischen von Hans-Peter Herbst
insel taschenbuch 1501

James Lovelock
Das Gaia-Prinzip
Die Biographie unseres Planeten
Aus dem Englischen von Peter Gillhofer und Barbara Müller
insel taschenbuch 1542

Ian Stewart
Spielt Gott Roulette?
Uhrwerk oder Chaos
Aus dem Englischen von Gisela Menzel
insel taschenbuch 1543

Ervin Laszlo
Wissenschaft und Wirklichkeit
Aus dem Englischen von Vladimir Delavre
und Mechthild Kühling
insel taschenbuch 1570

John Gribbin und Martin Rees
Ein Universum nach Maß
Bedingungen unserer Existenz
Aus dem Englischen von Anita Ehlers
insel taschenbuch 1579

Mircea Eliade
Kosmos und Geschichte
Der Mythos der ewigen Wiederkehr
Ins Deutsche übertragen von Günther Spaltmann
insel taschenbuch 1580

John Gribbin
Unsere Sonne
Ein rätselhafter Stern
Aus dem Englischen von Anita Ehlers
insel taschenbuch 1662

John und Mary Gribbin
Kinder der Eiszeit
Beeinflußt das Klima die Evolution des Menschen?
Aus dem Englischen von Gerald Bosch
insel taschenbuch 1676

Robert Wesson
Chaos, Zufall und Auslese in der Natur
Aus dem Amerikanischen von Peter Gillhofer
insel taschenbuch 1684

Kristen Rohlfs
Einführung in die Astronomie
insel taschenbuch 1701

Robert Shapiro
Der Bauplan des Menschen
Die Genforschung enträtselt den Code des Lebens
Aus dem Amerikanischen von Günther Kirchberger
insel taschenbuch 1709

Daniel J. Kevles und Leroy Hood (Hg.)
Der Supercode
Die genetische Karte des Menschen
insel taschenbuch 1721

Harald Marx
Die Sternbilder des Jahres
Einführung in die Astronomie
Mit zwölf Sternkarten von Ulla Gleim
insel taschenbuch 1735

Carol Zaleski
Nah-Todeserlebnisse und Jenseitsvisionen
Aus dem Amerikanischen von Ilse Davies Schauer
insel taschenbuch 1741

Bernulf Kanitscheider
Auf der Suche nach dem Sinn
Originalausgabe
insel taschenbuch 1748

Gerhard Hütwohl
Wann bin ich eigentlich krank?
Gedanken und Überlegungen zum Kranksein
Originalausgabe
insel taschenbuch 1745

John und Mary Gribbin
Wie wenig uns vom Affen trennt
Aus dem Englischen von Gerald Bosch
insel taschenbuch 1761

Werner Künzel und Peter Bexte
Maschinendenken/Denkmaschinen
An den Schaltstellen zweier Kulturen
insel taschenbuch 1771

Günther Ohloff
Irdische Düfte – himmlische Lust
Eine Kulturgeschichte der Düfte
insel taschenbuch 1777

Michio Kaku und Jennifer Trainer
Jenseits von Einstein
Auf der Suche nach der Theorie des Universums
Aus dem Amerikanischen von Ilse Davies Schauer
insel taschenbuch 1791

Scheibe, Kugel, Schwarzes Loch
Die wissenschaftliche Eroberung des Kosmos
Herausgegeben von Uwe Schultz
insel taschenbuch 1804

Wissenschaftsjahrbuch 96
Natur und Wissenschaft
Geisteswissenschaft
Beiträge aus der Frankfurter Allgemeinen Zeitung
Herausgegeben von Rainer Flöhl und Henning Ritter
insel taschenbuch 1821

Friedrich Cramer
Der Zeitbaum
Grundlegung einer allgemeinen Zeittheorie
insel taschenbuch 1849

Harald von Sprockhoff
Bewußtsein, Geist und Seele
Die Evolution des menschlichen Geistes
Originalausgabe
insel taschenbuch 1869

Jeremy W. Hayward
Die Erforschung der Innenwelt
Neue Wege zum wissenschaftlichen Verständnis
von Wahrnehmung, Erkennen und Bewußtsein
Aus dem Amerikanischen von Jochen Eggert
insel taschenbuch 1823

Dean Falk
Warum Schimpansen nicht steppen können
Die Entwicklung des menschlichen Gehirns
Aus dem Englischen von Gerald Bosch
insel taschenbuch 1838

Hans Georg Schrey
Schützenstr. 94
40878 Ratingen

Wie lassen sich die Beständigkeit, Stabilität und Struktur der subatomaren Teilchen, der Atome und der Kristalle erklären? Wie entstanden die komplexen Strukturen des astronomischen Universums? Wie entstand die Ordnung in der Welt der Biologie, von der DNA bis zum menschlichen Bewußtsein? Und welche philosophischen Probleme ergeben sich aus den Antworten auf diese Fragen?

In *Die Ordnung des Universums* begleitet der Astrophysiker David Layzer die Leser auf einer weiten Reise durch die moderne Naturwissenschaft – von Spiralnebeln zu Neuromodulatoren und vom Ursprung des Weltalls zur Evolution des menschlichen Geistes – und erwägt die philosophischen Fragen, die sich aus der Physik, Astronomie und Biologie unserer Zeit ergeben.

Layzer schreibt eine außerordentlich klare Geschichte der Entwicklung der Quantenphysik, zeigt, wie die Ausdehnung des Universums zu zwei verschiedenen Arten von Ordnung (der chemischen und der strukturellen) führte, und beschäftigt sich mit dem, was die moderne Biologie unter Leben versteht.

Layzers Hauptanliegen ist philosophischer Art. Es geht vor allem um die Frage, ob die Überzeugung des Naturwissenschaftlers, wonach Ereignisse in der Außenwelt von allgemeingültigen physikalischen Gesetzen bestimmt werden, verträglich ist mit der humanistischen Überzeugung, wonach jeder von uns im wesentlichen frei ist, sein eigenes Leben zu gestalten. Layzer eröffnet manche provozierende neue Perspektive auf vertraute wissenschaftliche Theorien.

Ob es um die physikalische Erklärung dafür geht, warum sich unsaubere Töne reiben oder um Spekulationen über den Ursprung des Bewußtseins oder um die Zusammenhänge zwischen der Quantenphysik und der Kosmologie, *Die Ordnung des Universums* ist voller Überraschungen, Herausforderungen und Anregungen.

David Layzer ist Professor für Astrophysik an der Universität Harvard. In Deutschland erschien bisher *Das Universum. Aufbau, Entdeckungen, Theorien* (1989).

insel taschenbuch 2111

David Layzer

Die Ordnung des Universums